高等教育“十四五”新工科人才培养机械系列教材
教育部产学合作协同育人项目成果
内蒙古自治区精品课程配套教材

工程制图基础教程

（第三版）

薛俊芳 刘 海◎主 编
骞绍华 周 洁 刘 乐◎副主编

思政·微课·双色

中国铁道出版社有限公司
CHINA RAILWAY PUBLISHING HOUSE CO., LTD.

内容简介

本书依据教育部高教司2015年制定的《普通高等学校工程图学课程教学基本要求》，以及近年来发布的制图国家标准和全国工程图学教育会议精神，并结合编者学校工程图学课程的改革与实践，总结编者近年来教学改革成果编写而成，简明扼要地叙述了绘制工程图的理论和方法。

本书着眼于新工科建设对人才的要求，以加强对学生综合素质及创新能力的培养为出发点，对学生开展工程图学思维方式的崭新训练。书中主要内容包括工程制图基本知识、投影法基础、基本体及基本体的截交线和相贯线、组合体、尺寸标注、轴测图、机件的常用表达法、标准件和常用件、零件图、装配图等。

本书配有《工程制图基础教程习题集》，适用于普通高等学校近机械类、非机械类专业。

图书在版编目(CIP)数据

工程制图基础教程/薛俊芳，刘海主编．—3版．—北京：中国铁道出版社有限公司，2022.8(2025.8重印)
高等教育"十四五"新工科人才培养机械系列教材．教育部产学合作协同育人项目成果．内蒙古自治区精品课程配套教材
ISBN 978-7-113-29339-0

Ⅰ.①工… Ⅱ.①薛… ②刘… Ⅲ.①工程制图-高等学校-教材 Ⅳ.①TB23

中国版本图书馆CIP数据核字(2022)第111692号

书　　名：工程制图基础教程
作　　者：薛俊芳　刘　海

策　　划：曾露平　　　**编辑部电话：**(010) 63551926
责任编辑：曾露平
封面设计：刘　颖
责任校对：焦桂荣
责任印制：赵星辰

出版发行：中国铁道出版社有限公司（100054，北京市西城区右安门西街8号）
网　　址：https://www.tdpress.com/51eds
印　　刷：北京联兴盛业印刷股份有限公司
版　　次：2020年2月第1版　2022年8月第3版　2025年8月第3次印刷
开　　本：850 mm×1 168 mm 1/16　**印张：**18　**字数：**467千
书　　号：ISBN 978-7-113-29339-0
定　　价：54.00元

第三版前言

工程图学是研究工程与产品信息表达和交流的学科，是普通高等学校本科专业重要的技术基础课程，对培养学生工程图样绘制和阅读能力、培养形象思维能力、提高工程素养、增强创新意识等方面具有重要作用。为适应当前科学技术对本课程提出的新要求，结合本课程的教学改革现状与发展趋势，在保留上一版的特色、编写思想和架构的基础上，对本书的上一版作了部分修改、调整和更新。与上一版相比，本书主要在以下几个方面进行了修订：

(1) 为了达到本科教育目的，加快构建“三全育人”格局，在多角度分析和完善课程教学内容和方式的基础上，结合课程教学内容，在教材中大量引入了课程思政元素。便于教师在教学中开展课程思政教育，同时有利于学生在学习过程中领悟工程图样的重要性。

(2) 结合课程教学改革，根据教学内容和课程体系对本书第3章和第6章进行了重新编排，更符合学生的认知，便于接受和理解。

(3) 对本书部分二维图和立体图形进行了重新加工、编排、渲染，使所有字体均符合新的国家标准，立体图形更加直观、清晰。

(4) 更新了部分《机械制图》和《技术制图》现行国家标准。

本书凝聚着内蒙古工业大学工程图学部全体教师多年来的教学改革成果与经验，由薛俊芳、刘海任主编，骞绍华、周洁、刘乐任副主编，由薛俊芳、刘海、骞绍华编排、审校、修改定稿。

本书中微课资源由薛俊芳（第3章、第4章、第7章和第8章）、周洁（第5章和第6章）、刘乐（第2章）制作完成。本书配套的《工程制图基础教程习题集》助学App，由内蒙古工业大学新希望学习小组（裴承慧老师指导）自主开发，在此表示衷心感谢！

在本书编写过程中，得到了内蒙古工业大学工程图学部其他老师的热忱支持、帮助和关心，编者在此谨向他们表示由衷地感谢，并向其他给予本书关怀的领导、同事和朋友表示感谢。

由于编者水平有限，书中难免会有疏漏和差错之处，恳请广大同仁及读者不吝赐教，编者愿致诚挚谢意并改正。

编　者

2022年5月

第二版前言

为适应当前科学技术对本课程提出的新要求，结合本课程的教学改革现状与发展趋势，在继承第一版的特色、编写思想和架构的基础上，对本书的第一版作了部分修改、调整和更新。与第一版相比，本版主要从以下几个方面进行了修订：

(1) 开展了本书的立体化系列配套工作，书中全部例题和重要知识点均增加了微课讲解，同步开发了本书配套的《工程制图基础教程习题集》助学 App，以解决读者课前、课后独立学习中遇到的问题，从而有效提高学习质量；

(2) 本书中的二维、三维插图均进行了重新加工、编排、渲染，使其比第一版更加直观、清晰。

参加本书编写的有：薛俊芳（编写绪论、第 1 章、第 2 章和第 7 章）、刘海（编写第 8 章和第 9 章）、周洁（编写第 5 章和第 6 章）、刘乐（编写第 3 章和第 4 章）、骞绍华（编写附录 A～U）。最后由薛俊芳、刘海、骞绍华编排、审校、修改定稿。

本书中微课资源由薛俊芳（第 3 章、第 4 章、第 7 章和第 8 章）、周洁（第 5 章和第 6 章）、刘乐（第 2 章）制作完成。本书配套的《工程制图基础教程习题集》助学 App，由内蒙古工业大学新希望学习小组（裴承慧老师指导）自主开发，在此表示衷心感谢！

在本书编写过程中，得到了内蒙古工业大学工程图学部其他老师的热忱支持、帮助和关心，编者在此谨向他们表示由衷地感谢，并向其他给以本书关怀的领导、同事和朋友表示感谢。

由于编者水平有限，书中难免会有疏漏和差错之处，恳请广大同仁及读者不吝赐教，编者愿致诚挚谢意并改正。

编　者

2021 年 1 月

第一版前言

随着科学技术的迅猛发展，知识的更新越来越快。知识经济和智能时代的迅猛到来，使得社会对人才培养的要求也正在发生着巨大的变化。21世纪的今天，世界经济发展中最激烈的竞争，将不仅表现在生产和科技领域，同时也集中在培养人才的教育领域。“基础扎实、知识面宽、能力强、素质高”已成为21世纪对人才的基本要求。

为了主动迎接新时代对工程图学类课程的挑战，依据教育部制定的《面向21世纪高等工程教育内容和课程体系改革计划》的精神，我们逐步开展了针对课程教学体系改革的研究与实践。经过几年的探索，逐步形成了对本课程改革的基本思路：“以空间构思能力为核心，以创造性形体设计与表达能力为主线，以计算机绘图、仪器绘图、徒手草图能力为基础，以计算机三维造型设计为纽带，贯穿于机械基础系列课程教改全过程”。本书正是基于这一改革思想，依照教育部高教司2015年制定的《普通高等学校工程图学课程教学基本要求》，参考近年来全国工程图学教育会议精神，并结合编者学校工程图学课程的改革与实践，总结编者近年来教学改革的经验编写而成。

工程图学是一门工科、应用型理科各专业都开设的工程基础课，在实现我国高素质人才培养战略中发挥着重要的作用。本书正是在此基础上，着眼于新时期对人才的要求，以加强对学生综合素质及创新能力的培养为出发点，综合考虑了当前的教师和学生状况，使教学内容、教学方法与教学手段相协调，力求在不增加教师和学生负担的前提下，充分利用有限的教学资源，最大限度地调动学生的学习主动性和积极性，从而使“工程图学”教育从以“知识、技能”为主的教育，向以“知识、技能、方法、能力、素质”综合培养的教育方向转化。使学生在学习“工程图学”知识、进行工程制图基本训练的同时，得到科学思维方法的培养及空间思维能力、创新能力的开发和提高。在编写过程中，我们努力按照“保证基础、精选内容、利于教学、加强应用”的要求，组织本书的章节编排、文字叙述和插图等内容，力求做到如下几点：

（1）保证制图的基本理论和基本知识。为了使学习者能够正确绘制和阅读机械工程图样，本书对制图国家标准、投影理论基础、组合体的绘图和读图、常用机件的表达方法等内容都进行了详细的阐述。

（2）遵循“少而精”的原则选择内容。以培养学生基本绘图和读图能力为依据，确定各章内容的深度和广度。书中通过各种结构形式的组合体和机件对绘图和读图的基本方法作了较深入的介绍，对轴测图、机件简化画法等知识只作简单、必要的介绍，对换面法未作介绍。

（3）全面贯彻最新国家标准。国家标准《技术制图》和《机械制图》是绘制机械图样的制图教学内容的根本依据。凡在2018年之后颁布实施的制图标准和相关标准，全部在教材中予以贯彻。

（4）图例双色印刷，重点突出。工程制图以"图"为主；本书中全部插图严格按照比例绘制，以确保图例准确、清晰，作图过程一目了然。对一些重点、难点进行必要的文字说明，这样既便于教师讲课、辅导，又便于学生自学。

参与本书编写的有内蒙古工业大学薛俊芳（编写绪论、第1章和第7章）、刘海（编写第8章和第9章）、周洁（编写第5章和第6章）、刘乐（编写第3章和第4章）、闫文刚（编写第2章）、骞绍华（编写附录A~U）。最后由薛俊芳、刘海、骞绍华统稿、校正、修改定稿。

在本书编写过程中，得到了教育部高等学校工程图学课程教学指导委员会委员胡志勇教授的大力支持，也得到了内蒙古工业大学工程图学部其他老师的热忱支持、帮助和关心，编者在此谨向他们表示由衷地感谢，并向其他给予本书编写关心的领导、同事和朋友表示感谢。

由于编者水平有限，书中难免会有疏漏和差错之处，恳请广大同仁及读者不吝赐教，编者愿致诚挚谢意并改正。

编　者

2019年10月

目　　录

绪　论

本部分主要介绍工程图学的内涵和特征、工程图学教育的作用、本课程的教学目的以及学习方法建议,使学生对本课程有初步的了解。

1. 工程图学的内涵

图样是人类文化知识的重要载体,是信息传播的重要工具。自人类社会产生以来,最先使用的交流媒介便是语言和图。人类社会的进一步发展才产生了文字,而文字的最原始形态也是图。随着人类社会和科学技术的发展进化,图或图样发挥了语言文字所不能替代的巨大作用。

工程图学有着其系统的理论基础和方法。这些理论的形成和发展,经历了漫长的岁月。古代制图使用比例,在先秦时期已得到运用。《周髀算经》中明确地记载了绘制"七衡图"时采用的比例。"凡为此图,以丈为尺,以尺为寸,以寸为分,分一千里。凡用缯方八尺一寸。今用缯方四尺五分,分为二千里"。这表明当时作图时已采用了两种比例,即一种为"分为一千里",一种为"分为二千里"。宋代李诫在《营造法式》中说"举折之制,先以尺为丈,以寸为尺,以分为寸,以厘为分,以毫为百,侧画所建之屋于平正壁上,定其举之峻慢,折之园和,然后可见屋内梁柱之高下,卯眼之远近"。这说明宋代的建筑图样,比例的使用,已是施工图遵守的规则。

关于投影的记载,见之于南朝宋画家宗炳的《画山水序》:"且夫昆仑山之大,瞳子之小,迫目以寸,则其形莫睹,迥以数里,则可围于寸眸,诚由去之稍阔,则其见弥小。今张绢素以远暎,则昆、阆之形,可围于方寸之间。竖画三寸,当千仞之高;横墨数尺,体百里之迥。"这是一篇非常生动的中心投影的论述。宗炳以简洁的语言阐述了观察者所见同一景物的范围、大小和距离的关系,是中国古代图学理论的精彩典范。同一物体,距离太近,则不能观其貌,距离增大,倒可以完全看清,这是近大远小的缘故。用一块展平的素绡,透过观察,就可以反映出高大宽广的景物。特别是宋代的《新仪象法要》,不仅画出了物体的单面视图,而且还出现了组合视图,其组合视图的图样采取了主视图和俯视图相结合的表达方法。宋代工程图中组合视图的出现,是工程图学发展史上颇具意义的一大进步,是11世纪和12世纪中国工程图学的最高成就,它不仅为解决绘制复杂形态物体和图样提供了新的表现形式,也为近代工程图学的发展,奠定了可靠的物质基础。

中国工程图学绵亘数千载,其典籍之盛,状若汪洋。这种最原始的形态在科技如此发达的今天,其作用不但没有减弱,反而由于图像处理技术的发展而得以不断增强。其原因就在于图自身的特性。因为图具有形象性、象形性、整体性和直观性,还具有审美性、抽象性等特性,它既可以是客观事物的形象记录,又可以是人们头脑中想象形象的表现,既可记录过去,又可反映未来。这些特性决定了图在人类社会发展中的不可替代性。随着计算机科学的发展,进一步打通了图与数之间的关联,使图与数之间的转化成为可能,从而揭示出了图的更深层特性。

从上述图学的发展历程来看,工程图学的发展一直是伴随着工程的前进而发展的,相互交融,相互促进。21世纪,世界进入知识经济和智能时代,工程范围和技术都发生了巨大的变化,工程图学也面临着新的问题和挑战。可以相信,工程图学与工程设计密切地联系在一起,将满足从概念设计到计算机集成制造的各个阶段信息模型的基本要求,未来将是基于实体造型的三维图形新技术。它采用几何和拓扑两方面的信息来表示其三维信息,借助于计算机技术,普遍采用特征造型技术代替传统以集合设计为主的造型技术,逐步减少与二维图形相关的知识和技能的需要。图形接口、图形功能日趋标准化,图样不再只是生成设计、制造、装配、检验、生产过程所需的基本信息。工程数据库将发挥重要的作用,几何模型及数据库可与各种工程应用软件接口,如有限元分析、模拟动态实验、运动仿真等,产品的设计过程完全是在可视化环境中进行的。产品描述的数字化将彻底完成从人工绘图到计算机绘图的转变。现代工程图学已发展成一门综合数学、计算机技术和工程专业知识的交叉学科。

因此,所谓工程图学,即是"研究工程技术领域中有关图的理论及其应用的科学。它包括理论图学、应用图学、计算机图学、制图标准化、制图技术、图学教育以及图学史等内容。"(引自《工程图学词典》)

2. 工程图学的特征

对理工科学生而言,科学素养可谓是立业之本,而构成科学素养的重要基础便是数学、几何学、物理学等基础学科。这些基础学科与工程应用相结合,便形成了培养人才工程素养的重要内容。如数学与工程应用相结合便形成了工程数学,物理学与工程应用相结合便形成了工程力学、电工学,而几何学与工程应用及工程规范相结合便形成了工程图学。由此不难看出,工程图学并不是仅为某个特定专业提供基础,而是作为"工程教育"的一部分,为一切涉及工程领域的人才提供空间思维和形象思维表达的理论及方法。

为此,本书作者认为工程图学课程的本质就是以几何学为基础,以投影理论为方法,研究几何形体的构成、表达及工程图样绘制、阅读的工程基础课,其特征主要体现为:

(1)工程性

工程图学的研究对象是工程中的形体构成、分析及表达,需随时与工程规范、工程思想相结合。

(2)基础性

工程图学作为一切工程和与之相关人才培养的工程基础课,为后续的工程专业课的学习提供基础。

(3)学科交叉性

交叉性是所有学科进一步发展的共同标志之一。工程图学是几何学、投影理论、数学、计算机、工程基础知识等学科相结合的产物。

(4)实用性

工程图学除基础性之外,还具有广泛的实际应用性,是理论与实践相结合的学科。

(5)通用性

工程图作为工程界的通用语言,具有跨地域、跨行业性,无论古今、中外,尽管语言、文字不同,但工程图的表达方法都是相通的。

3. 工程图学教育的作用

在提倡素质教育的今天,以培养应用型工程技术人才为培养目标的地方性院校工科专业,工程图学课程在绘图技能训练、工程图形的表达能力和创新能力等能力培养上起着特殊的作用。为了满足新工科建设对人才培养的需要,工程图学教育应具备如下功能:

(1)培养学生的工程素养

主要包括工程概念的形成、工程思想方法的建立、工程人员基本绘图、识图能力,培养认真负责的工作态度和严谨细致的工作作风。

(2)培养学生空间思维能力和空间想象能力

本课程的一个显著特点是“以投影理论为方法,研究几何形体的构成及表达”,其核心就是研究空间要素的平面化表现和平面要素的空间转化。正是通过这两种互相转化的训练,将学生固有的三维物态思维习惯提升到形象思维和抽象思维相融合的层次,从而使学生得到“见形思物”和“见物想形”的空间思维能力和空间想象能力的培养。

(3)培养学生图形表达能力

作为一名现代高级工程人才,不仅需要具有语言表达能力和书面表达能力,还需要具有图形表达能力。工程图样是工程界的通用技术语言,所有的创造发明、技术革新、设备改造,都需要用图样将设计构思表达出来。因此,图形表达能力也是工程人才必备的基本能力之一。

(4)培养学生的分析、综合能力和开拓、创新意识

在绘图与识图的训练中,应注重将分析方法与综合方法相结合,使学生学会从整到零的复杂问题简单化处理的分析方法和由分到整、由多个视图把握整体形状及结构的综合方法,从而提高学生的分析、综合能力。在对形体表达方案的多样性与唯一性、视图表达物体的不定性与确定性的分析训练中,逐步打破学生的思维定式,从而培养学生的开拓、创新意识。

(5)培养学生手工绘图及计算机绘图,提高学生动手能力的功能

绘制工程图是工程设计的一个重要环节,熟练运用绘图工具及计算机软件,绘出符合国家标准要求的图纸,将是工程人员动手能力的重要体现。

4. 本课程的教学目的

(1)学会运用投影法进行工程形体的观察、分析。

(2)学习工程形体的构成及表达方法。

(3)学习工程图样的基本规范及阅读方法。

(4)得到绘制、阅读工程图样的基本技能训练。

(5)培养形象思维、空间思维能力和开拓、创新精神。

(6)培养严谨求实、认真负责的工程素养。

5. 学习方法建议

为了帮助学生学好本课程,根据本课程的特点,提出以下学习方法供参考。

(1)本课程是一门既有系统理论,又有较强实践性的课程。在学习时除了必须掌握基本理论、基本概念和基本作图方法外,还要在掌握投影基本理论的基础上,坚持理论联系实际的原则,善于观察,勤于思考,反复实践,在“看、想、画”三个方面下功夫,只有这样,才能掌握本课程的基本原理和基本方法。

(2)在学习中,必须经常注意空间几何关系的分析以及空间物体与投影之间的相互关系。只有“从空间到平面,再从平面到空间”进行反复研究和思考,才是学好本课程的有效方法。也只有这样,才能不断地提高空间想象能力和分析问题、解决问题的能力。

(3)要认真听课,及时复习,主动讨论交流,按时完成作业。同时要注意正确使用绘图工具,不断提高绘图技能。

(4)画图时要严格遵守《技术制图》《机械制图》国家标准的有关规定,认真细致,一丝不苟。

第1章 工程制图的基本知识和基本技能

工程图样是现代工业生产中必不可少的技术资料,每个工程技术人员均应熟悉和掌握有关制图的基本知识和技能。本章将介绍国家标准《技术制图》和《机械制图》中关于"图纸幅面和格式""比例""字体""图线""尺寸标注"等有关规定,并简略介绍绘图工具使用、几何作图方法以及绘制平面图形的一般步骤,为下一步学习课程打好必要的基础。

工程图样是全世界工程技术人员进行科学技术思想交流的一种无声语言,由于"语言"的重要性和特殊性,使得全世界工程界都有其规范要求,以便能够更准确地使用这种特殊语言。由此它也成为工程界的一种法规,所以从事工程技术工作的人员必须遵守其规定。根据我国工程技术的发展状况,有关部门亦做出了相应的规范要求,并随着科技的发展不断加以更新。因此从事工程技术工作的人员都应该熟悉和掌握有关"工程图"的基本知识和绘制工程图样的基本技能。

1.1 国家标准《技术制图》及《机械制图》有关规定

国家标准《技术制图》适用于机械、造船、建筑、土木、电气等各专业领域,在技术内容上具有统一和通用的特点,是通用性和基础性的技术标准,对各行业制图标准具有指导性。国家标准《机械制图》是机械行业的专业性技术标准。本节根据最新的国家标准,介绍《技术制图》和《机械制图》的有关规定,如图纸幅面和格式、比例、图线、字体和尺寸等,制图时必须严格遵守。

这些标准为了便于查阅,编有一定的编码,称为国标代码,如:GB/T 14689—2008。其中,GB为国标,即国家标准的简称;T为推荐的简称;14689为该标准在国家标准中的编码,2008为该标准颁布的年号。GB为强制性国家标准,GB/T为推荐性国家标准。

1.1.1 图纸幅面及格式(摘自GB/T 14689—2008)

1. 图纸幅面

绘制工程技术图样时,应优先采用表1-1中所规定的基本幅面。图纸的基本幅面有五种,幅面代号分别为A0、A1、A2、A3、A4,如图1-1中粗实线所示。

表1-1 基本幅面和边框尺寸 (单位:mm)

幅面代号	A0	A1	A2	A3	A4
$B\times L$	841×1 189	594×841	420×594	297×420	210×297
a	25				
c	10			5	
e	20		10		

必要时也允许采用表1-2所规定的加长幅面,其尺寸由基本幅面短边成整数倍增加后得出。其中A3×3、A3×4、A4×3、A4×4、A4×5为第二选择系列,如图1-1中细实线所示;其余为第三选择

系列，如图 1-1 中虚线所示。

表 1-2　加长幅面代号及尺寸　　　　（单位：mm）

第二选择系列		第三选择系列			
幅面代号	$B \times L$	幅面代号	$B \times L$	幅面代号	$B \times L$
A3×3	420×891	A0×2	1 189×1 682	A3×5	420×1 486
A3×4	420×1 189	A0×3	1 189×2 523	A3×6	420×1 783
A4×3	297×630	A1×3	841×1 783	A3×7	420×2 080
A4×4	297×841	A1×4	841×2 378	A4×6	297×1 261
A4×5	297×1 051	A2×3	594×1 261	A4×7	297×1 471
—	—	A2×4	594×1 682	A4×8	297×1 682
—	—	A2×5	594×2 102	A4×9	297×1 892

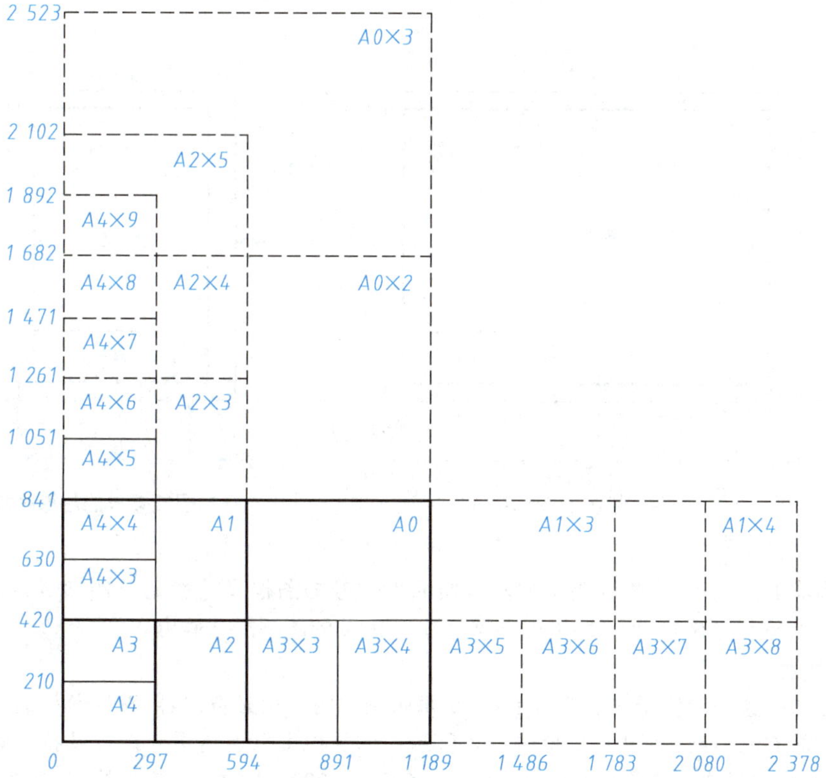

图 1-1　图纸基本幅面与加长幅面

2. 图框格式

图纸中限定绘图区域的矩形框称为图框。在图纸上必须用粗实线画出图框，其格式分为两种：一种是不需要装订的图框格式，无须留出装订边的尺寸，周边尺寸均为 e；另一种是需要装订的图框格式，在图纸的左侧要留出装订边的尺寸 a，其余周边尺寸为 c。同一产品的图样只能采用同一种格式。

绘图时，图纸既可以横放（长边水平），也可以竖放（短边水平）。不留装订边图纸和留装订边图纸的图框格式分别如图 1-2 和图 1-3 所示。

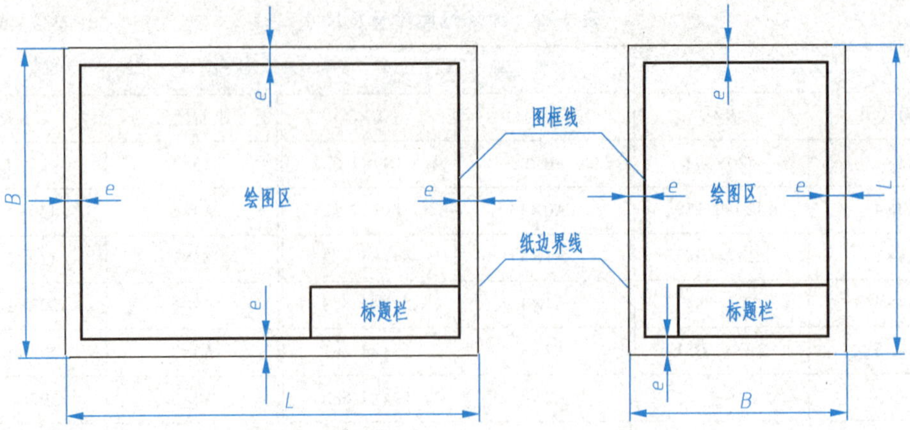

(a) 图纸横放的图框格式　　(b) 图纸竖放的图框格式

图 1-2　不留装订边的图框格式

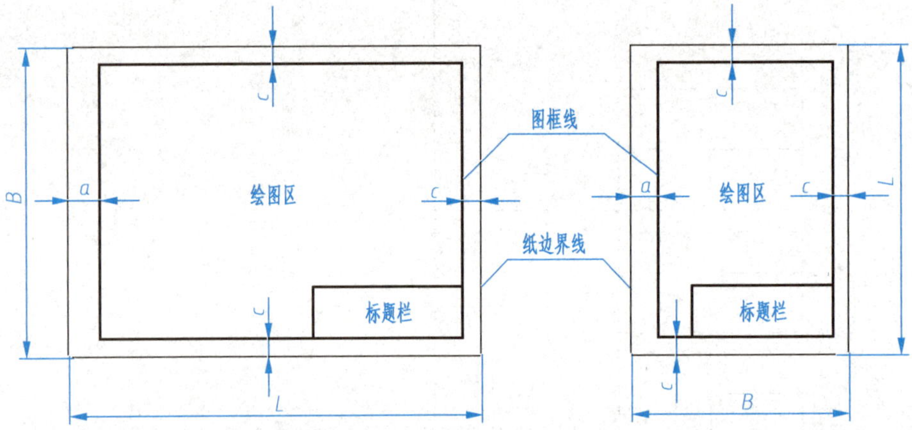

(a) 图纸横放的图框格式　　(b) 图纸竖放的图框格式

图 1-3　留装订边的图框格式

加长幅面的图框尺寸,按所选用的基本幅面大一号的图框尺寸确定。例如 A2×3 的图框尺寸,按 A1 的图框尺寸确定;而 A3×4 的图框尺寸,按 A2 的图框尺寸确定。

3. 标题栏

标题栏的位置一般位于图纸的右下角,是每张图样的一项必备内容,看标题栏的方向一般与绘图和看图的方向一致,如图 1-2 和图 1-3 所示。标题栏可以表达零部件及其技术管理等方面的信息,其格式和尺寸应按照国家标准 GB/T 10609. 1—2008 中的详细规定绘制,如图 1-4(a)所示。各设计单位的标题栏格式可能根据其要求有适当的变化,但其所含的内容基本相同。本教材对学生作业中所使用的标题栏建议采用图 1-4(b)所示的简化格式和尺寸。

4. 明细栏

对于装配图,除了标题栏外还必须具有明细栏。明细栏描述了组成装配体的各种零部件的数量、材料和重量等信息,配置在标题栏的正上方,并与其相连接,且最上方的线条用细实线画出,各零件按照由下至上的顺序依次书写。装配图中的明细栏按国标 GB/T 10609. 2—2009 规定书写,如图 1-4(c)所示。简化的标题栏和明细栏如图 1-4(d)所示。

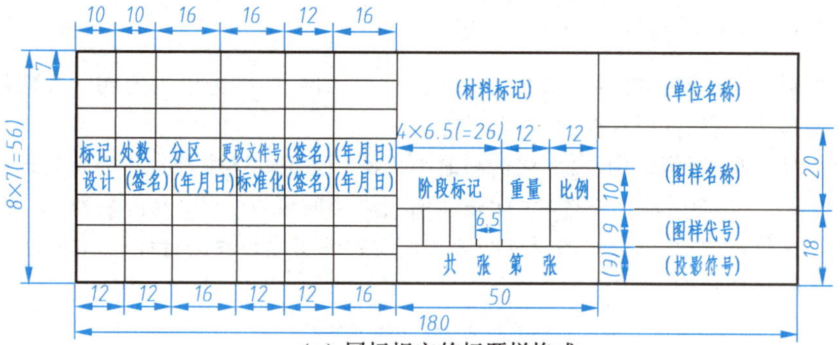

(a) 国标规定的标题栏格式

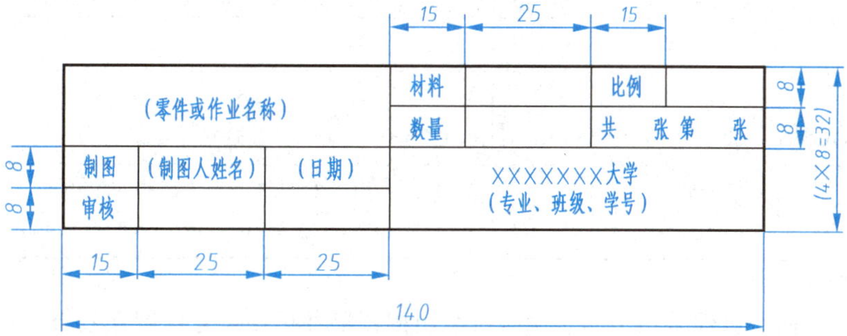

(b) 零件图用标题栏

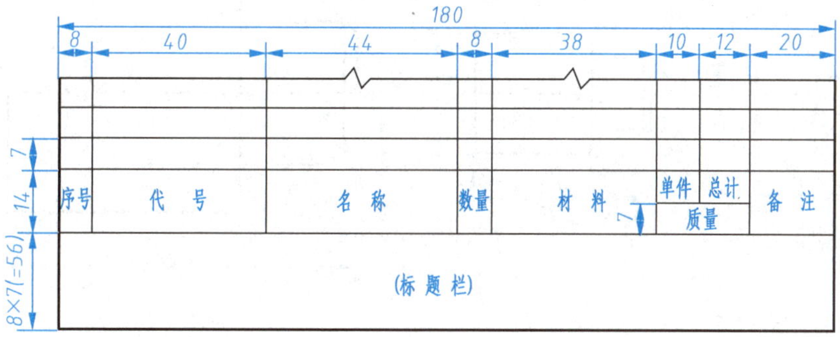

(c) 国标规定的明细栏格式

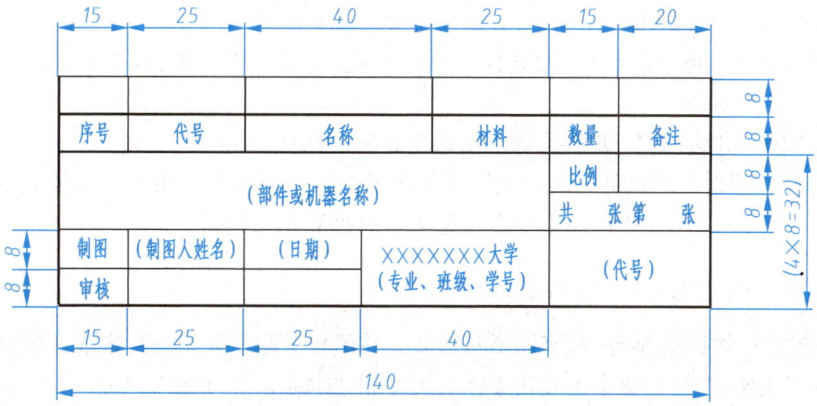

(d) 装配图用标题栏和明细栏

图 1-4　标题栏和明细栏的格式和尺寸

1.1.2 比例(摘自 GB/T 14690—1993)

图样中图形与实物相应要素的线性尺寸之比称为比例,亦称为绘图比例。线性尺寸是指能用直线表达的尺寸,例如直线长度、圆的直径等。

比例有三种类型:原值比例、放大比例和缩小比例。国家标准中规定了绘制图形所选用的比例系列,见表 1-3。绘图时应优先选用"优先系列",必要时可以选用"允许系列"。但要注意:无论采用何种比例绘制图形,图样中的尺寸必须按照实物的实际尺寸进行标注,并在标题栏的比例栏中写出绘图采用的比例。

表 1-3 绘图比例系列

种　类	优先系列			允许系列				
原值比例	1 : 1							
放大比例	5 : 1 5×10^n : 1	2 : 1 2×10^n : 1	 1×10^n : 1	4 : 1 4×10^n : 1	2.5 : 1 2.5×10^n : 1			
缩小比例	1 : 2 1 : 2×10^n	1 : 5 1 : 5×10^n	1 : 10 1 : 1×10^n	1 : 1.5 1 : 1.5×10^n	1 : 2.5 1 : 2.5×10^n	1 : 3 1 : 3×10^n	1 : 4 1 : 4×10^n	1 : 6 1 : 6×10^n

注:n 为正整数。

图 1-5 表示同一机件采用不同比例时所绘出的图形并标注尺寸的图样效果。

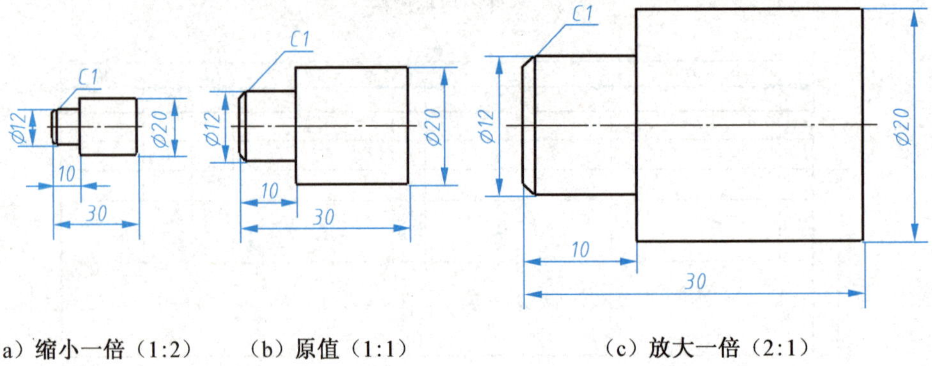

图 1-5 采用不同比例绘制的同一机件的图形及尺寸标注

在国家标准 GB/T 14690—1993 中,对比例还做了以下规定。

(1)通常在表达清晰、布局合理的条件下,应尽可能选用原值比例,以便直观地了解机件的形貌。

(2)绘制同一机件的各个视图时,应尽量采用相同的比例。

(3)当图样中用以表达机件上较小或较复杂的结构的个别视图采用了与标题栏中不相同的比例时,必须另行标注,一般将比例标注在该视图名称的下方或右侧。

1.1.3 字体(摘自 GB/T 14691—1993)

字体是指图样中文字、字母、数字的书写形式。在图样上除了要用图形来表达零件的结构形状外,还必须用文字、字母及数字来表达零件的大小和技术要求等其他内容。

为了准确无误地表达上述生产要求,国家标准(GB/T 14691—1993)规定,在工程图中书写的字体,必须做到:字体工整、笔画清楚、间隔均匀、排列整齐。同时,字体的高度(即字高,用 h 表示)应在下列给定的数值系列中选取:1.8 mm,2.5 mm,3.5 mm,5 mm,7 mm,10 mm,14 mm,20 mm。

如果要书写更大的字,其字体高度应按$\sqrt{2}$比率递增,字体的高度代表字的号数(如字高为3.5 mm的字体称为3.5号字)。其中:

1. 汉字

汉字应写成长仿宋体,并应采用国家正式公布的简化字。汉字的高度 h 不应小于3.5 mm,其字宽一般为 $h/\sqrt{2}$。长仿宋体汉字的书写示例如图1-6所示。

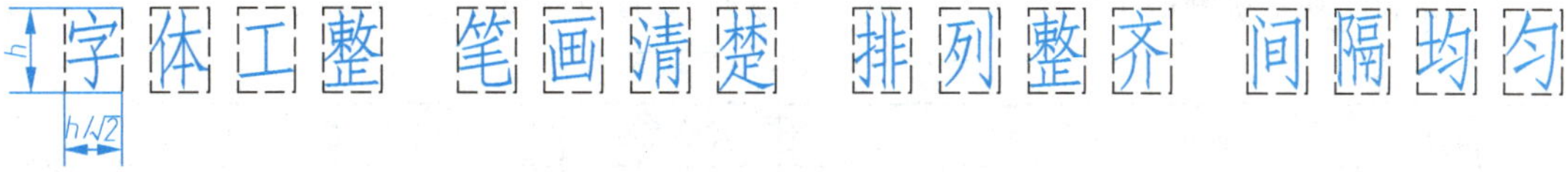

图1-6　长仿宋体汉字书写示例

2. 数字和字母

数字和字母分A型和B型。A型字的笔画宽度 d 为字高 h 的1/14;B型字的笔画宽度 d 为字高 h 的1/10,即A型字比B型字的笔画宽度要细一些。数字和字母均可写成直体或斜体,斜体字字头向右倾斜,与水平基准线成75°。表1-4给出了直体和斜体的数字与字母的书写示例。应注意,在同一图样上,只允许选用一种形式的字体。

表1-4　数字和字母的书写示例

		A型或B型
数字	直体	0123456789
	斜体	*0123456789*
大写字母	直体	ABCDEFGHMN
	斜体	*ABCDEFGHMN*
小写字母	直体	abcdefghmn
	斜体	*abcdefghmn*

3. 书写规定与示例

(1)用作指数、分数、极限偏差、注脚等的数字和字母,一般应采用小一号的字体。

(2)图样中的数学符号、物理量符号、计量单位符号及其他符号、代号,应分别符合国家有关标准的规定。

在绘制工程图样时,必须按照国家标准的要求认真书写字体。潦草甚至错误的书写会导致严重的后果，一方面，将可能导致企业相关人员的误读，从而生产出次品，造成不必要的经济损失；另一方面，容易给他人造成工作不认真、不负责、工作态度不好等不良印象，并进而影响工程师的职业前途。就初学者而言，在开始学习书写字体时就严格遵守国家标准的要求认真书写，是避免上述错误最好的方法。

1.1.4 图线（摘自 GB/T 17450—1998 和 GB/T 4457.4—2002）

机械图样中采用的各种型式的线称为图线。国家标准 GB/T 17450—1998 和 GB/T 4457.4—2002 中规定了在机械制图中使用的九种图线，其线型、线宽及应用见表 1-5。

表 1-5 线型、线宽及应用

名　称	线　型	图线宽度	应　　用
粗实线	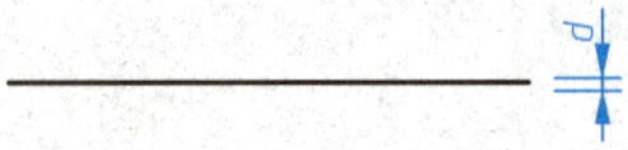	d	可见轮廓线、相贯线、螺纹牙顶线、螺纹终止线、齿顶圆（线）、剖切符号用线
细实线		$d/2$	过渡线、尺寸线、尺寸界线、指引线、基准线、剖面线、螺纹牙底线和辅助线等
细虚线		$d/2$	不可见轮廓线
细点画线	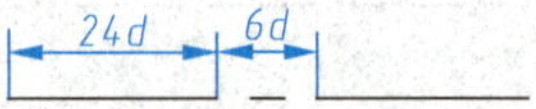	$d/2$	轴线、对称中心线、对称线、齿轮的分度圆（线）、孔系分布的中心线等
波浪线		$d/2$	断裂处边界线、剖与不剖部分的分界线
细双点画线	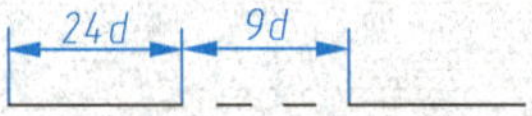	$d/2$	相邻辅助零件的轮廓线、可动零件的极限位置轮廓线、轨迹线、毛坯制图中成品的轮廓线等
双折线	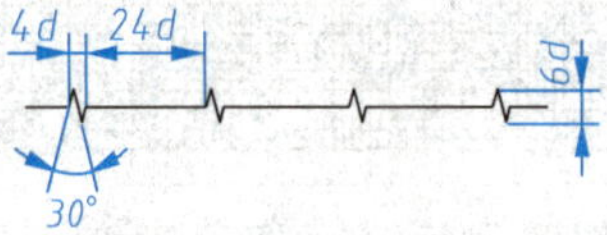	$d/2$	断裂边界线
粗点画线		d	限定范围表示线
粗虚线		d	允许零件表面处理的表示线

1. 图线宽度

机械工程图样中采用两种图线宽度，分别为粗线与细线。粗线的宽度为 d，细线的宽度为 $d/2$。所有线型的图线宽度均应按照图样的复杂程度和尺寸大小，在下列数系中选择：0.13、0.18、0.25、0.35、0.5、0.7、1、1.4、2（单位为 mm），粗线一般优先选用 0.5 mm 或 0.7 mm。

2. 图线应用及注意事项

（1）在同一图样中，同类图线的宽度应一致，不应有粗有细。例如图样中粗实线的宽度应相同，虚线、点画线、双点画线的长画、短画和间隔也应大致相等。各种图线的应用示例如图 1-7 所示。

（2）点画线和双点画线的首、末两端一般应为长画，而不是短画。

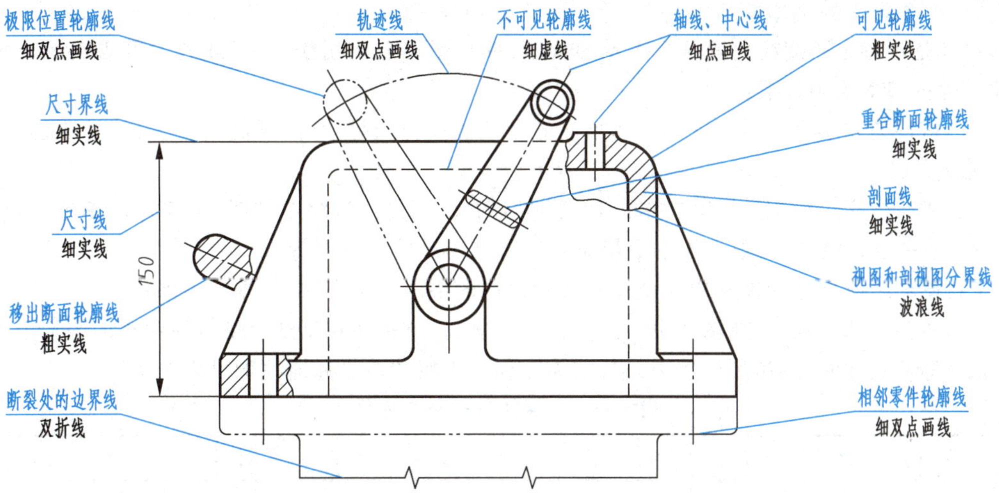

图 1-7　图线的应用示例

(3)虚线、点画线与其他图线相交时，一般应以线段相交，不应在空隙处相交；当虚线处于粗实线的延长线上时，虚线与粗实线的分界处应留出空隙；虚线圆弧与粗实线圆弧相切时，虚线圆弧与粗实线圆弧的分界处也应留出空隙，如图 1-8 所示。

(4)绘制圆的对称中心线时，圆心处应为线段与线段相交；中心线的两端应超出圆的轮廓线外 2~5 mm；当绘制直径较小的圆（小于 12 mm）时，可用细实线代替点画线绘制圆的中心线，如图 1-8 所示。

(5)当不同图线互相重叠时，应按粗实线、虚线、点画线、尺寸界线的先后顺序只画前面一种图线。

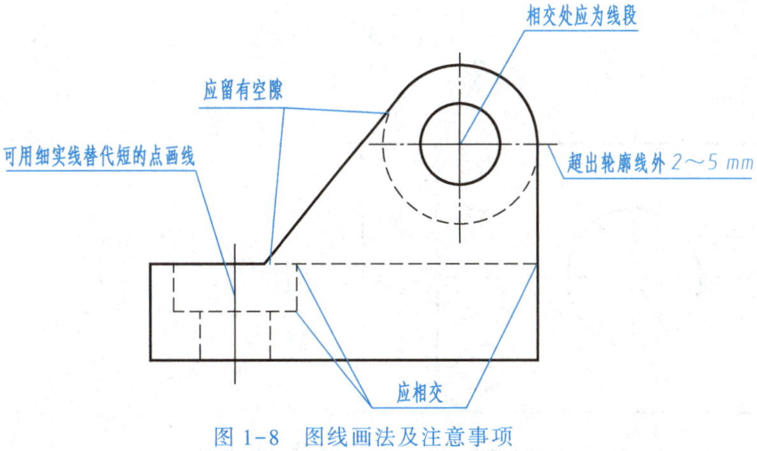

图 1-8　图线画法及注意事项

1.1.5　尺寸标注（摘自 GB/T 4458.4—2003 和 GB/T 16675.2—2012）

图样中的图形主要用来表达机件的结构和形状，而机件的真实大小需要通过尺寸来确定。在一张完整的图样中，其尺寸注写应做到：正确、完整、清晰、合理。尺寸标注的是否正确、合理，会直接影响机件的质量，所以工程界经常将尺寸称为图的灵魂。国家标准对尺寸标注的基本方法做了一系列规定，在绘图中应严格遵守。本章只介绍有关尺寸标注的部分规定，其他标注要求参见后续各章有关尺寸标注的具体要求。

1. 尺寸标注的基本规则

尺寸是用特定长度或角度单位表示的数值,并在图样上用图线、符号或技术要求表示出来。标注尺寸的基本规则如下:

(1)机件的真实大小应以图样上所标注的尺寸数值为依据,与图形的大小、绘图的比例及准确度无关。

(2)机械图样中(包括技术要求和其他说明)的尺寸,以毫米为单位时,不需标注单位的代号或名称;如采用其他单位,则必须注明相应单位名称或符号,如 60°等。

(3)图样中所标注的尺寸应为该图样所示机件的最后完工尺寸,否则应另加说明。

(4)机件的每一尺寸,在图样中一般只标注一次,且应标注在反映该结构最清晰的图形上。

(5)标注尺寸时,应尽可能使用符号或缩写词。常用的符号和缩写词见表 1-6。

表 1-6 常用的符号和缩写词

名称	符号和缩写词	名称	符号和缩写词	名称	符号和缩写词
直径	∅	厚度	*t*	沉孔或锪平	⌴
半径	*R*	正方形	□	埋头孔	∨
球直径	*S*∅	45°倒角	*C*	均布	*EQS*
球半径	*SR*	深度	↧	弧长	⌒

2. 尺寸的组成

在工程图样中,一个完整的尺寸一般应包括尺寸数字(包括必要的字母和图形符号)、尺寸界线、尺寸线和表示尺寸线终端的箭头或斜线,如图 1-9 所示。在机械图样中,尺寸线终端一般采用箭头的形式,其画法如图 1-10 所示。

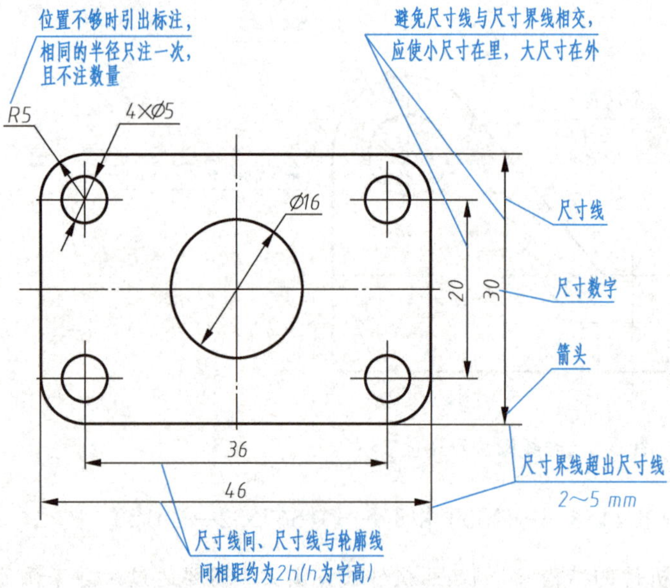

图 1-9 尺寸标注示例

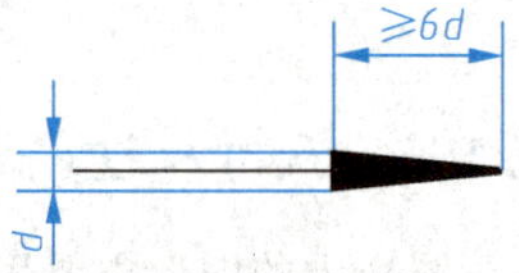

图 1-10 箭头的形式和画法

(1)尺寸数字

尺寸数字表示尺寸度量的大小。

线性尺寸的数字一般注写在尺寸线的上方或左方，其书写方向为：水平方向字头向上，竖直方向字头向左，倾斜方向字头保持向上的趋势，并尽量避免在图1-11(a)所示的30°范围内标注尺寸。当无法避免时，可按图1-11(b)所示的形式指引标注。

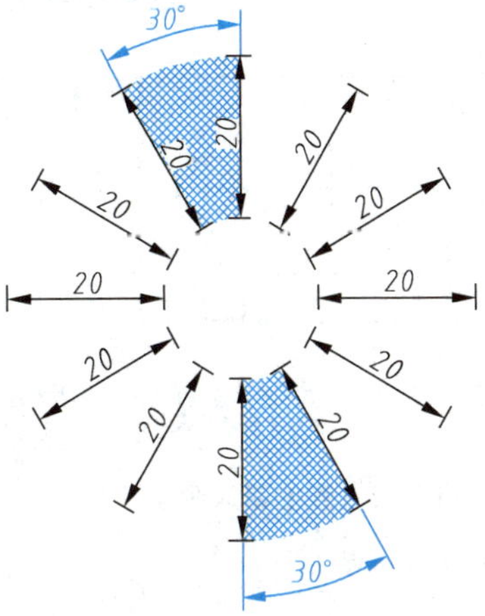

(a) 线性尺寸数字的方向

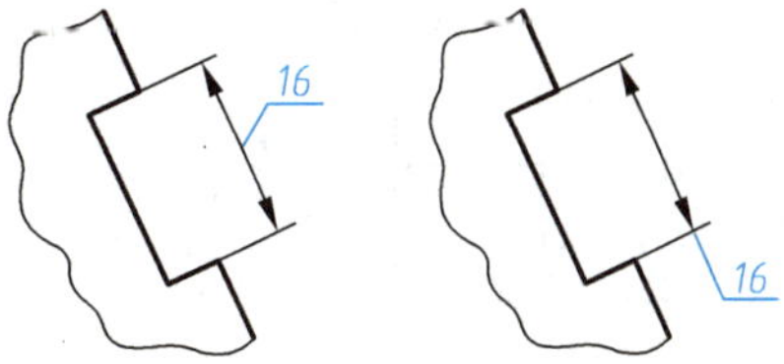

(b) 在30°范围内允许标注的形式

图1-11　线性尺寸数字的注写方法

标注角度的尺寸界线应沿径向引出，尺寸线画成圆弧，其圆心为该角的顶点，半径取适当大小，标注角度的数字一律水平方向书写，角度数字写在尺寸线的中断处，如图1-12(a)所示。必要时，允许注写在尺寸线的上方或外面，也可引出标注，如图1-12(b)所示。

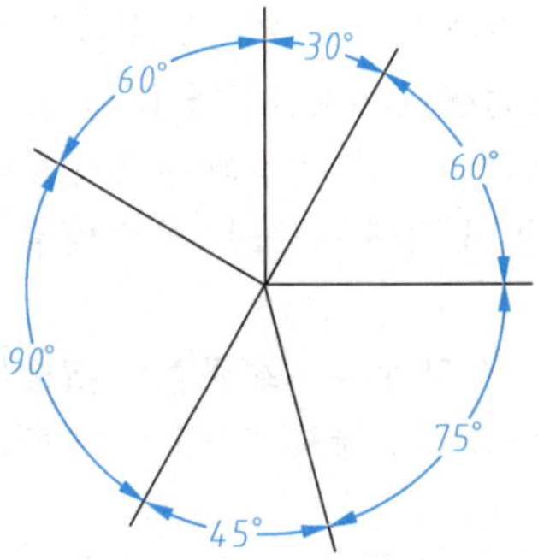

(a) 角度尺寸数字的书写

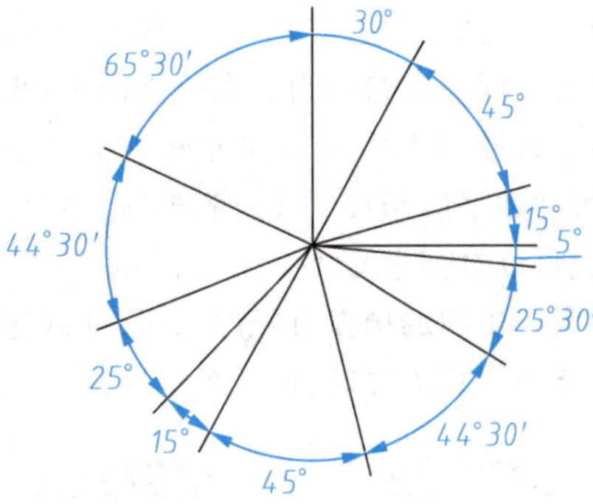

(b) 角度尺寸允许标注的形式

图1-12　角度尺寸数字的注写方法

尺寸数字不允许被任何图线所通过，当不可避免时，通过尺寸数字的图线必须断开，如图1-13所示。

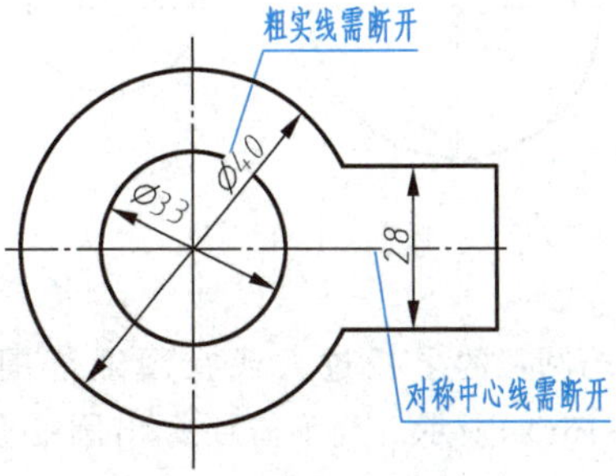

图1-13　尺寸数字被图线通过时的注写示例

(2)尺寸线

尺寸线表示尺寸度量的方向。尺寸线必须用细实线单独画出，不能用其他图线替代，也不得与其他图线重合或画在它们的延长线上，如图1-14(a)所示。标注线性尺寸时，尺寸线必须与所标注的线段平行；当有几条尺寸线相互平行时，注意大尺寸在外面，小尺寸在里面，避免尺寸线与尺寸界线相交；标注圆或圆弧的直径和半径时，尺寸线一般要通过圆心。图 1-14(b)所示为尺寸线的错误画法示例。

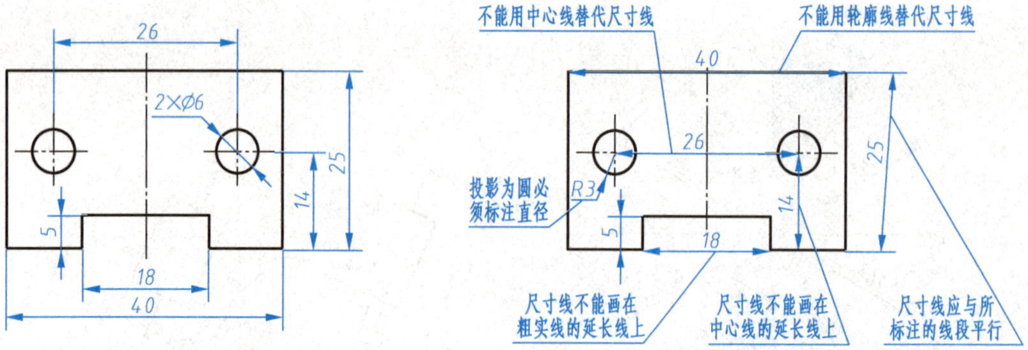

(a) 尺寸线的正确画法　　(b) 尺寸线的错误画法

图 1-14　尺寸线的画法

(3) 尺寸界线

尺寸界线表示尺寸的度量范围。如图 1-14(a)所示，尺寸界线用细实线绘制，应由图形的轮廓线、轴线或对称中心线处引出，并超出尺寸线 2~5 mm。也可以用轮廓线、轴线或对称中心线作为尺寸界线。

3. 常用的尺寸注法

(1) 圆、圆弧及球面尺寸的注法

如图 1-15 所示，整圆或大于半圆的圆弧必须标注直径，并在尺寸数字前加注直径符号“Ø”，直径尺寸也可标注在投影为非圆的视图上；小于或等于半圆的圆弧必须标注半径，并在尺寸数字前加注半径符号“*R*”，且半径尺寸必须标注在投影为圆的视图上。当尺寸数字书写在圆或圆弧内部时，尺寸数字应与尺寸线对齐书写；当尺寸数字书写在圆或圆弧外部时，尺寸数字通常应水平书写，也可以对齐书写。

标注大于半圆的圆弧直径时，其尺寸线应略超过圆心，只在尺寸线一端画箭头指向圆弧。标注小于半圆的圆弧半径时，尺寸线应以圆心出发指向圆弧，只画一个箭头，如图 1-15 所示。

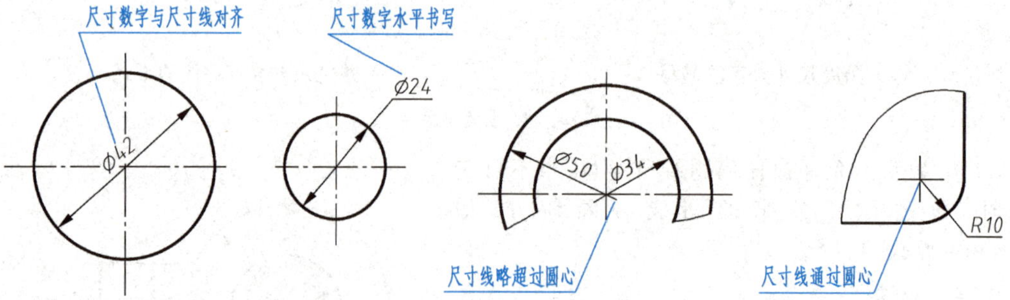

图 1-15　直径和半径的注法

当圆弧的半径过大或在图纸范围内无法标出圆心位置时，可采用折线的形式标注，如图 1-16(a)所示。当不需要标出圆心位置时，则尺寸线只画靠近箭头的一段，如图 1-16(b)所示。

标注球面的直径或半径时，应在尺寸数字前加注球直径符号“SØ”或球半径符号“SR”，如图 1-16(c)所示。

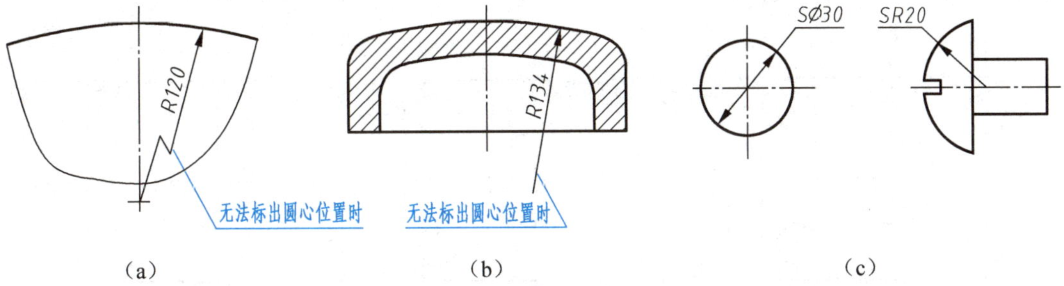

图 1-16　大圆弧和球面的注法

(2)狭小部位的尺寸注法

对于尺寸界线之间没有足够位置画箭头或注写尺寸数字的小尺寸，可按图 1-17 所示的形式进行标注。标注连续的小尺寸时，可用小圆点或 45°向右倾斜细实线代替箭头，只画出最外端箭头。当直径或半径尺寸较小时，箭头和数字都可以布置在圆弧外面。

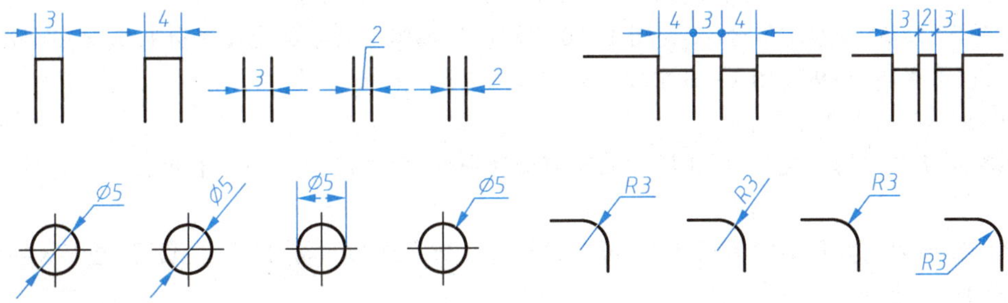

图 1-17　狭小部位尺寸的注法

(3)弦长和弧长的尺寸注法

标注弦长时，尺寸界线应平行于该弦的垂直平分线，如图 1-18(a)所示；标注弧长时，尺寸线为与被标注圆弧同心的圆弧，尺寸界线平行于该弦的垂直平分线，也可通过圆心沿径向引出(弧度较大时)，并在尺寸数字左侧加符号“⌒”，如图 1-18(b)(c)所示。

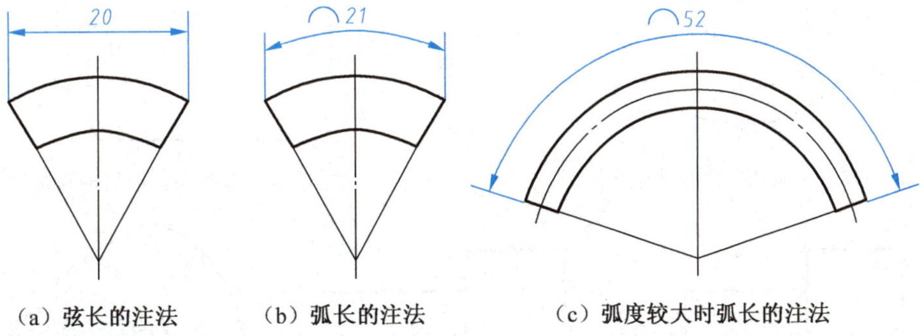

图 1-18　弦长和弧长的尺寸注法

(4)对称图形的尺寸注法

如图 1-19(a)所示，对于对称图形，应把尺寸标注为对称分布。对称或均匀分布的圆，可以把直径尺寸标注在其中的一个圆上，并在尺寸数字前增加符号“个数×Ø”，如“4×Ø6”；对称分布的圆角，只需标注其中一个圆角的半径，且不标注圆角数量，如"*R*5"。

当对称图形只画出一半或略大于一半时，尺寸线应略超过对称中心线或断裂处的边界线，此时仅在尺寸线的一端画出箭头，如图 1-19(b)所示。图 1-19(c)所示为错误注法。

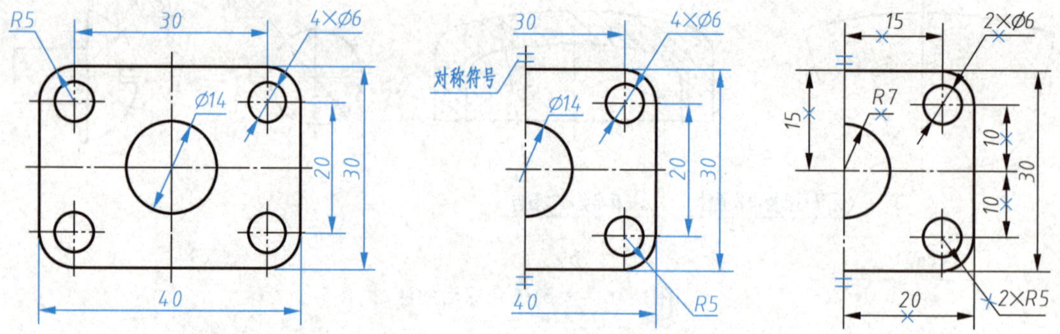

(a) 完整对称图形的尺寸注法　(b) 对称图形只画一半的尺寸注法　(c) 错误注法

图 1-19　对称图形的尺寸注法

(5) 相同结构要素的尺寸注法

在同一图形中，对于尺寸相同的孔、槽等结构要素，可仅在其中一个要素上注出尺寸和数量，并用缩写词"*EQS*"表示均匀分布，如图 1-20 所示。当该结构要素的定位和分布情况在图形中已明确时，也可省略"*EQS*"(图 1-20 中即可省略)。

(6) 板状零件厚度的注法

标注板状零件的厚度时，可在尺寸数字前加注厚度符号"*t*"，如图 1-21 所示。

(7) 正方形结构的尺寸注法

标注断面为正方形结构的尺寸时，可在边长尺寸数字前加注符号"□"，或用"边长×边长"注出，如图 1-22 所示。

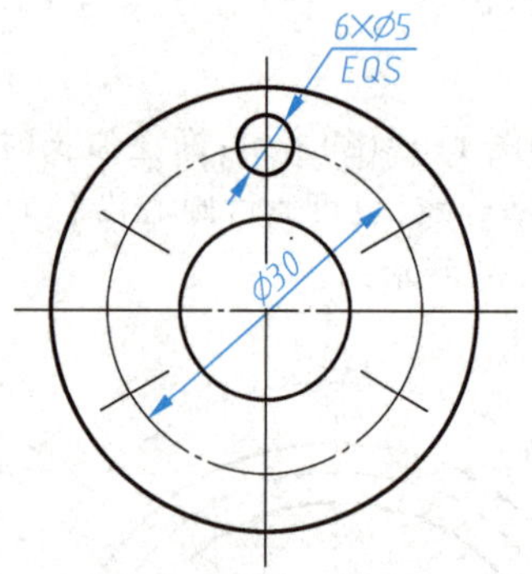

图 1-20　相同结构要素的尺寸注法

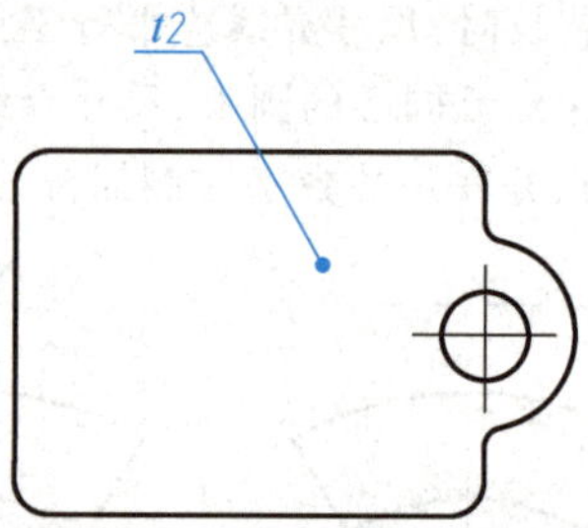

图 1-21　板状零件厚度的注法

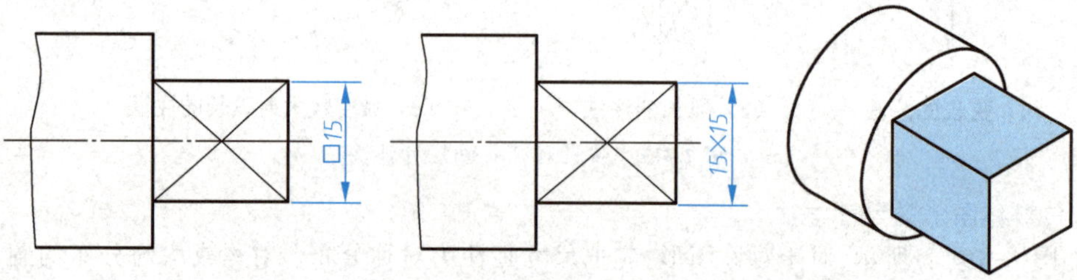

图 1-22　正方形结构的尺寸注法

拓展阅读

工程图样是信息的载体，它传递着设计的意图，集合着加工制造的指令，是工程界共同的技术语言。工程图样的这一特性，是以技术标准的确定和实施为基础而实现的。新中国成立以前，工业基础相对薄弱，没有自己的设计和生产系统，绘制图样的制图规则混乱不堪，甚至投影法体制也未能统一。

中华人民共和国成立以来，于 1951 年由政务院经济委员会发布了 13 项《工程制图》标准，规定以第一角画法作为我国工程制图的统一规则，从此结束了第一角和第三角两种画法并用的混乱状态。在此基础上，1956 年由第一机械工业部发布了我国第一套《机械制图》部颁标准，共 21 项。此后，1959 年由国家科学技术委员会批准发布了我国第一套《机械制图》国家标准，共 20 项。后又于 1970 年由中国科学院修订了 1959 年的国家标准，在全国试行。在试行的基础上，于 1974 年由国家标准局批准，正式发布了新的《机械制图》国家标准。

为适应改革开放的需要，1983-1984 年，经国家标准局批准发布的跟踪国际标准(ISO)的 17 项《机械制图》国家标准于 1985 年开始实施，这套标准达到了当时的国际先进水平，其中部分标准一直沿用至今。

对比中华人民共和国成立前后我国标准从混乱到有序，再到现在部分领域发展的成就，可以深刻感悟到我国技术发展的艰辛过程，同时也体现出国家标准对社会生活及技术发展的重要意义，表明国家标准具有持续发展的特性。

1.2　常用绘图工具的使用方法

图样绘制按照使用工具的不同，可分为尺规绘图、徒手绘图和计算机绘图。虽然在很多场合计算机绘图已经成为主要的绘图工具，但是传统的尺规绘图仍然是工程技术人员的基本绘图手段，也是工程技术人员必须要掌握的一项基本技能。尺规绘图是借助于铅笔、图板、丁字尺、三角板、圆规、分规等绘图工具进行手工绘图的一种方法。正确使用这些工具，是保证绘图质量和加快绘图速度的关键因素。因此，必须养成良好的使用绘图工具和仪器的习惯。尺规绘图的工具较多，本节只介绍一些常用的绘图工具。

1.2.1　铅笔

绘图铅笔的铅芯有软硬之分，根据铅芯的软硬度可分为 H～6H、HB、B～6B 共 13 种规格。B 前的数字越大，表示铅芯越软，画出的图线越黑；H 前的数字越大，表示铅芯越硬，画出的图线越淡；HB 表示铅芯的软硬适中。铅笔的一端印有这种规格标志，使用时应从没有标号的一端开始，以便保留铅笔的软硬标号。

绘图时，建议采用 B 或 2B 的铅笔画粗实线，用 HB 或 H 的铅笔画细实线、虚线、点画线，用 2H 的铅笔打底稿，通常用 HB 的铅笔写字。

如图 1-23 所示，铅笔笔芯一般削成锥形或矩形。锥形铅芯用于画底稿线、细实线和写字用，矩形铅芯可用于加深粗实线。

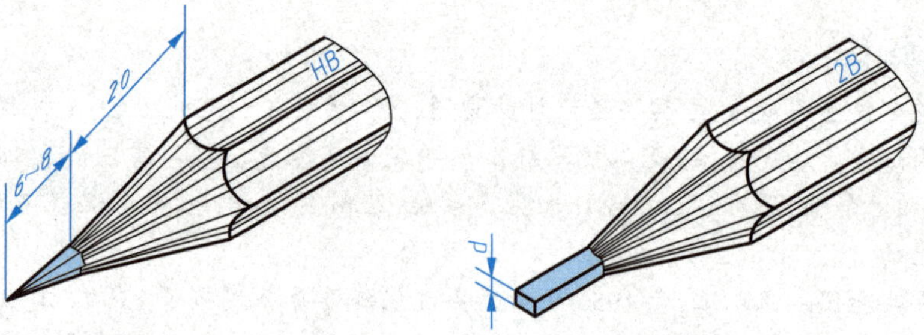

（a）削成锥形用来画底稿、细线和写字　　（b）削成矩形用来画粗线

图 1-23　绘图铅笔的削法

1.2.2　图板、丁字尺、三角板

1. 图板

图板是用作画图的垫板，绘图时将图纸正确的粘于图板上，以便于绘图方便、省劲。其表面要求平坦光洁，它的左边是用作移动丁字尺的导向边，必须平直。图板的规格分为 A0、A1 和 A2。

2. 丁字尺

丁字尺是画水平线的长尺，其长度应与所用图板匹配。画图时，应使尺头始终紧靠图板左侧的导向边在图板上上、下滑动，以保证所有的水平线都相互平行。画水平线应自左向右画，如图 1-24(a)所示。

3. 三角板

三角板除了直接用来画直线外，还可配合丁字尺画铅垂线和与水平线成 30°、45°、60°的倾斜线。画铅垂线时，应用左手同时固定住丁字尺和三角板，自下而上画。用两块三角板还可画与水平线成 15°、75°的倾斜线，如图 1-24(b)所示。画线时，铅笔应稍稍向前进方向倾斜。

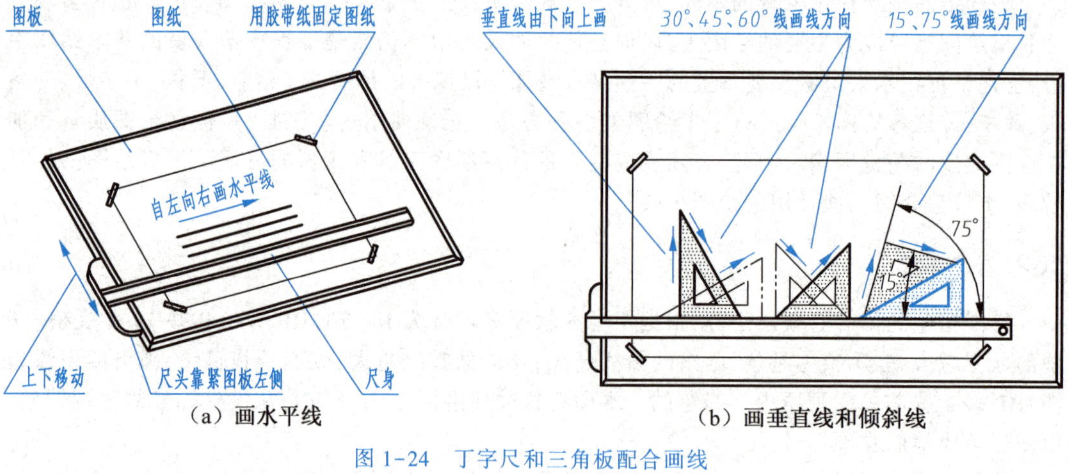

（a）画水平线　　（b）画垂直线和倾斜线

图 1-24　丁字尺和三角板配合画线

1.2.3　圆规和分规

1. 圆规

圆规主要用于画圆和圆弧。圆规的一条腿上装有钢针，钢针的一端通常带有台阶，另一端为圆锥形，画圆或圆弧时，应使用带有台阶的针尖，以防止圆心针孔扩大；另一条腿上装入软硬适中的铅芯。

在使用圆规前应先调整圆规针脚，使针尖略长于铅芯，针尖及铅芯与纸面垂直，如图1-25(a)所示。画圆时，带针尖的一端稍稍扎入图板，圆规向前进方向稍稍倾斜；画较大的圆时，应调整圆规两脚，尽量使圆规两脚都与纸面保持垂直，以保证所画大圆的质量，如图1-25(b)所示。

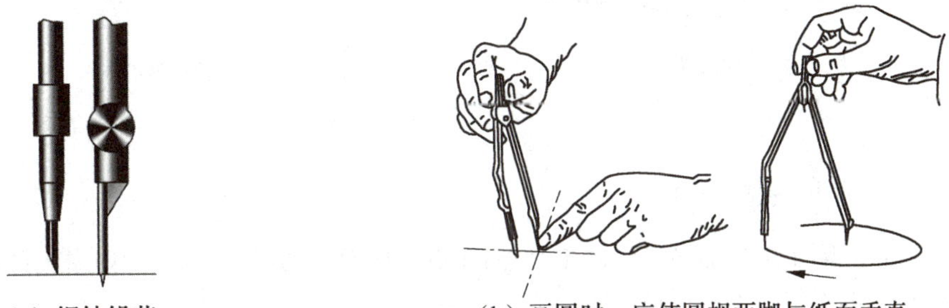

(a) 钢针铅芯　　(b) 画圆时，应使圆规两脚与纸面垂直

图1-25　圆规的用法

用圆规画底稿时，使用较硬的铅芯；加深粗实线圆弧时，应使用比加深粗实线的铅笔铅芯软一级的铅芯。

2. 分规

分规可用来量取尺寸和等分线段。分规的两脚均装有钢针，当分规两脚合拢对齐时，两针尖应一样长。分规两脚的针尖在并拢后，应能对齐，如图1-26(a)所示。用分规等分线段的方法如图1-26(b)所示。用分规在三角板或比例尺上量取线段时，调整分规两脚间距离的手法如图1-26(c)所示。

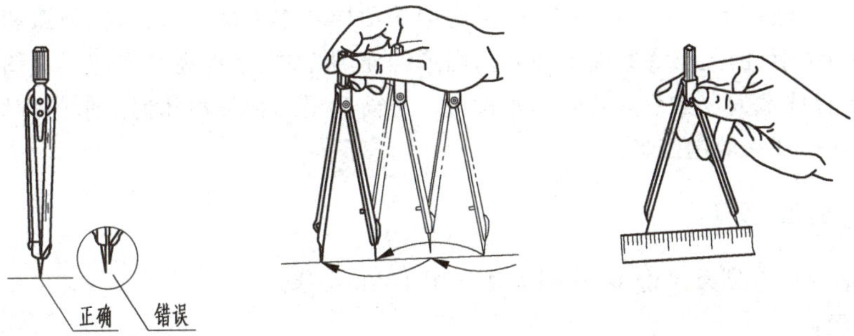

(a) 针尖应对齐　　(b) 用试分法等分直线段　　(c) 量取线段

图1-26　分规的用法

1.2.4　曲线板

曲线板是用来描绘非圆曲线的常用工具，如椭圆、双曲线、抛物线等。描绘曲线时，先用细铅笔徒手将这些点轻轻地连接成曲线，然后从曲线的一端开始，依次找出曲线板上与所画曲线曲率一致的一段曲边(至少应通过曲线段上的四个已知点)，顺序地沿着曲线板边缘画线，直至描绘完全部曲线。但要注意的是：每次连接时只连接前三个已知点，留出一小段不描，待下一次再描，以使曲线光滑过度，如图1-27所示。

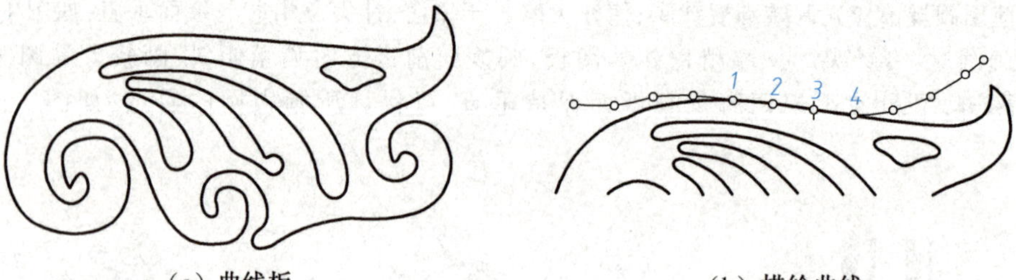

（a）曲线板　　（b）描绘曲线

图 1-27　曲线板的用法

1.2.5　其他绘图辅助工具

尺规绘图时，除了上述的各种绘图工具外，还有一些常用的辅助物品，如削铅笔的小刀、固定图纸的胶带纸、清除图面上橡皮屑用的小刷、磨削铅笔的砂纸，以及橡皮、擦图片、量角器等工具和用品。为了保证绘图的质量，这些工具和用品在绘图时也是不可缺少的。

拓展阅读

选自战国时期邹·孟轲《孟子·离娄上》："离娄之明，公输子之巧，不以规矩，不能成方圆。"孟子说："即使有离娄那样好的视力，公输子那样好的技巧，如果不用圆规和曲尺，也不能准确地画出方形和圆形。"正是因为有规矩的约束，线段才不会偏离预想的轨道。

1.3　几 何 作 图

虽然机件的轮廓形状是多种多样的，但它们的图样基本上都是由直线、圆弧和其他一些曲线所组成的几何图形，因此熟练掌握平面几何图形的作图方法，是提高绘图速度和图面质量的基本保证，也是工程技术人员必须具备的基本素质。下面介绍几种常用几何图形的作图方法，主要是用尺规按几何原理来绘制图形。

1.3.1　等分直线段

将直线段 AB 等分为 N 份，其作图方法如图 1-28 所示。

作图步骤：

①过点 A 作任意直线 AM，以适当长度为单位，在 AM 上量取 N 个等份，得 1,2,3,…,N；

②连接 BN，过 1,2,3,…,N-1 各点，分别作 BN 的平行线与 AB 相交，即可将 AB 直线等分为 N 份。

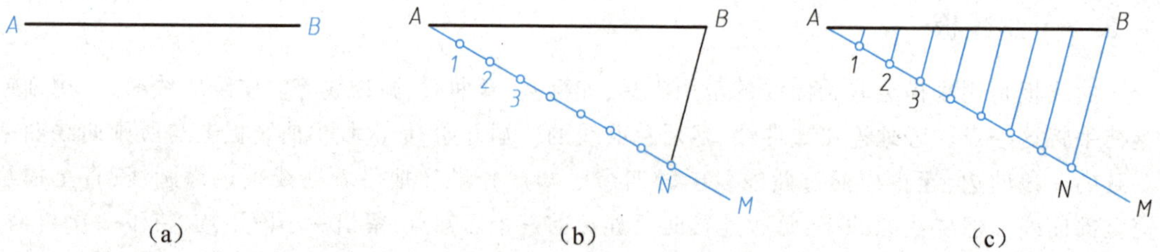

（a）　（b）　（c）

图 1-28　等分直线段的作图方法

1.3.2　等分圆及作正多边形

正多边形的作图方法常常用其外接圆，并通过将圆周等分来完成，因此，等分圆周和正多边形的作图方法是相同的。此外，正多边形也可以通过三角板和丁字尺配合作图来完成。

1. 正三角形

已知正三角形的外接圆，可以按照角度关系完成作图，也可以按照边长关系完成作图，其作图方法分别如下所述。

作图方法一：按照角度关系的作图方法。

作图步骤：

①过点 A，用 30°(60°)三角板画出斜边 AB，如图 1-29(a)所示。

②翻转三角板，过点 A 画出斜边 AC，如图 1-29(b)所示。

③用直尺连接水平边 BC，即得圆的内接正三角形，如图 1-29(c)所示。

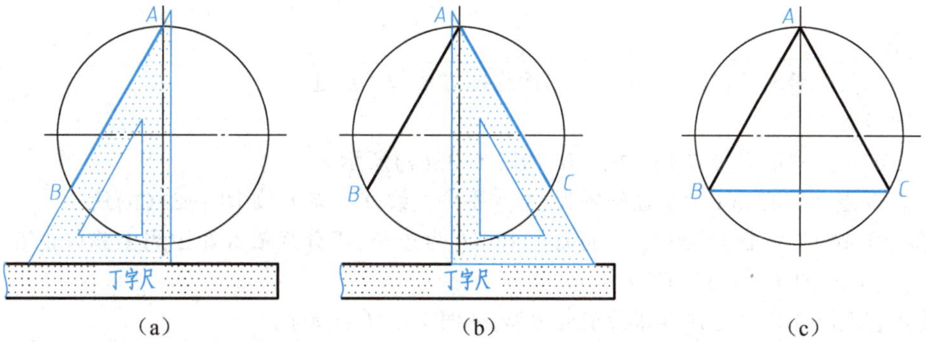

图 1-29　用三角板和丁字尺作已知圆的内接正三角形

作图方法二：按照边长关系的作图方法。

作图步骤：

①以圆的下象限点 F 为圆心，以已知圆的半径 R 为半径画圆弧，与已知圆相交于点 B、C，如图 1-30(a)所示。

②依次连接点 A、B、C，即得圆的内接正三角形，如图 1-30(b)所示。

2. 正四边形

已知正四边形的外接圆，直接将外接圆的四个象限点相连，即可完成正四边形的作图，如图 1-31 所示；也可以按照角度关系完成作图，其作图步骤如下所述。

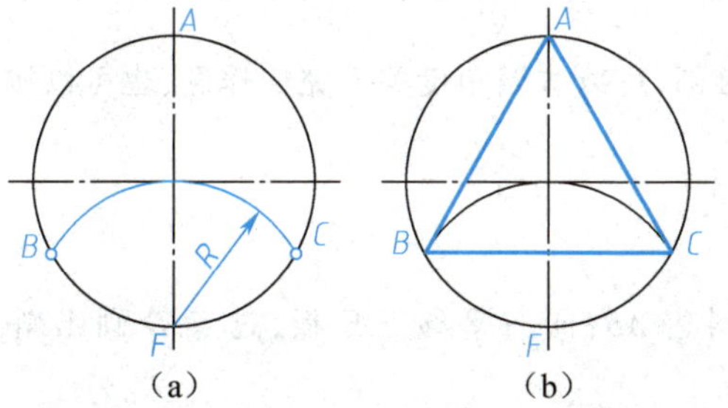

图 1-30　用圆规和直尺作已知圆的内接正三角形

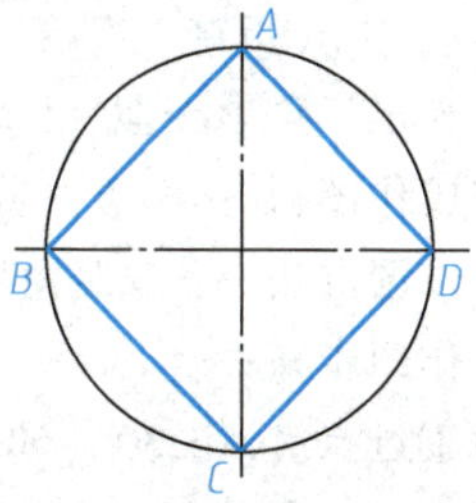

图 1-31　作圆的内接正四边形

作图步骤:

①过圆心 O,用 45°三角板画斜线与圆相交于点 A、C,如图 1-32(a)所示。

②翻转三角板,过圆心 O 画斜线与圆相交于点 B、D,如图 1-32(b)所示。

③用直尺顺序连接 A、B、C、D,即得圆的内接正四边形,如图 1-32(c)所示。

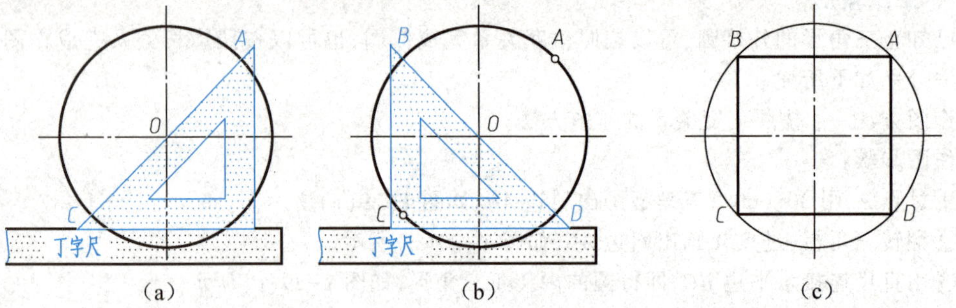

图 1-32 用三角板和丁字尺作已知圆的内接正四边形

3. 正五边形

已知正五边形的外接圆,其正五边形的作图方法如下所述。

作图步骤:

①在已知圆中取半径 OM 的中点 N,如图 1-33(a)所示。

②以 N 点为圆心,AN 为半径画圆弧,与水平中心线交于点 P,如图 1-33(b)所示。

③线段 AP 即为五边形的边长(近似),以 AP 为边长,用分规依次在圆周上截取正五边形的顶点 B、C、D、E,如图 1-33(c)所示。

④用直尺顺序连接各顶点即得正五边形,如图 1-33(d)所示。

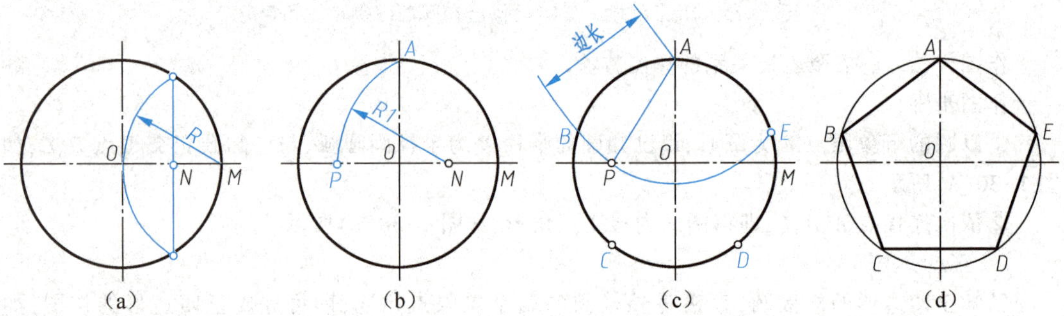

图 1-33 作已知圆的内接正五边形

4. 正六边形

与正三角形类似,已知正六边形的外接圆,可以按照角度关系完成作图,也可以按照边长关系完成作图,其作图方法分别如下所述。

作图方法一:按照角度关系的作图方法。

作图步骤:

①过点 A,用 30°(60°)三角板画出斜边 AB;向右平移三角板,过点 D 画出斜边 DE,如图 1-34(a)所示。

②翻转三角板,过点 D 画出斜边 DC;向左平移三角板,过点 A 画出斜边 AF,如图 1-34(b)所示。

③用直尺连接两水平边 *BC* 和 *EF*,即得圆的内接正六边形,如图 1-34(c)所示。

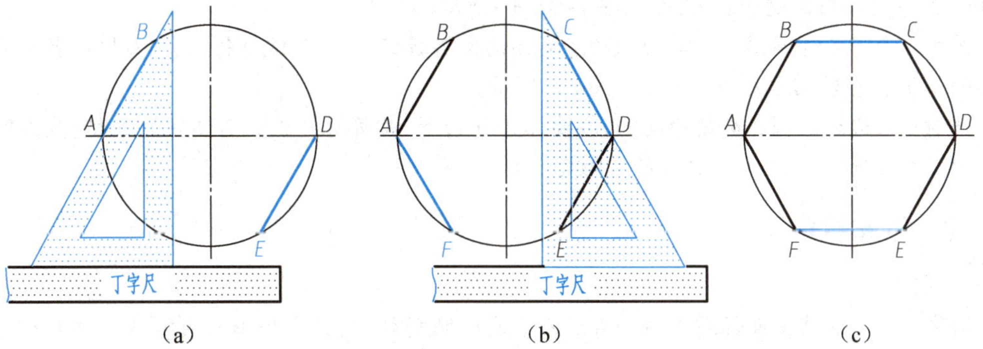

图 1-34　用三角板和丁字尺作已知圆的内接正六边形

作图方法二:按照边长关系的作图方法。

作图步骤:

①以圆的象限点 *A* 为圆心,以已知圆的半径 *R* 为半径画圆弧,与已知圆相交于点 *B*、*F*,如图 1-35(a)所示。

②再以圆的象限点 *D* 为圆心,以已知圆的半径 *R* 为半径画圆弧,与已知圆相交于点 *C*、*E*,如图 1-35(b)所示。

③依次连接点 *A*、*B*、*C*、*D*、*E*、*F*,即得圆的内接正六边形,如图 1-35(c)所示。

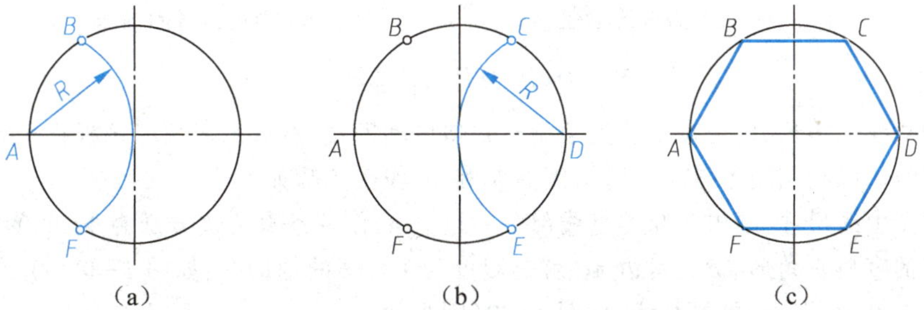

图 1-35　用圆规和直尺作已知圆的内接正六边形

5. 正 *n* 边形

作已知圆的内接正 *n* 边形,其作图方法都是相同的。以正七边形($n=7$)为例,其作图步骤如下:

①将已知圆的垂直直径 *AM* 等分为 7 份,并标出顺序号 1、2、3、4、5、6,如图 1-36(a)所示。

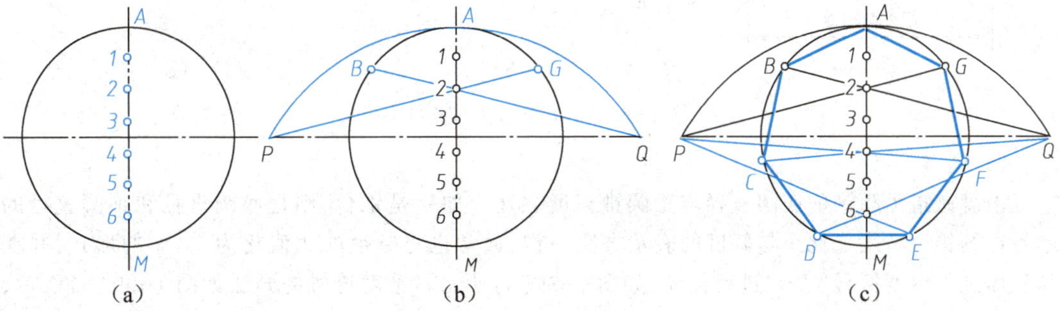

图 1-36　正七边形的作图方法

②以 M 为圆心,MA 为半径作圆,与已知圆的水平中心线交于点 P、Q;由点 P、Q 分别作直线 $P2$ 和 $Q2$,并延长与圆交于点 G、B,如图 1-36(b)所示。

③由点 P、Q 分别作直线 $P4$、$P6$、$Q4$、$Q6$,并延长与圆交于 F、E、C、D 各点,用直尺将各点顺序连接即得正七边形 $ABCDEFG$,如图 1-36(c)所示。

任意正多边形的画法都是相同的,需要作正几边形,就等分几份。需要注意的是:连线时必须从第二个等分点开始,且只能连接双数等分点。

1.3.3 斜度和锥度

1. 斜度

斜度是指直线或平面相对于另一直线或平面的倾斜程度,其大小用两直线或平面间夹角的正切来表示,将其比值化为 1 : n 的形式,并在其前面加上斜度符号"∠"进行标注,如图 1-37(a)所示。斜度符号的画法如图 1-37(b)所示,h 为图中字体高度,斜度符号的底线应与基准线平行,符号的方向应与斜面的倾斜方向一致。

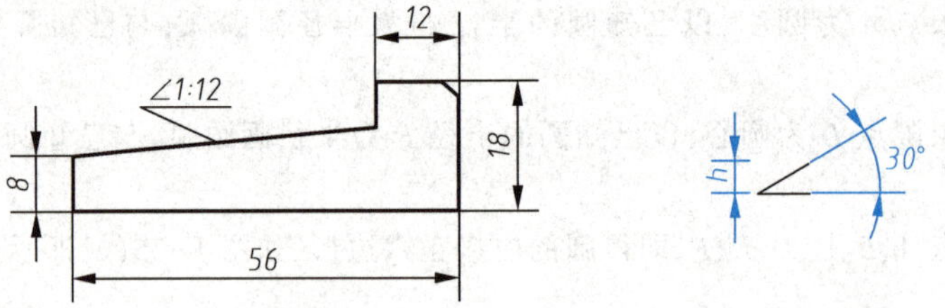

(a) 斜度的标注　　(b) 斜度符号的画法

图 1-37　斜度的标注及斜度符号的画法

作已知斜度的图形时,可按要求先绘制已知斜度辅助线,然后采用两三角板推平行线的方法绘制斜度直线。以绘制图 1-37(a)所示楔键为例,其作图步骤如下:

①根据图中的尺寸,画出已知的直线部分。过点 A,作两条直角边分别为 12 个单位长度和 1 个单位长度的直角三角形 ABC,斜边 AC 就是斜度为 1 : 12 的辅助线,如图 1-38(a)所示。

②过已知点 D,作 AC 的平行线,如图 1-38(b)所示。

③加深楔键图形,标注尺寸及斜度符号,如图 1-38(c)所示。

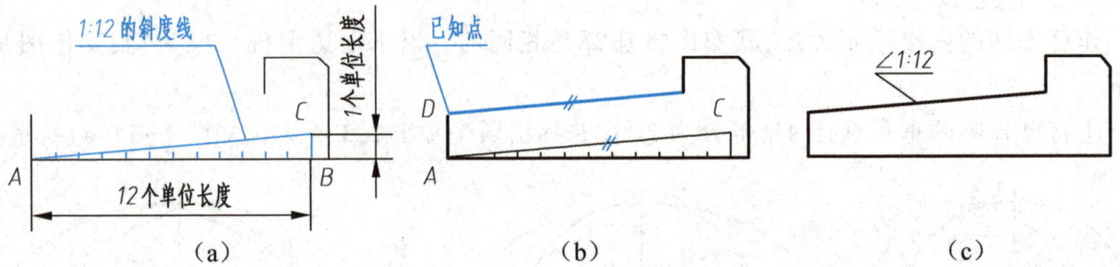

(a)　　(b)　　(c)

图 1-38　已知斜度的作图方法

2. 锥度

锥度是指正圆锥的底圆直径与正圆锥高度之比。如果是锥台,则是底圆直径和顶圆直径的差与正圆锥台高度之比。与斜度的表示方法一样,通常也将锥度的比值化为 1 : n 的形式,并在其前面加上锥度符号"▷"进行标注,如图 1-39(a)所示。锥度符号的画法如图 1-39(b)所示,H=1.4h,h 为图中字体高度,锥度符号的尖端指向圆锥的小头方向。

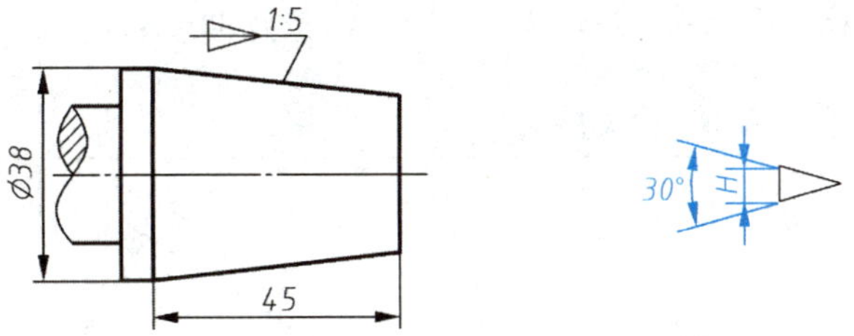

（a）锥度的标注　　（b）锥度符号的画法

图 1-39　锥度的标注及锥度符号的画法

作已知锥度的图形时，与绘制已知斜度的图形类似，先按要求绘制已知锥度辅助线，然后采用两三角板推平行线的方法绘制锥度直线。以绘制图 1-39(a)所示图形为例，其作图步骤如下：

①根据图中的尺寸，画出已知的直线部分。以中心线为高的方向绘制等腰三角形 *ABC*，使得底边 *AB* 为 1 个单位长度，高为 5 个单位长度，如图 1-40(a)所示。

②分别过已知点 *D*、*E*，作 *AC* 和 *BC* 的平行线，如图 1-40(b)所示。

③沿轴线方向度量给定长度 45 并画直线，将锥度线延长到与之相交，加深图形，标注尺寸及锥度符号，完成作图，如图 1-40(c)所示。

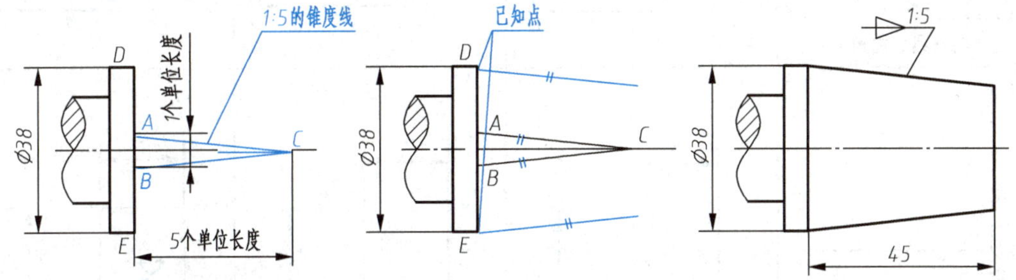

(a)　(b)　(c)

图 1-40　已知锥度的作图方法

1.3.4　圆弧连接

圆弧连接就是用圆弧光滑地连接相邻两直线或圆弧的作图方法。机械零件的外形轮廓中常常见到，所以在绘制图样时会遇到多种元素(直线、圆、圆弧)的连接问题。

本节所述的圆弧连接是用已知半径的圆弧将两个几何元素光滑的连接起来，也就是几何中图形间的相切问题，其中的连接点就是切点。连接几何元素的圆弧称为连接圆弧。

圆弧连接作图的要点就是根据已知条件(如连接圆弧的半径、与几何元素之间的关系等)，准确地定出连接圆弧的圆心与切点，并用其半径将几何元素在切点处光滑地连接起来。

1. 圆弧与直线连接

用已知半径为 *R* 的圆弧连接两条直线的作图方法和步骤见表 1-7。其中连接圆弧的圆心 *O* 是分别平行于已知两条直线且与其距离均等于 *R* 的直线的交点；连接圆弧的切点 *M*、*N* 是过圆心且垂直于已知直线的垂足。

2. 圆弧与圆弧连接

圆弧与圆弧连接分为外切、内切、内外切三种，其作图方法和步骤见表 1-8。

表 1-7　圆弧连接两条相交直线的作图方法和步骤

已知条件 （用给定半径圆弧 连接相交两直线）	第一步：求圆心 O （作已知直线的平行 线，求连接圆弧圆心）	第二步：求切点 M、N （过圆心作已知直线的 垂线，求切点）	第三步：画连接圆弧 （在切点之间画连接圆弧）
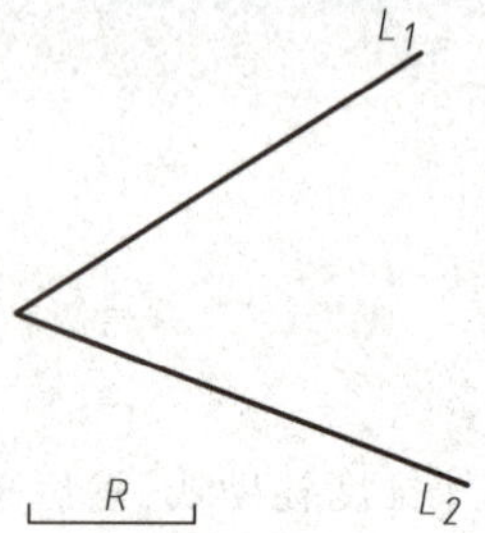 两直线成锐角	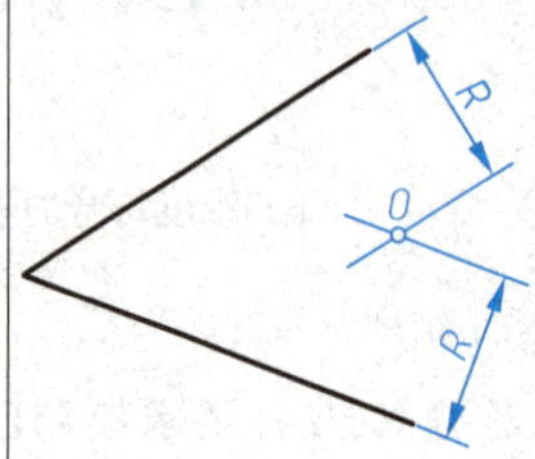	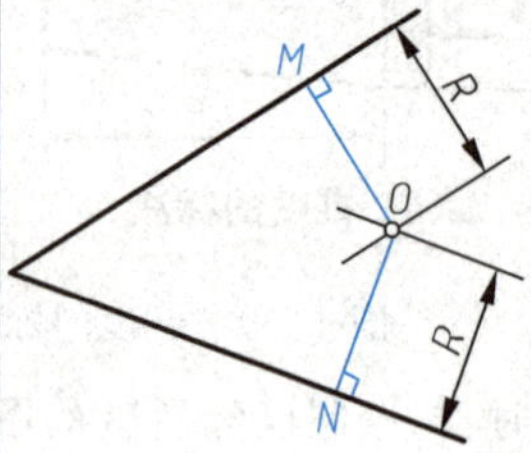	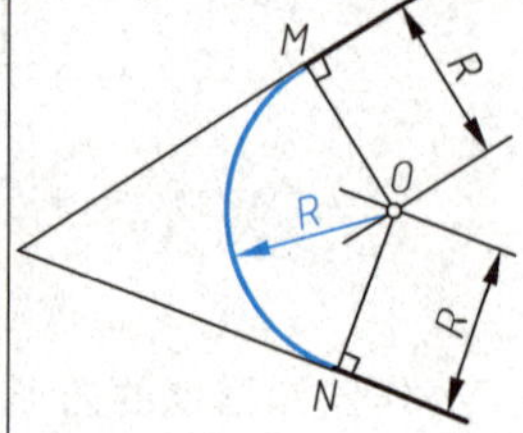
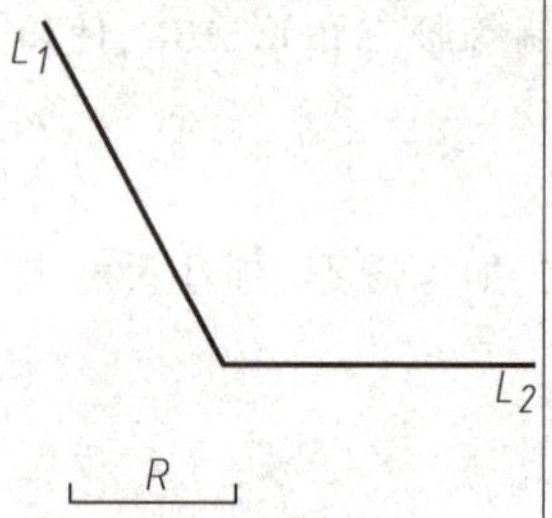 两直线成钝角	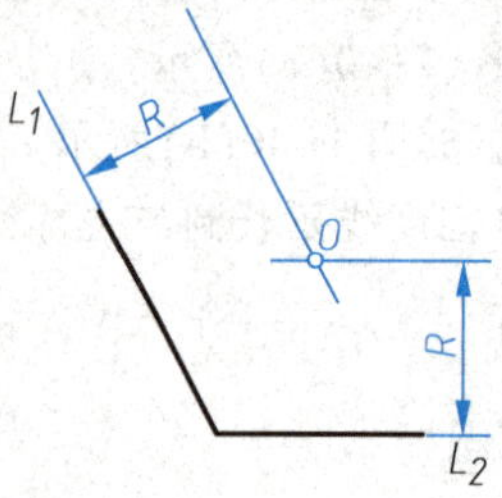	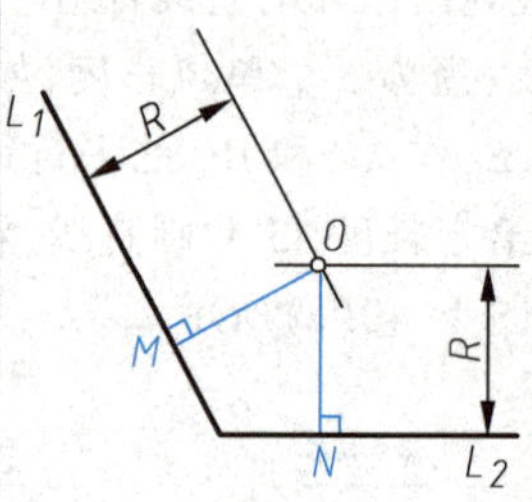	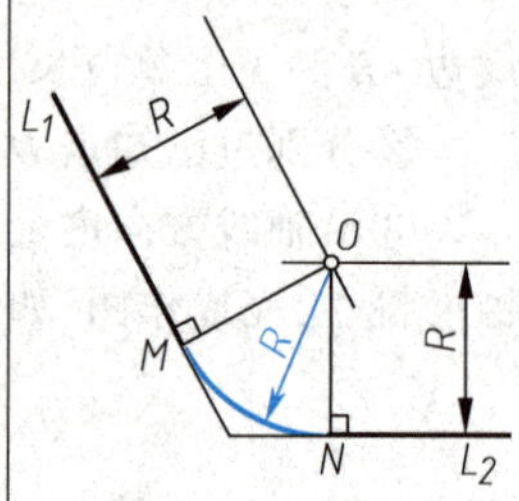
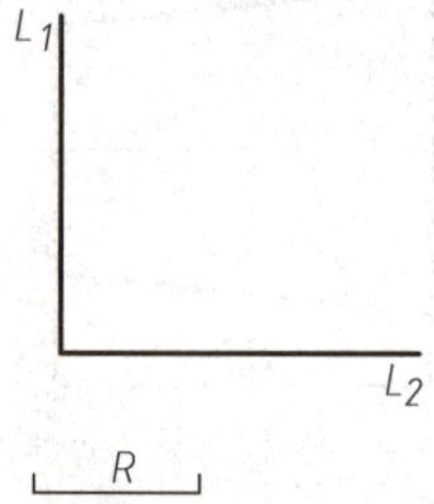 两直线成直角	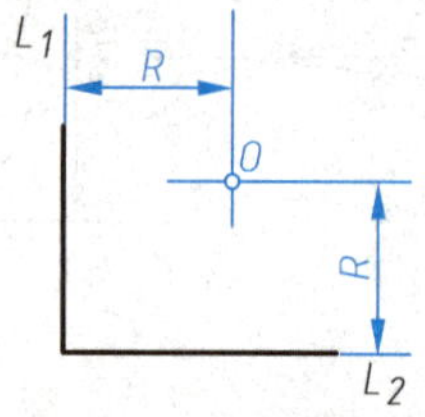	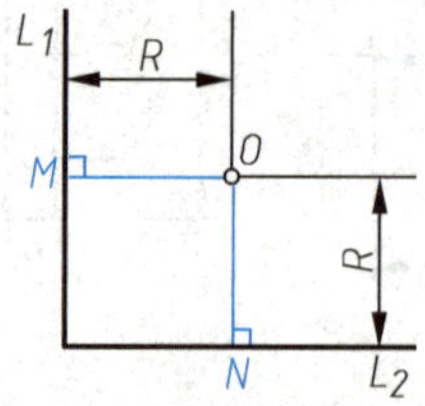	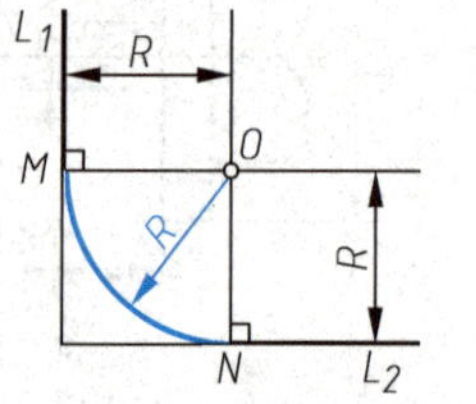

(1)外切连接

即用已知半径为 R 的圆弧外切两已知圆弧。其中连接圆弧的圆心 O 是：分别以两已知圆弧的圆心 O_1、O_2 为圆心，以 $R+R_1$、$R+R_2$ 为半径所作的圆弧的交点；连接圆弧的切点 M、N 分别是连接圆弧圆心 O 和已知圆弧圆心 O_1、O_2 的连线与已知圆弧的交点。

(2)内切连接

即用已知半径为 R 的圆弧分别内切两已知圆弧。其中连接圆弧的圆心 O 是：分别以两已知圆弧的圆心 O_1、O_2 为圆心，以 $R-R_1$、$R-R_2$ 为半径所作的圆弧的交点；连接圆弧的切点 M、N 分别是连接圆弧圆心 O 和已知圆弧圆心 O_1、O_2 连线的延长线与已知圆弧的交点。

(3)内外切连接

即用已知半径为 R 的圆弧与其中一条已知圆弧外切，而与另一条已知圆弧内切。其中连接圆弧的圆心 O 是：分别以两已知圆弧的圆心 O_1、O_2 为圆心，以 $R-R_1$、$R+R_2$ 为半径所作的圆弧的交点；连接圆弧的切点 M 为连接圆弧圆心 O 和已知圆弧圆心 O_1 连线的延长线与已知圆弧的交点，切点 N 为连接圆弧圆心 O 和已知圆弧圆心 O_2 的连线与已知圆弧的交点。

表 1-8　圆弧连接另外两圆弧的作图方法和步骤

已知条件（用给定半径圆弧连接两圆弧）	第一步：求圆心 O（作已知两圆弧的同心圆，求连接圆弧的圆心）	第二步：求切点 M、N（分别作连心线，求切点）	第三步：画连接圆弧（在切点之间画连接圆弧）
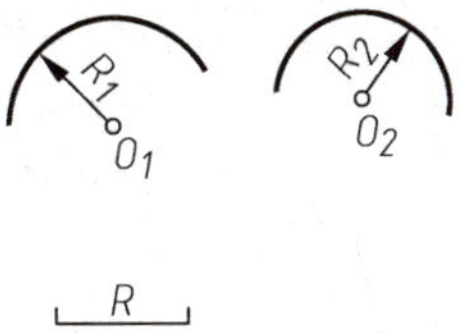 与两已知圆弧均外切	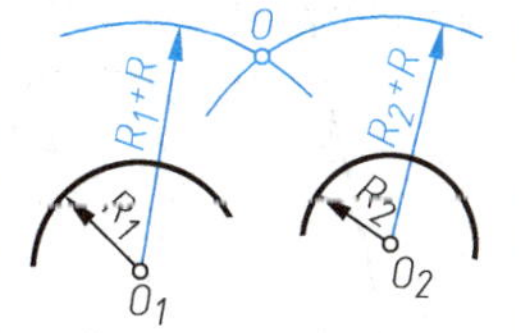	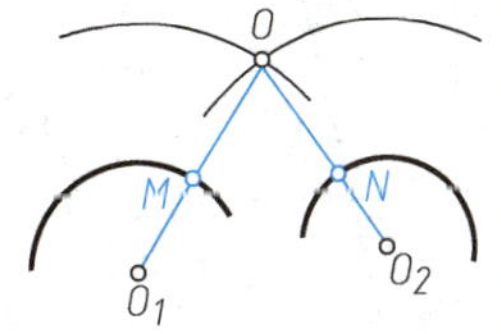	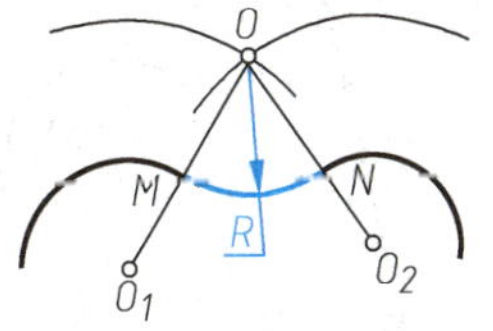
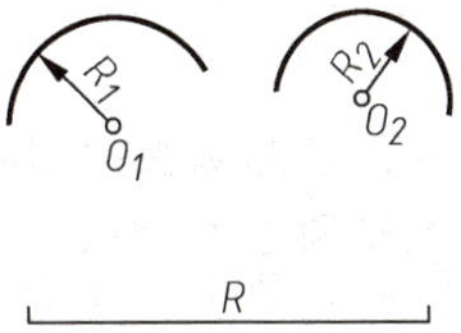 与两已知圆弧均内切	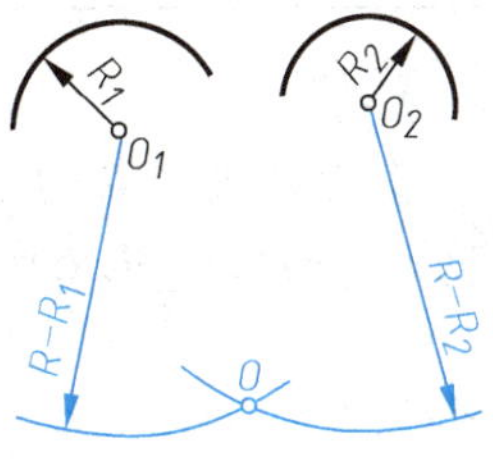	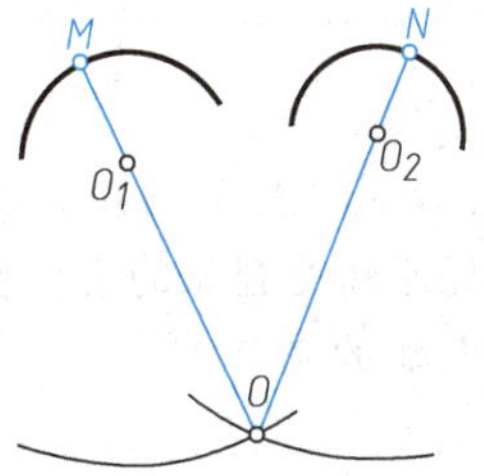	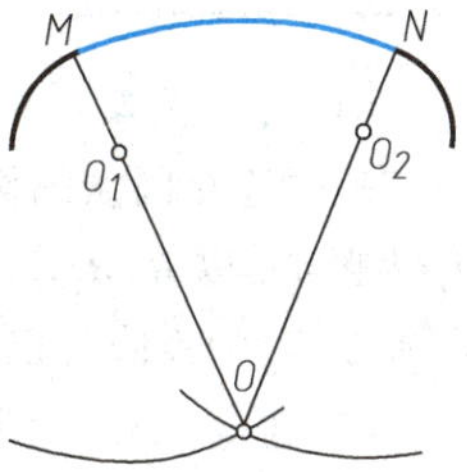
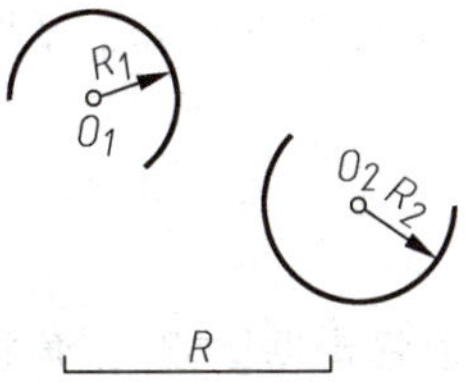 与 R_1 圆弧内切，与 R_2 圆弧外切	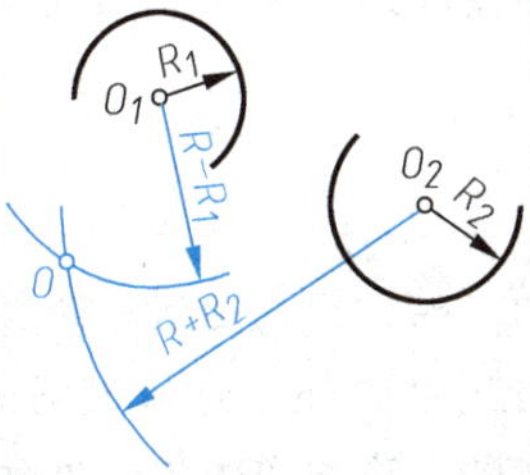	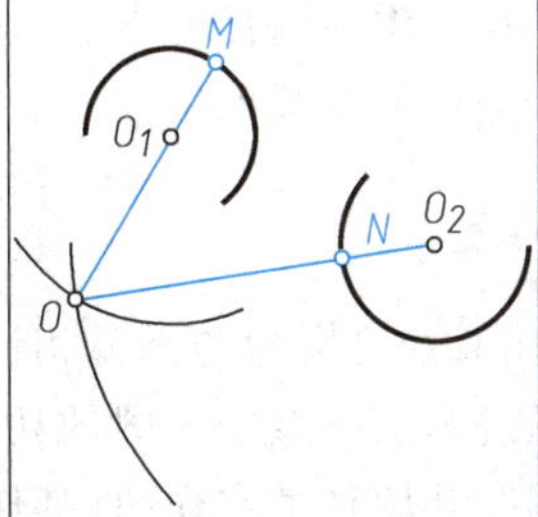	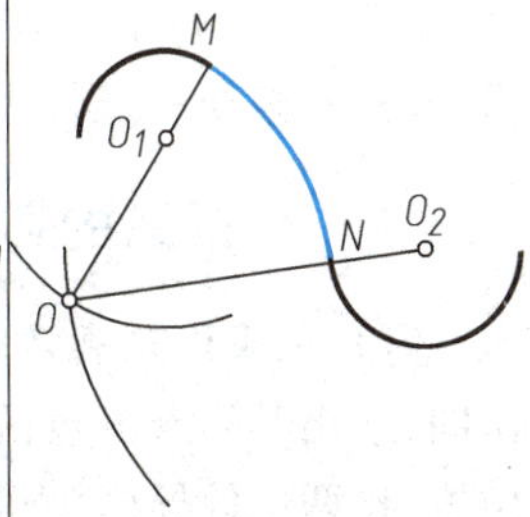

3. 圆弧与直线、圆弧分别连接

圆弧与直线、圆弧的连接情况分为两种，其作图方法和步骤见表 1-9。

表 1-9　圆弧与直线、圆弧连接的作图方法和步骤

已知条件（用给定半径圆弧连接直线和圆弧）	第一步：求圆心 O（作已知直线的平行线和已知圆弧的同心圆，求连接圆弧的圆心）	第二步：求切点 M、N（分别作垂线和连心线，求切点）	第三步：画连接圆弧（在切点之间画连接圆弧）
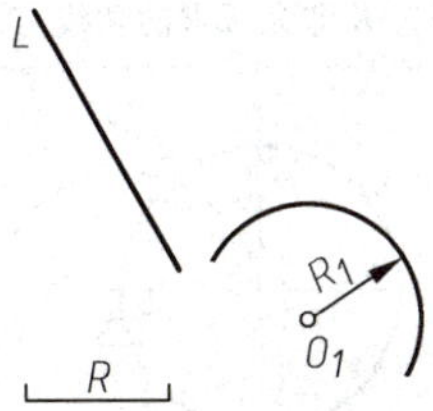 用圆弧连接直线并与一圆弧外切	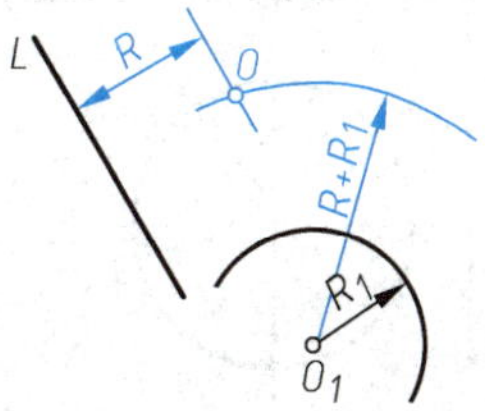	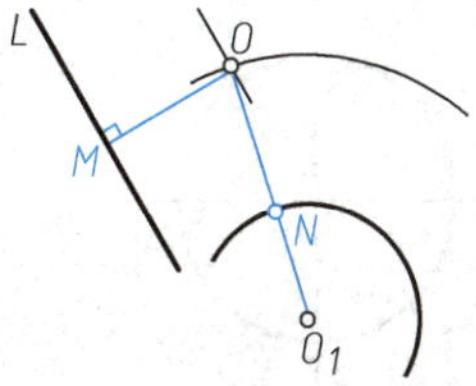	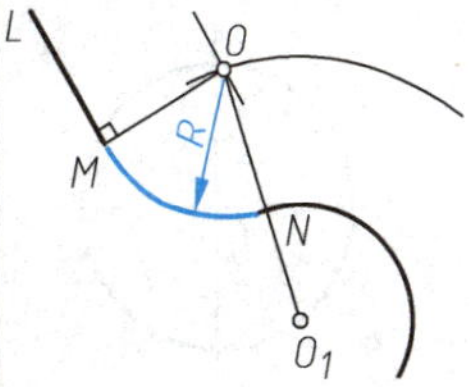

续表

已知条件（用给定半径圆弧连接直线和圆弧）	第一步：求圆心 O（作已知直线的平行线和已知圆弧的同心圆，求连接圆弧的圆心）	第二步：求切点 M、N（分别作垂线和连心线，求切点）	第三步：画连接圆弧（在切点之间画连接圆弧）
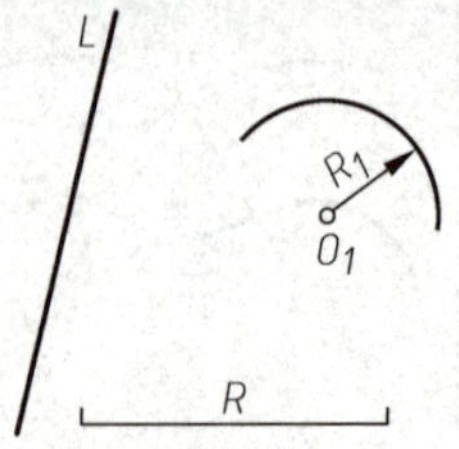 用圆弧连接直线并与一圆弧内切	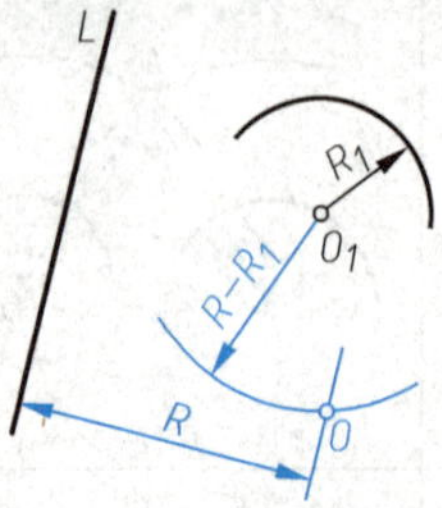	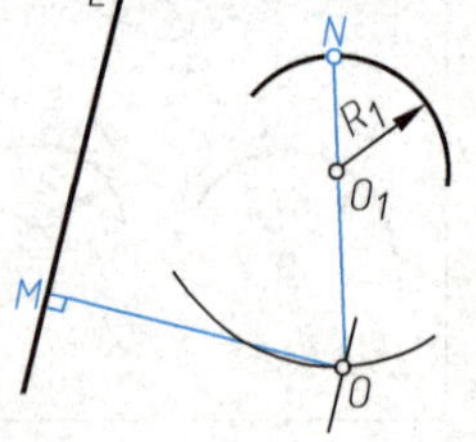	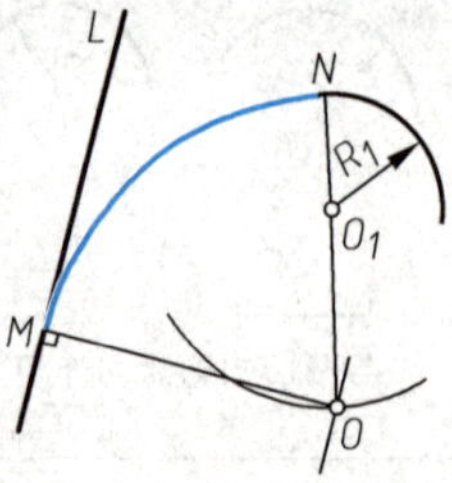

（1）连接圆弧一端与直线连接，另一端与已知圆弧外切

其中连接圆弧的圆心 O 是平行于已知直线且与其距离等于 R 的直线和以已知圆弧的圆心 O_1 为圆心，以 $R+R_1$ 为半径所作的圆弧的交点；连接圆弧的切点 M 是垂足，N 是圆心 O 和已知圆弧圆心 O_1 的连线与已知圆弧的交点。

（2）连接圆弧一端与直线连接，另一端与已知圆弧内切

其中连接圆弧的圆心 O 是平行于已知直线且与其距离等于 R 的直线和以已知圆弧的圆心 O_1 为圆心，以 $R-R_1$ 为半径所作的圆弧的交点；连接圆弧的切点 M 是垂足，N 是圆心 O 和已知圆弧圆心 O_1 连线的延长线与已知圆弧的交点。

1.3.5 作圆弧的切线

零件的平面轮廓常用直线光滑地与圆弧相切。作直线与圆弧相切时，通常借助圆规、三角板作图，求出其切点。包括过圆上一点作该圆的切线、过圆外一点作该圆的切线、作两圆的同侧公切线、作两圆的异侧公切线共四种基本作图，其作图方法和作图步骤见表 1-10。

表 1-10 作圆弧切线的作图方法和步骤

已知条件	第一步	第二步	第三步
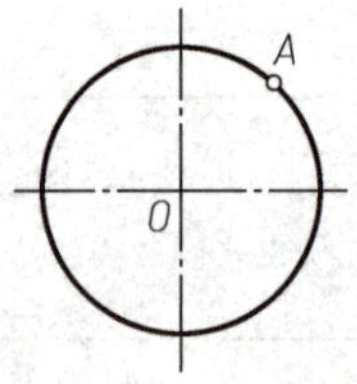 过圆上一点作该圆的切线	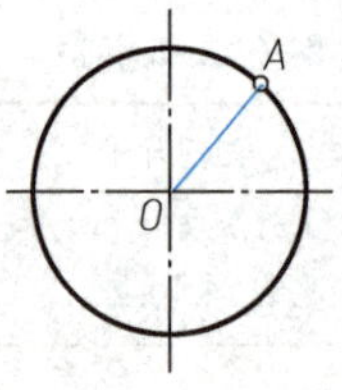 连接圆心 O 和切点 A	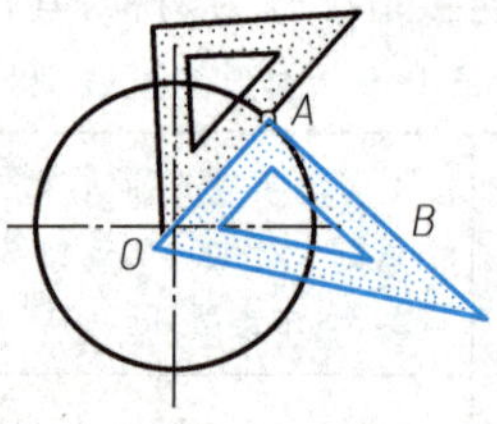 过点 A 作 OA 的垂线 AB	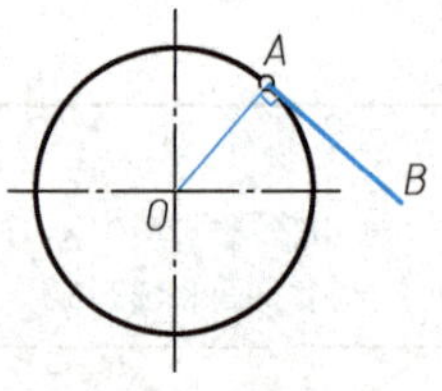 AB 即为所求的切线
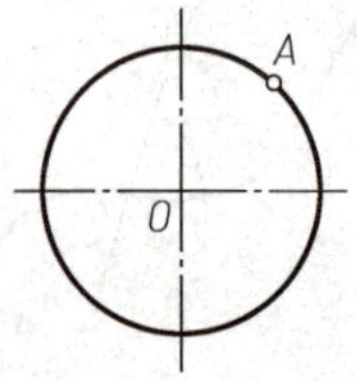 过圆上一点作该圆的切线	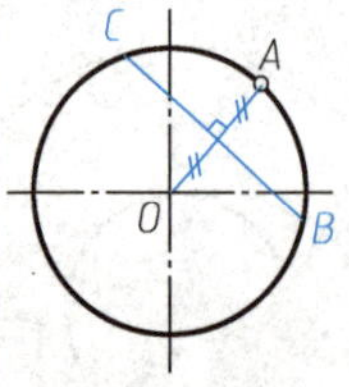 连接圆心 O 和切点 A，作 OA 的中垂线，交圆弧于 B、C 两点	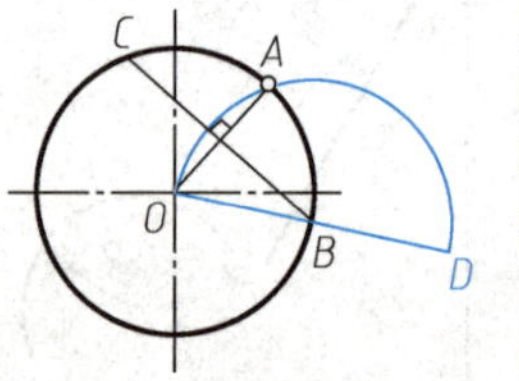 以点 B 为圆心，BO 为半径画半圆，交 OB 的延长线于点 D	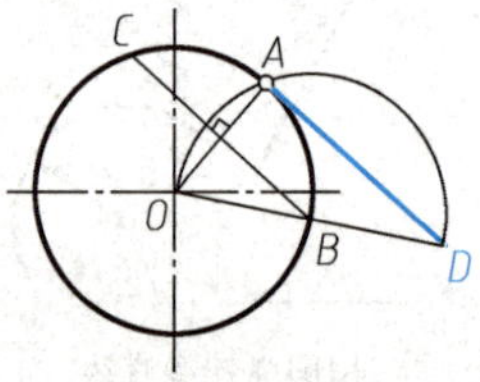 连接 A、D 两点，AD 即为所求的切线

续表

已知条件	第一步	第二步	第三步
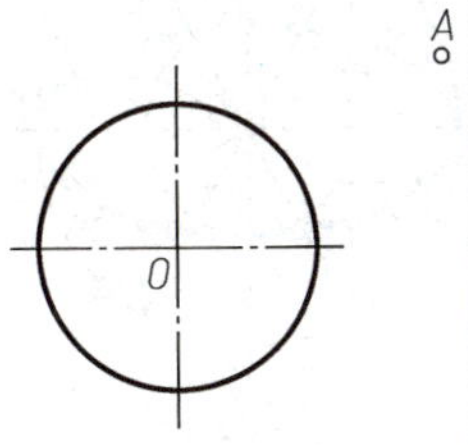 过圆外一点作该圆的切线	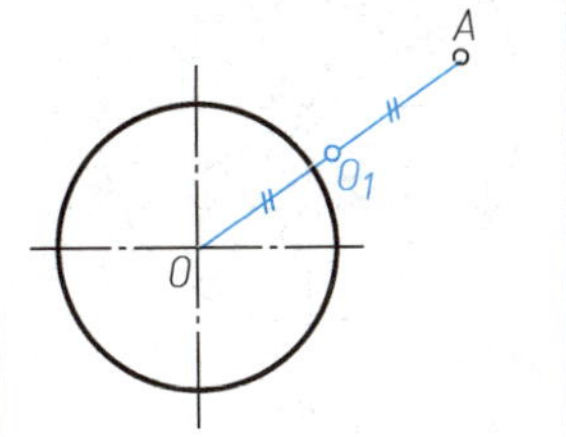 连接圆心 O 和点 A，求出 OA 的中点 O_1	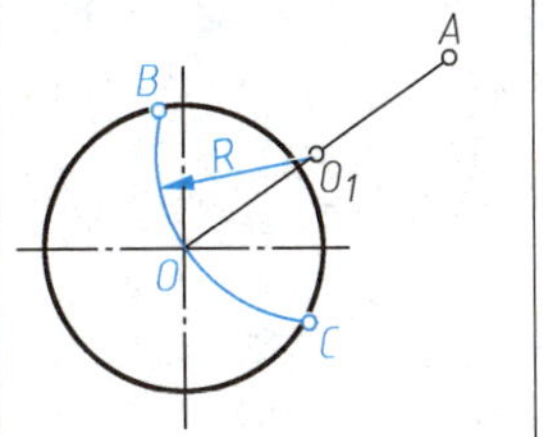 以 O_1 为圆心，OO_1 为半径画圆弧，交已知圆于点 B、C	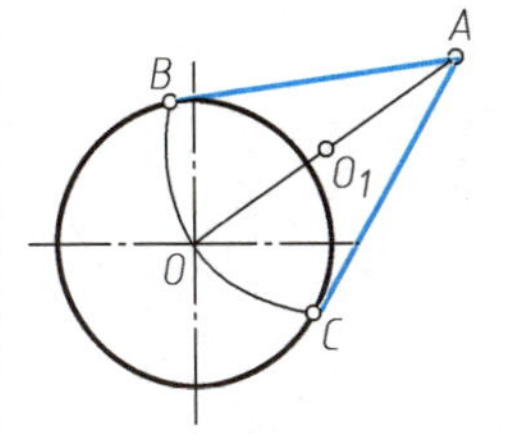 分别连接 A、B 两点和 A、C 两点，AB 和 AC 即为所求的切线
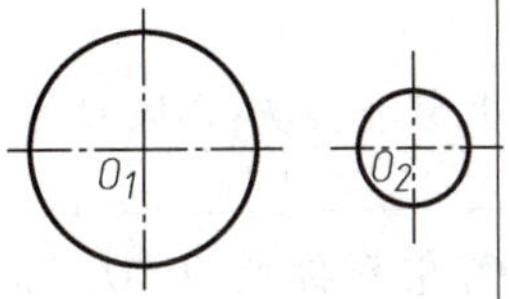 作两圆的同侧公切线	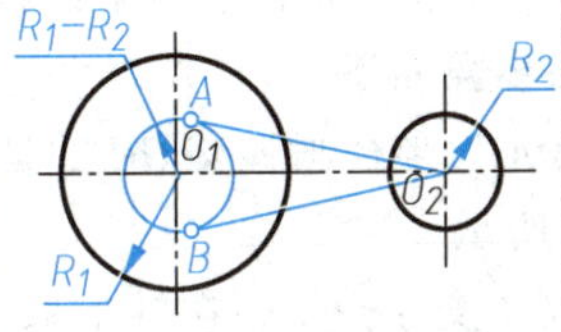 以 O_1 为圆心，R_1-R_2 为半径画圆，过 O_2 点作该圆的切线 O_2A 和 O_2B	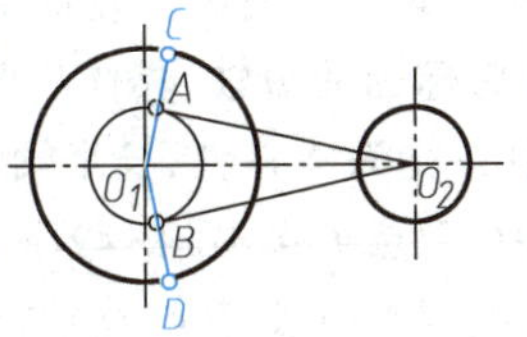 连接 O_1A 和 O_1B 并延长，与 O_1 圆交于点 C、D	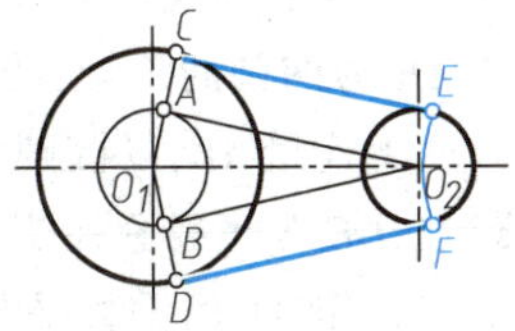 作 $O_2E // O_1C$、$O_2F // O_1D$，连接 CE 和 DF，CE、DF 即为所求公切线
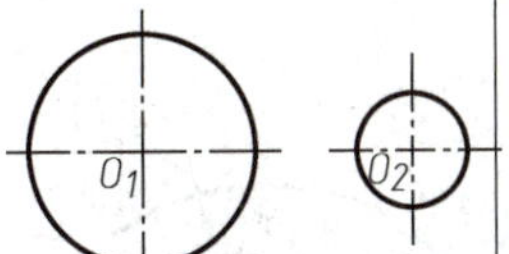 作两圆的异侧公切线	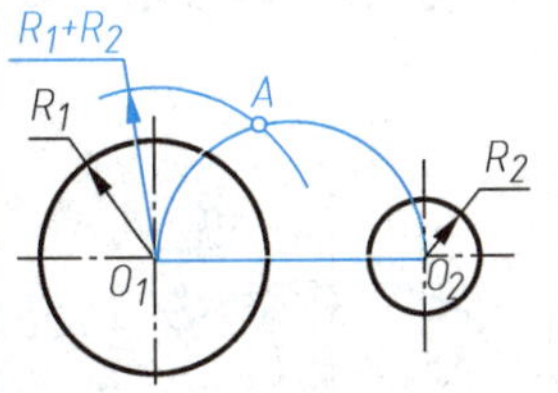 以 O_1O_2 为直径作辅助圆，以 O_1 为圆心，R_1+R_2 为半径画圆弧，与辅助圆相交于点 A	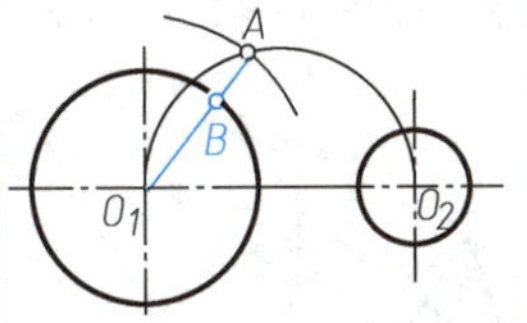 连接 O_1A，与 O_1 圆交于点 B	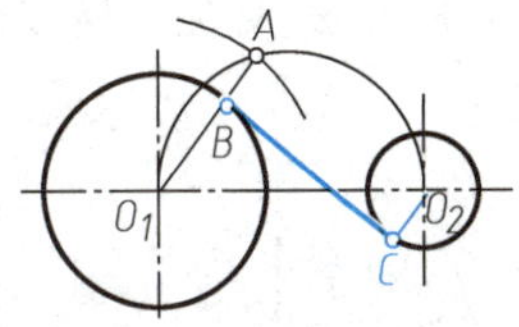 作 $O_2C // O_1A$，连接点 B 和 C，BC 即为所求公切线

1.3.6　椭圆的画法

绘图时，除了直线和圆弧外，也会遇到另外一些非圆曲线，例如椭圆、双曲线、渐开线等。下面介绍已知椭圆长轴和短轴近似地画椭圆的两种方法。

1. 同心圆法

已知 AB 为椭圆的长轴，CD 为椭圆的短轴，具体作图步骤如下：

①以椭圆中心 O 为圆心，分别以长半轴 OA、短半轴 OC 为半径，作两个同心圆，如图 1-41(a)所示。

②作圆的 12 等分，过圆心 O 作放射线，分别求出与两圆的交点，如图 1-41(b)所示。

③过大圆上的等分点作竖直线，过小圆上的等分点作水平线，竖直线与水平线的交点即为椭圆上的点，如图 1-41(c)所示。

④用曲线板光滑连接椭圆上的各点，完成作图，如图 1-41(d)所示。

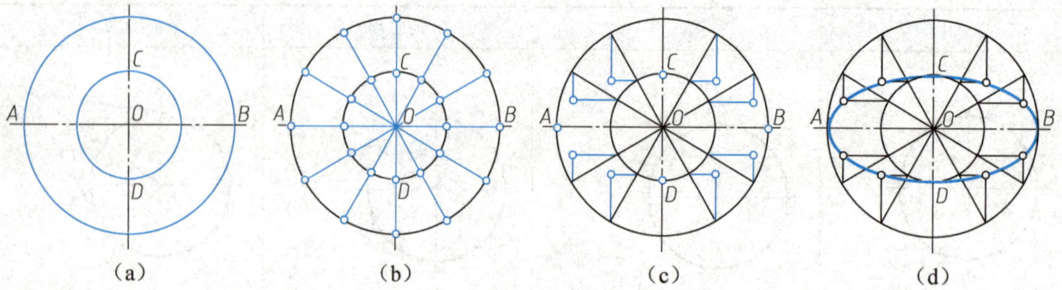

图 1-41　用同心圆法近似画椭圆

2. 四心圆弧法

用四心圆弧近似画椭圆的方法相对比较简单，因此是机械制图中用得较多的一种方法。已知 AB 为椭圆的长轴，CD 为椭圆的短轴，具体作图步骤如下：

①连接 AC，以椭圆中心 O 为圆心，以长半轴 OA 为半径画弧交 OC 的延长线于点 E；再以 C 为圆心，CE 为半径画弧交 AC 于点 F，如图 1-42(a)所示。

②作 AF 的垂直平分线，与 AB 交于点 O_1，与 CD 交于点 O_2，在轴上取 O_1 的对称点 O_3，O_2 的对称点 O_4，如图 1-42(b)所示。

③分别以 O_2 和 O_4 为圆心，以 O_2C(或 O_4D)为半径，画出两段大圆弧，在有关圆心连线上，连接 O_2O_3、O_3O_4、O_1O_4 并延长，得到四个切点 K、L、M、N，如图 1-42(c)所示。

④分别以 O_1 和 O_3 为圆心，以 O_1A(或 O_3B)为半径，画出两段小圆弧，与所画的大圆弧相切于 K、L、M、N，完成椭圆作图，如图 1-42(d)所示。

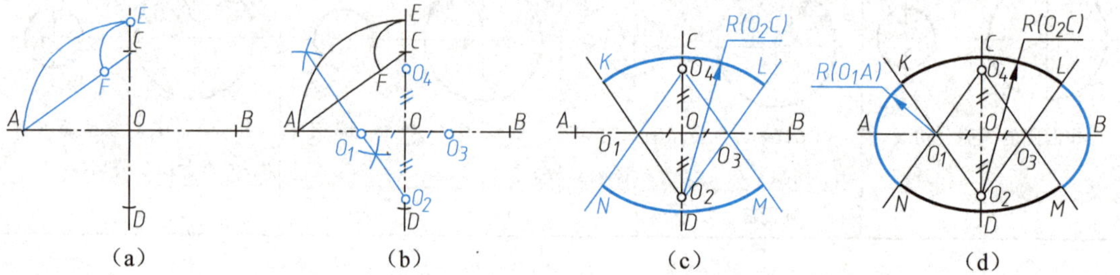

图 1-42　用四心圆弧法近似画椭圆

1.4　平面图形分析及绘制平面图形的一般步骤

平面图形是由许多直线或曲线连接而成的，要正确画出平面图形，必须对平面图形尺寸和线段连接关系进行分析，确定线段性质，明确作图顺序，才能正确地画出图形。

1.4.1　平面图形的尺寸分析

尺寸按照其在平面图形中的作用可分为定形尺寸和定位尺寸。若要确定平面图形中各部分之间的相对位置，还必须有尺寸基准。下面以图 1-43(a)所示平面图形中的尺寸进行分析。

1. 尺寸基准

在平面图形中，有长度方向和高度方向两个尺寸基准，相当于空间直角坐标系中的 X 坐标和 Z 坐标，尺寸基准也就是确定注写尺寸的起点，平面图形中常用的尺寸基准一般是对称图形的对称中心线、较大圆的中心线、底边、侧边等。

如图 1-43(b)所示，选择右侧边作为长度方向的尺寸基准；选择底边作为高度方向的尺寸基准。

2. 定形尺寸

确定平面图形中各几何元素形状大小的尺寸，称为定形尺寸。如直线段的长度、圆弧的直径或半径、角度的大小等都是定形尺寸。

如图 1-43(c)所示，两个圆的直径尺寸⌀12、⌀10，四个圆弧的半径尺寸 $R10$、$R12$、$R10$、$R4$，直线的长度尺寸 50 均为定形尺寸。

3. 定位尺寸

确定平面图形中各几何元素相对位置的尺寸，称为定位尺寸。如图 1-43(d)所示，长度方向的定位尺寸 12，确定了长圆形右半圆圆心到右侧边(长度方向基准)的距离，10 确定了长圆形左、右半圆圆心的中心距，高度方向的定位尺寸 11，确定了长圆形中心到底边的距离，由此，长圆形的位置便完全确定了；高度方向的定位尺寸 15 和 30，分别确定了两个圆的圆心到底边的距离，而两个圆长度方向的定位尺寸和圆弧的半径值相同，不再重复标注，由此，两个圆和两个圆弧($R10$)的位置也完全确定了。

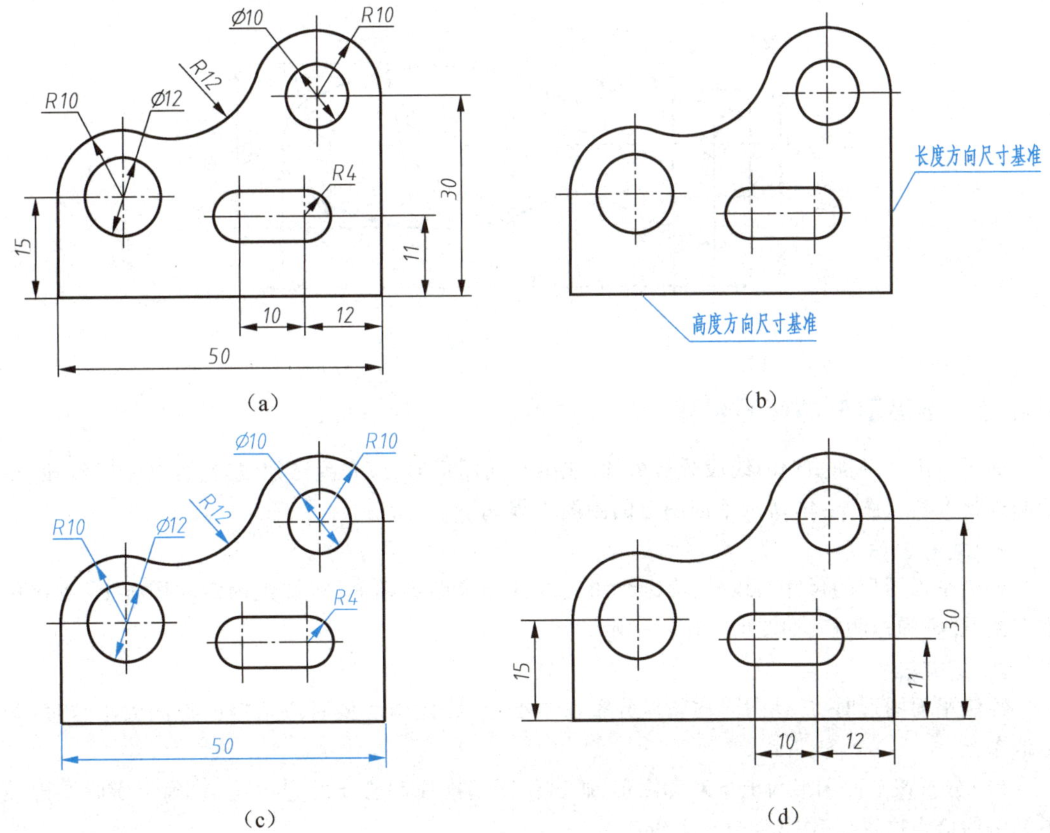

图 1-43　平面图形的尺寸分析

1.4.2 平面图形的线段分析

根据平面图形中各线段(圆、圆弧、直线等)的定形尺寸和定位尺寸是否齐全,可将线段分为已知线段、中间线段和连接线段,下面以图 1-44 所示平面图形为例加以说明。

1. 已知线段

在平面图形中,线段具有完整的定形尺寸和定位尺寸,画图时根据图形中所标注的尺寸直接能够画出的线段,称为已知线段。如图 1-44 所示平面图形中,∅20、∅5、15、8 和 *R*15 均为已知线段;*R*10 的圆心位置根据几何关系可以直接计算得出,因而也是已知线段。

2. 中间线段

在平面图形中,线段具有完整的定形尺寸和一个方向的定位尺寸,画图时需根据图形中的一个连接关系才能画出的线段,称为中间线段。如图 1-44 所示平面图形中的 *R*50,长度方向的定位尺寸未知,但该圆弧和 *R*10 圆弧相内切。

3. 连接线段

在平面图形中,线段仅有定形尺寸,而没有定位尺寸,画图时需根据图形中的两个连接关系才能画出的线段,称为连接线段。如图 1-44 所示平面图形中的 *R*12,长度方向和高度方向的定位尺寸均未知,而该圆弧和 *R*15、*R*50 圆弧均外切。

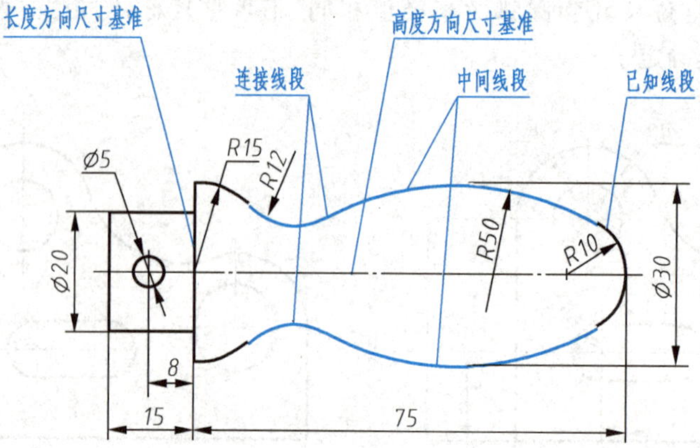

图 1-44 平面图形的线段分析

1.4.3 平面图形的画图步骤

通过以上对平面图形的线段分析可知,在画平面图形时,应先画已知线段,再画中间线段,最后画连接线段。图 1-44 所示平面图形的画图步骤如下。

1. 准备工作

分析平面图形的尺寸和线段,确定绘图比例并选择图纸幅面,将图纸固定在图板上,画出标准图幅、图框和标题栏,如图 1-45(a)所示。

2. 画底稿

绘制平面图形时,应使图形均匀地分布在图纸上,因此画底稿时应根据图形的大小合理、匀称地布图。

(1)分析该平面图形为上下对称图形,画出作图基准线和必要的定位线,以确定所画图形在图纸中的恰当位置,如图 1-45(b)所示。

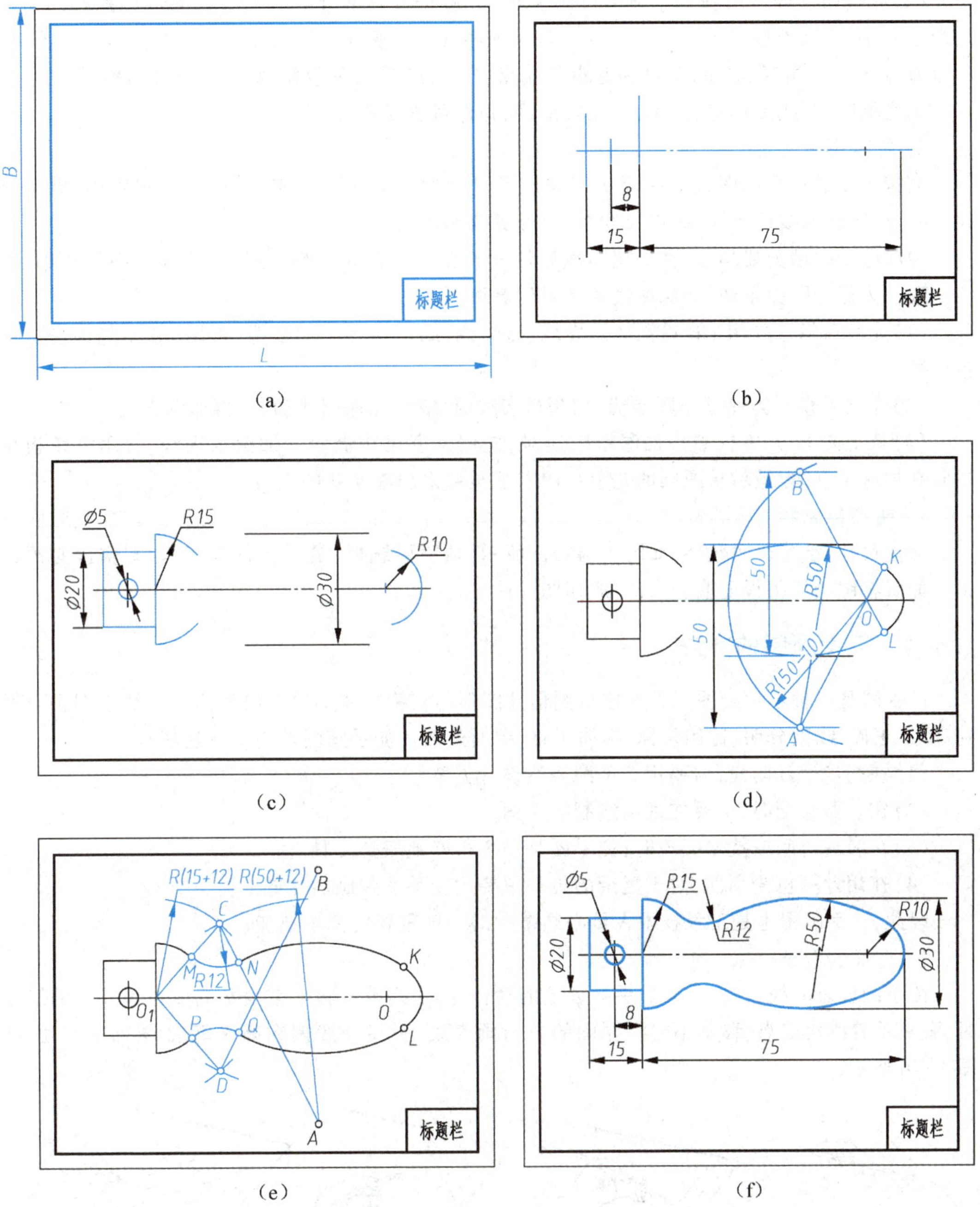

图 1-45　平面图形的画图步骤

(2)依次画出各已知线段,如图 1-45(c)所示。

(3)画中间线段 $R50$ 圆弧。画上面 $R50$ 圆弧时,先根据$\varnothing 30$ 确定 $R50$ 圆弧的圆心在距离最上面直线向下为 50 的直线上;再根据 $R50$ 圆弧一端与 $R10$ 圆弧相内切定出其圆心在以 $R10$ 圆弧的圆心 O 为圆心,以 $R=50-10=40$ 为半径的圆上;根据图形几何关系,求得有效圆心为 A,连接 AO 并延长与 $R10$ 圆弧交于点 K;以 A 为圆心,以 AK 为半径,过切点 K 画出 $R50$ 圆弧。同理,再画出下面 $R50$ 圆弧,如图 1-45(d)所示。

(4)画连接线段 $R12$ 圆弧。画 $R12$ 圆弧时,先根据其两端分别与 $R15$ 和 $R50$ 圆弧相外切定出圆心 C、D;分别连接 O_1C、AC、O_1D、BD,与 $R15$ 和 $R50$ 圆弧相交得切点 M、N、P、Q;分别以点 C、D 为圆心,$R12$ 为半径,M、N、P、Q 为起点和端点完成 $R12$ 圆弧的绘制,如图 1-45(e)所示。

画底稿时,图线要尽量轻、细,且位置准确,并保持图面整洁。

3. 加深图线

加深图线是在整幅图纸的底稿全部完成后进行的。加深图线前,要全面检查底稿,修正错误,并将作图辅助线擦干净,画出尺寸线、尺寸界线和箭头。

加深图线时用力要均匀,并应使图线均匀分布在底稿线的两侧,尽量做到同类图线粗细、浓淡一致。为保持图面整洁,加深图线时还要注意以下几点。

(1)先细后粗。先用 HB 铅笔加深虚线、点画线、细实线等全部细线,再用 2B 铅笔加深全部粗实线。

(2)先圆后直。为保证作图准确,加深粗实线时,应先加深圆弧和圆,再加深直线。

(3)从上向下,从左向右。加深粗实线时,先用丁字尺从上向下加深水平线,再用三角板从左向右加深竖直线,最后从图纸的左上角向右下角依次加深倾斜的直线。

4. 填写标题栏

标注尺寸,填写尺寸数字,如图 1-45(f)所示,填写标题栏,最后检查全图,如有错误必须改正。最后将图纸从图板上取下来,完成作图。

1.4.4 徒手画图的方法

徒手图是一种不用绘图工具而按目测估计图形与实物的比例绘制出的草图。徒手图仍要做到:图形正确、线型分明、比例匀称、字体工整、图面整洁。徒手画图常用于下述场合。

(1)在初步设计阶段,需要用徒手图表达设计方案。

(2)在机器修配时,需要在现场绘制徒手图。

(3)在参观访问或技术交流时,徒手图是一个很好地表达工具。

(4)在用计算机绘图前,对于复杂的机件常要用徒手图勾画出样图。

因此,徒手画图也是工程技术人员必须掌握的一项重要的基本技能。

1. 直线的画法

徒手画较短的线段时,主要靠手指握笔的动作,小手指及手腕不宜紧贴纸面。画较长的线段时,眼睛看着线段终点,移动小臂沿要画的方向画直线,手指一般握在高于笔尖约 35 mm 处,如图 1-46 所示。

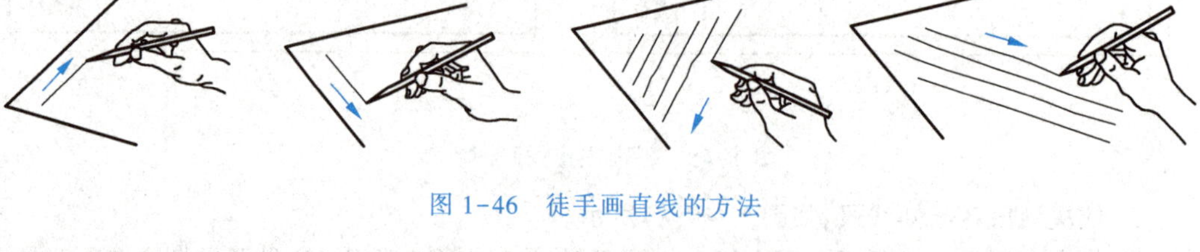

图 1-46 徒手画直线的方法

2. 圆和圆弧的画法

画圆时,首先过圆心画出两条互相垂直的中心线,再根据半径的大小在中心线上定出四点,然后过这四点画圆,如图 1-47(a)所示。画较大的圆时,可过圆心加画两条 45°的斜线,在斜线上再定出四点,然后过这八点画圆,如图 1-47(b)所示。

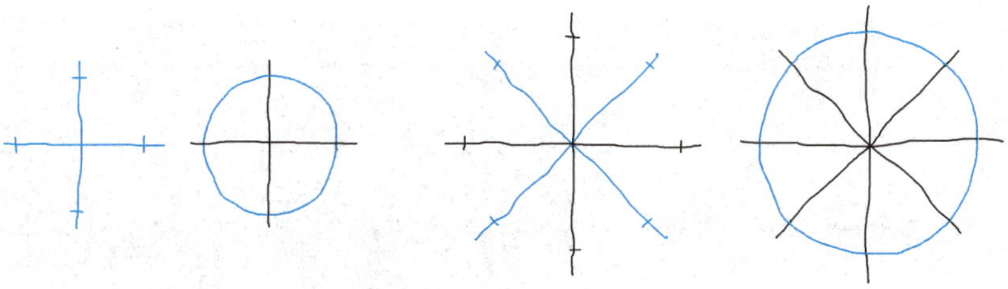

图 1-47　徒手画圆的方法

画圆弧的方法如图 1-48 所示。先将直线画成相交后作角平分线，根据圆角半径的大小，在角平分线上定出圆心位置；然后过圆心分别向两边引垂线，定出圆弧的起点和终点，并在角平分线上定出圆弧上的一点；最后徒手把这三点连成圆弧。

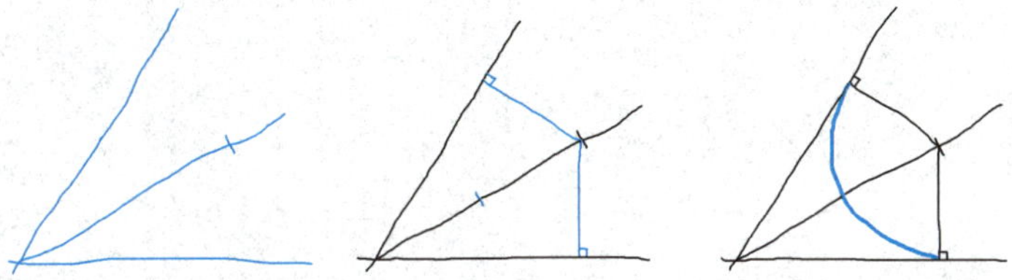

图 1-48　徒手画连接圆弧的方法

3. 椭圆的画法

画椭圆时，先画椭圆长、短轴，定出长、短轴顶点；然后过四个顶点画出矩形；最后徒手作椭圆与此矩形相切，如图 1-49(a)所示。

在徒手画正等轴测图中的椭圆时，也可先画出椭圆的外接菱形，然后画椭圆与此菱形相切，如图 1-49(b)所示。

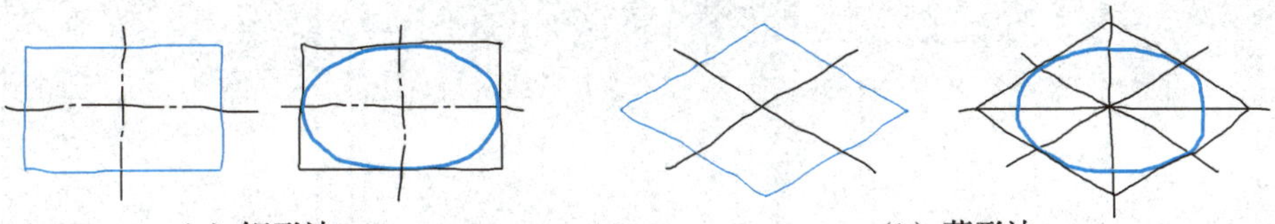

图 1-49　徒手画椭圆的方法

拓展阅读

中国古人从未把建筑当作艺术，但建筑的构成与建筑装饰早已可独立成为一门艺术。梁思成先生毕生致力于中国古代建筑的研究和保护，被誉为中国近代建筑之父。在其完成的《图像中国建筑史》书稿中，插图全部为手绘图，基本上每一幅图都可以当作一件杰出的艺术品来欣赏。它们一张一张清晰地勾勒出中国古代建筑史的概要，大到屋面举折或举架形成的坡度、屋角的起翘；小到柱子、月梁、斗拱等构件的“卷杀”曲线；以及鸱吻、脊兽、瓦当、滴水等各种瓦饰的曲线；乃至剖面图中被剖切的木构件中呈现的木纹……。因为中国古建筑中，带有大量复杂而微妙的曲线，照片或实地都很难看得清晰，而在梁思成及其助手莫宗江的手绘图中，都可以一一看清这些有趣、微妙的细节。图 1-50 为梁思成手绘唐代山西五台山佛光寺大殿。

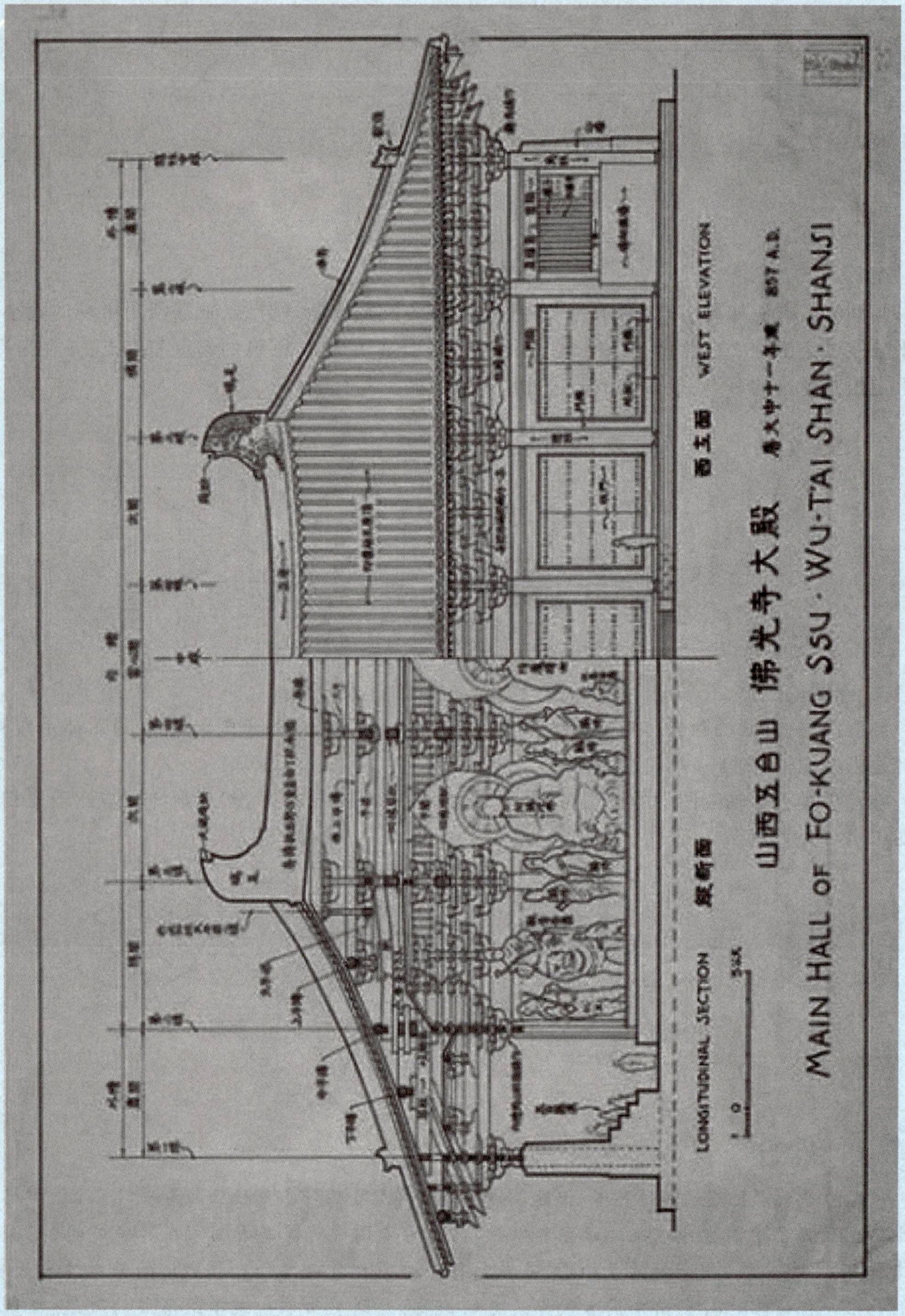

图 1-50　梁思成手绘唐代山西五台山佛光寺大殿

梁思成先生利用鸭舌笔和墨线等简陋的制图工具绘制出当时达到世界先进水平的建筑图纸，构图之精准、细节之精细、图片之精美，令人惊讶不已。

第 2 章　基本几何元素的投影

本章介绍投影法的基本知识，并对形成立体表面的基本几何元素——点、线、面进行投影分析，从而为组合体的投影表达、读图分析提供必要的理论基础和方法。本章的内容是学习本课程的基础，需充分理解、掌握，并灵活运用。

2.1　投影法基本知识

2.1.1　投影法的概念

机械图样的绘制是以投影法为依据的。而投影法是人们在长期的生活、生产实践中，根据“空间物体在光线的照射下，会在地面或墙面上产生影子”这一众所周知的自然现象，经过科学抽象总结出来的。

如图 2-1(a)所示，得到投影的平面 P 称为投影面；由投影中心发出且通过被表示物体上各点的直线 SAa、SBb、SCc 称为投射线；所有投射线的起点 S 称为投射中心。投射线经投射中心通过物体，向选定的平面进行投射，并在该平面上得到图形的方法称为投影法，根据投影法所得到的图形称为投影。

由此可以看出，投影法包含五个基本要素，即投射中心、物体、投射线、投影面和投影。

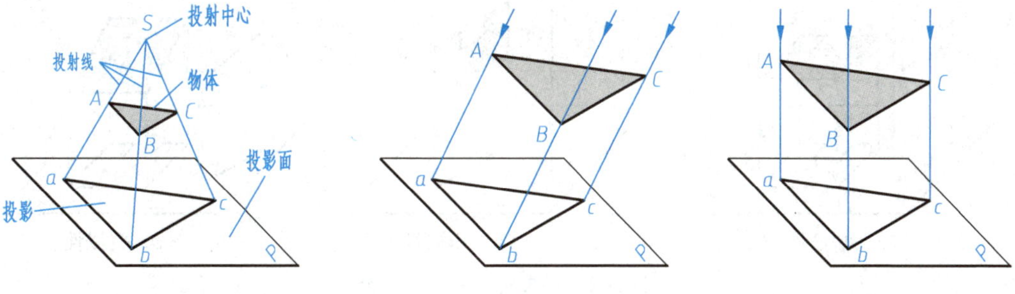

(a) 中心投影法　　(b) 斜投影法　　(c) 正投影法

图 2-1　投影法及其分类

2.1.2　投影法的分类

根据投射线之间的相互关系(平行或相交)，投影法可分为中心投影法和平行投影法。

1. 中心投影法

所有投射线交于一点的投影法称为中心投影法，如图 2-1(a)所示。用中心投影法得到的投影称为中心投影图。

由于中心投影图不能直接反映物体的真实形状和大小，且投影的大小随投影中心、物体和投影面之间的相对位置的改变而改变，度量性差。但中心投影图立体感好，多用于建筑物的直观图（透视图）。

2. 平行投影法

若将投射中心 S 按指定的方向移至无穷远处，则所有投射线可看作是互相平行的，这种投射线相互平行的投影法称为平行投影法，如图 2-1(b)所示。

在平行投影法中，投射线与投影面倾斜的称为斜投影法，如图 2-1(b)所示；投射线与投影面垂直的称为正投影法，如图 2-1(c)所示。用正投影法得到的图形称为正投影图。

由于正投影图一般能真实地表达空间物体的形状和大小，度量性好，作图也较简便。所以在工程上应用得十分广泛。因此，机件的图样采用正投影法绘制。在本书后面的章节中，所用到的都是正投影法。

2.1.3 正投影法的基本性质

采用正投影法进行投影时，如果空间物体与投影面处于某种特殊的位置关系时，其投影具有以下基本性质。

1. 实形性

若直线平行于投影面，其投影反映该直线的实长；若平面平行于投影面，其投影反映该平面的实形。这种性质称为实形性，如图 2-2(a)所示。

2. 积聚性

若直线垂直于投影面，其投影积聚成一点；若平面垂直于投影面，其投影积聚成直线。这种性质称为积聚性，如图 2-2(b)所示。

3. 类似性

若直线倾斜于投影面，其投影也为直线，但是比空间直线短；若平面倾斜于投影面，其投影也为具有相同边数的平面图形，但是比空间平面小。这种性质称为类似性，如图 2-2(c)所示。

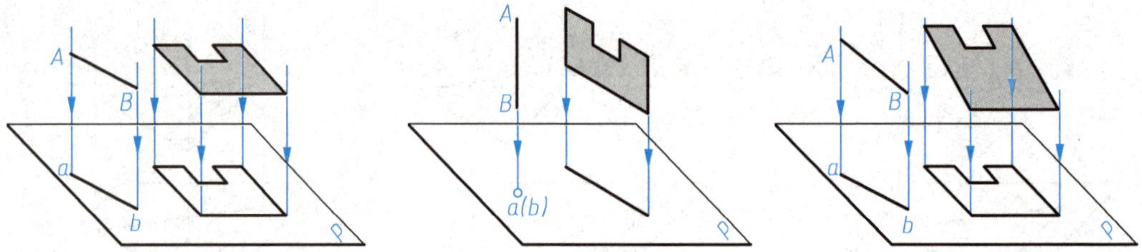

（a）实形性　（b）积聚性　（c）类似性

图 2-2　正投影法的基本性质

2.2 三视图的形成及其投影规律

2.2.1 视图的基本概念

用正投影法绘制物体的图形时，将物体放在观察者和投影面之间，把观察者的视线假想成相互平行且垂直于投影面的一组投射线，由此所绘制出物体的图形称为视图，如图 2-3 所示。

一般情况下，一个视图不能完整地表达物体的形状。如图 2-4 所示，两个不同的物体，在同一投影面上的投影却是相同的。因此,要准确反映物体的完整形状,需要从几个不同的方向进行投射获得多面正投影图,综合起来反映物体的形状。

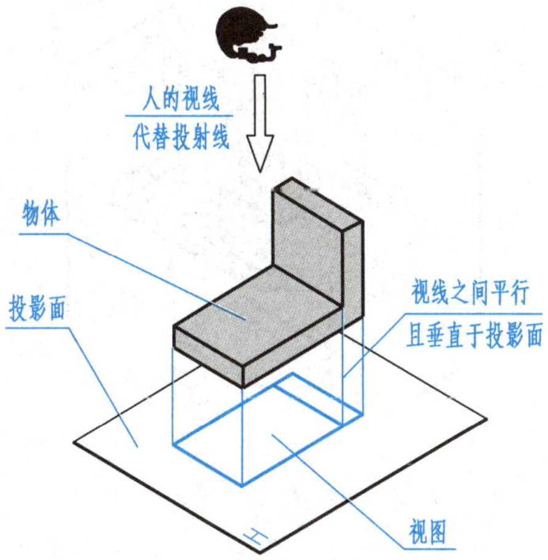

图 2-3　视图的概念

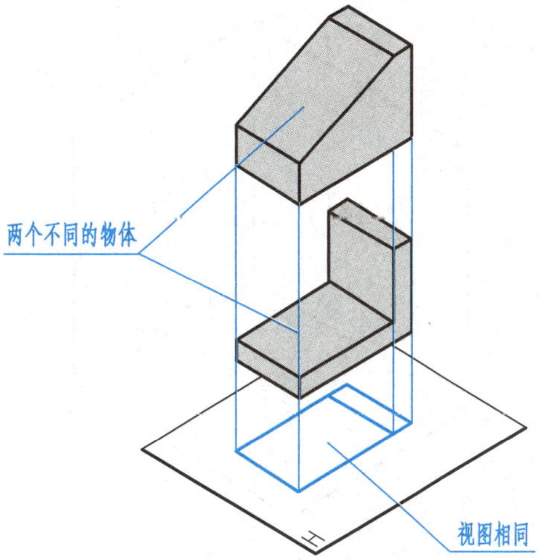

图 2-4　单一视图不能确定物体的形状

2.2.2　三投影面体系的建立

以相互垂直的三个平面作为投影面,便组成了三投影面体系,如图 2-5 所示。正立放置的投影面称为正立投影面,简称正面,用 *V* 表示;水平放置的投影面称为水平投影面,简称水平面,用 *H* 表示;侧立放置的投影面称为侧立投影面,简称侧面,用 *W* 表示。相互垂直的投影面之间的交线,称为投影轴,分别用 *OX*、*OY*、*OZ* 表示。

OX 轴,简称 *X* 轴,是 *V* 面与 *H* 面的交线,代表空间的左右,即长度方向;

OY 轴,简称 *Y* 轴,是 *H* 面与 *W* 面的交线,代表空间的前后,即宽度方向;

OZ 轴,简称 *Z* 轴,是 *V* 面与 *W* 面的交线,代表空间的上下,即高度方向。

三条投影轴相互垂直,其交点称为原点,用 *O* 表示。

如图 2-5 所示,投影面 *V*、*H* 和 *W* 将空间划分为八个分角。本书只重点讲述几何体在图示第一分角中的投影。

2.2.3　三视图的形成及投影规律

1. 三视图的形成

将物体置于三投影面体系内,并使其处于观察者与投影面之间,应用正投影法就可以在三个投影面上得到三个视图,如图 2-6 所示。

主视图:由前向后投射所得到的视图,即机件的正面投影,通常反映所画机件的主要形状特征;

俯视图:由上向下投射所得到的视图,即机件的水平投影;

左视图:由左向右投射所得到的视图,即机件的侧面投影。

这三个视图统称为三视图。为把三个视图画在同一张图纸上,须将三个相互垂直的投影面展开在同一个平面上,展开方法如图 2-6 所示,规定:*V* 面保持不动,将 *H* 面绕 *OX* 轴向下旋转 90°,将 *W* 面绕 *OZ* 轴向后旋转 90°,就得到展开后的三视图,如图 2-7(a)所示。

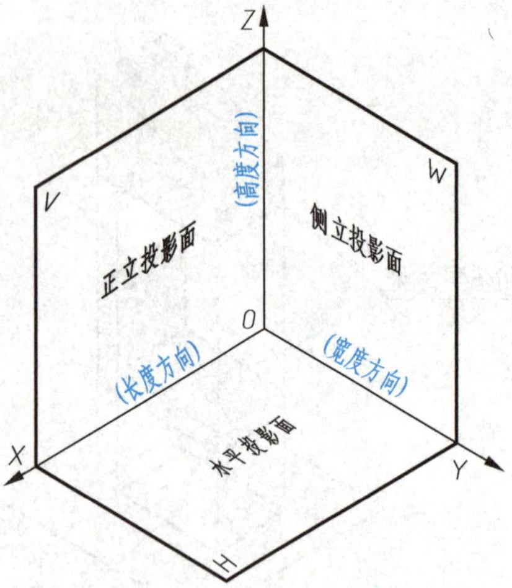

图 2-5　三面投影体系

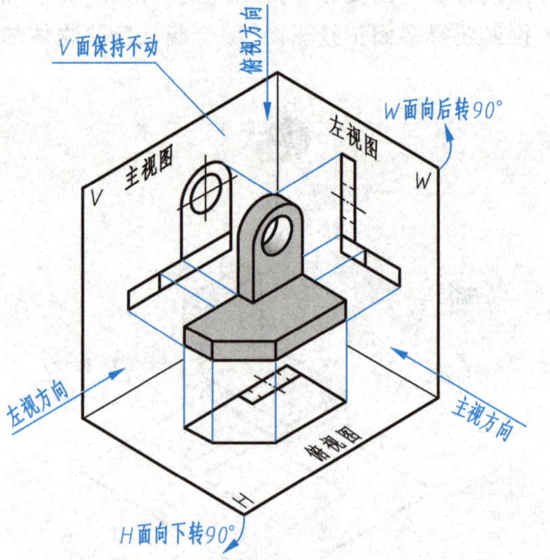

图 2-6　物体在三面投影体系中的投影

由三视图的展开过程可知，三视图之间的相对位置是固定的，即主视图定位后，俯视图在主视图的下方，左视图在主视图的右方，各视图的名称不需标注。另外，投影面的大小和三视图无关，因此实际绘图时，去掉投影面边框和投影轴，如图 2-7(b)所示。

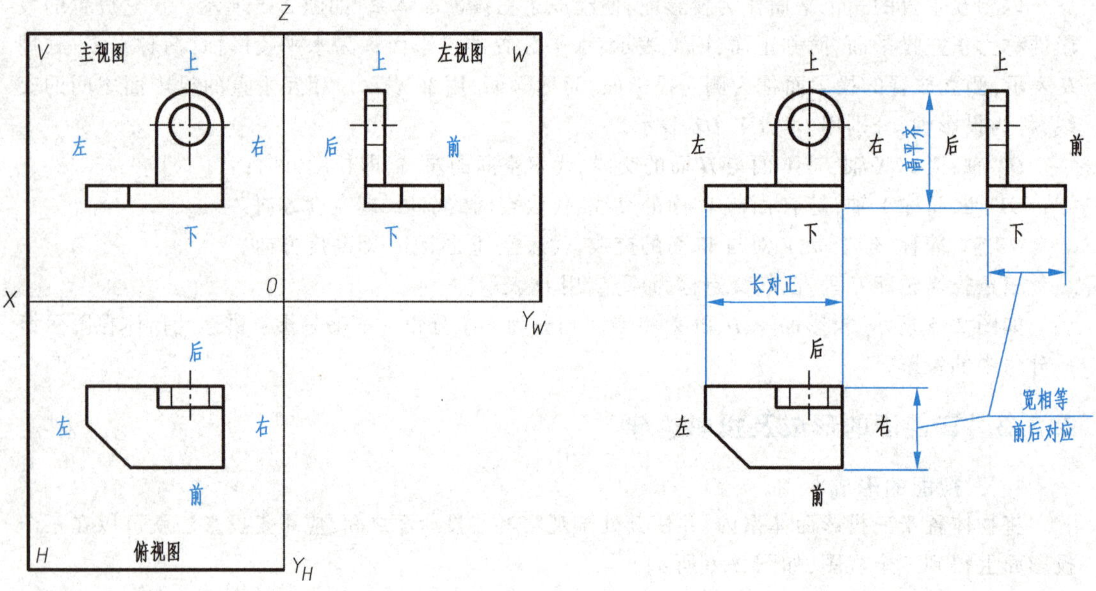

(a) 展开后的三视图　　(b) 三视图的投影规律

图 2-7　三视图及其投影规律

2. 投影规律

如图 2-7(b)所示物体的三视图，反映出该物体长、宽、高三个方向的尺度，而每一个视图只反映了物体两个方向的尺度，即

主视图——反映机件的长和高；

俯视图——反映机件的长和宽；

左视图——反映机件的高和宽。

由此可得出三视图之间的投影规律(简称三等关系):主、俯视图长对正;主、左视图高平齐;俯、左视图宽相等,前后对应。

三视图之间的三等关系不仅反映在物体的整体上,也反映在物体的任意一个局部结构上。如图 2-7(b)所示,物体的左前方有切口,分别在主视图和左视图中产生相对应的交线,交线仍然符合三等关系。这一投影规律是画图和看图的依据,必须深刻理解和熟练运用。

另外,在三视图中,可见的棱线和轮廓线画成粗实线;不可见的棱线和轮廓线画成细虚线;圆的对称中心线和对称轴线画成点画线。如图 2-7(b)中后端的圆孔,在俯视图和左视图中的投影不可见,画成虚线,其轴线画成点画线;在主视图中,圆孔的投影可见,画成粗实线,对称中心线画成点画线。

拓展阅读

赵学田教授是我国著名的工程图学专家、华中科技大学(原华中理工大学)教授,是我国当代图学教育的奠基人。赵学田教授在教学岗位辛勤耕耘 60 多年,为我国工程图学的发展作出了杰出的贡献。20 世纪 50 年代初,国家大规模经济建设初期,机械工业首先碰到的问题是工人文化水平和技术水平低,看不懂图纸,经常生产出废品和返修品。此时,开展科学技术普及工作,为国家的生产建设服务,乃是每个科技工作者的共同责任。赵学田教授凭借长期从事机械制图教学和工厂培养新工人的实践经验,编写了《机械工人速成看图》一书向全国推广,其中将图学的投影原理、识图方法总结为九字歌诀,即"长对正、高平齐、宽相等",使图学规律易记易懂,在当时的社会条件下,形成"千人唱、万人和"情景,极大地推动了科学技术与图学知识的社会化进程。

赵学田教授创造的机械工人"看图法""画图法"名扬天下,多次受到毛泽东、刘少奇等党和国家领导人的接见。1984 年 1 月,在科普创作协会第二次全国代表大会上,他和华罗庚、茅以升等 17 位著名科学家被评为"为我国科普事业作出卓越贡献"的科普作家。

2.3　点 的 投 影

立体的表面是由多个面构成的,面与面相交产生交线,如棱线等,线与线相交产生点,如锥体的顶点等。因此,作立体的投影图,其实质就是作立体表面上点、线、面的投影。显然,点、线、面是构成立体的基本要素,它们在更深的层次上揭示了立体的构成特征及立体表面各部分的相互关系。为了进一步掌握较复杂工程形体的表达方法及分析方法,必须首先掌握这些几何元素的投影规律和作图方法。

2.3.1　点三面投影的形成

如图 2-8(a)所示,将空间点 A 置于三投影面体系中,过点 A 分别作垂直于 H 面、V 面、W 面的投影连线,得到点 A 的三个投影 a、a'、a'',分别称为点 A 的水平投影、正面投影和侧面投影。在工程制图中,空间点用大写拉丁字母表示,如 A、B、C…;点的水平投影用相应的小写字母表示,如 a、b、c…;点的正面投影用相应的小写字母加一撇表示,如 a'、b'、c'…;点的侧面投影用相应的小写字母加两撇表示,如 a''、b''、c''…。

为了使点的三个投影画在同一张图纸上,须将投影体系展开。和上一节三视图的展开方法一样,使 H、V、W 三个投影面共面,如图 2-8(b)所示。去掉投影面边框,便得到点 A 的投影图,如图 2-8(c)所示,点的投影用空心圆圈表示,投影连线用细实线绘制。图中 a_x、a_y、a_z 分别为点的

投影连线与投影轴 OX、OY、OZ 的交点。作图时无须标注这些符号，但是必须保证图形的几何关系（垂直、平行等）。

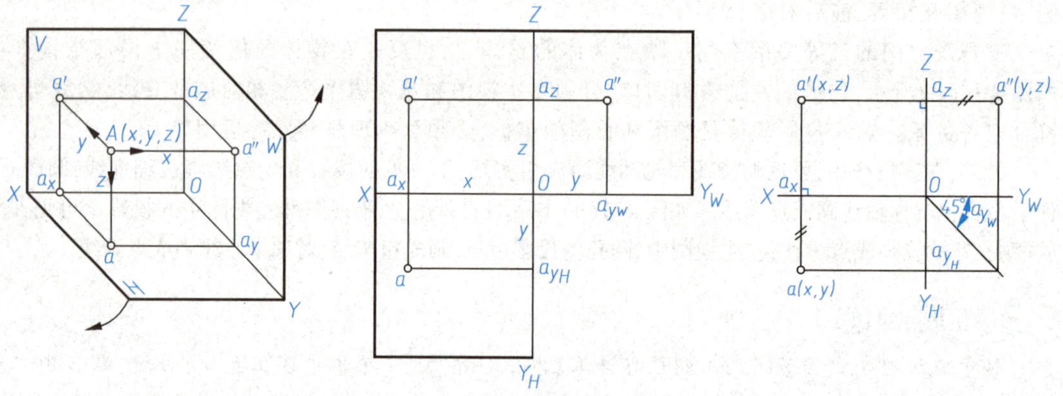

（a）立体图　　（b）投影面展开图　　（c）投影图

图 2-8　点的三面投影

2.3.2　点的坐标与投影规律

如图 2-8(a)所示，投射线 Aa''、Aa'、Aa 分别为点 A 到 W、V、H 三个投影面的距离，也等于点 A 的三个坐标 x、y、z。可以得到空间点 A 到三个投影面的距离与坐标的关系如下：

点 A 到 W 面的距离 $Aa''=a'a_z=aa_{y_H}=x$（点 A 的 x 坐标）；

点 A 到 V 面的距离 $Aa'=a''a_z=aa_x=y$（点 A 的 y 坐标）；

点 A 到 H 面的距离 $Aa=a'a_x=a''a_{y_W}=z$（点 A 的 z 坐标）。

在如图 2-8(c)所示的投影图中，点 A 的三面投影之间有如下的投影规律：

(1) $a'a\perp OX$，由于点 A 的正面投影和水平投影同反映 x 坐标，因此也称为“长对正”；

(2) $a'a''\perp OZ$，由于点 A 的正面投影和侧面投影同反映 z 坐标，因此也称为“高平齐”；

(3) $aa_x=a''a_z$，由于点 A 的水平投影和侧面投影同反映 y 坐标，因此也称为“宽相等”。

根据上述投影特性，在点的三面投影中，只要知道其中任意两个面的投影，就可以求出第三面的投影。

视频

例2-1

【例 2-1】　如图 2-9(a)所示，已知点 A 的两面投影 a 和 a'，求 a''。

分析：由点的投影规律 $a'a''\perp OZ$ 可知，a''应位于过 a'的 OZ 垂线上；由点的投影规律 $aa_x=a''a_z$ 可知，a''到 OZ 轴的距离应为 a 到 OX 轴的距离。

作图步骤：

①过 a'作 OZ 轴的垂线并延长，垂足点为 a_z，如图 2-9(b)所示。

②用分规度量 $a''a_z=aa_x$，并标记等量符号“//”，如图 2-9(b)所示。也可用过原点 O 作 45°辅助线的方法求得 a''，如图 2-9(c)所示。

【例 2-2】　已知点 B 距 H、V、W 三个投影面的距离分别为 10、15、20，求点 B 的三面投影。

分析：该题可以根据所给的点 B 到三个投影面的距离直接作图，也可将点 B 到三个投影面的距离转换为点 B 的三个坐标 $B(20,15,10)$ 来求解。

作图步骤：

①在 OX 轴上量取 $Ob_x=20$，过 b_x 作 OX 轴的垂线，如图 2-10(a)所示。

②量取 $b'b_x=10$，$bb_x=15$，可画出水平投影 b 和正面投影 b'，如图 2-10(b)所示。

③根据点的投影规律，求得 b''，如图 2-10(c)所示。

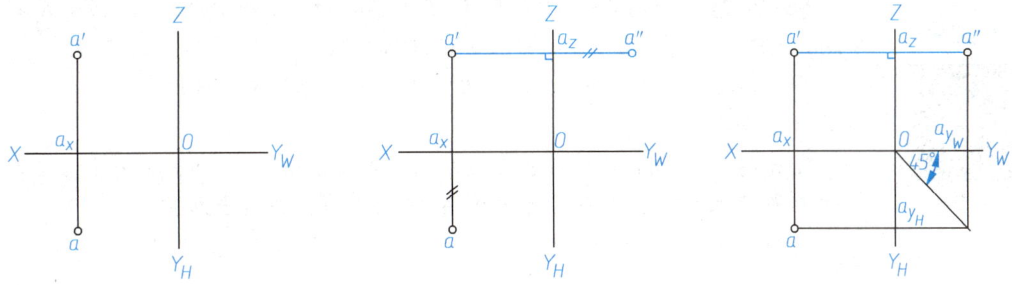

（a）已知条件　　（b）度量法作图　　（c）辅助线作图

图 2-9　已知点的两面投影求第三投影

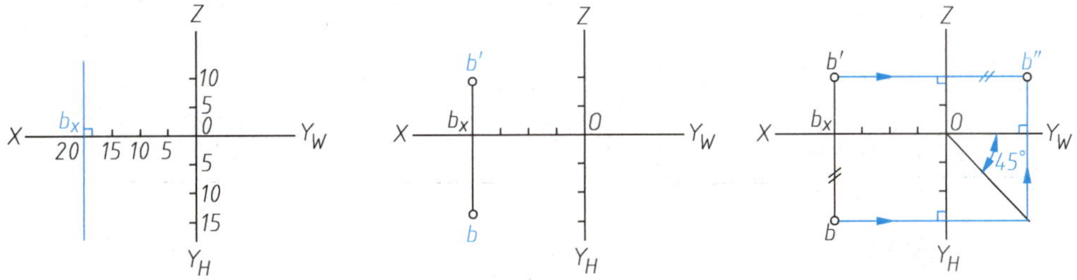

（a）　　（b）　　（c）

图 2-10　利用点的坐标求点的三面投影图

2.3.3　两点的相对位置

两点在空间的相对位置，可以通过两点的同面投影的相对位置（上下、前后、左右）或坐标的大小来确定，即

①左、右方向由 x 坐标确定，x 坐标值大者在左；

②前、后方向由 y 坐标确定，y 坐标值大者在前；

③上、下方向由 z 坐标确定，z 坐标值大者在上。

由此可知，若已知两点的三面投影，判断它们的相对位置时，可根据正面投影和水平投影判断左、右关系；根据水平投影和侧面投影判断前、后关系；根据正面投影和侧面投影判断上、下关系。

如图 2-11 所示，由于 $x_A<x_B$，故点 A 在点 B 的右方；由于 $y_A>y_B$，故点 A 在点 B 的前方；由于 $z_A<z_B$，故点 A 在点 B 的下方。因此，点 A 位于点 B 的右、前、下方；相反地，点 B 位于点 A 的左、后、上方。

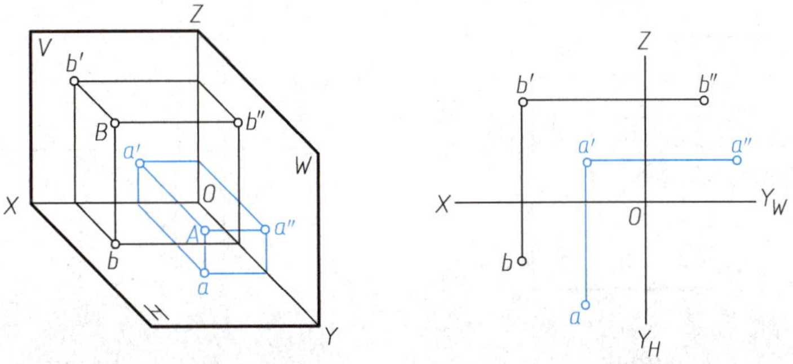

（a）立体图　　（b）投影图

图 2-11　两点的相对位置

视频

例2-3

【例 2-3】 如图 2-12(a)所示,已知点 *A* 的投影图,且点 *B* 在点 *A* 之左 8 mm、之前 5 mm、之上 9 mm,求点 *B* 的三面投影。

分析:该题可以根据所给的点 *B* 与点 *A* 的相对位置直接作图。

作图步骤:

①如图 2-12(b)所示,根据点 *B* 在点 *A* 之左 8 mm、之前 5 mm,作出点 *B* 的水平投影 *b*;再根据点 *B* 在点 *A* 之上 9 mm 作出点 *B* 的正面投影 *b*′。

②如图 2-12(c)所示,由 *b* 和 *b*′,根据点的投影规律,求得 *b*″。

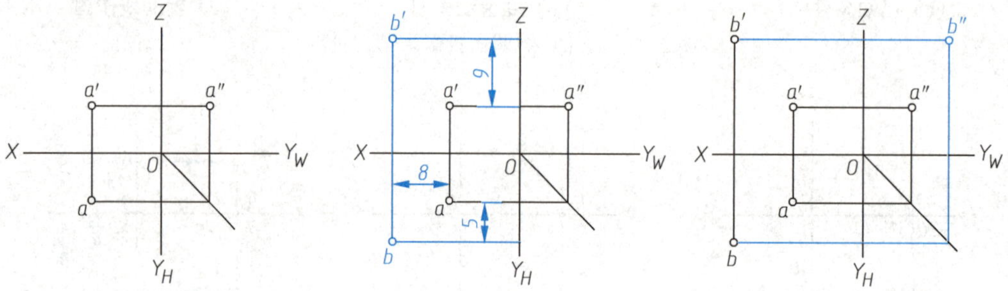

(a) 已知条件　　(b) 作出 *b* 和 *b*′　　(c) 作出 *b*″

图 2-12　利用两点的相对位置完成点的三面投影图

2.3.4　重影点

如图 2-13 所示 *C*、*D* 两点的投影中,$y_C = y_D$,$z_C = z_D$,说明 *C*、*D* 两点 *y*、*z* 坐标值相同,即 *C*、*D* 两点处于对侧面投影面的同一条投射线上,其侧面投影 *c*″和 *d*″重合,则这两点称为对侧面投影面的重影点。由于 $x_C < x_D$,故点 *C* 在点 *D* 的正右方,对侧面投影 *c*″和 *d*″来说,*d*″可见,*c*″不可见。国家标准规定,对不可见的点,其名称需加括号表示,因此点 *C* 的侧面投影表示为(*c*″)。

重影点的可见性需要根据这两点另外两个投影的坐标值大小来判别,即

①当两点的水平投影重合时,需判别其正面或侧面投影,其中 *z* 坐标值大者在上,投影可见。

②当两点的正面投影重合时,需判别其水平或侧面投影,其中 *y* 坐标值大者在前,投影可见。

③当两点的侧面投影重合时,需判别其水平或正面投影,其中 *x* 坐标值大者在左,投影可见。

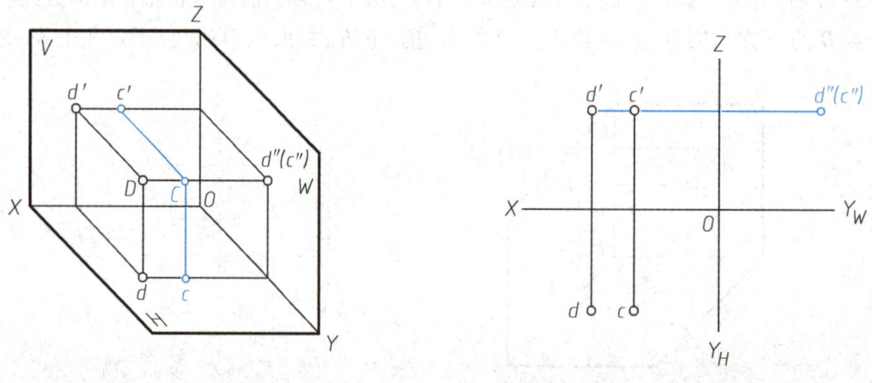

(a) 立体图　　(b) 投影图

图 2-13　重影点和可见性

【例 2-4】 如图 2-14(a)所示,已知点 A 的投影图,且 A、B 两点为对 H 面的重影点,点 B 在点 A 之上 8 mm,求点 B 的三面投影图。

视频

例2-4

分析:根据题意可知,点 B 在点 A 的正上方,且距离为 8 mm,因此可以直接作图。

作图步骤:

①如图 2-14(b)所示,点 B 在点 A 正上方,因此分别将 a' 和 a'' 向上延长 8 mm,作出点 B 的正面投影 b' 和侧面投影 b''。

②如图 2-14(c)所示,A、B 两点为对 H 面的重影点,因此 A、B 两点的水平投影 a 和 b 是重合的;又因为点 B 的 z 坐标大于点 A 的 z 坐标,所以点 A 的水平投影 a 不可见,应加括号表示。

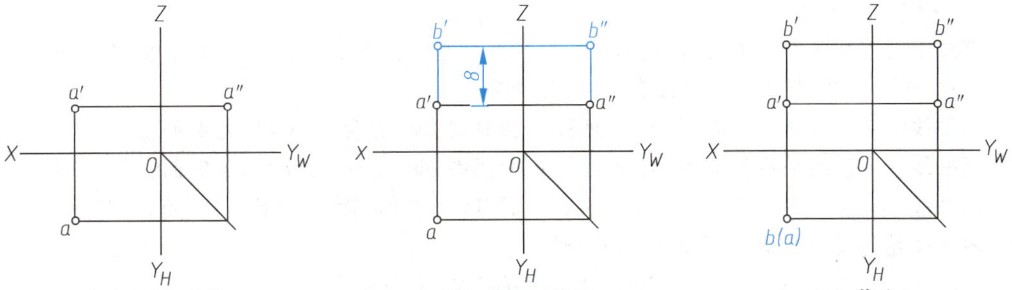

(a) 已知条件　　(b) 作出 b' 和 b''　　(c) 作出 b

图 2-14　利用重影点完成点的三面投影图

2.4　直线的投影

2.4.1　直线的投影特性

由平面几何可知,两点确定一条直线,故直线的投影可由空间两点的投影来确定,将两点的同面投影相连(用粗实线)就得到直线的投影。因此,直线的投影问题仍可归结为点的投影问题。

1. 直线对单一投影面的投影特性

直线对单一投影面的投影特性取决于直线与投影面的相对位置。三维空间中,直线对单一投影面有三种位置关系。

(1)直线垂直于投影面

如图 2-15(a)所示,当直线 AB 垂直于投影面 P 时,其投影积聚为一点 $a(b)$,该投影具有积聚性。

(2)直线平行于投影面

如图 2-15(b)所示,当直线 AB 平行于投影面 P 时,其投影 $ab=AB$,即投影长度等于空间直线的实际长度,该投影具有实形性。

(3)直线倾斜于投影面

如图 2-15(c)所示,当直线 AB 倾斜于投影面 P,且直线与投影面的倾角为 α 时,其投影 $ab=AB\cos\alpha$,显然,投影长度比空间直线的实际长度要短,该投影具有类似性。

2. 直线在三投影面体系中的投影特性

在三投影面体系中,按照直线对投影面的相对位置将直线分为三类:投影面平行线、投影面垂直线和一般位置直线。工程制图中,将直线对 H 面、V 面、W 面的倾角,分别用 α、β、γ 表示。

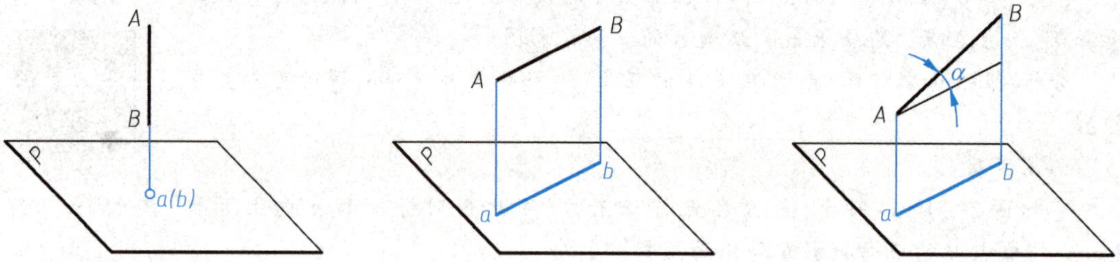

（a）垂直　　（b）平行　　（c）倾斜

图 2-15　直线对单一投影面的投影特性

(1)投影面平行线

直线平行于某一个基本投影面，同时与另外两个基本投影面倾斜，称为投影面平行线。因为投影面有三个，因此，投影面平行线有三种，分别为：

水平线——直线平行于 H 面，与 V 面和 W 面倾斜，即 $/\!/H$ 面，$\angle V$ 面，$\angle W$ 面；

正平线——直线平行于 V 面，与 H 面和 W 面倾斜，即 $/\!/V$ 面，$\angle H$ 面，$\angle W$ 面；

侧平线——直线平行于 W 面，与 H 面和 V 面倾斜，即 $/\!/W$ 面，$\angle H$ 面，$\angle V$ 面。

表 2-1 给出了投影面平行线的投影特性。

表 2-1　投影面平行线的投影特性

名　称	水　平　线($/\!/H$ 面)	正　平　线($/\!/V$ 面)	侧　平　线($/\!/W$ 面)
立体图	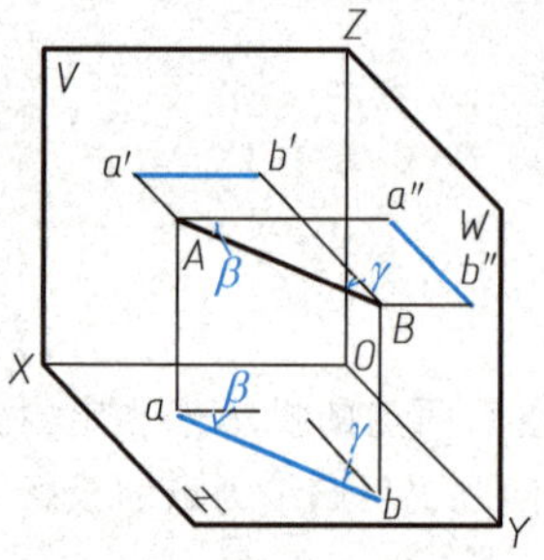	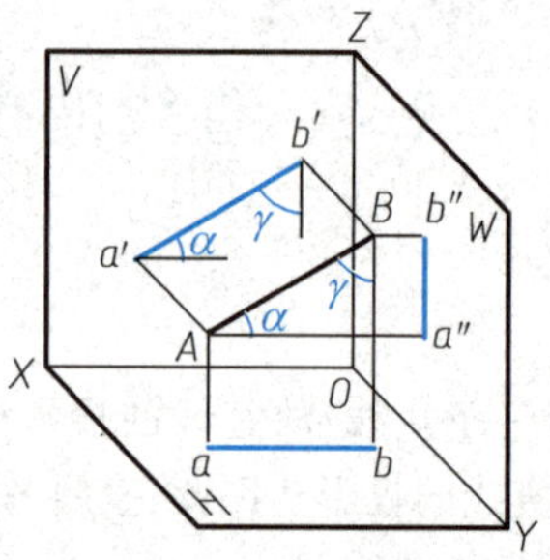	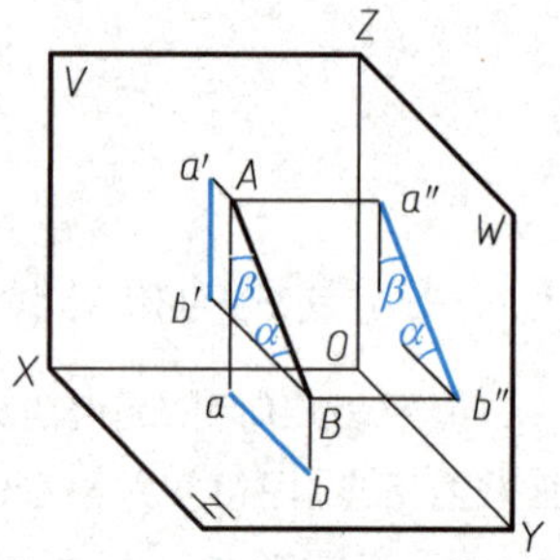
投影图	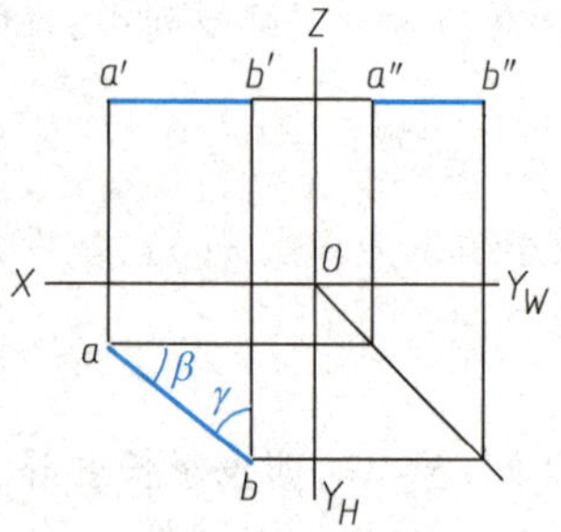	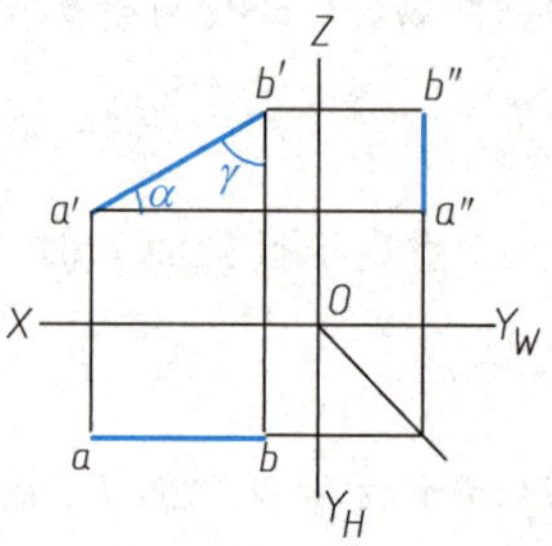	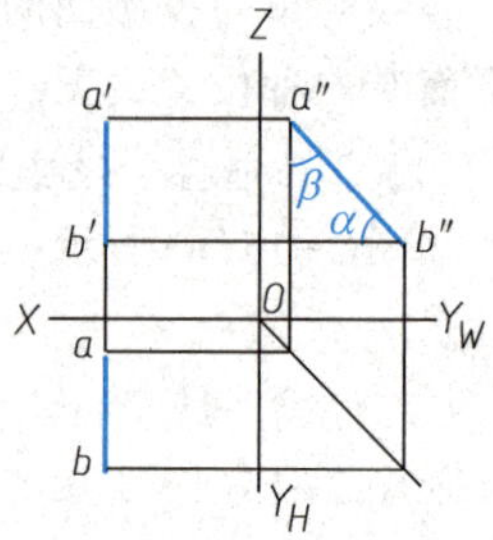
投影特性	①水平投影 $ab=AB$； ②ab 与 OX 和 OY 轴的夹角 β、γ 分别是 AB 对 V 面和 W 面倾角的真实大小； ③正面投影 $a'b'/\!/OX$ 轴，侧面投影 $a''b''/\!/OY$ 轴	①正面投影 $a'b'=AB$； ②$a'b'$ 与 OX 和 OZ 轴的夹角 α、γ 分别是 AB 对 H 面和 W 面倾角的真实大小； ③水平投影 $ab/\!/OX$ 轴，侧面投影 $a''b''/\!/OZ$ 轴	①侧面投影 $a''b''=AB$； ②$a''b''$ 与 OY 和 OZ 轴的夹角 α、β 分别是 AB 对 H 面和 V 面倾角的真实大小； ③水平投影 $ab/\!/OY$ 轴，正面投影 $a'b'/\!/OZ$ 轴

由表 2-1 可知，投影面平行线的投影特性为：

①直线在所平行的投影面上的投影反映实长；

②该投影与投影轴的夹角同时反映直线对另外两个投影面倾角的真实大小；

③ 直线的另外两个投影分别平行于组成该投影面的两个投影轴。

(2)投影面垂直线

直线垂直于某一个基本投影面，必然平行于另外两个基本投影面，称为投影面垂直线。因为投影面有三个，因此，投影面垂直线有三种，分别为：

铅垂线——直线垂直于 H 面，与 V 面和 W 面平行，即 $\perp H$ 面，$/\!/ V$ 面，$/\!/ W$ 面；

正垂线——直线垂直于 V 面，与 H 面和 W 面平行，即 $\perp V$ 面，$/\!/ H$ 面，$/\!/ W$ 面；

侧垂线——直线垂直于 W 面，与 H 面和 V 面平行，即 $\perp W$ 面，$/\!/ H$ 面，$/\!/ V$ 面。

表 2-2 给出了投影面垂直线的投影特性。

表 2-2　投影面垂直线的投影特性

名　称	铅　垂　线（$\perp H$ 面）	正　垂　线（$\perp V$ 面）	侧　垂　线（$\perp W$ 面）
立体图	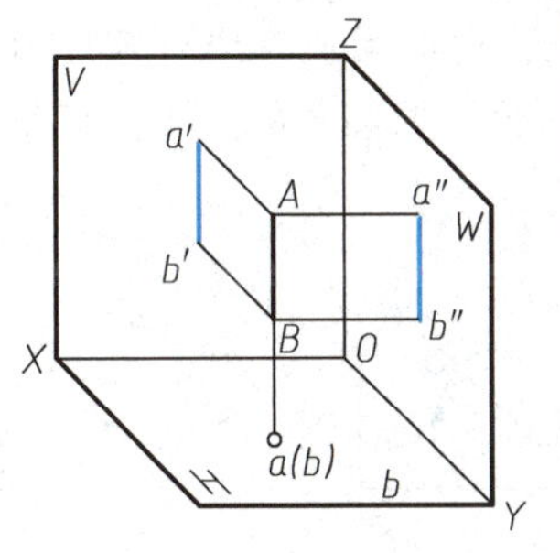	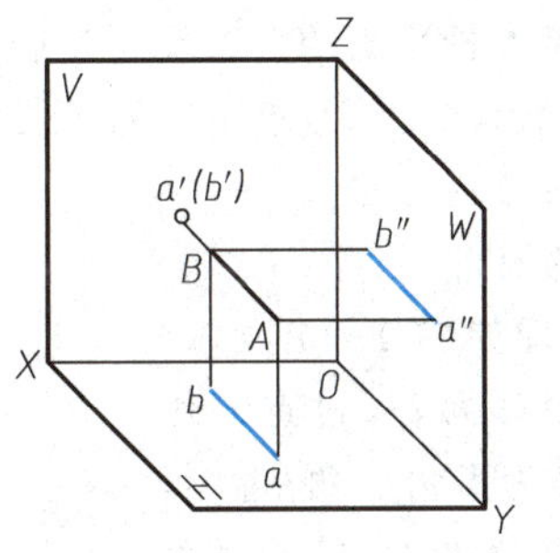	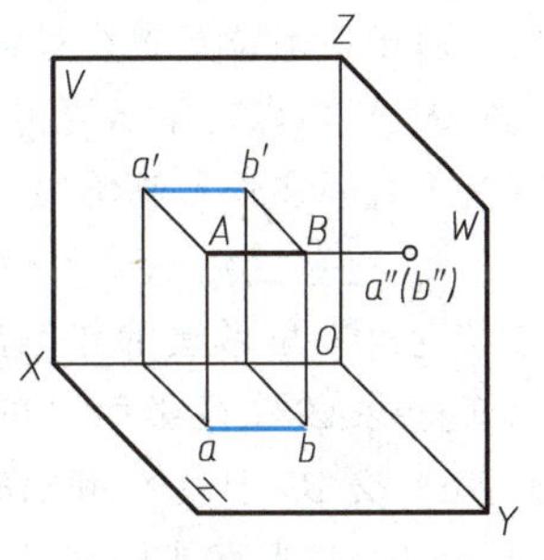
投影图	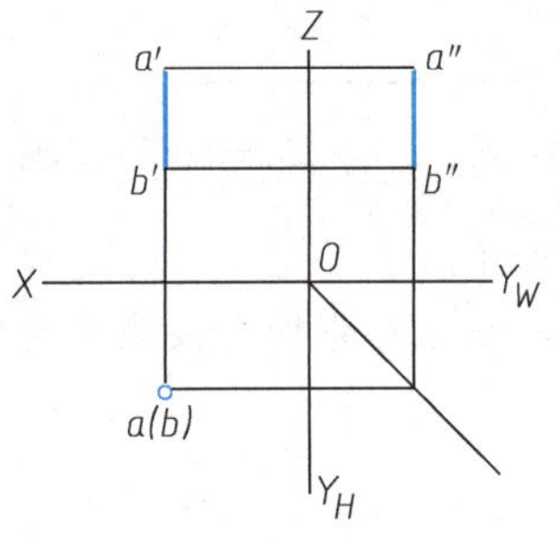	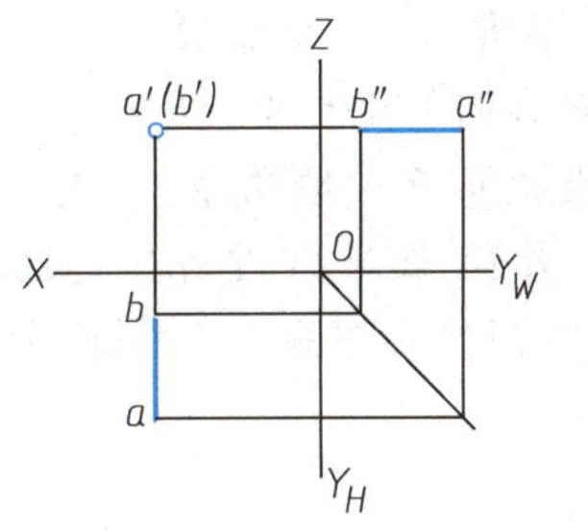	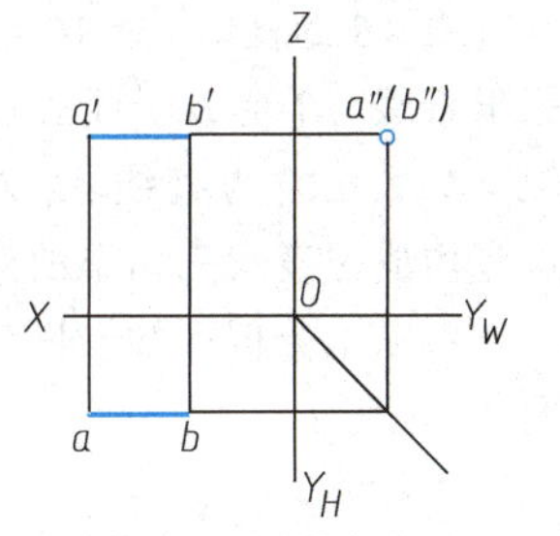
投影特性	①水平投影积聚成点 $a(b)$； ②$a'b' = a''b'' = AB$，且 $a'b' \perp OX$ 轴，$a''b'' \perp OY$ 轴	①正面投影积聚成点 $a'(b')$； ②$ab = a''b'' = AB$，且 $ab \perp OX$ 轴，$a''b'' \perp OZ$ 轴	①侧面投影积聚成点 $a''(b'')$； ②$ab = a'b' = AB$，且 $ab \perp OY$ 轴，$a'b' \perp OZ$ 轴

由表 2-2 可知，投影面垂直线的投影特性为：

①直线在所垂直的投影面上的投影积聚成一点；

②直线的另外两个投影反映实长，且分别垂直于组成该投影面的两个投影轴。

(3)一般位置直线

与三个投影面都倾斜的直线，称为一般位置直线，其投影形式如图 2-16 所示。一般位置直线的投影特性为：

①直线的三面投影都倾斜于投影轴，且都小于实长；

②直线的三面投影与投影轴的夹角均不反映空间直线对投影面倾角的真实大小。

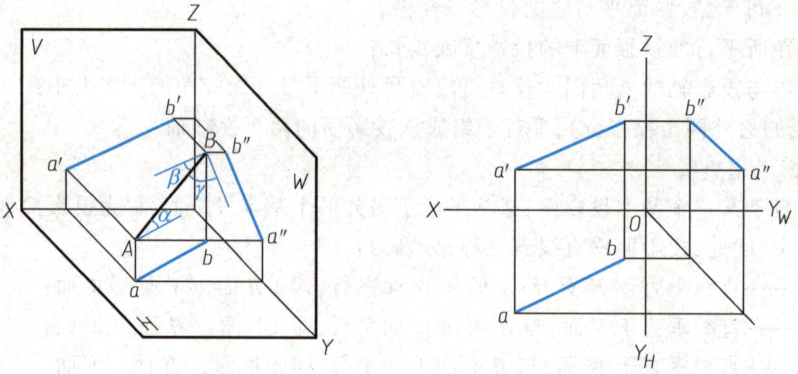

（a）立体图　　　　（b）投影图

图 2-16　一般位置直线的投影

2.4.2　直角三角形法

由于一般位置直线对各基本投影面的投影均不反映实长，也不反映直线对各投影面倾角的真实大小，所以常常需要根据直线的投影，求出它的实长和对投影面倾角的大小。直角三角形法就是求直线实长和倾角的一种常用方法。

1. 直角三角形法的作图原理

直角三角形法的作图原理如图 2-17 所示。已知直线 AB 在投影面 P 的投影为 ab，过点 A 作 $AC /\!/ ab$，交 Bb 于点 C，则 ABC 为直角三角形。其中，斜边 AB 为直线的实长；直角边 AC 的长度等于直线 AB 的投影，即 $AC=ab$；直角边 BC 的长度等于直线 AB 垂直于投影面 P 方向的坐标差，即 $BC=\Delta$；$\angle BAC$ 为直线 AB 对投影面 P 的倾角 α。这些构成了直角三角形的四个要素：投影长、坐标差、实长和倾角。

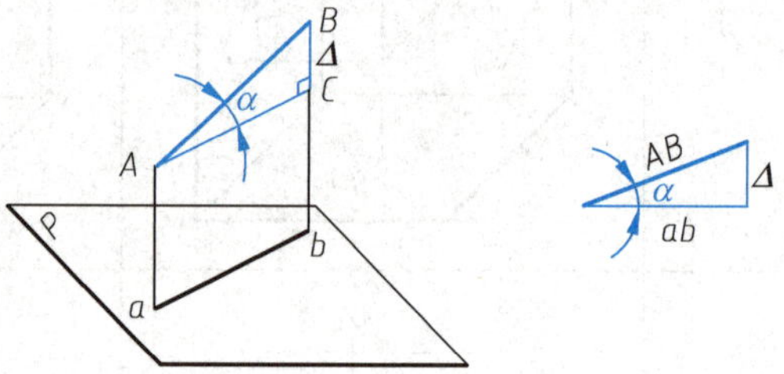

图 2-17　直角三角形法的作图原理

由以上分析可知，对应于三面投影体系中直线的投影，直角三角形四个要素的对应关系如图 2-18 所示。

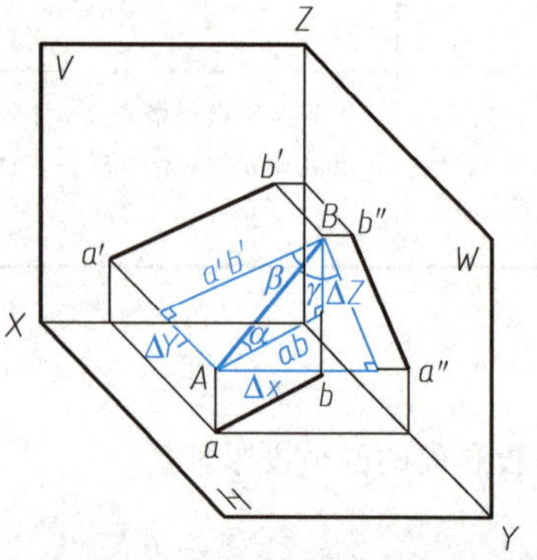

斜边(实长)	直角边(投影长)	直角边(坐标差)	倾角
AB	ab	ΔZ	α
AB	$a'b'$	ΔY	β
AB	$a''b''$	ΔX	γ

图 2-18　直角三角形法中投影、坐标差、实长和倾角的对应关系

以上组成各直角三角形的四个要素中，已知其中任意两个，另外两个可通过作图的方法求解。

2. 直角三角形法应用举例

视频

例2-5

【例 2-5】 如图 2-19(a)所示，已知直线 AB 的正面投影和水平投影，用直角三角形法求直线 AB 的实长及直线对 H 面的倾角 α。

分析：由图 2-18 可知，该题目求直线 AB 的实长和对 H 面的倾角 α，应以水平投影 ab 和 Z 坐标差来完成直角三角形。目前水平投影 ab 是已知，A、B 两点的 Z 坐标差从正面投影可以得到，因此可有以下两种作图方法。

作图方法一：在水平投影上完成。

作图步骤：

①如图 2-19(b)所示，过点 a' 作 OX 轴的平行线，与 bb' 交于一点，用 k 表示，则 $b'k$ 即为 ΔZ_{AB}。

②过点 b 作直线 ab 的垂线，并截取 $bn=\Delta Z_{AB}$，连接 an。则 an 即为所求直线段 AB 的实长，$\angle ban$ 即为所求直线对 H 面的倾角 α。

作图方法二：在正面投影上完成。

作图步骤：

①如图 2-19(c)所示，过点 a' 作 OX 轴的平行线，与 bb' 交于一点，用 k 表示，则 $b'k$ 即为 ΔZ_{AB}。

②截取 $kn=ab$，连接 $b'n$。则 $b'n$ 即为所求直线段 AB 的实长，$\angle b'nk$ 即为所求直线对 H 面的倾角 α。

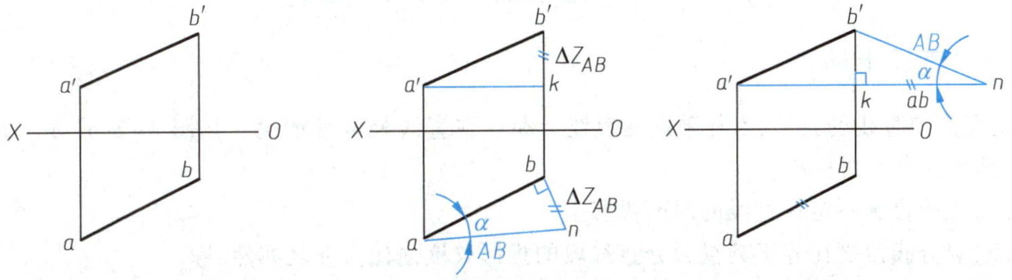

(a) 直线的投影图　　(b) 作图方法一　　(c) 作图方法二

图 2-19　根据直线的投影求直线的实长和倾角

【例 2-6】 如图 2-20(a)所示，已知直线 AB 的实长和水平投影，并知 A 点的两投影 a、a'，完成直线 AB 的正面投影。

分析：该题目求直线 AB 的正面投影 $a'b'$，且 a' 为已知，可以通过求出 Z 坐标差或正面投影 $a'b'$ 的长度来完成作图。由图 2-18 可知，求 A、B 两点的 Z 坐标差应以水平投影 ab 和实长 AB 来完成直角三角形；求正面投影 $a'b'$ 的长度应以 Y 坐标差和实长 AB 来完成直角三角形。因此本题目可有以下两种作图方法。

作图方法一：求正面投影 $a'b'$ 长度。

作图步骤：

①如图 2-20(b)所示，过点 b 作 OX 轴的平行线，与 aa' 交于一点，用 k 表示，则 ak 即为 ΔY_{AB}。

②以点 a 为圆心，以实长 AB 为半径画圆弧，与 bk 交于一点 n，kn 即为所求直线 AB 的正面投影 $a'b'$ 长。

③过点 b 作 OX 轴的垂线；以点 a' 为圆心，以 kn 为半径画圆弧，与垂线交于点 b'，擦掉多余线头，加深 $a'b'$，完成作图。

作图方法二：求 A、B 两点的 Z 坐标差。

作图步骤：

①如图 2-20(c)所示，过点 b 作水平投影 ab 的垂线；以点 a 为圆心，以实长 AB 为半径画圆弧，与垂线交于一点 n，bn 即为所求直线段上 A、B 两点的 Z 坐标差 ΔZ_{AB}。

②过点 b 作 OX 轴的垂线；过点 a' 作 OX 轴的平行线，与垂线交于点 k。

③过点 k 在垂线上截取 $kb'=bn$。擦掉多余线头，加深 $a'b'$，完成作图。

以上图解过程中，都是直接将直角三角形画在投影图之内的。作图时，为了图面清晰，也可将直角三角形画在投影图之外，如图 2-20(d)所示。以 AB 为直径画圆，分别从投影图中度量 ΔY_{AB} 和 ab，也可以求出 $a'b'$ 和 ΔZ_{AB}，详细作图过程不再赘述。

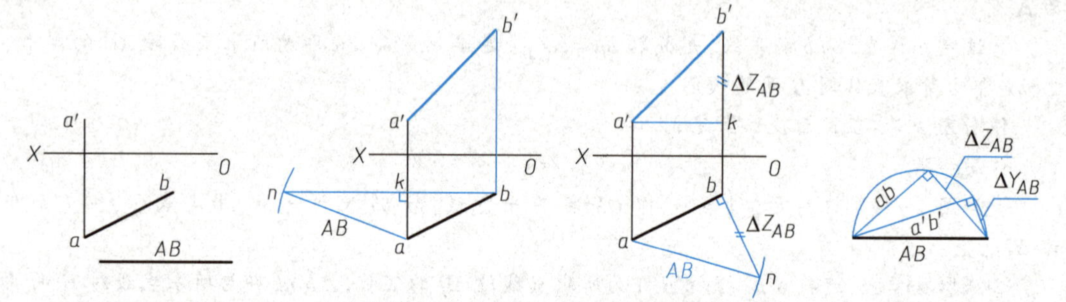

（a）已知条件　（b）作图方法（一）　（c）作图方法（二）　（d）作图方法（三）

图 2-20　根据直线的实长求直线的投影

2.4.3　直线上的点

空间点与直线的关系，不外乎点在直线上和点在直线外两种情况。如图 2-21 所示，直线上的点，其投影有下列特性。

(1)点的投影一定在直线的同面投影上；

(2)点分线段之比等于其投影分直线段的投影长度之比。反之亦然，即

$$AK/KB = ak/kb = a'k'/k'b' = a''k''/k''b''$$

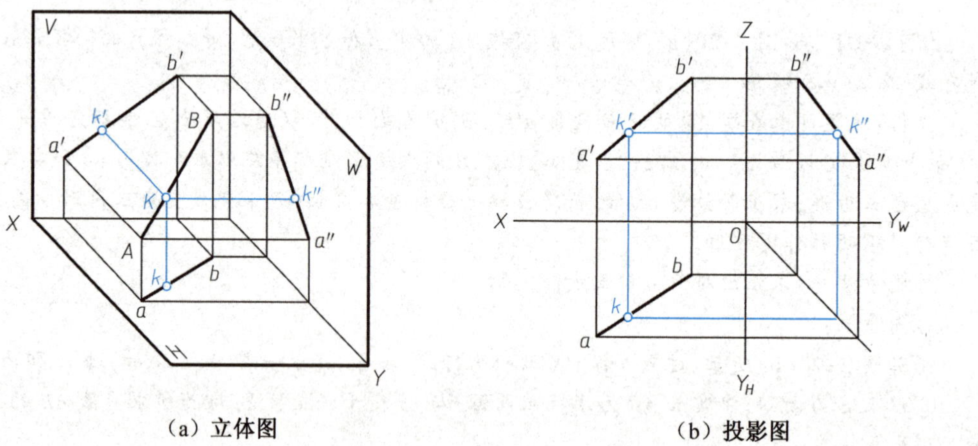

（a）立体图　（b）投影图

图 2-21　直线上点的投影

该特性也是判断点是否位于直线上的判定定理。

【例 2-7】 如图 2-22(a)所示，已知点 K 在直线 AB 上，完成它们的三面投影图。

视频

例2-7

分析：已知点 K 在直线 AB 上，由投影可知 AB 为一般位置直线，可利用直线上点的投影特性直接作图。

作图步骤：

①如图 2-22(b)所示，根据点的投影规律，作图求出直线 AB 的水平投影 ab。

②过点 k' 作 OX 轴、OZ 轴的垂线，分别与 ab、$a''b''$ 相交，求得 k 和 k''，完成作图。

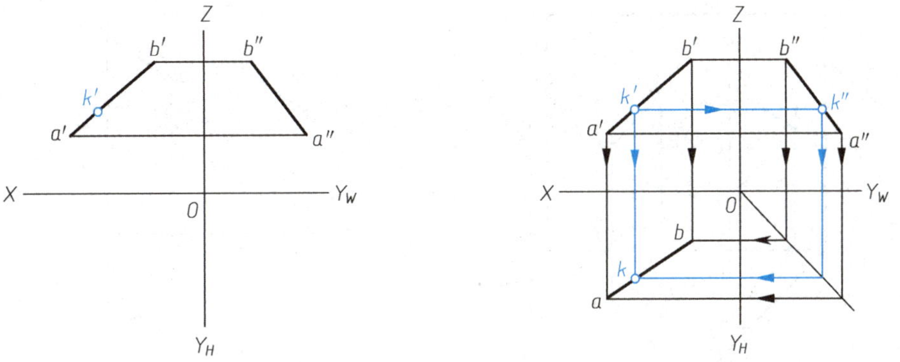

(a) 已知条件　　(b) 作图过程

图 2-22　求直线上点的投影

【例 2-8】 如图 2-23(a)所示，已知点 K 和直线 AB 的正面投影和水平投影，判断点 K 是否位于直线 AB 上。

分析：由题目可知，点 K 的正面投影和水平投影均落在直线 AB 的同面投影上，但是，$ak/kb \neq a'k'/k'b'$，因此，利用直线上点的投影特性可以判断点 K 不在直线 AB 上；另外，该题目中 AB 为侧平线，也可以通过求出点 K 和直线 AB 的侧面投影进行判断。

作图步骤：

①如图 2-23(b)所示，根据点的投影规律，作图求出点 K 的侧面投影 k'' 和直线 AB 的侧面投影 $a''b''$。

②由于 k'' 不在 $a''b''$ 上，不满足直线上点的投影特性，因此可以判断点 K 不在直线 AB 上。

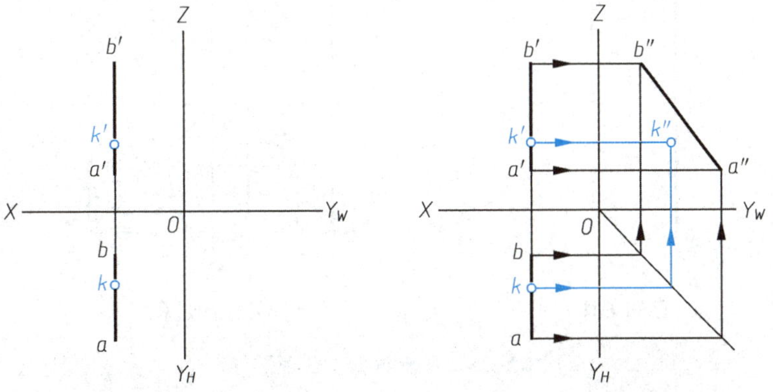

(a) 已知条件　　(b) 作图过程

图 2-23　根据投影图判断点是否位于直线上

2.4.4 两直线的相对位置

从平面几何学可知，空间两直线的位置关系有三种：平行、相交和交叉。

1. 两直线平行

若空间两直线平行，则其同面投影必然互相平行；反之，若两直线的同面投影都互相平行，则空间两直线必然相互平行，如图 2-24 所示。因此两直线平行的投影特性可表示为：

若 $AB/\!/CD$，则 $ab/\!/cd$、$a'b'/\!/c'd'$、$a''b''/\!/c''d''$。

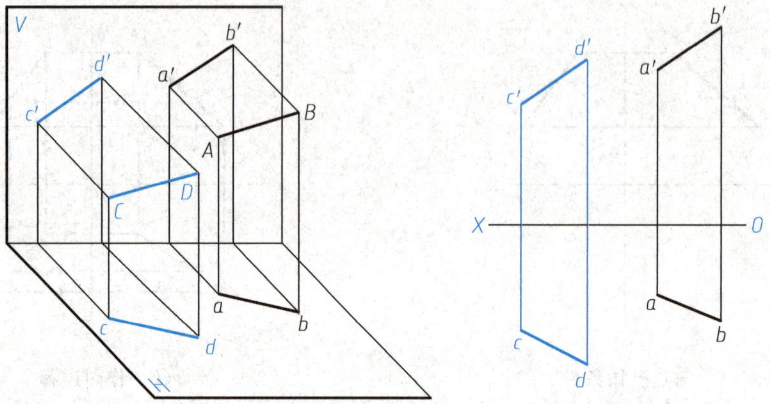

（a）立体图　　（b）作图过程

图 2-24　两直线平行

以上投影特性也是判断空间两直线是否平行的判定定理。对于一般位置直线，只要根据两直线的两面投影是否平行即可做出判断。但是，如图 2-25（a）所示，对于投影面平行线（AB 和 CD 为侧平线），已知 $ab/\!/cd$、$a'b'/\!/c'd'$，却不能直接判断两直线是否平行。此时必须求出其特征投影（侧平线的侧面投影为特征投影），如图 2-25（b）所示，由于 $a''b''$ 和 $c''d''$ 不平行，因此可以判断 AB 与 CD 是不平行的。

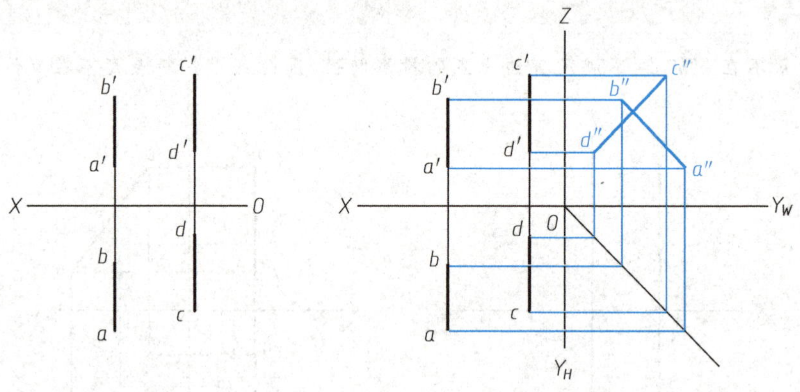

（a）已知条件　　（b）作图过程

图 2-25　判断两直线是否平行

2. 两直线相交

若空间两直线相交，则其同面投影必然相交，其交点的投影符合空间一个点的投影规律，且交点分线段具有定比性，如图 2-26 所示。

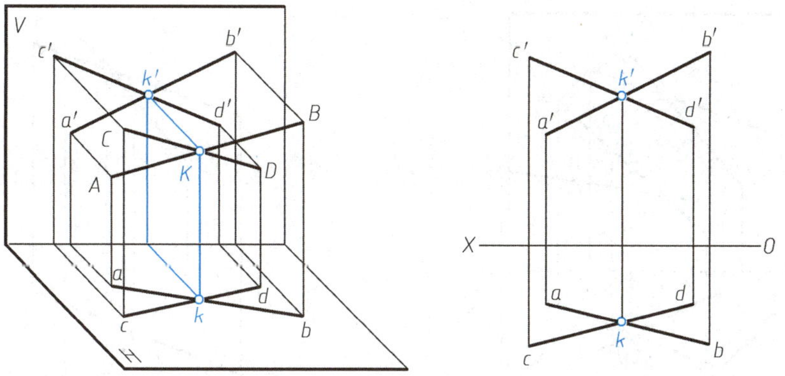

（a）立体图　　（b）投影图

图 2-26　两直线相交

以上投影特性也是判断空间两直线是否相交的判定定理。一般情况下，只要根据两直线的两面投影相交，且交点符合空间一个点的投影规律即可做出判断。但是，如图 2-27(a)所示，当其中一条直线为投影面平行线（*AB* 为侧平线）时，虽然水平投影和正面投影均相交，且交点 $kk' \perp OX$ 轴，却不能直接判断两直线是否相交。此时必须求出其特征投影（侧平线的侧面投影为特征投影），如图 2-27(b)所示，由于 $a''b''$ 和 $c''d''$ 不相交，因此可以判断 *AB* 与 *CD* 是不相交的。

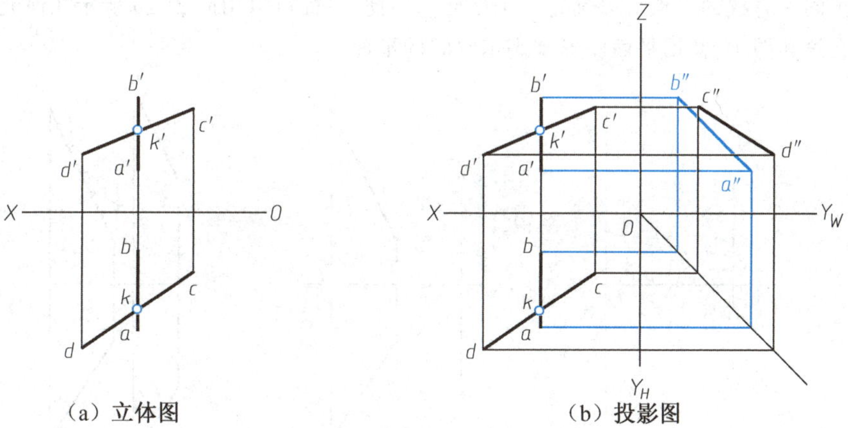

（a）立体图　　（b）投影图

图 2-27　判断两直线是否相交

3. 两直线交叉

若两直线既不相交也不平行，则它们是交叉两直线。如果两直线的投影既不符合平行两直线的投影特性，又不符合相交两直线的投影特性，即可判定为交叉两直线。

如图 2-28 所示，直线 *AB* 与 *CD* 的各组同面投影不平行，因此两直线在空间不平行；且直线 *AB* 与 *CD* 的各组同面投影交点的连线与相应的投影轴不垂直，因此两直线在空间不相交；由此判断直线 *AB* 与 *CD* 为交叉两直线。

ab 和 *cd* 的交点是 *AB* 上的Ⅰ点和 *CD* 上的Ⅱ点这一对重影点在 *H* 面上的投影，由图 2-28(b)可以看出，1′在 2′之上，Ⅰ点的水平投影是可见的，因此记为 1(2)。同理，$a'b'$ 和 $c'd'$ 的交点是 *AB* 上的Ⅲ点和 *CD* 上的Ⅳ点这一对重影点在 *V* 面上的投影，由图 2-28(b)可以看出，4 在 3 之前，Ⅳ点的正面投影是可见的，因此记为 4′(3′)。

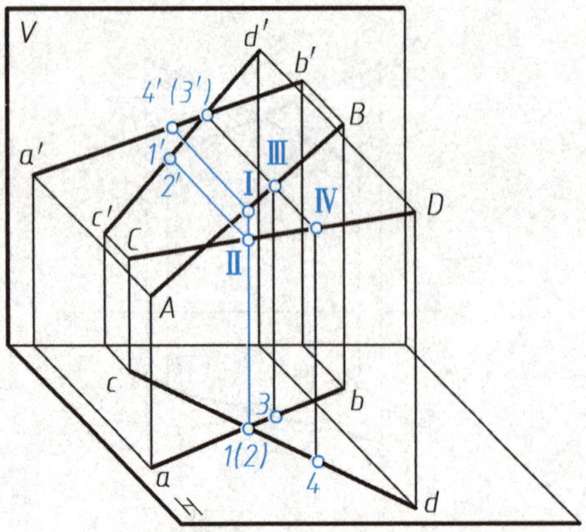

（a）立体图

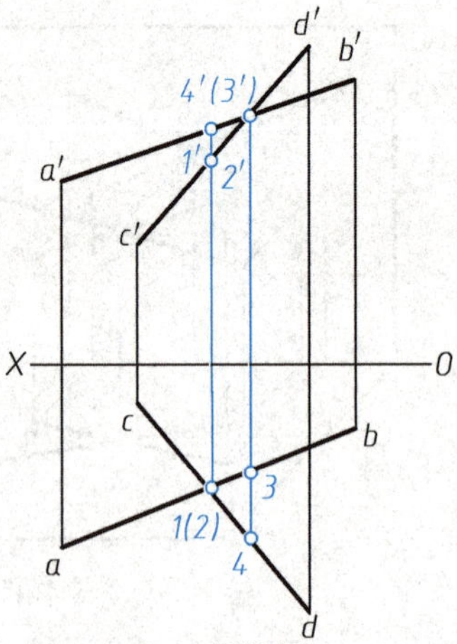

（b）投影图

图 2-28　两直线交叉

2.5　平面的投影

2.5.1　平面的表示法

不属于同一直线的三点可以确定一个平面。因此,平面可以用图 2-29 所示几何元素的投影来表示。在投影图中,常用平面图形来表示空间的平面。

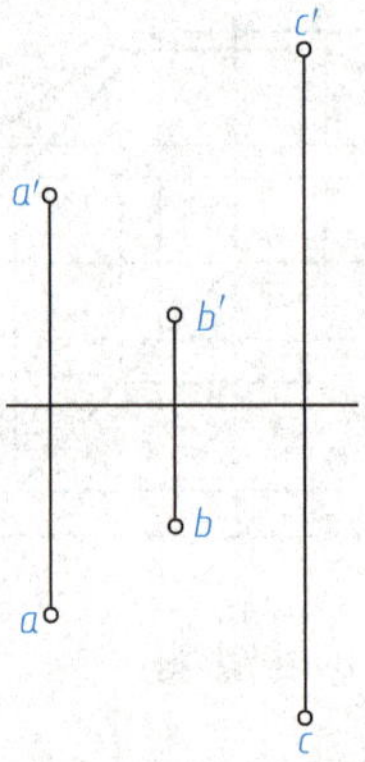

（a）不在同一直线上的三点

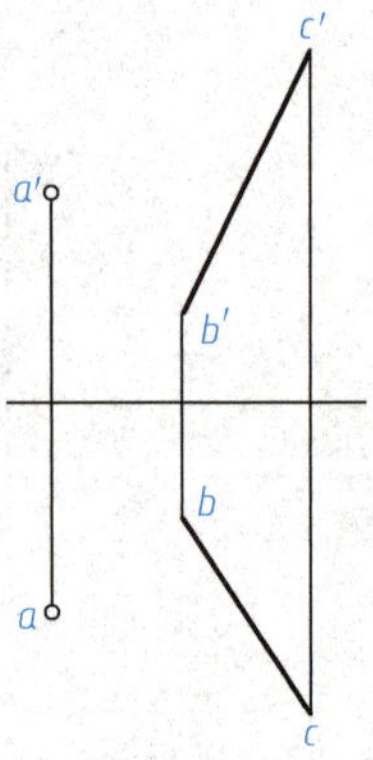

（b）直线及线外一点

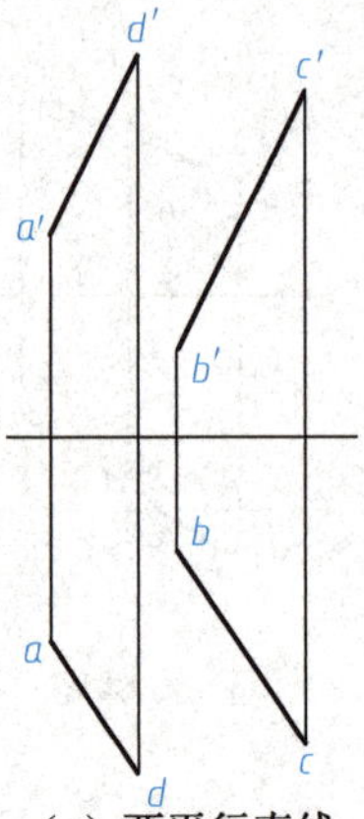

（c）两平行直线

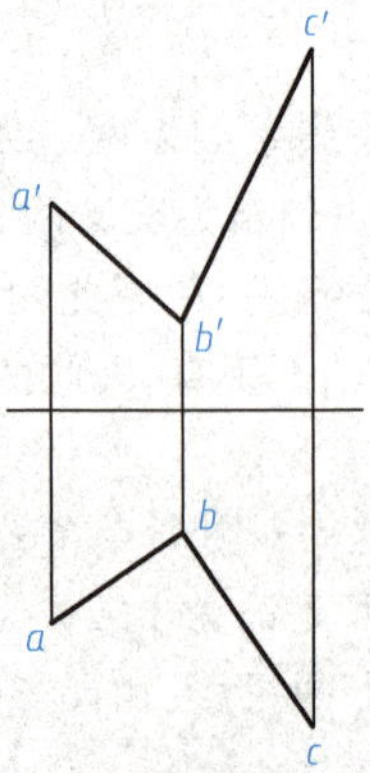

（d）两相交直线

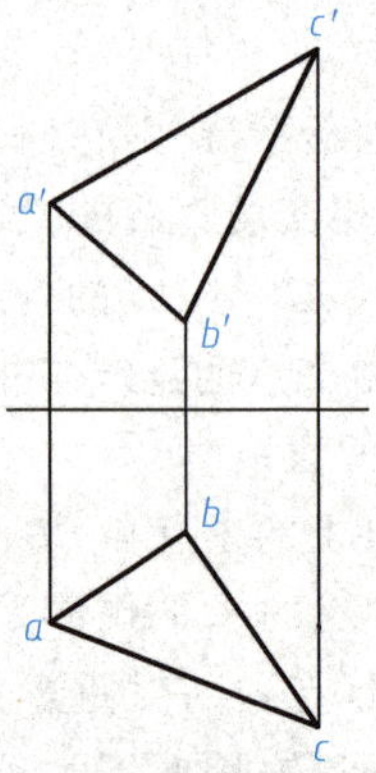

（e）任意平面图形

图 2-29　平面的表示法

2.5.2 平面的投影特性

平面在三投影面体系中的投影特性取决于平面对三个投影面的相对位置。按照平面对投影面的相对位置将平面分为三类：投影面垂直面、投影面平行面和一般位置平面。工程制图中，将平面对 H 面、V 面、W 面的倾角，分别用 α、β、γ 表示。

1. 投影面垂直面

平面垂直于某一个基本投影面，同时与另外两个基本投影面倾斜，称为投影面垂直面。因为投影面有三个，因此，投影面垂直面有三种，分别为：

铅垂面——平面垂直于 H 面，与 V 面和 W 面倾斜，即 $\perp H$ 面，$\angle V$ 面，$\angle W$ 面；

正垂面——平面垂直于 V 面，与 H 面和 W 面倾斜，即 $\perp V$ 面，$\angle H$ 面，$\angle W$ 面；

侧垂面——平面垂直于 W 面，与 H 面和 V 面倾斜，即 $\perp W$ 面，$\angle H$ 面，$\angle V$ 面。

表 2-3 给出了投影面垂直面的投影特性。

表 2-3 投影面垂直面的投影特性

名称	铅垂面（$\perp H$ 面）	正垂面（$\perp V$ 面）	侧垂面（$\perp W$ 面）
立体图	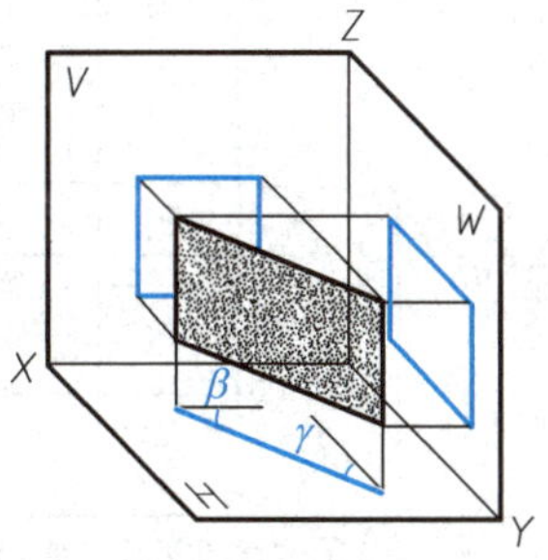	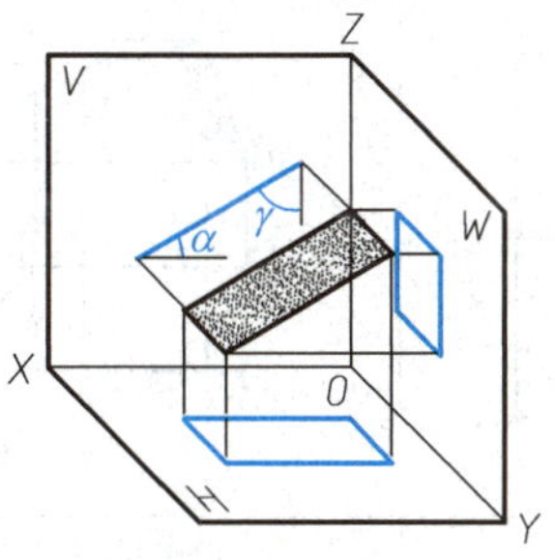	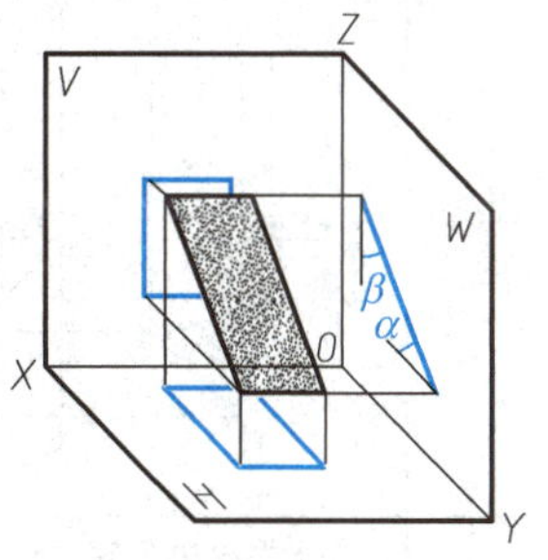
投影图	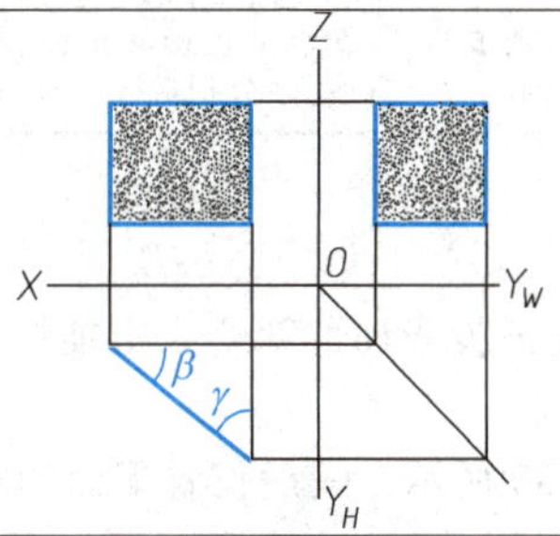	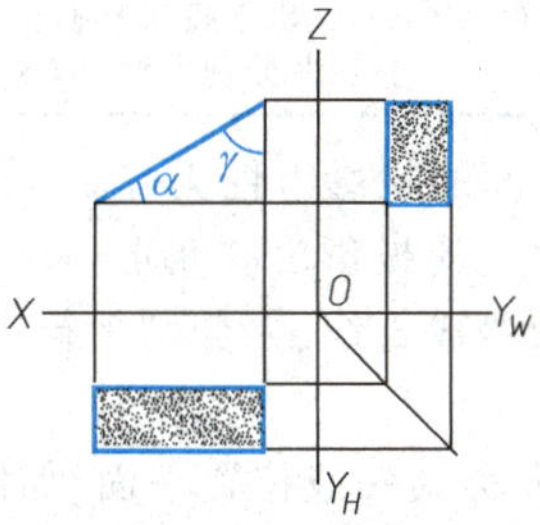	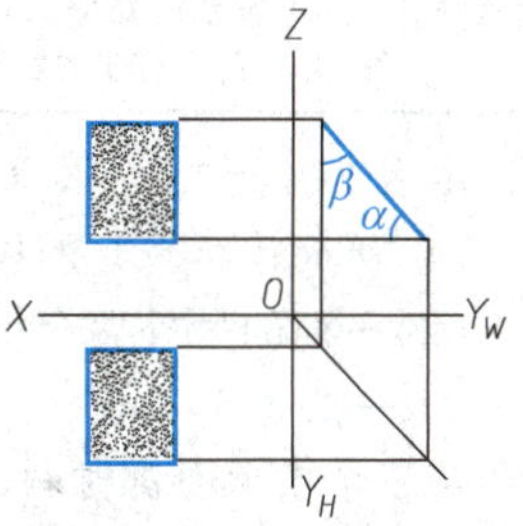
投影特性	①水平投影积聚成直线； ②该投影与 OX 和 OY 轴的夹角 β、γ 分别是平面对 V 面和 W 面倾角的真实大小； ③正面投影和侧面投影为类似形	①正面投影积聚成直线； ②该投影与 OX 和 OZ 轴的夹角 α、γ 分别是平面对 H 面和 W 面倾角的真实大小； ③水平投影和侧面投影为类似形	①侧面投影积聚成直线； ②该投影与 OY 和 OZ 轴的夹角 α、β 分别是平面对 H 面和 V 面倾角的真实大小； ③水平投影和正面投影为类似形

由表 2-3 可知，投影面垂直面的投影特性为：

(1) 平面在所垂直的投影面上的投影积聚成直线；

(2) 该投影与投影轴的夹角同时反映平面对另外两个投影面倾角的真实大小；

(3) 平面的另外两个投影分别为该平面的类似形。

2. 投影面平行面

平面平行于某一个基本投影面，必然垂直于另外两个投影面，称为投影面平行面。因为投影面有三个，因此，投影面平行面有三种，分别为：

水平面——平面平行于 H 面，与 V 面和 W 面垂直，即 $/\!/ H$ 面，$\perp V$ 面，$\perp W$ 面；

正平面——平面平行于 V 面，与 H 面和 W 面垂直，即 $/\!/V$ 面，$\perp H$ 面，$\perp W$ 面；

侧平面——平面平行于 W 面，与 H 面和 V 面垂直，即 $/\!/W$ 面，$\perp H$ 面，$\perp V$ 面。

表 2-4 给出了投影面平行面的投影特性。

表 2-4　投影面平行面的投影特性

名称	水平面（$/\!/H$ 面）	正平面（$/\!/V$ 面）	侧平面（$/\!/W$ 面）
立体图	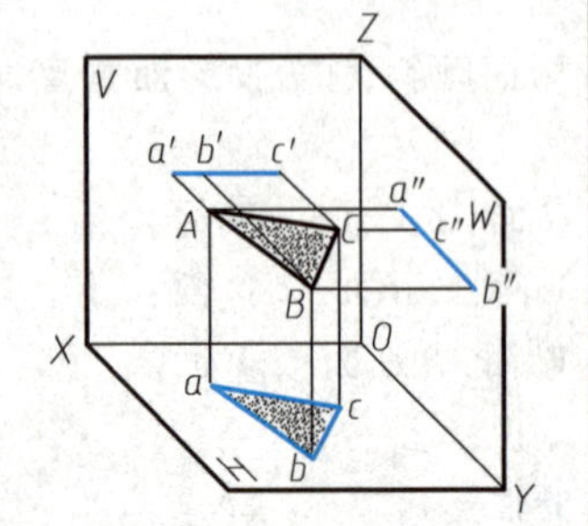	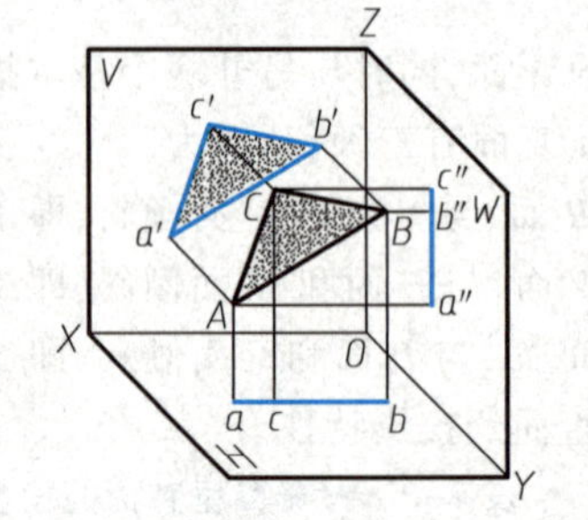	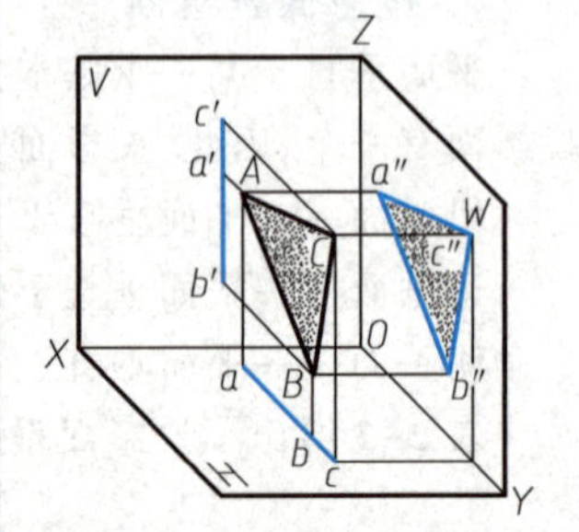
投影图	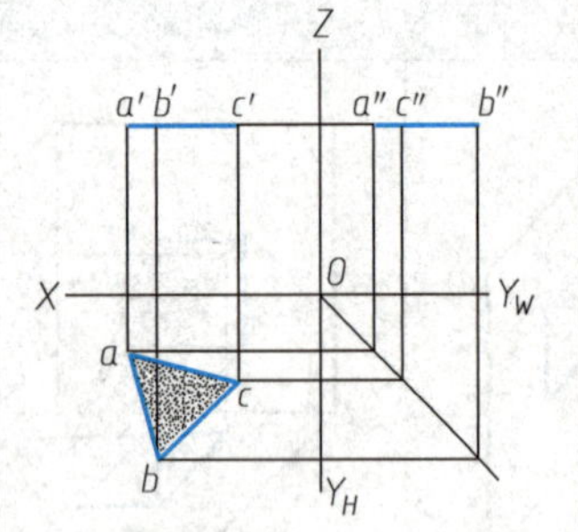	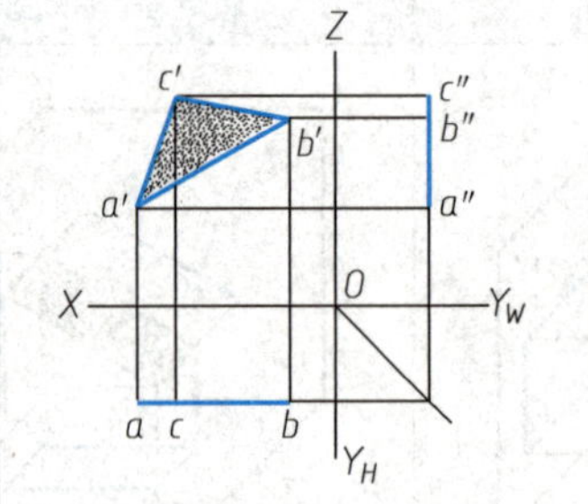	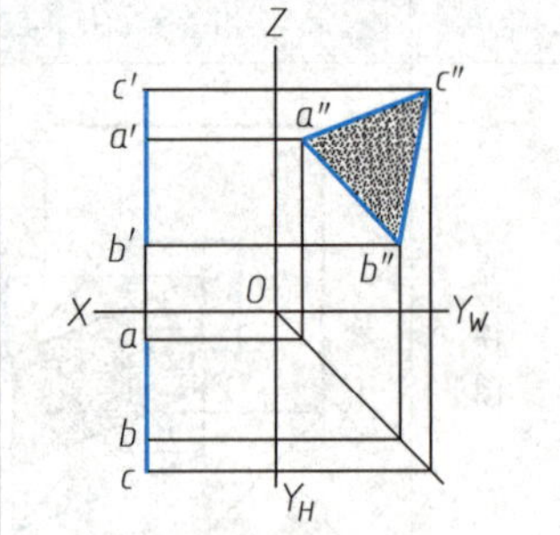
投影特性	①水平投影反映实形；②正面投影和侧面投影积聚成直线，并分别平行于 OX 和 OY 轴	①正面投影反映实形；②水平投影和侧面投影积聚成直线，并分别平行于 OX 和 OZ 轴	①侧面投影反映实形；②水平投影和正面投影积聚成直线，并分别平行于 OY 和 OZ 轴

由表 2-4 可知，投影面平行面的投影特性为：

(1) 平面在所平行的投影面上的投影反映实形；

(2) 平面的另外两个投影积聚成直线，并分别平行于组成该投影面的两个投影轴。

3. 一般位置平面

与三个投影面都倾斜的平面称为一般位置平面，如图 2-30 所示。一般位置平面的投影特性为：三面投影都是类似形，且都不反映实形。

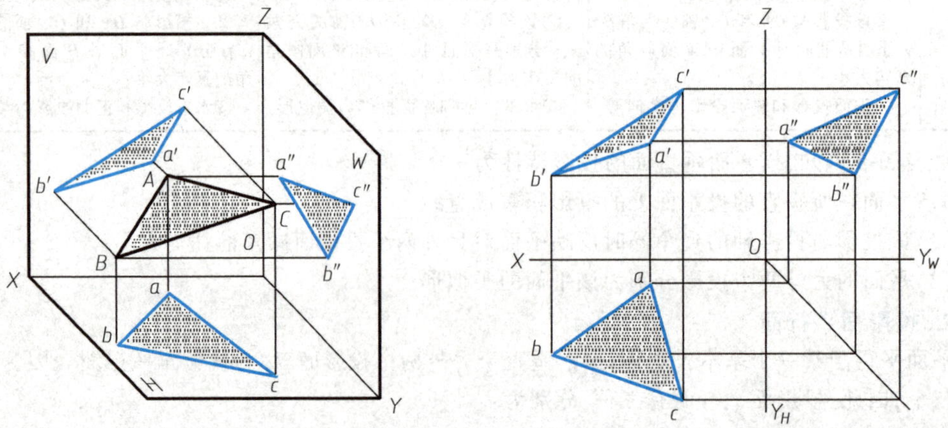

（a）立体图　　（b）投影图

图 2-30　一般位置平面

2.5.3　平面内的点和直线

1. 平面内的直线

直线在平面内的几何条件是：

(1)直线通过平面内的两个已知点，则该直线在平面内；

(2)直线通过平面内的一个已知点，且平行于平面内的一条已知直线，则该直线在平面内。

【例 2-9】 如图 2-31(a)所示，在△*ABC* 平面内作一条正平线，并使其到 *V* 面的距离为 12 mm。

视频

例2-9

分析：由于所求直线是正平线，所以该直线的水平投影应平行于 *OX* 轴，且与 *OX* 轴的距离为 12 mm，可利用正平线的投影特性和直线上点的投影特性直接作图。

作图步骤：

①如图 2-31(b)所示，距离 *OX* 轴为 12 mm 作正平线的水平投影，交直线 *ab*、*ac* 分别于 *e* 和 *f*。

②如图 2-31(c)所示，过 *e*、*f* 分别作 *OX* 轴的垂线交 *a′b′*、*a′c′* 于 *e′* 和 *f′*，连接 *ef*、*e′f′*，直线 *EF* 即为所求，完成作图。

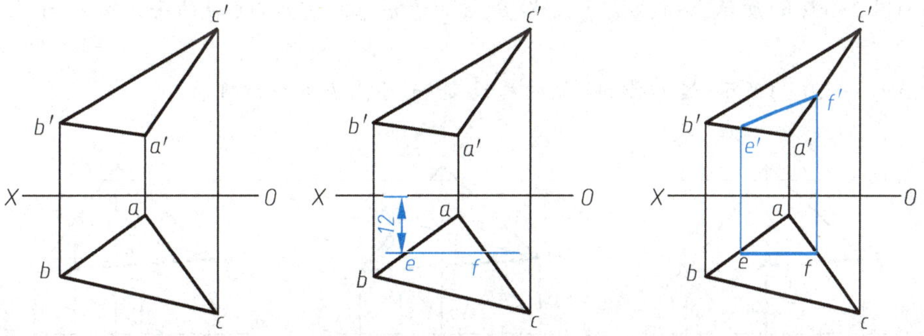

(a)　(b)　(c)

图 2-31　在平面内作正平线

【例 2-10】 如图 2-32(a)所示，已知△*ABC* 平面内直线 *EF* 的正面投影 *e′f′*，求水平投影 *ef*。

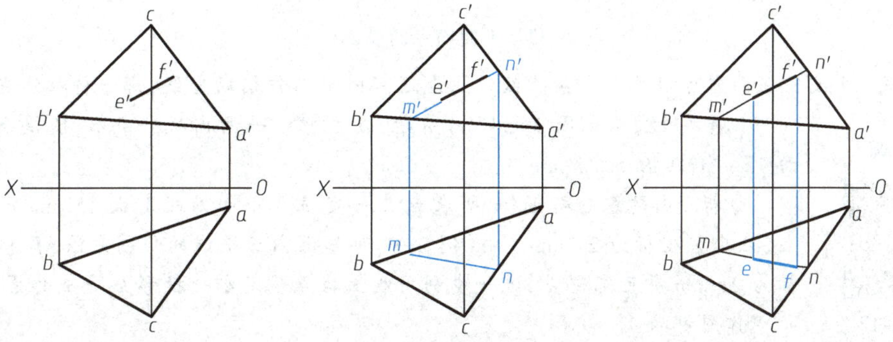

(a)　(b)　(c)

图 2-32　平面内直线的投影

分析：由于所求直线 EF 在平面内，所以延长该直线与平面内已知直线 AB 和 AC 分别为相交两直线，两个交点 M 和 N 即为直线 EF 上的两个已知点，由此可以完成作图。

作图步骤：

①如图 2-32(b)所示，延长 $e'f'$ 分别与 $a'b'$ 和 $a'c'$ 交于 m' 和 n'，过 m' 和 n' 分别作 OX 轴的垂线交 ab 和 ac 于 m 和 n，连接 mn。

②如图 2-32(c)所示，过 e'、f' 分别作 OX 轴的垂线交 mn 于点 e 和 f，直线 ef 即为所求。将 ef 加深为粗实线，完成作图。

2. 平面内的点

点在平面内的几何条件是：若点在平面内的一条已知直线上，则该点在该平面内。因此，在平面内取点时，应先在平面内作一条通过该点的辅助直线，然后利用线上找点法完成点的投影作图。

【例 2-11】 如图 2-33(a)所示，已知△ABC 平面内点 K 的正面投影 k'，求点 K 的水平投影 k。

分析：由于所求点 K 在平面内，过点 K 在面内任作一条辅助直线，点 K 的投影必在该直线的同面投影上，由此可以完成作图。

作图步骤：

①如图 2-33(b)所示，连接 $b'k'$ 并延长，交 $a'c'$ 于 m'，过 m' 作 OX 轴的垂线交 ac 于点 m，连接 bm。

②如图 2-33(c)所示，过 k' 作 OX 轴的垂线交 bm 于点 k，k 即为所求。

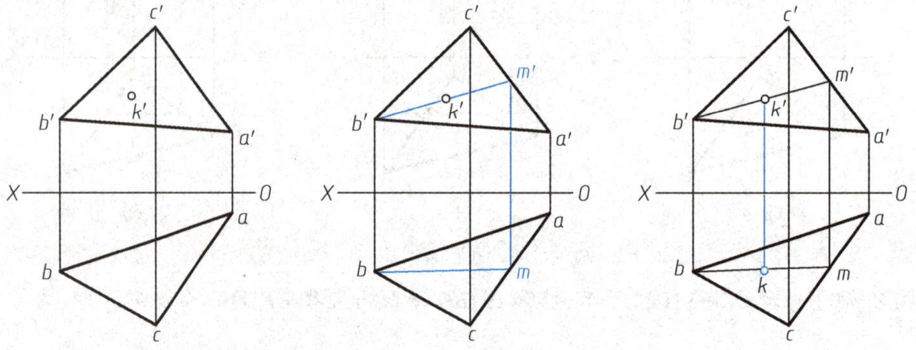

(a)　　(b)　　(c)

图 2-33　平面内点的投影(一)

思考：过点 K 在面内可以作多少条直线？上题还可以如何作辅助直线，哪一种做法更简单？

视频

例2-12

【例 2-12】 如图 2-34(a)所示，在△ABC 平面内找一点 K，使得点 K 距 V 面 15 mm，距 H 面 21 mm。

分析：由题意分析可知，所求点 K 一定位于平面内距 V 面 15 mm 的正平线上，且其 Z 坐标为 21 mm。由【例 2-9】可知面内正平线的作图方法，再利用 Z 坐标为 21 mm 即可求得 k'，进一步利用线上找点确定水平投影 k，完成作图。

作图步骤：

①如图 2-34(b)所示，作与 OX 轴平行且相距 15 mm 的直线，与 ab 和 ac 分别交于点 m 和 n；过 m 和 n 分别作 OX 轴的垂线交 $a'b'$ 和 $a'c'$ 于点 m' 和 n'，连接 $m'n'$ 即为面内距 V 面 15 mm 正平线的正面投影。

②如图 2-34(c)所示，作与 OX 轴平行且相距 21 mm 的直线，与 $m'n'$ 交于点 k'，过 k' 作 OX 轴的垂线交 mn 于点 k，k 和 k' 即为所求。

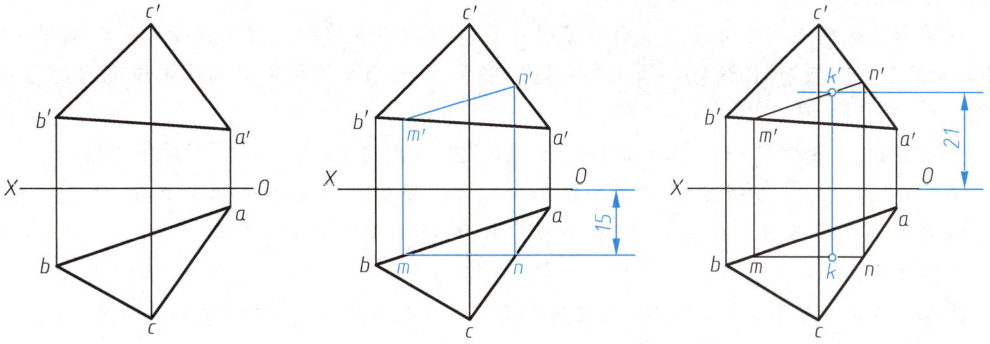

(a)　(b)　(c)

图 2-34　平面内点的投影(二)

此题目中也可以分析为所求点 K 位于平面内距 H 面 21 mm 的水平线上，且其 Y 坐标为 15 mm，作图方法同上，此处不再赘述。

2.5.4　直线与平面的相对位置

1. 直线与平面平行

由平面几何学可知，直线与平面平行的几何条件为：若一条直线平行于平面内的一条已知直线，则该直线与该平面平行。

【例 2-13】　如图 2-35(a)所示，已知△ABC 平面，过平面外一点 M 作水平线与△ABC 平面平行。

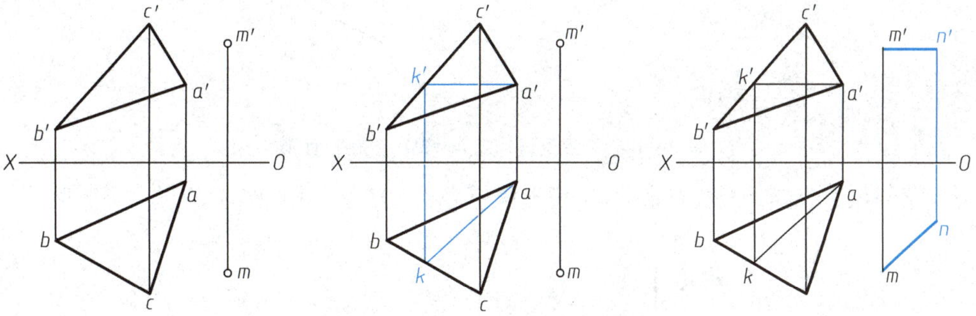

(a)　(b)　(c)

图 2-35　过点作直线与平面平行

分析：由题意分析可知，过点 M 所作直线与面内的水平线平行，根据直线与平面平行的几何条件，则所作直线即与平面平行；由面内水平线的作图方法和两直线平行的投影特性即可完成作图。

作图步骤：

①如图 2-35(b)所示，过 a' 作 OX 轴的平行线交 $b'c'$ 于点 k'，过 k' 作 OX 轴的垂线交 bc 于点 k，连接 ak，直线 AK 即为△ABC 平面内的水平线。

②如图 2-35(c)所示，过 m 和 m' 分别作 $mn/\!/ak$、和 $m'n'/\!/a'k'$，将 mn 和 $m'n'$ 加深为粗实线，直线 MN 即为所求。

2. 直线与平面相交

直线与平面相交，其交点是直线与平面的共有点。交点的投影既满足直线上点的投影特性，又满足平面上点的投影特性。

这里只讨论直线与平面中至少有一个处于特殊位置时的情况。由于直线与平面的相对位置不同，从某个方向投射时，彼此之间会存在遮挡关系，且交点是可见部分与不可见部分的分界点。因此，求出交点后，还应该判别可见性。

【例 2-14】 如图 2-36(a)所示，求直线 EF 与 $\triangle ABC$ 平面的交点 K，并判别可见性。

分析：平面 $\triangle ABC$ 为铅垂面，其水平投影积聚为一条直线，根据交点的共有性，确定交点 K 的水平投影 k，再利用点 K 属于直线 EF 上的投影特性，找到 k' 即可完成作图。

作图步骤：

①求交点 K。如图 2-36(b)所示，过 ef 和 abc 水平投影的交点 k 作 OX 轴的垂线，与 $e'f'$ 交于点 k'。

②判别可见性。如图 2-36(b)所示，从水平投影可知，KF 在平面 $\triangle ABC$ 之前，故正面投影 $k'f'$ 可见，而 $k'e'$ 与 $\triangle a'b'c'$ 的重合部分不可见，用虚线表示。

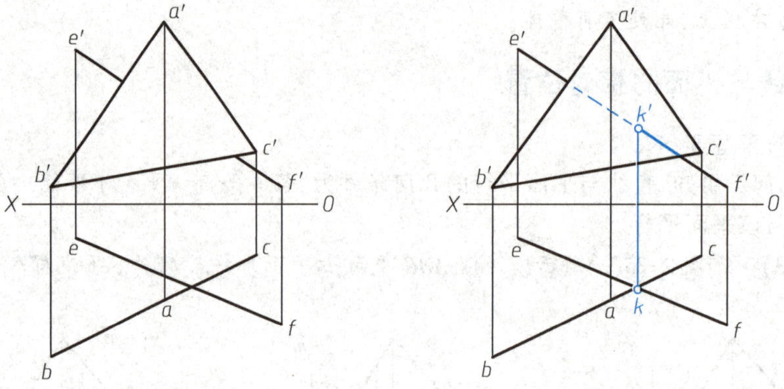

图 2-36 一般位置直线与特殊位置平面相交

【例 2-15】 如图 2-37(a)所示，求铅垂线 MN 与 $\triangle ABC$ 平面的交点 K，并判别可见性。

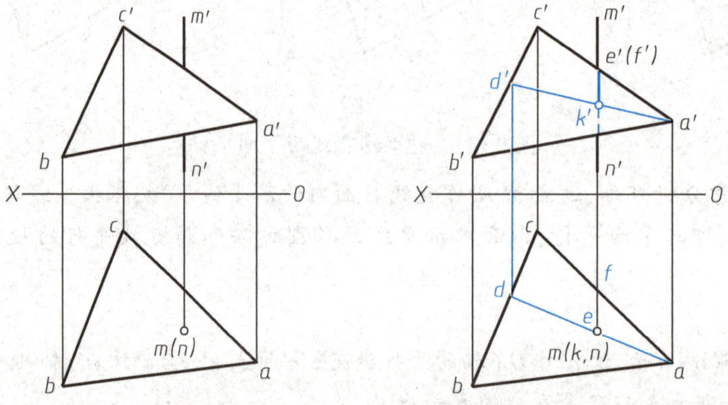

图 2-37 特殊位置直线与一般位置平面相交

分析：直线 MN 为铅垂线，其水平投影积聚为一点，故交点 K 的水平投影也在该点，根据交点的共有性，利用点 K 属于△ABC 平面的投影特性，通过面上取点的方法求出点 K 的正面投影 k'，即可完成作图。

作图步骤：

①求交点。如图 2-37(b)所示，连接 am 并延长与 bc 交于点 d，过点 d 作 OX 轴的垂线，与 b'c' 交于点 d'，连接 a'd'与 m'n'交于点 k'。

②判别可见性。如图 2-37(b)所示，利用边界点的重影点来判别。假设点 E 在 MN 上，点 F 在 AC 上，由水平投影可知，点 E 在前，点 F 在后，故 e'k'可见；同理，k'n'与△a'b'c'的重合部分不可见，用虚线表示。

2.5.5　平面与平面的相对位置

1. 平面与平面平行

由平面几何学可知，若一平面内有两条相交直线分别平行于另一平面内的两条相交直线，则两平面平行。

【例 2-16】　如图 2-38(a)所示，过点 K 作平面与△EFG 平面平行。

分析：根据两平面平行的几何条件和两直线平行的投影特性，即可直接作图。

作图步骤：

①如图 2-38(b)所示，过点 k 和 k'分别作 km//eg，k'm'//e'g'，则直线 KM//EG；同理作 kn//fg，k'n'//f'g'，则直线 KN//FG。

②分别将 km、k'm'、kn 和 k'n'加深为粗实线，两条相交直线 KM 和 KN 确定的平面即为所求。

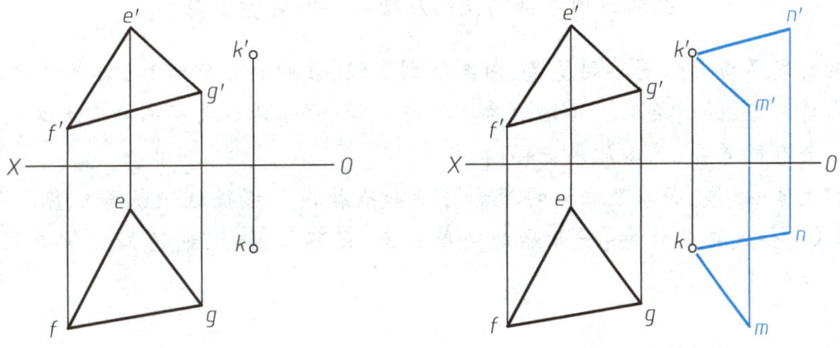

(a)　　　　　　　　(b)

图 2-38　平面和平面平行

2. 平面与平面相交

两平面相交，其交线为一条直线。这里只讨论两个相交的平面均处于特殊位置时的情况。

【例 2-17】　如图 2-39(a)所示，求△ABC 平面与△EFG 平面的交线 MN，并判别可见性。

视频

例2-17

分析：由已知投影可知，平面△ABC 为水平面，平面△EFG 为正垂面，两平面的正面投影均积聚为一条直线，因此两平面正面投影的交点即为两平面交线的正面投影，即交线为正垂线，可利用正面投影直接作图。

作图步骤：

①求交线。如图 2-39(b)所示，过正面投影的交点 m'(n')作 OX 轴的垂线，与 ab 和 ac 分别交于点 m 和 n(因为交线是两个平面的共有线，交线应在两个平面共有的范围内，

因此点 m 和 n 分别落在 ab 和 ac 线段上)。

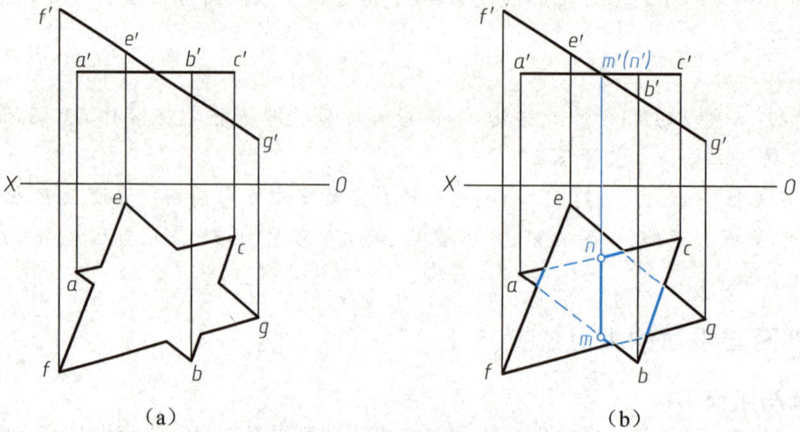

图 2-39　两特殊位置平面相交

②判别可见性。如图 2-39(b)所示,交线 MN 左侧,△ABC 平面位于△EFG 平面的下方,其水平投影与△EFG 的水平投影相重叠的部分为不可见,用虚线表示。交线 MN 右侧,△ABC 平面位于△EFG 平面的上方,其水平投影与△EFG 的水平投影相重叠的部分是可见的,用粗实线表示;反之,△EFG 的水平投影是不可见的,用虚线表示。

拓展阅读

由简单到复杂的认知规律——发展性思考

任何事物的发展都是从简单到复杂,由低级到高级,最后再返璞归真,回归到初始的简单状态。最终的简单状态,并不是跟一开始的简单状态一模一样,两者之间的核心要素会一样,但在其表现形式上会有所差异,其本质是一样的。

基本几何元素点、线、面以及立体的投影特性和规律同样遵循这一认知规律。而在此过程中,人的思想认知却是不一样的:一开始的简单状态,是不知其然,也不知其所以然;最终的简单,是知其然,也知其所以然。

第 3 章　立体的投影

本章内容是在学习投影法和三视图的基础上，进而分析立体的投影。主要讨论：基本几何体的投影、基本几何体表面上的点和线的投影、基本几何体截切后的投影、两立体相交后的投影等内容，为后续复杂形体的绘制及阅读提供基础。

工程中常把棱柱、棱锥、圆柱、圆锥、圆球、圆环等形状简单、经常使用的单一几何形体称为基本体，将其他较复杂形体看成是由基本体组合而成的组合体。

常用基本体可分为平面立体和曲面立体两类。把单纯由平面包围而成的基本体称为平面基本体；而将含有曲面表面的基本体称为曲面基本体。仅讨论曲面基本体中具有回转面的曲面体即回转体。

3.1　基本立体的投影

3.1.1　平面立体

平面立体主要有棱柱、棱锥，组成平面立体的表面均为平面，分别称为棱面和底面，相邻两棱面的交线称为棱线，底面与棱面的交线称为底边。在投影图上表示平面立体就是把围成立体的平面及其棱线表示出来，可见棱线的投影画成粗实线，不可见棱线的投影画成虚线，图形对称还要画对称线，用点画线表示。

1. 棱柱

(1)棱柱的三视图

以正六棱柱为例，分析棱柱三视图的画法。

将正六棱柱在三面投影体系中放正，使其各组成表面(棱面和底面)尽可能为特殊位置平面。如图 3-1(a)所示，正六棱柱位于图示位置时，其顶面、底面均为水平面，在俯视图上反映实形(正六边形)，主视图和左视图积聚为直线；正六棱柱的六个棱面中，前、后两个棱面为正平面，在主视图中反映实形(矩形)，在俯视图中积聚在正六边形的前、后两条边上，在左视图中积聚为前、后两条直线；其余四个棱面为铅垂面，在俯视图中积聚在正六边形的相应边上，在主视图和左视图中均反应类似形(矩形)。

作图过程如下：

①画出三个视图的对称线(点画线)。主视图左右对称，左视图前后对称，各画出一条对称线；俯视图左右、前后对称，画出两条垂直相交的对称线，如图 3-1(b)所示。

②画出反映顶面和底面实形(正六边形)的俯视图；按照“长对正”画出主视图，积聚成一条直线；按照“高平齐”和“宽相等”画出左视图，积聚成一条直线，如图 3-1(c)所示。

③依次画出六条棱线的主视图和左视图，将可见轮廓线加深为粗实线，如图 3-1(d)所示。

当视图对称时，一般应先用点画线画出对称线，以确定三个视图的位置，如图 3-1(b)所示。

需要说明的是,在棱柱高度方向不画对称线。

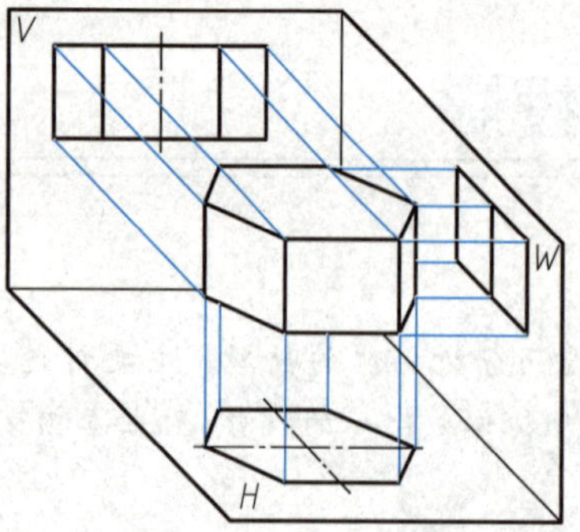

(a)六棱柱三视图的生成

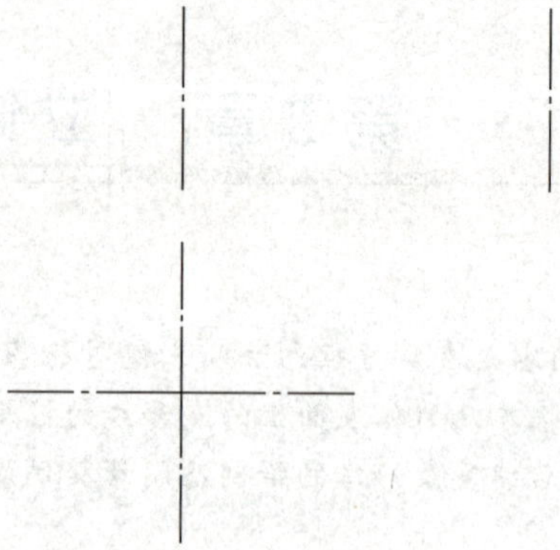

(b)画出对称线

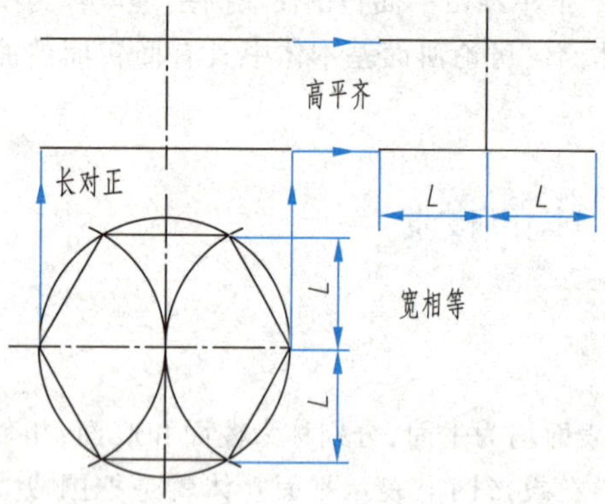

(c)画出顶面和底面

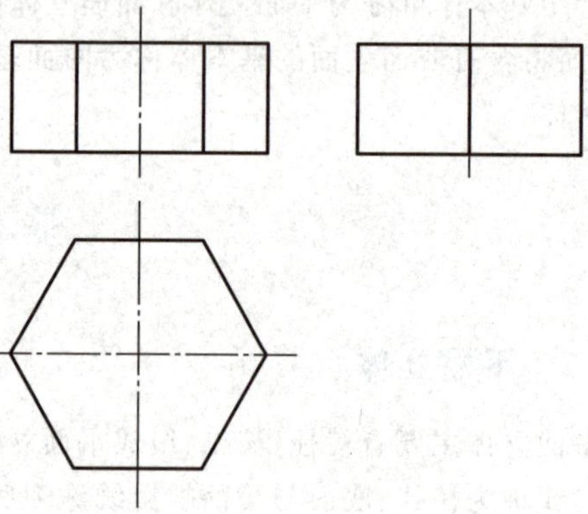

(d)画出六条棱线并加深

图 3-1　正六棱柱三视图的画法

(2)棱柱表面找点

由于棱柱的表面都是平面,所以在棱柱体表面上找点的方法与第 2 章中介绍的在平面内找点的方法相同。

在平面立体表面找点一般有以下步骤:

①根据已知投影的位置和可见性,判断点位于平面立体的哪个面上?

②结合点的投影规律与面上找点的方法求出点的另外两个投影;

③判断所求投影的可见性。其原则是:若点所在面的投影可见(或有积聚性),则点的投影可见。

【例 3-1】　如图 3-2(a)所示,已知正六棱柱体表面上 A、B 两点的正面投影,求出这两点的水平投影和侧面投影。

分析:由图 3-2(a)可知,点 A 位于左前棱面(铅垂面)上,该棱面在俯视图上积聚成一条直线,所以点 A 的水平投影 a 必在这条直线上,再根据"长对正",可由 a' 求出 a;再由 a'、a 与 a'' 之间"高平齐、宽相等"的关系,求出 a''。点 B 位于正后方的棱面上(正平面),该棱面在俯视图和左视图中均积聚成一条直线,所以点 B 的水平投影 b 和侧面投影 b'' 必在积聚性的直线上。

作图过程:

① 如图 3-2(b)所示,由 a' 根据"长对正"可求出 a,A 点水平投影所在的俯视图上,棱面具有

积聚性，所以 a 可见；再根据“高平齐”和“宽相等”求出 a''，A 点侧面投影所在的棱面是可见的，所以 a''可见。

② 如图 3-2(b)所示，由 b'根据“长对正”求出点 b，“高平齐”求出 b''；B 点水平投影所在棱面具有积聚性，且上方没有面的遮挡，所以 b 可见；B 点侧面投影所在棱面具有积聚性，且左边没有面的遮挡，所以 b''可见。

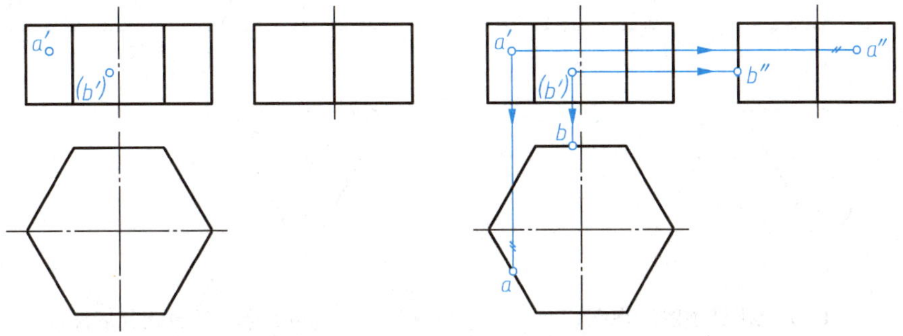

（a）已知条件　　（b）作图过程和结果

图 3-2　棱柱体表面找点

2. 棱锥

棱锥与棱柱的区别在于棱锥的棱线交于一点，该点称为锥顶，棱锥有几条棱线就称为几棱锥。

(1)棱锥的三视图

以图 3-3(a)所示正三棱锥(底面为正三角形)为例，当正三棱锥与投影面处于图示位置时，三棱锥的底面为水平面，俯视图中反映正三角形 ABC 的实形；位于后面的棱面 SAC 是侧垂面，在左视图上积聚成一条直线；左、右对称的两棱面 SAB 和 SBC 是一般位置平面，在三个视图中的投影均为三角形。

画正三棱锥的投影时，只需画出底面正三角形 ABC 的三视图，再确定锥顶 S 的三面投影，最后将顶点与底面各点同面投影相连(表示各棱线的投影)即可。

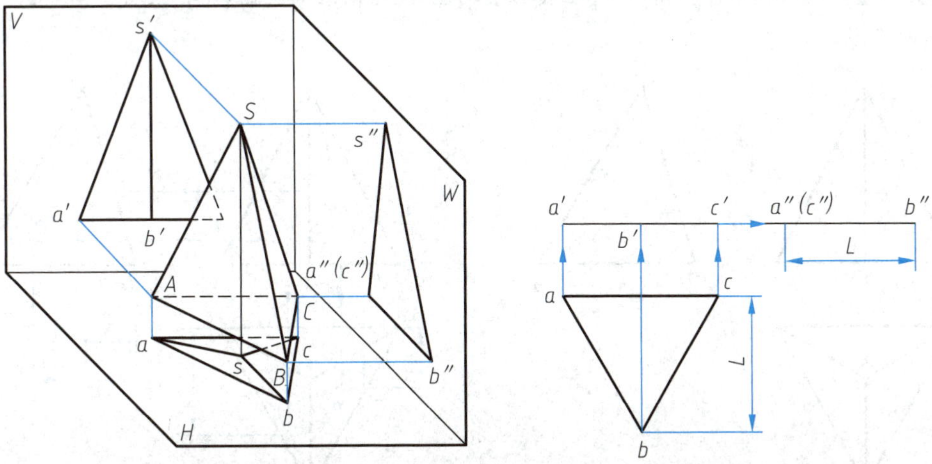

（a）正三棱锥三视图的生成　　（b）画出底面的三视图

图 3-3　正三棱锥三视图的画法

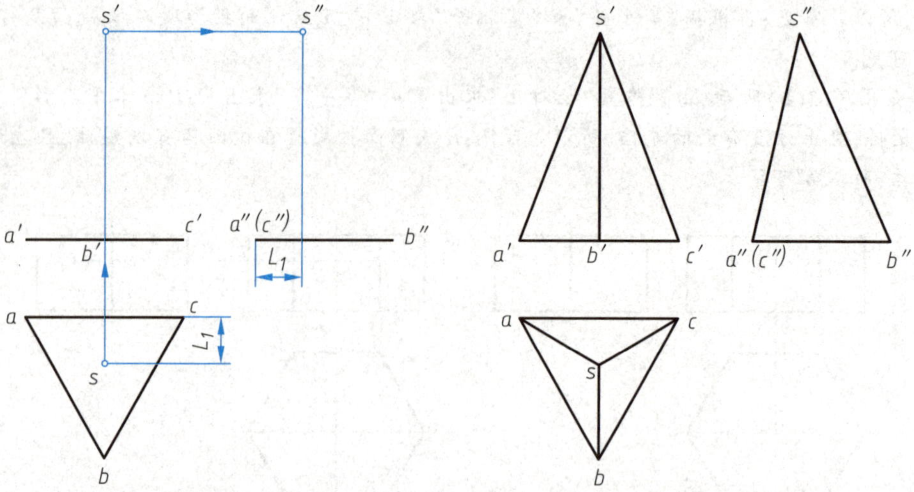

(c) 画出锥顶的三视图　　(d) 连接各棱线并加深

图 3-3　正三棱锥三视图的画法(续)

作图过程如下：

①画出反映底面正三角形 ABC 实形的俯视图，由俯视图按投影关系画出底面的主视图和左视图积聚性的直线，如图 3-3(b)所示。

②正三棱锥的锥顶 S 在俯视图上的投影 s 应位于正三角形角平分线的交点；由 s 和三棱锥的高度，按“长对正”在主视图上得到 s'；按“高平齐”和“宽相等”在左视图上得到 s''，注意 s'' 与 s“宽相等”的前后对应关系，如图 3-3(c)所示。

③分别连接顶点 S 与底面各点的同面投影并加深，完成正三棱锥的三视图，如图 3-3(d)所示。

(2)棱锥表面找点

因为棱锥的表面都是平面，所以棱锥体表面找点的方法与在棱柱表面找点的方法是一样的。若棱锥的表面处于特殊位置，则其表面上的点可利用投影的积聚性求得；若棱锥的表面处于一般位置，则其表面上的点可以利用在平面上找点的方法，通过作辅助线求得。

【例 3-2】 如图 3-4(a)所示，已知棱锥表面上 M、N 两点的正面投影，求出这两点的水平投影和侧面投影。

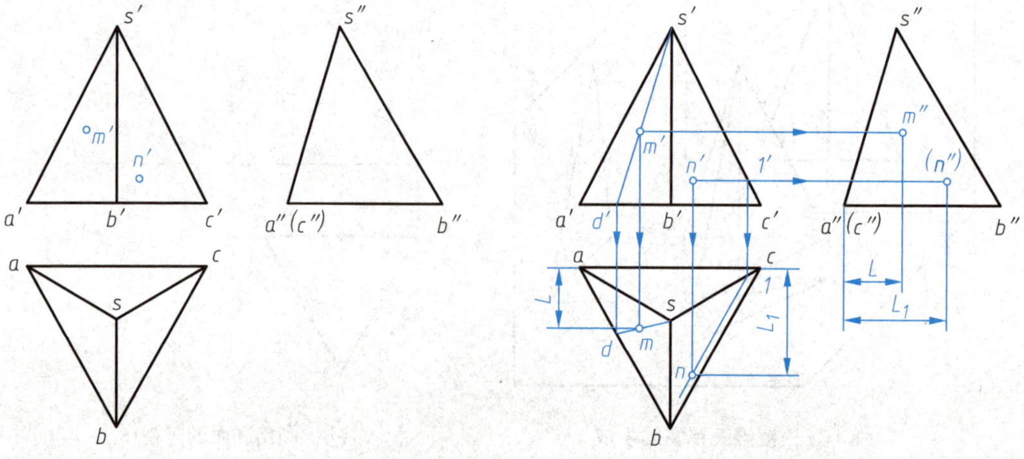

(a) 已知条件　　(b) 作图过程和结果

图 3-4　棱锥表面找点

分析：由图 3-4(a)可知 M 点的正面投影 m' 及其可见性，对照俯视图可知，M 点位于左前棱面 $\triangle SAB$ 上，因此在俯视图中，m 应位于 $\triangle sab$ 上；在左视图中，m'' 应位于 $\triangle s''a''b''$ 上。同理，由 N 点的正面投影 n' 及其可见性，对照俯视图可知，N 点位于右前棱面 $\triangle SBC$ 上，因此在俯视图中，n 应位于 $\triangle sbc$ 上；在左视图中，n'' 应位于 $\triangle s''b''c''$ 上。因为棱面 $\triangle SAB$ 和 $\triangle SBC$ 均为一般位置平面，所以应根据在平面内找点须作辅助线的方法求出其投影。

作图过程：

①如图 3-4(b)所示，连接 $s'm'$ 并延长与 $a'b'$ 交于 d'，由 d' 根据“长对正”求得 d，连接 sd；M 点在直线 SD 上，因此 m 应在 sd 上，由 m' 根据“长对正”求得 m，M 点所在棱面俯视图中是可见的，因此 m 可见；再根据“高平齐”和“宽相等”求出 m''，M 点所在棱面左视图中是可见的，因此 m'' 可见。

②如图 3-4(b)所示，过 n' 作 $b'c'$ 的平行线与 $s'b'$ 交于 $1'$，由 $1'$ 根据“长对正”求得 1，过 1 作 bc 的平行线；由 n' 根据“长对正”求得 n，N 点所在棱面俯视图中是可见的，因此 n 可见；再根据“高平齐”和“宽相等”求出 n''，N 点所在棱面左视图中是不可见的，因此 n'' 不可见，应加括号表示。

3.1.2　曲面立体

曲面立体是由曲面或曲面和平面围成的。工程中使用较多的曲面立体是回转体，常见的有圆柱、圆锥、球和圆环，如图 3-5 所示。

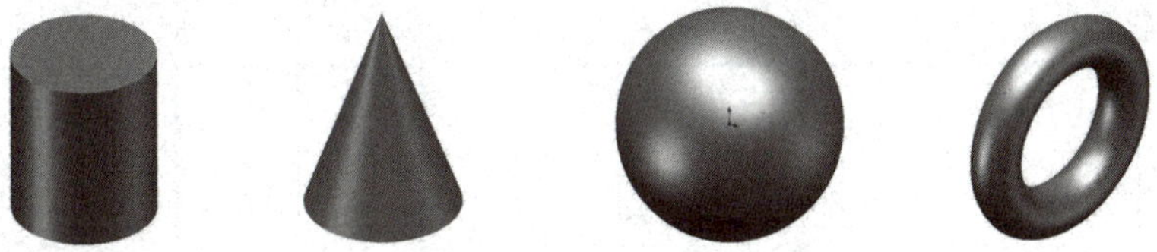

图 3-5　常见的回转体

回转体是由回转面或回转面与平面所围成的，回转面是由一条动线绕着一条轴线旋转而生成的。这条动线称为母线，母线上任何一点的运动轨迹均为圆，也叫纬圆，纬圆所在的平面垂直于轴线；回转面上任意位置的母线称为素线。

本节讨论常见回转体的形成、三视图的画法及表面找点的方法。

1. 圆柱体

(1)圆柱体的生成

如图 3-6(a)所示，圆柱体由圆柱面和两个底面圆组成。圆柱面是由直线 AA_1 绕与其平行的轴线 OO_1 旋转而成的。圆柱面上平行于轴线的直线是圆柱的素线，即圆柱面上只有素线是直线，其余均为曲线。

(2)圆柱体的三视图

如图 3-6(b)所示，在三面投影体系中将圆柱体放正，使其轴线为铅垂线，此时圆柱面为铅垂面，上、下底面为水平面。分别向三投影面投影，即可得到圆柱体的三视图。

俯视图是一个圆，它是圆柱体上、下底面圆的投影，反应其实形，也是圆柱面有积聚性的投影。

主视图是一个矩形，矩形的上、下边是上、下底面圆积聚性的投影，左、右两边是圆柱面最左和最右的两条素线 AA_1 和 BB_1 的正面投影 $a'a_1'$ 和 $b'b_1'$。AA_1 和 BB_1 又是圆柱面前半部分与后半部分的分界线，在正面投影图中，以 AA_1 和 BB_1 为界，前半部分圆柱面可见，后半部分圆柱面则不可见，AA_1 和 BB_1 也称为正面投影的转向轮廓线。

左视图的形状是与主视图完全相同的矩形，矩形的上、下边也是上、下底面圆积聚性的投影，前、后两边是圆柱面最前和最后的两条素线 CC_1 和 DD_1 的侧面投影 $c''c_1''$和 $d''d_1''$。CC_1 和 DD_1 又是圆柱面左半部分与右半部分的分界线，在侧面投影图中，以 CC_1 和 DD_1 为界，左半部分圆柱面可见，右半部分圆柱面则不可见，CC_1 和 DD_1 也称为侧面投影的转向轮廓线。

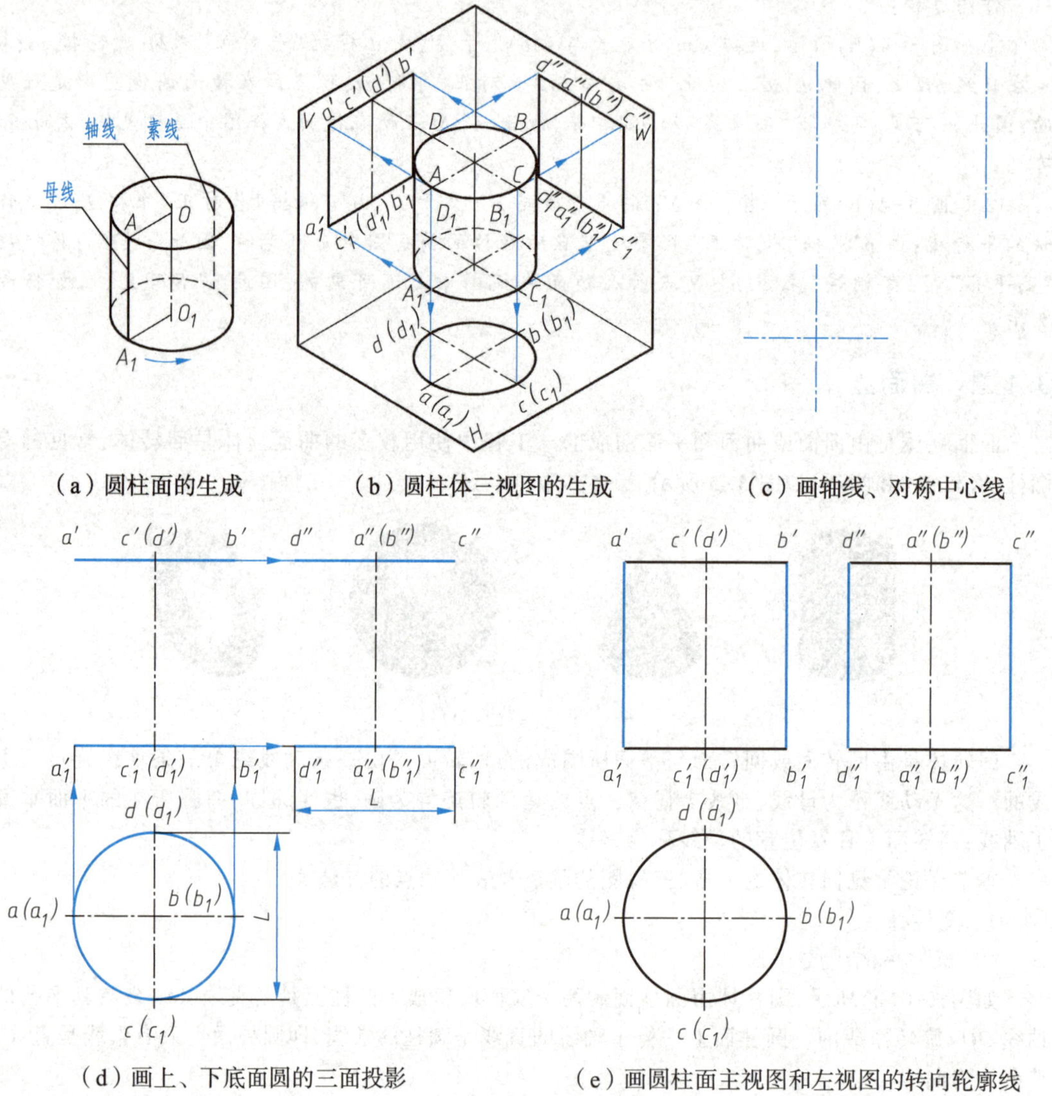

图 3-6　圆柱体的三视图

作图过程如下：

① 如图 3-6(c)所示，用点画线在俯视图中画出垂直相交的对称中心线，其交点是轴线的水平投影；用点画线在主视图和左视图中分别画出轴线的投影。

② 如图 3-6(d)所示，根据圆柱体直径，在俯视图中画出反应上、下底面实形的圆；再根据圆柱体高度，由“长对正、高平齐、宽相等”在主视图和左视图中画出上、下底面积聚性的投影。

③ 如图 3-6(e)所示，圆柱面的投影在俯视图中积聚为圆，与底面圆重合；画出圆柱面在主视图和左视图中的转向轮廓线，完成圆柱体的三视图。

注意：主视图中的转向轮廓线，也是圆柱面最左和最右的两个极限位置，该轮廓线在左视图中的位置与轴线重合，且不是左视图中的极限位置，在左视图中不画出。同样，左视图中的转向轮廓线在主视图中的位置与轴线重合，在主视图中不画出。

(3) 圆柱体表面找点、找线

圆柱体表面上的点有三种情况：点在轮廓线上、点在底面上和点在圆柱面上。若已知圆柱体表面上点的一个投影，需作出其他两个投影时，前两种情况可根据直线上找点和平面内找点的方法求解，也称为特殊位置点；第三种情况可利用圆柱面的积聚性，先作出点在圆柱面有积聚性的圆上的投影，再求另外投影，也称为一般位置点。下面分别举例说明。

【例 3-3】 如图 3-7(a) 所示，已知圆柱体上的点 M、N、P 的正面投影 m'、n'、水平投影 p，作出点的其余两面投影。

视频

例3-3

分析：由已知条件可知，M 点位于主视图最右边的轮廓线上，该轮廓线在俯视图中积聚为一点，与俯视图中圆的最右象限点重合，在左视图中与轴线重合，利用线上找点即可作出 M 点的水平投影 m 和侧面投影 m''，且水平投影可见，侧面投影不可见；N 点位于主视图的对称轴线上且不可见，表明 N 点位于左视图最后边的轮廓线上，该轮廓线在俯视图中积聚为一点，与俯视图中圆的最后象限点重合，利用线上找点即可作出 N 点的水平投影 n 和侧面投影 n''，且水平投影和侧面投影均可见；由俯视图上 P 点的水平投影 p 可见，可判断 P 点位于上底面，由此可知 P 点的正面和侧面投影应在上底面有积聚性的直线上，利用平面内找点可直接作出 p' 和 p''，且上底面位于圆柱体的最上方，因此 p' 和 p'' 均可见。

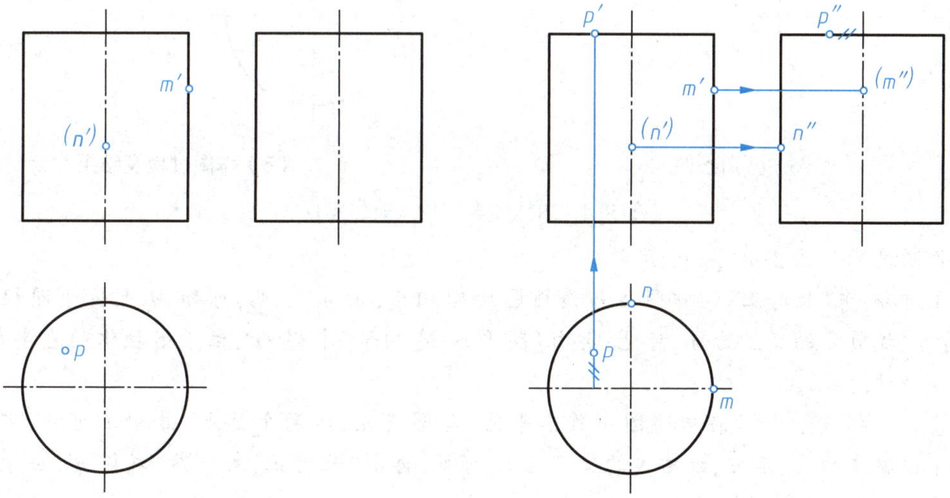

图 3-7 圆柱体表面找特殊位置点

作图过程如图 3-7(b) 所示：

①根据 m' 在主视图最右边的轮廓线上，直接求得 m，可见；再由“高平齐”求得 m''，位于圆柱体的右半部分，因此 m'' 不可见。

②根据 n' 在主视图的轴线上且不可见，可判断 N 点位于圆柱左视图最后边的轮廓线上，直接求得 n，可见；再由“高平齐”求得 n''，位于圆柱体左、右两部分的分界线上，因此 n'' 可见。

③P点位于上底面，据水平投影p，由“长对正”求得正面投影p'，可见；再由“宽相等”求得侧面投影p''，可见。

注意：立体表面找点过程中，“长对正、高平齐”的作图线需保留，而“宽相等”则需要标注等量符号。

【例 3-4】 如图 3-8(a)所示，已知圆柱体表面上的M、N两点的正面投影m'和侧面投影(n'')，作出点的其余两面投影。

分析：由M点正面投影m'的位置及可见性可知，M点位于圆柱面的左、前方，根据m'，利用“长对正”及圆柱面水平投影积聚为圆的特性，在俯视图上求出水平投影m，再利用“宽相等”求出侧面投影m''，m和m''均可见；同理，由N点侧面投影(n'')的位置及可见性可知，N点位于圆柱面的右、后方，水平投影n可见，正面投影(n')不可见。

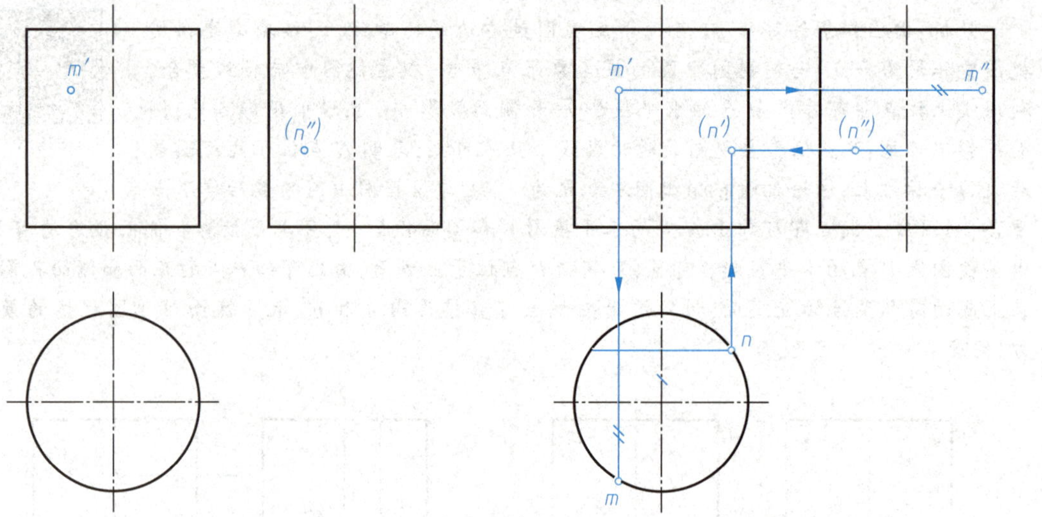

(a) 已知条件　　(b) 作图过程及结果

图 3-8　圆柱体表面找一般位置点

作图过程如图 3-8(b)所示：

①过m'作“长对正”的作图线与俯视图中圆相交，由m'可见，可知M点位于圆柱体的左、前方，故前方的交点为m，可见；再由“高平齐、宽相等”求得m''，位于圆柱体的左半部分，因此m''可见。

②由n''据“宽相等”在俯视图中作水平线，与圆有左、右两个交点，由n''不可见，可知N点位于圆柱体的右、后方，故右边的交点为n，可见；再由“长对正、高平齐”求得n'，位于圆柱体的后半部分，因此n'不可见。

视频

例3-5

【例 3-5】 如图 3-9(a)所示，已知圆柱体表面上两线段的水平投影ab和cd，作出线段的其余两面投影。

分析：由已知条件可知，圆柱体的轴线为侧垂线，圆柱面的侧面投影积聚为圆，即所求两线段的侧面投影在左视图上与圆重合。可由各点的水平投影根据“宽相等”在左视图中求出相应的侧面投影，然后根据“长对正、高平齐”依次求出各点的正面投影。线段AB垂直于圆柱体的轴线，空间为一段侧平圆弧，侧面投影反应其实形，正面投影积聚为直线，其中AE位于前、上圆柱面，正面投影 $a'e'$ 可见；EB 位于后、上圆柱面，正面投影 $e'b'$ 不可见。线段 CD 平行于圆柱体的轴线，空间为一段素线，侧面投影积聚为一点，正面投影反应实长，CD 位于前、下圆柱面，正面投影 $c'd'$ 可见。

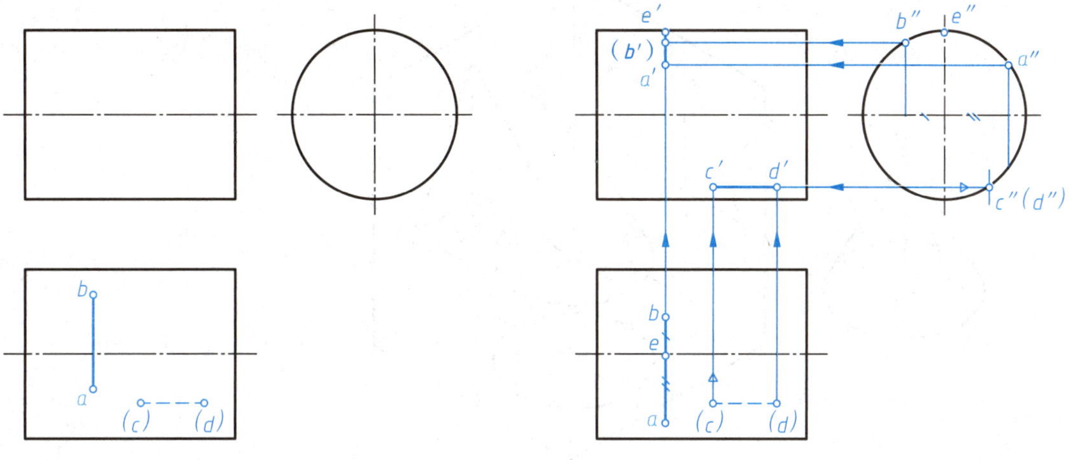

（a）已知条件　　　　（b）作图过程及结果

图 3-9　圆柱体表面找线

作图过程如图 3-9(b)所示：

① 由线段各点已知水平投影，根据“宽相等”在左视图中作出相应的侧面投影，保留做图线并标注宽相等符号。

② 由线段各点水平投影和侧面投影，根据“长对正、高平齐”在主视图中作出相应的正面投影，保留作图线。

③ 判别可见性并连线。在主视图中，AE 位于前、上圆柱面，正面投影 $a'e'$ 可见，画粗实线；EB 位于后、上圆柱面，正面投影 $e'b'$ 不可见，画虚线，虚线与粗实线重合时省略不画；CD 位于前、下圆柱面，正面投影 $c'd'$ 可见，画粗实线。

2. 圆锥体

(1) 圆锥体的生成

如图 3-10(a)所示，圆锥体由圆锥面和底面组成。圆锥面可看作由直线 SA 绕与它相交的轴线 OO_1 旋转而成的。运动的直线 SA 称为母线，圆锥面上过锥顶 S 的任一直线称为素线。母线上任一点的轨迹为垂直于轴线的圆，称为纬圆。

(2) 圆锥体的三视图

如图 3-10(b)所示，在三面投影体系中将圆锥体放正，使其轴线为铅垂线，此时底面为水平面，分别向三投影面投影，即可得到圆锥体的三视图。

俯视图是一个圆，它是圆锥体底面圆的投影，反应其实形，也是圆锥面的投影。

主视图是一个等腰三角形，其底边是圆锥底面圆有积聚性的投影，两腰分别为圆锥面上最左、最右的两条素线 SA 和 SB 的正面投影 $s'a'$ 和 $s'b'$。SA 和 SB 又是圆锥面前半部分与后半部分的分界线，在正面投影图中，以 SA 和 SB 为界，前半部分圆锥面可见，后半部分圆锥面则不可见，SA 和 SB 也称为正面投影的转向轮廓线。

左视图的形状是与主视图完全相同的等腰三角形，其底边也是底面圆积聚性的投影，两腰分别为圆锥面最前和最后的两条素线 SC 和 SD 的侧面投影 $s''c''$ 和 $s''d''$。SC 和 SD 又是圆锥面左半部分与右半部分的分界线，在侧面投影图中，以 *SC* 和 *SD* 为界，左半部分圆锥面可见，右半部分圆锥面则不可见，*SC* 和 *SD* 也称为侧面投影的转向轮廓线。

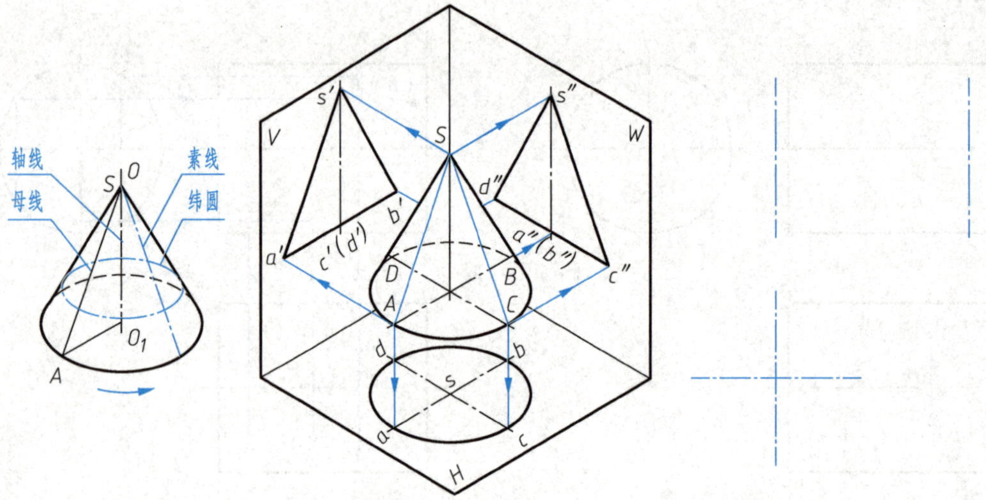

(a) 圆锥体的生成　　(b) 圆锥体三视图的生成　　(c) 画轴线、对称中心线

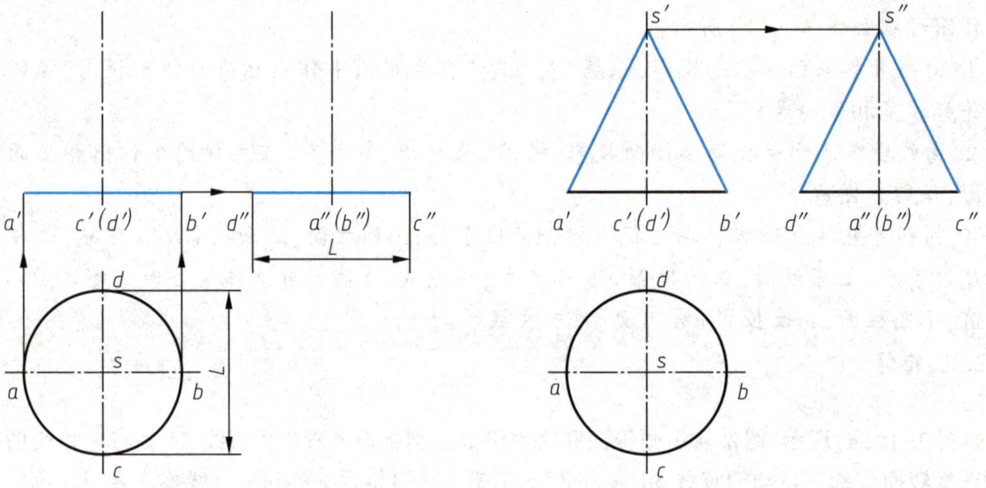

(d) 画底面圆的三视图　　(e) 画圆锥面主视图和左视图的转向轮廓线

图 3-10　圆锥体的三视图

作图过程如下：

①如图 3-10(c)所示，用点画线在俯视图中画出垂直相交的对称中心线，其交点是轴线的水平投影；用点画线在主视图和左视图中分别画出轴线的投影。

②如图 3-10(d)所示，根据圆锥体直径，在俯视图中画出反应底面实形的圆；再根据“长对正、高平齐、宽相等”在主视图和左视图中画出底面积聚性的投影。

③如图 3-10(e)所示，由圆锥体的高度，画出圆锥体在主视图和左视图中的转向轮廓线，完成圆锥体的三视图。

注意：主视图中的转向轮廓线，也是圆锥面最左和最右的两个极限位置，该轮廓线在左视图中的位置与轴线重合，且不是左视图中的极限位置，在左视图中不画出。同样，左视图中的转向轮廓线在主视图中的位置与轴线重合，在主视图中不画出。

由图 3-10 可见，圆锥面的水平投影为圆所包围的区域，正面投影和侧面投影为三角形所包围的区域，因此，圆锥面的三个投影均没有积聚性。

(3)圆锥体表面找点

圆锥体表面上的点有三种情况：点在轮廓线上、点在底面上和其他。若已知圆锥体表面上点的一个投影，需作出其他两个投影时，前两种情况可根据直线上找点和平面内找点的方法求解，也称为特殊位置点；第三种情况称为一般位置点，需要作辅助线求解。辅助线有两种：过锥顶的素线（辅助素线法）和垂直于轴线的纬圆（辅助纬圆法）。

【例 3-6】 如图 3-11(a)所示，已知圆锥体表面上点 M、N、P 的正面投影 m'、n'、水平投影 p，求作点的其余两面投影。

视频

例3-6

分析：由已知条件可知，M 点位于主视图最左边的轮廓线上，该轮廓线在俯视图中与对称中心线重合，在左视图中与轴线重合，利用线上找点即可作出 M 点的水平投影 m 和侧面投影 m''，均可见；N 点位于主视图的对称轴线上且可见，表明 N 点位于左视图最前边的轮廓线上，该轮廓线在俯视图中与对称中心线重合，利用线上找点即可作出 N 点的水平投影 n 和侧面投影 n''，均可见；由俯视图上 P 点的水平投影(p)，可判断 P 点位于底面，由此可知 P 点的正面和侧面投影应在底面有积聚性的直线上，利用平面内找点可直接作出 p'和 p''，均可见。

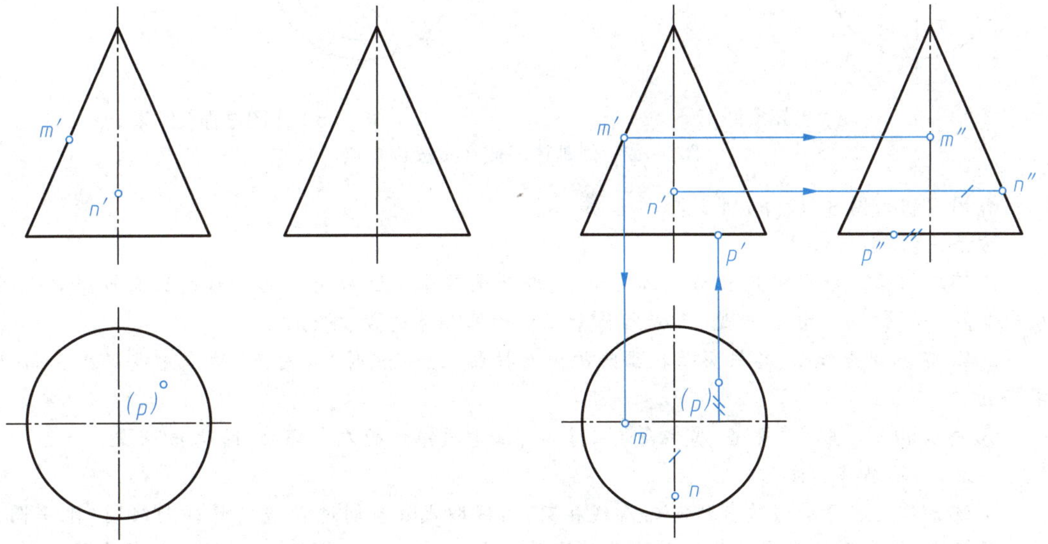

(a) 已知条件　　　　(b) 作图过程及结果

图 3-11　圆锥体表面找特殊位置点

作图过程如图 3-11(b)所示：

①根据 m'在主视图最左边的轮廓线上，直接求得 m，可见；再由"高平齐"求得 m''，位于圆锥体的左半部分，因此 m''可见。

②根据 n'在主视图的轴线上且可见，可判断 N 点位于圆锥左视图最前边的轮廓线上，由"高

平齐”求得 n''，位于圆锥体左、右两部分的分界线上，因此 n'' 可见；再由“宽相等”求得 n，可见。

③P 点位于底面，据水平投影 (p)，由“长对正”求得正面投影 p'，可见；再由“宽相等”求得侧面投影 p''，可见。

视频

例3-7

【例 3-7】 如图 3-12(a)所示，已知圆锥体表面上的 M、N 两点的正面投影 m' 和 (n')，作出点的其余两面投影。

分析：由 M 点正面投影 m' 的位置及可见性可知，M 点位于圆锥面的左、前方，已知 m'，可用辅助素线法求得 m 和 m''，且 m 和 m'' 均可见；同理，由 N 点正面投影 (n') 的位置及可见性可知，N 点位于圆锥面的右、后方，已知 (n')，可用辅助纬圆法求得 n 和 n''，水平投影 n 可见，侧面投影 (n'') 不可见。

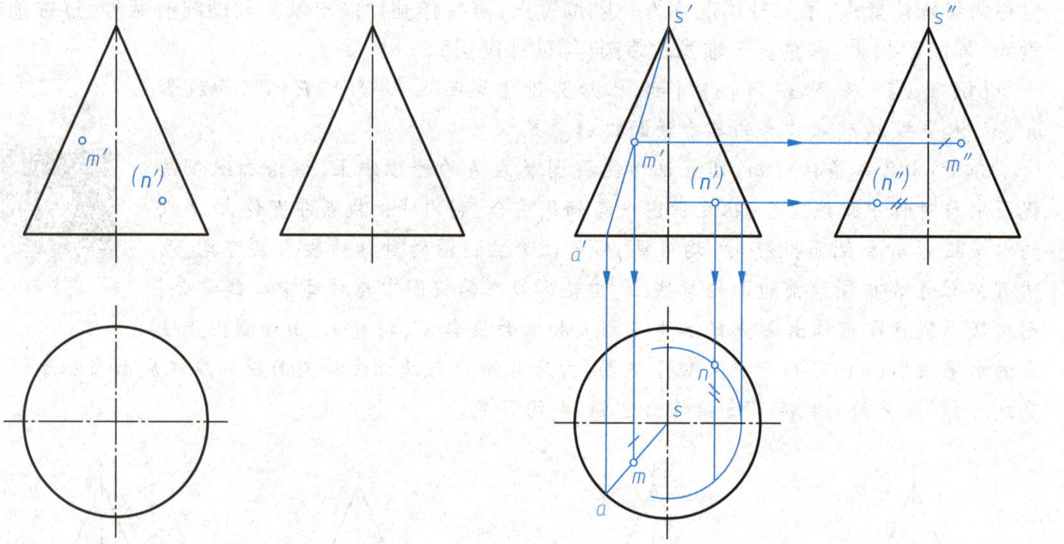

（a）已知条件　　（b）作图过程及结果

图 3-12　圆锥体表面找一般位置点

作图过程如图 3-12(b)所示：

方法一：辅助素线法

①连接锥顶 s' 和 m' 并延长与底边交于 a'，即为圆锥体上过 M 点所作素线的正面投影 $s'a'$，再求出其水平投影 sa。由 m' 可见，可知所作素线位于圆锥体的左、前方。

②因 M 点在素线上，其投影必在素线的同面投影上，过 m' 作“长对正”的作图线即可在 sa 上求得 m。

③由 m 和 m'，据“高平齐、宽相等”求得 m''，位于圆锥体的左半部分，因此 m'' 可见。

方法二：辅助纬圆法

①过 n' 作垂直于轴线的直线与轮廓线相交，该线即代表空间过 N 点所作辅助纬圆（水平圆）的正面投影，轴线到轮廓线的长度即为辅助纬圆的半径，由此作出过 N 点的辅助纬圆在俯视图中的投影圆。

②因 N 点在辅助纬圆上，其投影必在纬圆的同面投影上，过 n' 作“长对正”的作图线即可在纬圆的水平投影上求得 n。由 (n') 不可见，可知后面的交点为 n。

③由 n 和 n'，据“高平齐、宽相等”求得 n''，位于圆锥体的右半部分，因此 (n'') 不可见。

由以上作图可以看出，在圆锥体表面找一般位置点时，通过作辅助素线或辅助纬圆的方法都可以求得点的其余两个投影，作图过程中任意选择其中一种方法即可。

2. 球体

(1)球体的生成

如图 3-13(a)所示,球体是由圆球面组成的。圆球面可看作由半圆形的母线绕其直径 OO_1 旋转而成的。母线上任一点的运动轨迹均为圆,圆所在的平面垂直于轴线。过圆球球心的直线均可视为球体的轴线,球体表面上没有直线。

(2)球体的三视图

如图 3-13(b)、(d)所示,球体的三个视图均为大小相等的圆,圆的直径等于球体的直径,他们分别是球体上平行于 V 面、H 面和 W 面的最大圆的投影,也是三个投影面的转向轮廓线的投影。

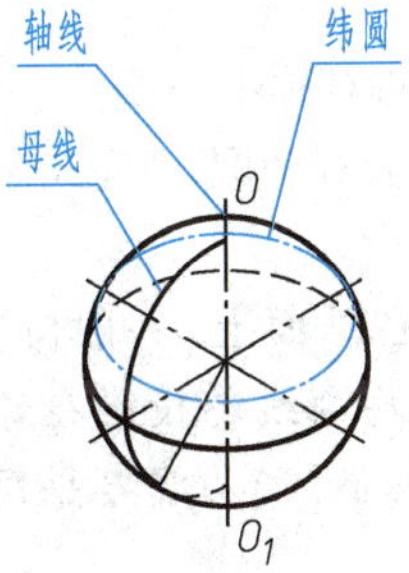

(a) 球体的形成

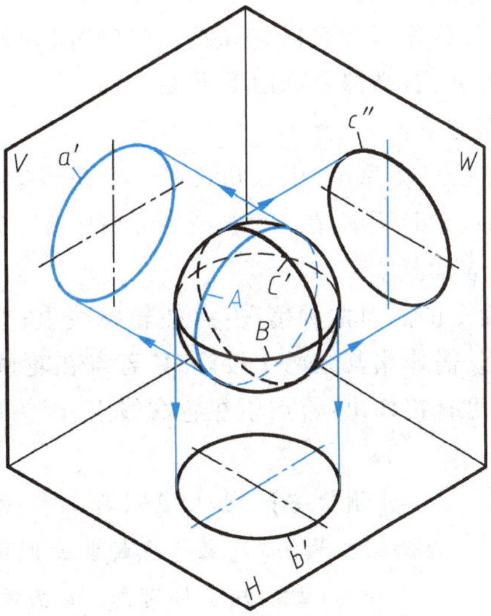

(b) 球体三视图的生成

(c) 画对称中心线

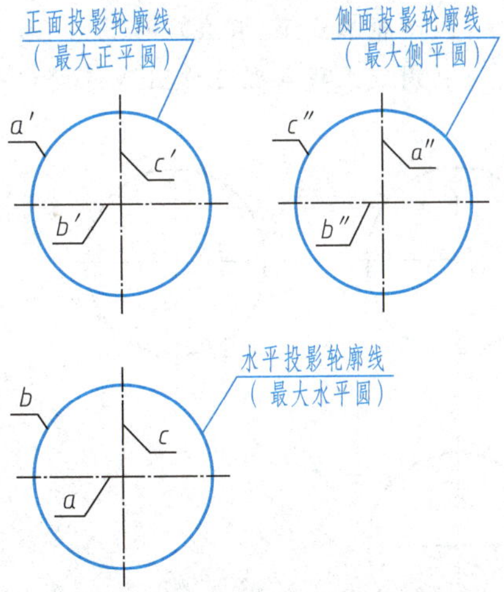

(d) 画球体主视图、俯视图和左视图的转向轮廓线

图 3-13　球体的三视图

球体表面的圆 A 是球体上最大的正平圆，也是正面投影转向轮廓线。圆 A 在主视图上的投影为正面转向轮廓线圆 a'，在俯视图和左视图中的投影 a 和 a''都与对称中心线重合（不画出）。同时，圆 A 作为正面投影转向轮廓线，它将球面分为前半部分和后半部分，在主视图中投影时，前半部分球面可见，后半部分球面不可见。

球体表面的圆 B 是球体上最大的水平圆，也是水平投影转向轮廓线。圆 B 在俯视图上的投影为水平转向轮廓线圆 b，在主视图和左视图中的投影 b'和 b''都与对称中心线重合（不画出）。同时，圆 B 作为水平投影转向轮廓线，它将球面分为上半部分和下半部分，在俯视图中投影时，上半部分球面可见，下半部分球面不可见。

球体表面的圆 C 是球体上最大的侧平圆，也是侧面投影转向轮廓线。圆 C 在左视图上的投影为侧面转向轮廓线圆 c''，在俯视图和主视图中的投影 c 和 c'都与对称中心线重合（不画出）。同时，圆 C 作为侧面投影转向轮廓线，它将球面分为左半部分和右半部分，在左视图中投影时，左半部分球面可见，右半部分球面不可见。

作图过程如下：

①如图 3-13(c)所示，用点画线在三个视图中画出垂直相交的对称中心线。

②如图 3-13(d)所示，在三个视图中分别画出三个直径等于球体直径的圆，即完成球体的三视图。

(3)球体表面找点

球体表面上的点有两种情况：点在轮廓线上（特殊位置）、点在球面上（一般位置）。当已知点的一个投影，需作出其余两个投影时，若点在轮廓线上，因转向轮廓线的投影在球体的三视图中为已知，故可直接作出；若点不在轮廓线上，因为球体表面没有直线，所以需要采用辅助纬圆法来完成找点。

视频

例3-8

【例 3-8】 如图 3-14(a)所示，已知球体表面上 M 点的正面投影 m'和 N 点的侧面投影(n'')，求作点的其余两面投影。

分析：由已知条件可知，M 点位于主视图的轮廓线上，该轮廓线在俯视图和左视图中与对称中心线重合，利用线上找点即可作出 M 点的水平投影 m 和侧面投影 m''，均可见；N 点位于左视图的对称中心线上且不可见，表明 N 点位于俯视图的轮廓线上，且在球体的右、后部分，该轮廓线在主视图中与对称中心线重合，利用线上找点也可作出 N 点的水平投影 n 和正面投影 n'，n 可见，n'不可见。

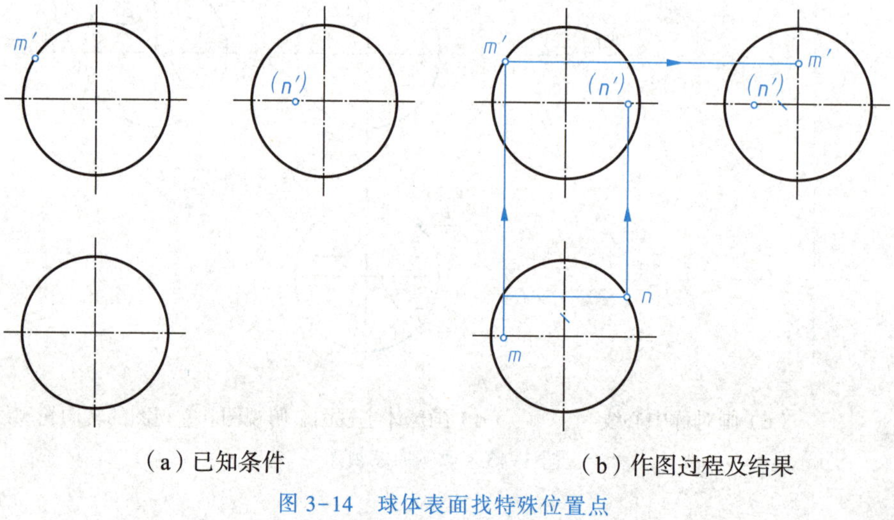

(a)已知条件　　　　(b)作图过程及结果

图 3-14　球体表面找特殊位置点

作图过程如图 3-14(b)所示：

①由 m'在主视图的轮廓线上，据"长对正"作线求得 m，M 点位于球体上半部分，m 可见；再由"高平齐"作线求得 m''，位于球体左半部分，因此 m''可见。

②由(n'')在左视图水平的对称中心线上，可判断 N 点位于球体俯视图的轮廓线上，由"宽相等"在俯视图中作线与圆相交。由(n'')不可见可判断 N 点位于球体的右半部分，因此右侧的交点为水平投影 n，可见；由水平投影 n 据"长对正"求得正面投影 n'，N 点位于球体的后半部分，正面投影(n')不可见。

【例 3-9】 如图 3-15(a)所示，已知球体表面上 D 点的正面投影 d'，求作 D 点的其余两面投影。

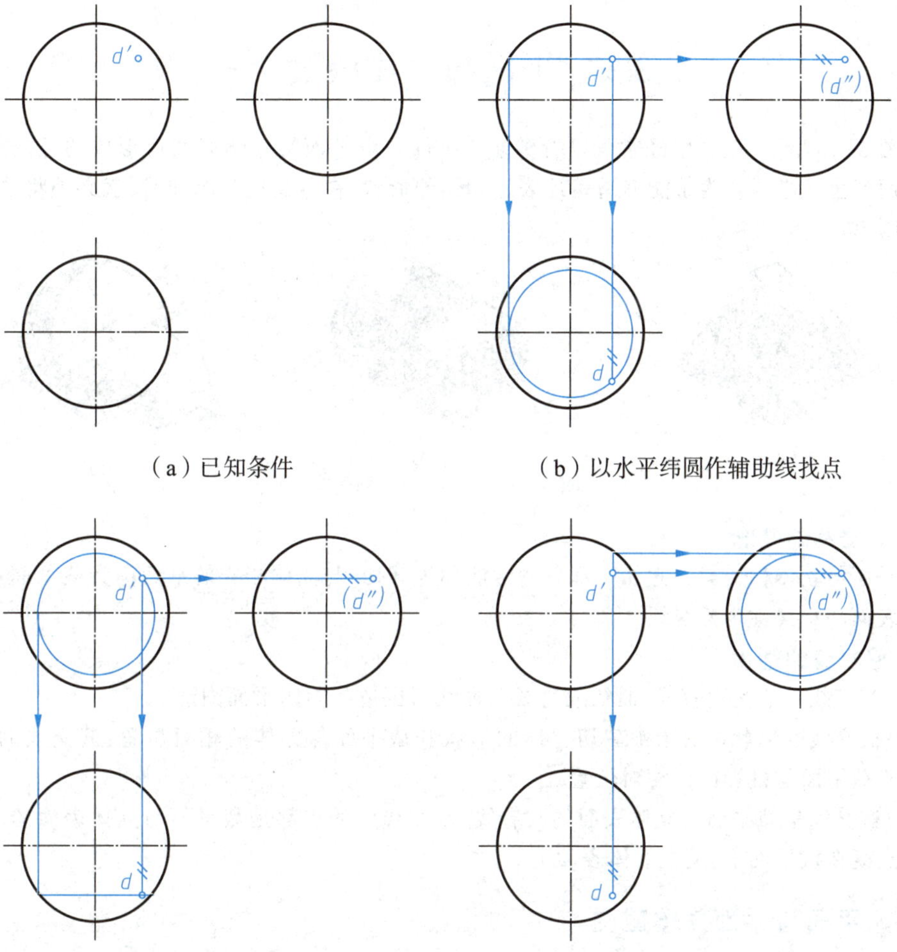

(a) 已知条件　　(b) 以水平纬圆作辅助线找点

(c) 以正平纬圆作辅助线找点　　(d) 以侧平纬圆作辅助线找点

图 3-15　球体表面找一般位置点(辅助纬圆法)

分析：由已知条件可知，D 点位于球体的上半部分，它的水平投影 d 可见；D 点又位于球体的右半部分，它的侧面投影 d''不可见。因为球体的三个视图都没有积聚性，且球体表面没有直线，因此选用平行于投影面的纬圆作为辅助线。如：求 d 和 d''，可过已知的 d'作一个平行于投影面的圆(水平圆、正平圆、侧平圆均可)，作出该圆的另外两个投影，即可在辅助圆的同面投影上求得 d 和 d''。

作图过程如下：

① 以水平纬圆作辅助线，如图 3-15(b)所示。过 d' 作一水平直线与球体的正面投影圆相交，该直线即是辅助水平纬圆的正面投影，其长度就是圆的直径，在俯视图中画出纬圆的水平投影圆，由 d' 据"长对正"即可在辅助纬圆的水平投影上求得 d；由 d 和 d' 即可根据"高平齐、宽相等"求出 d''。

② 以正平纬圆作辅助线，如图 3-15(c)所示。以主视图的圆心为圆心，过 d' 作辅助正平纬圆的正面投影圆，由其直径作出水平投影。由 d' 据"长对正"即可在水平投影上求得 d；由 d 和 d' 即可根据"高平齐、宽相等"求出 d''。

同理，也可以侧平纬圆作辅助线，如图 3-15(d)所示。请同学们依照以上作图过程自行分析。

3.2 平面与立体的截交

如图 3-16 所示，工程中经常可以看到某些机件是由平面将立体截切后形成的，这样就在立体的表面产生了交线。为了能够清楚地表达物体的形状，在绘制这些图样时，就必须将这些交线的投影画出。

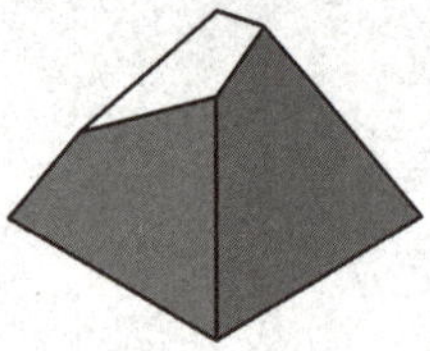
(a)

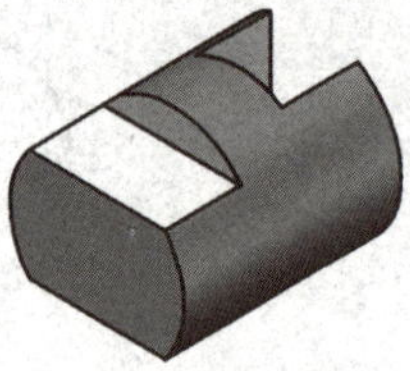
(b)

(c)

图 3-16 平面与立体截交

1. 截交线的概念

用平面与立体相交截去立体一部分的方法称为截切；与立体相交的平面称为截平面；截平面与立体表面的交线称为截交线。

2. 截交线的性质

(1)截交线一般是由直线、曲线或直线和曲线所围成的封闭平面图形。

(2)截交线的形状取决于被截切立体的形状和截平面与立体的相对位置；截交线的投影形状取决于截平面与投影面的相对位置。

(3)截交线是截平面与立体表面的共有线，截交线上的点都是截平面与立体表面的共有点，即这些点既在截平面上，又在立体表面上。

3.2.1 平面与平面立体截交

平面与平面立体相交所得的截交线是由直线组成的平面图形——封闭多边形。多边形的边是截平面与立体表面的交线，多边形的顶点是截平面与平面立体棱线的交点。因此，求平面立体的截交线可归结为求这些交线或交点的问题。

1. 求截交线的方法与步骤

(1)空间及投影分析

分析被截立体的形状、截平面与被截立体的相对位置，从而确定截交线的空间形状；分析截平面、立体与投影面的相对位置，从而确定截交线的投影特性(如类似性和积聚性等)。根据以上分析就可以找到截交线的已知投影，从而求出未知投影。

(2)画截交线的投影

属于截交线上的点都是截平面与立体表面的共有点，求出一系列共有点的投影，然后依次连接就成为截交线的投影。获得共有点的方式有两种：

①求各棱线与截平面的交点——棱线法；

②求各棱面与截平面的交线——棱面法。

视频

例3-10

(3)补全完成立体轮廓线的投影

分析被截切立体轮廓线的投影，即确定被截切棱线和保留棱线，补画被保留棱线的投影。

2. 平面立体截切举例

【例 3-10】 如图 3-17(a)所示，求正四棱锥被平面 P 截切后的三面投影图。

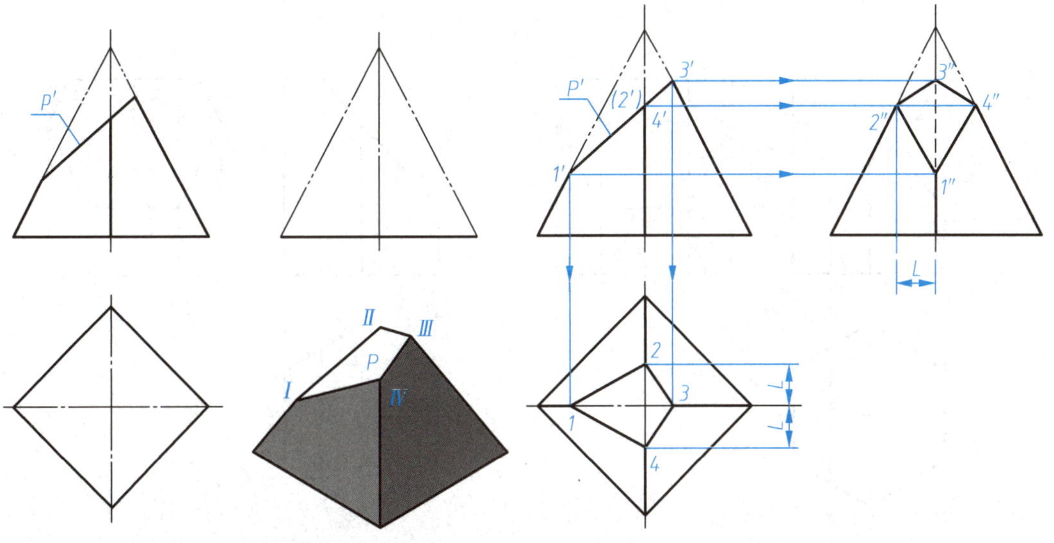

(a)　　　　　　　　　　　　　　(b)

图 3-17　平面截切正四棱锥

分析：截平面 P 与正四棱锥的四个侧棱面相交，所以截交线的形状为四边形，其四个顶点为截平面 P 与四条侧棱线的交点。因截平面 P 是正垂面，所以截交线的投影 p' 在正面投影中具有积聚性；在水平投影和侧面投影中分别为四边形（根据类似性）。

作图步骤如图 3-17(b)所示：

①补画完整正四棱锥的左视图，确定截交线顶点的正面投影 1′、2′、3′、4′积聚在 p' 上，可直接得到。由正面投影求得相应的水平投影 1、2、3、4 和侧面投影 1″、2″、3″、4″。

②将四个顶点的同面投影依次相连得到截交线的水平投影 1234 和侧面投影 1″2″3″4″。

③完成棱线的投影。分析被截切后的正四棱锥轮廓线的投影，即确定四条棱线的投影被截去部分和被保留部分，补画被保留轮廓线的投影，如图 3-17(b)所示。

视频

例3-11

【例 3-11】 如图 3-18(a)所示，求作六棱柱被平面 P 截切后的俯视图和左视图。

分析：截平面 P 与六棱柱的五个棱面及顶面相交，截交线为六边形。因为截平面 P 是正垂面，所以截交线的正面投影积聚在截平面有积聚性的正面投影 p' 上，即截交线的正面投影为已知，截交线的水平投影和侧面投影为类似形。

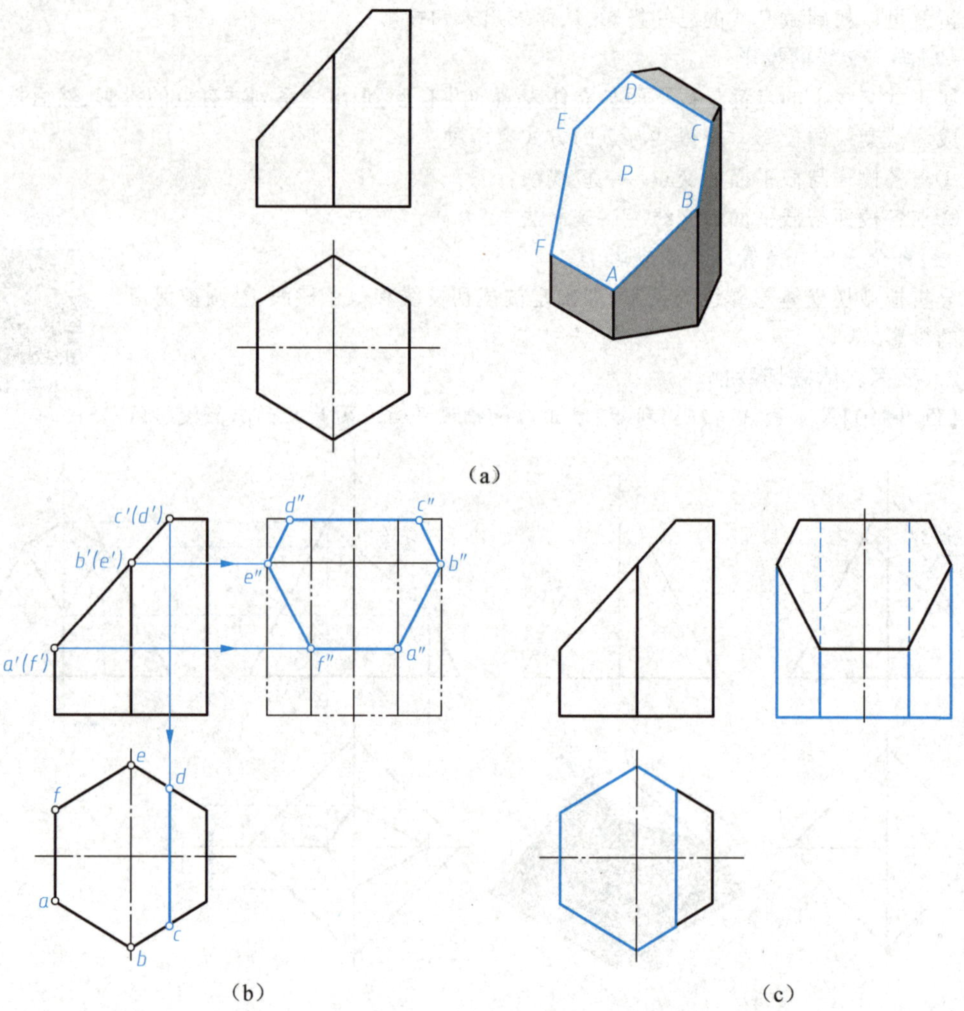

图 3-18　平面截切六棱柱

作图步骤如图 3-18(b)所示：

①补画完整六棱柱的左视图。确定截平面 P 与棱面及顶面交线端点的正面投影 a'、b'、c'、d'、e'、f'；由截交线的正面投影按"长对正"求出水平投影 a、b、c、d、e、f；再由截交线的正面投影和水平投影根据"三等关系"求出其侧面投影 a''、b''、c''、d''、e''、f''。

②截交线在俯视图、左视图均可见，在俯视图中用粗实线连接 cd，在左视图中用粗实线顺序连接 $a''b''c''d''e''f''$，得到截交线的两面投影。

③完成截切后六棱柱轮廓线的投影。左视图中，a''和 f''所在的两条棱线的上段被切掉了，与这两条棱线投影重合的原本不可见的棱线在 a''和 f''以上的部分应画成虚线；最前、最后两条棱线在 b''、e''以上部分被截去，上底面积聚成的直线只剩下 c''和 d''之间的一段，作图结果如图 3-18(c)所示。

视频

例3-12

【例 3-12】　如图 3-19(a)、(b)所示，求正四棱锥被两个平面截切后的投影图。

当一个立体被多个平面截切时，一般应逐个对截平面进行分析和求截交线的投影，然后还要求出各截平面之间交线的投影。其分析方法与前面介绍的平面立体被一个截平面截切时的分析方法相同。

分析：截平面 P 为水平面，与正四棱锥的底面平行，所以它与正四棱锥的四个侧棱面的交线和正四棱锥底面的对应边平行；截平面 Q 为正垂面，与正四棱锥的四个侧棱面的交线与例 3-7 的作图方法相同；除此之外，截平面 P 与 Q 亦相交。这样 P、Q 截出的截交线均为五边形。

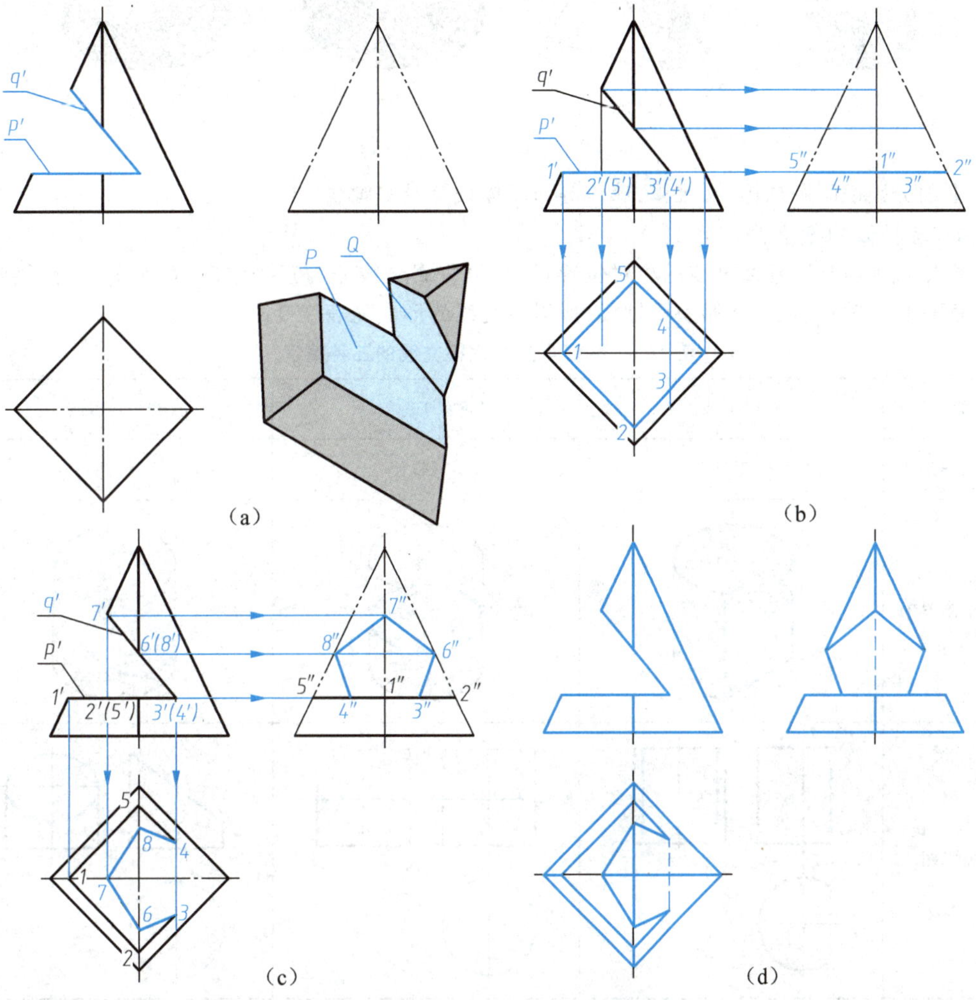

图 3-19　两个平面截切正四棱锥

作图步骤：

①如图 3-19(c)所示，首先求截平面 P 与正四棱锥的截交线Ⅰ、Ⅱ、Ⅲ、Ⅳ、Ⅴ(当立体局部被截切时，可假想成立体整体被截切，求出截交线后再取有效部分)。

②截平面 Q 与正四棱锥的截交线可按例 3-7 的方法求出其顶点Ⅵ、Ⅶ、Ⅷ。求出 P 与 Q 的交线Ⅲ、Ⅳ。

③补全被截切后的正四棱锥轮廓线的三面投影图，如图 3-19(d)所示。

3.2.2　平面与曲面立体截交

在一些零件上，由平面与回转体表面相交所产生的截交线是经常见到的，如图 3-20 所示。

平面与回转体相交时，可能只与其回转面相交，也可能既与其回转面相交，又与其平面(底面)相交,平面与平面的交线为直线,下面讨论平面与回转面相交所产生的截交线。

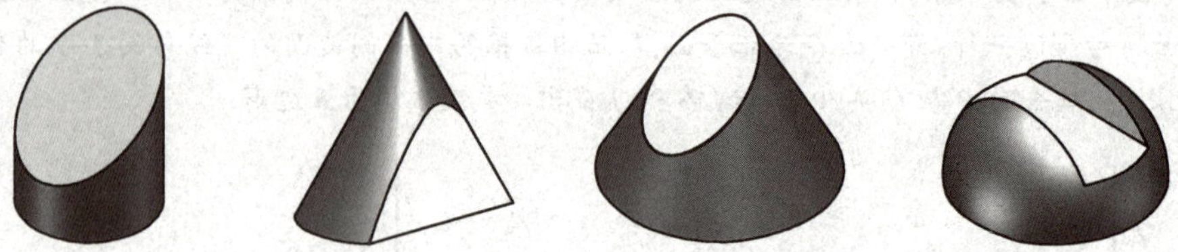

(a)　　(b)　　(c)　　(d)

图 3-20　平面与回转体表面相交

下面分别说明圆柱体、圆锥体、球体等回转体截交线的画法。

1. 圆柱体的截交线

根据截平面与圆柱面轴线的相对位置不同,可将截交线分为三种情况:截平面平行于轴线、截平面垂直于轴线、截平面倾斜于轴线,所得截交线的形式见表 3-1。

表 3-1　平面与圆柱面截交线的三种情况

截平面的位置	平行于轴线	垂直于轴线	倾斜于轴线
截交线的形状	矩形	圆	椭圆
立体图	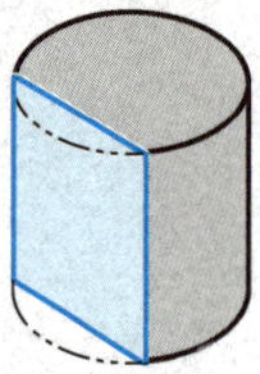	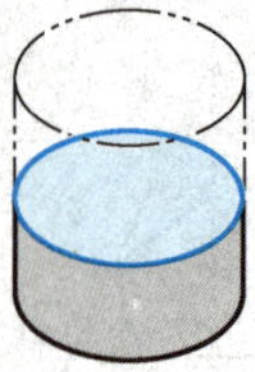	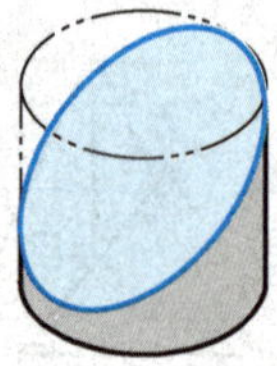
投影图	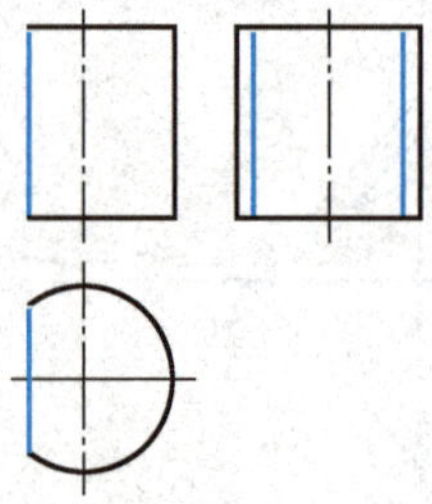	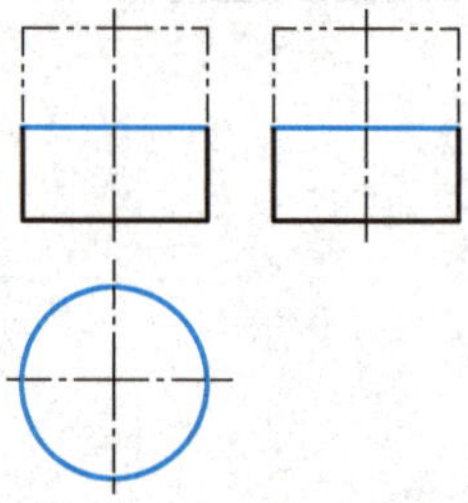	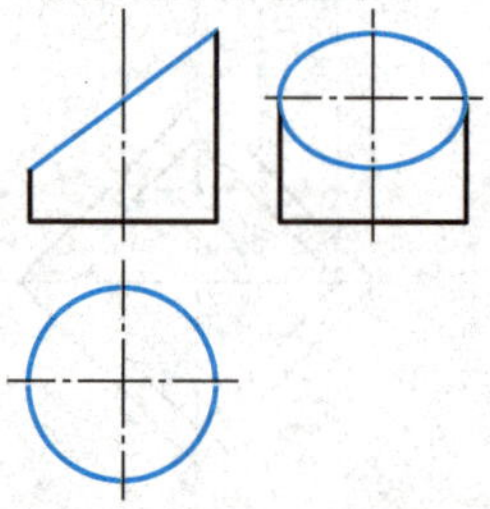

【例 3-13】 如图 3-21(a)所示,圆柱体被正垂面 P 截切,已知其正面投影和水平投影图,求作侧面投影图。

视频

例3-13

分析:截平面 P 与圆柱的轴线倾斜,截交线为椭圆。由于截平面 P 为正垂面,所以截交线的正面投影积聚在 p' 上;因圆柱面的水平投影有积聚性,所以截交线的水平投影积聚在圆上。而截交线的侧面投影一般情况下仍为椭圆,但不反映实形。

作图步骤:

①求特殊位置点。如图 3-21(b)所示,先画出完整圆柱的左视图。转向轮廓线上的点 A、B、C、D,同时也是椭圆长、短轴的端点,根据它们已知的正面投影,求出水平投影 a、b、c、d,从而求得侧面投影 a''、b''、c''、d''。由于 $a''b''$ 和 $c''d''$ 互相垂直,且 $c''d''>a''b''$,因此截交线的侧面投影中 $c''d''$ 为长轴,$a''b''$ 为短轴。

②求一般位置点。如图 3-21(b)所示，为在圆柱面上求一般位置点 E、E_1 的方法，先在截交线已知的正面投影上取一对重影点的投影 $e'(e_1')$，根据圆柱面的积聚性，求出其水平投影，再根据三等关系求出其侧面投影。

③判断可见性。显然，截交线的侧面投影椭圆是可见的，用曲线光滑连接各点即可。

④完成外轮廓线。回转体被平面切割，往往会使其外轮廓线的长度发生变化，在左视图中对侧面的转向轮廓线只剩下 c''、d''以下的部分。

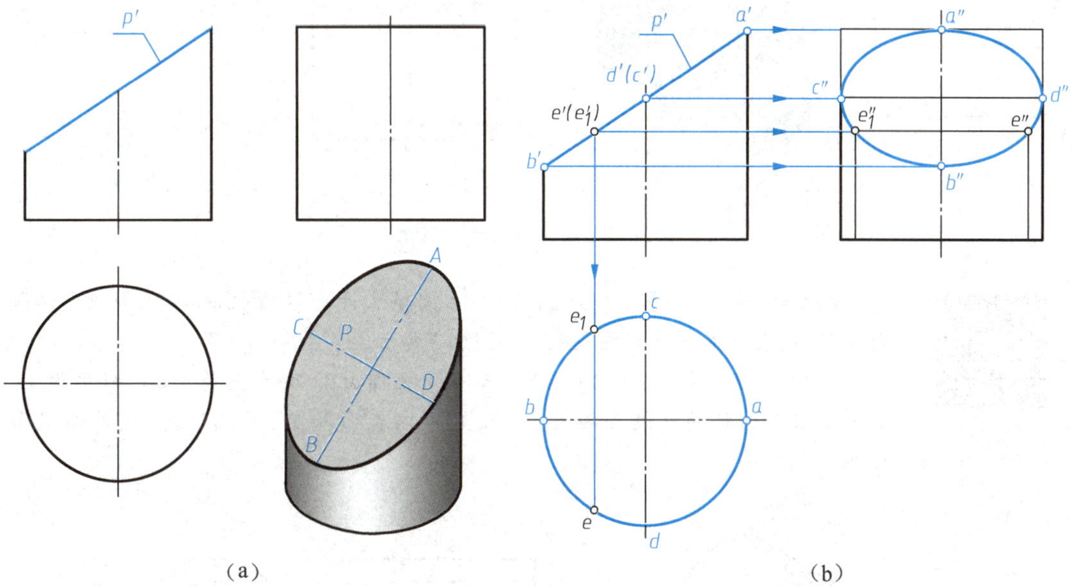

图 3-21　圆柱体被正垂面截切

上题的求解步骤也是求回转体截交线的一般步骤。当截交线发生的范围较小时，也可只求特殊位置点，省略一般位置点。

【例 3-14】　如图 3-22(a)所示，在圆柱体上开一方槽，已知其正面投影和侧面投影图，求作水平投影图。

视频

例3-14

分析：如图 3-22(b)所示，方形槽是用与圆柱轴线平行的两个水平面 P,Q 以及与轴线垂直的侧平面 T 截切而成的。

其中 P 和 Q 与圆柱的截交线为矩形，其正面投影分别积聚在 p'和 q'上，侧面投影积聚在 p''和 q''上。

T 与圆柱的截交线为两段圆弧，其正面投影积聚在 t'上，侧面投影积聚在圆上。

截平面 P、Q 与截平面 T 之间的交线为正垂线，其投影与矩形的一边重合。

作图步骤：

①画出完整圆柱体的水平投影图，然后按照直线的投影特性和圆的投影特性，按“三等关系”求出截交线的投影和截平面之间的交线的投影。

②补全被截切后的圆柱体轮廓线的投影。被截切后圆柱体水平投影的轮廓线只保留 e 点向右的部分，截平面之间的交线在侧面投影图中可见，画成粗实线；在水平投影图中为不可见，画成虚线，如图 3-22(b)所示。

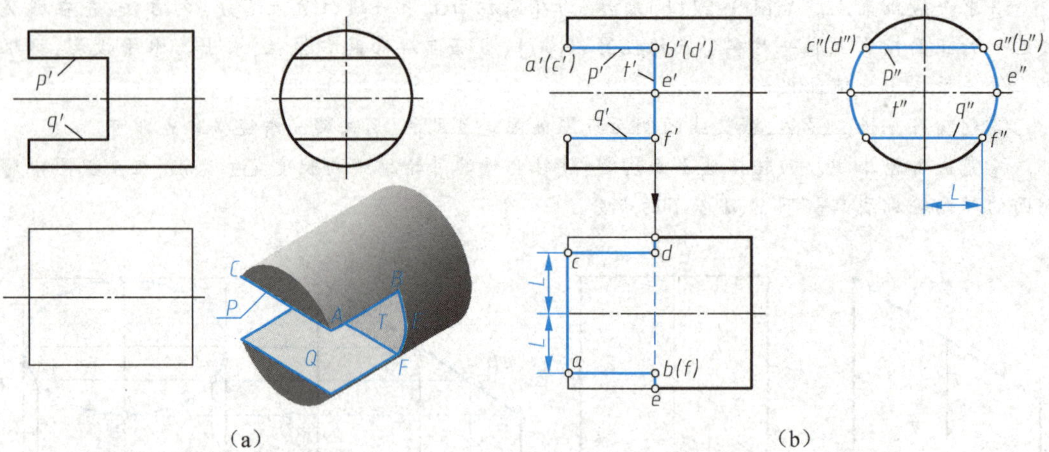

(a) (b)

图 3-22 圆柱体上开一方槽

视频

例3-15

【例 3-15】 如图 3-23(a)所示,在圆筒上开一方槽,已知其正面投影和侧面投影图,求作水平投影图,如图 3-23(b)所示。

分析:此例与【例 3-14】相似,只不过把圆柱体改为圆筒,此时截平面 P、Q、T 不仅与圆筒的外表面相交,而且与其内表面相交,因此形成内、外两层截交线。

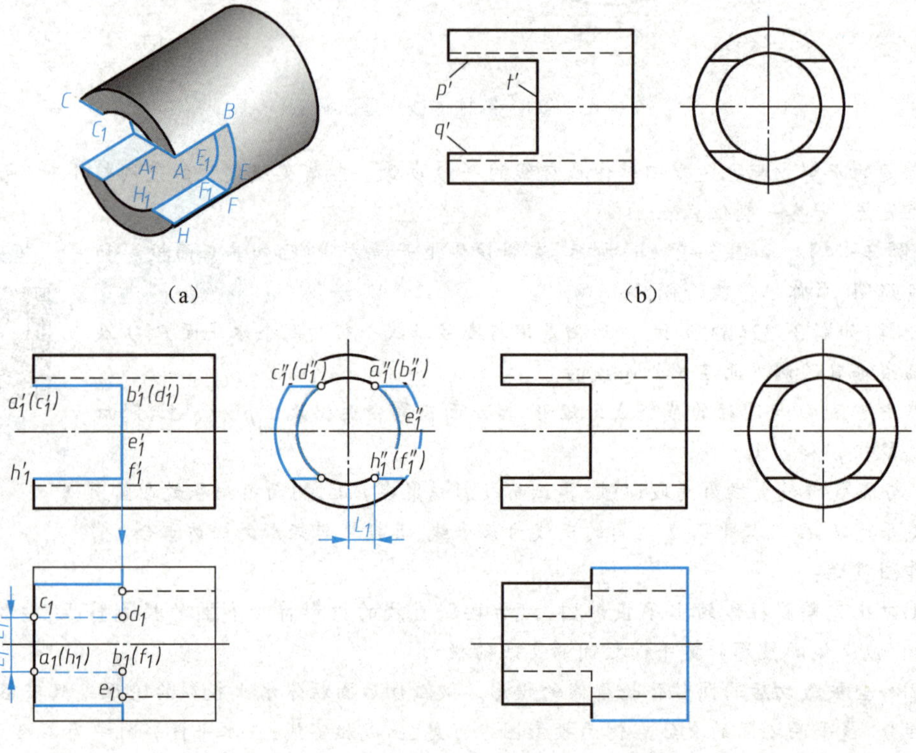

(a) (b)

(c) (d)

图 3-23 圆筒上开一方槽

作图步骤：

①首先画出完整圆筒的水平投影图，然后依次求出内、外表面截交线的投影，如图 3-23(c)所示。

②求外表面截交线的投影与【例 3-14】的方法完全相同；求内表面截交线的投影也与【例 3-14】的方法相似，即分别求出截平面 P、Q、T 与内表面截交线的投影。

③补全被截切后的圆筒轮廓线的投影，将留下部分的外轮廓线和外部的截交线用粗实线画出，内轮廓线和内部的截交线用虚线画出，如图 3-23(d)所示。

【例 3-16】 如图 3-24(a)所示，已知圆柱体被截切后的正面投影和侧面投影，求作水平投影。

视频

例3-16

分析：这是一个轴线为侧垂线的圆柱被两个截平面 P、Q 切割形成的立体，且上下对称，可只分析立体上半部分截交线的水平投影情况。水平面 P 平行于圆柱的轴线，截交线是平行于圆柱轴线的两直线 AB 和 CD，截交线 AB 和 CD 的正面投影重合在 p' 上，侧面投影 $a''b''$ 和 $c''d''$ 均积聚为点并重合在圆上；侧平面 Q 垂直于圆柱的轴线，由于没有完全切割，截交线为圆弧 BD，其正面投影重合在 q' 上，侧面投影重合在圆上(p''以上的圆弧)。

作图步骤：

①补画完整圆柱的俯视图，并由截交线的正面投影 $a'b'$、$c'd'$ 及侧面投影 $a''b''$、$c''d''$，根据“三等关系”求出水平投影 ab 和 cd。水平投影 bd 也是截平面 Q 切割圆柱产生的截交线(圆弧)的水平投影。

②完成外轮廓线。由主视图可见，圆柱对水平面的转向轮廓线(最前和最后两条素线)未被切割，在俯视图中应是完整的。作图结果如图 3-24(b)所示。

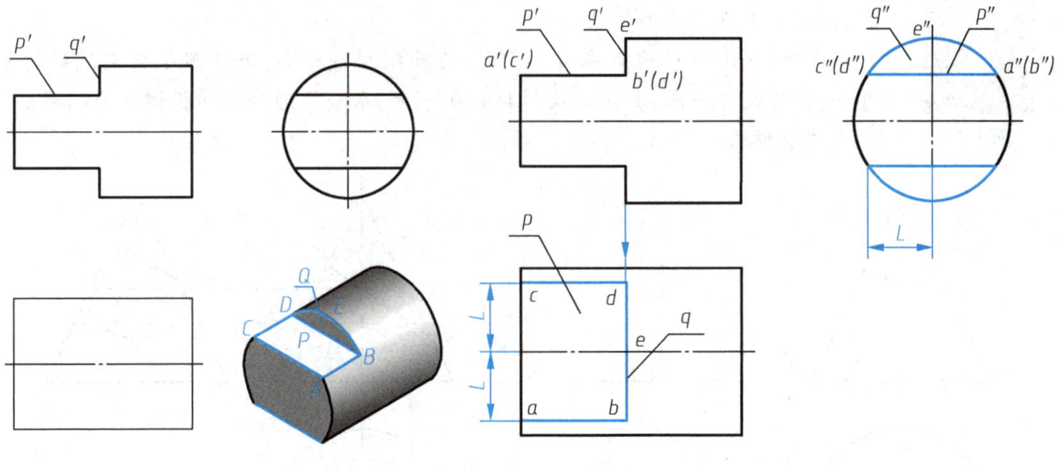

(a)　　　　(b)

图 3-24　圆柱体上下各切去一块

2. 圆锥体的截交线

根据截平面与圆锥面轴线的相对位置不同,可分为五种情况,见表 3-2。

表 3-2　平面与圆锥面截交线的五种情况

截平面的位置	过锥顶	与轴线垂直 $\theta=90°$	与轴线倾斜 $\alpha<\theta<90°$	与一条素线平行 $\theta=\alpha$	与两条素线平行 $0°\leqslant\theta<\alpha$
截交线的形状	等腰三角形	圆	椭圆	抛物线	双曲线
立体图	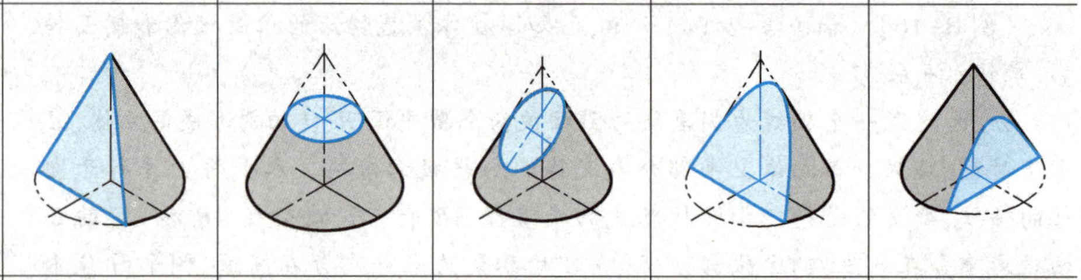				
投影图	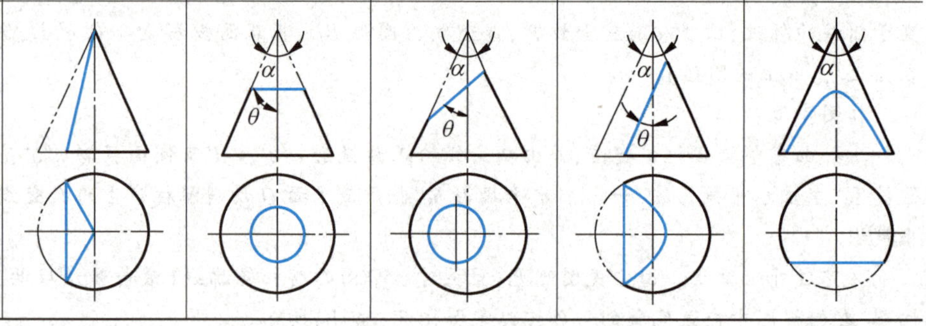				

视频

例3-17

【例 3-17】 如图 3-25(a)所示,圆锥体被一正垂面 Q 截切,已知其正面投影,求作水平投影及侧面投影。

分析:截平面 Q 为正垂面,与圆锥的轴线倾斜相交,根据圆锥截交线的特点可知:截交线为椭圆,其正面投影积聚在 q'上,水平投影和侧面投影均为椭圆。

作图步骤:

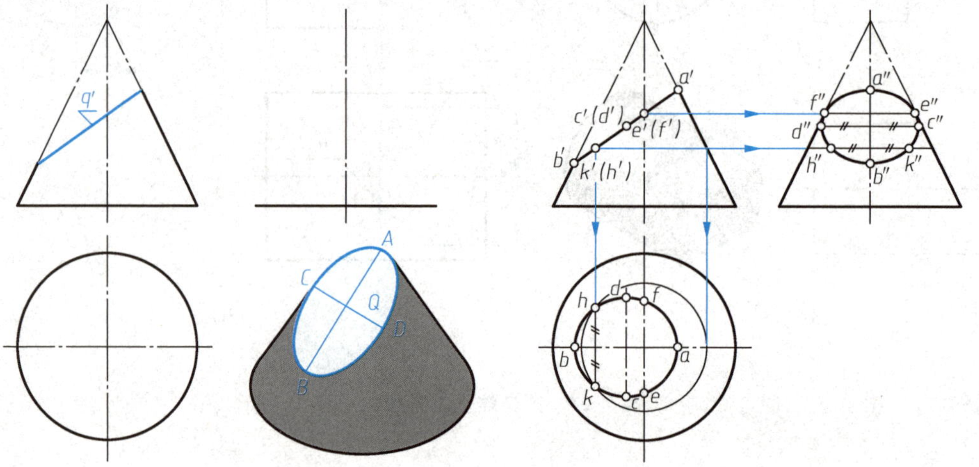

(a)　　　　(b)

图 3-25　圆锥被正垂面截切

因为截交线的两个未知投影均为椭圆，所以先求出椭圆长、短轴的端点，再求出特殊点，然后在端点和特殊位置点之间找出一些一般位置点，最后光滑连接这些点的同面投影，得截交线的投影。

① 补画圆锥的完整左视图。根据特殊点 A、B、C、D、E、F 的正面投影，求出水平投影和侧面投影，位于圆锥面上的 C、D 点，需要作辅助水平圆求得水平投影 c、d 和侧面投影 c''、d''。再适当求一般位置点，如 K、H 点，方法同求 C、D 点。

② 截交线椭圆在俯视图和左视图均可见，圆锥对侧面投影的转向轮廓线只剩下 e''、f''以下一段。作图结果如图 3-25(b)所示。

【例 3-18】 如图 3-26(a)所示，圆锥体被一正平面 Q 截切，已知水平投影图，求作其正面投影，如图 3-26(b)所示。

视频

例3-18

分析：截平面 Q 为正平面，且与圆锥的两条素线平行，根据圆锥截交线的分类特点可知：截交线为双曲线的一支，其水平投影积聚在 q 上，正面投影反映实形。

作图步骤：

①求特殊位置点 A、B、E 的正面投影：两端点 A、B 的正面投影 a'、b'可由已知的 a、b 求得，点 E 是双曲线的顶点，也是最高点，它位于垂直于轴线的最小的圆上，在俯视图上作出与 q 相切的辅助圆，切点即 e，求出此辅助圆积聚为直线的正面投影，该直线与轴线的交点即为 e'。

②求一般位置点：可在俯视图适当位置作一辅助圆，该圆交 q 于左右对称的 c、d 的点，在主视图上求出辅助圆正面投影(直线)，由 c、d 根据"长对正"求出 c'、d'。

③ 完成轮廓线：圆锥对正面的转向轮廓线未被切割，因此是完整的。

作图结果如图 3-26(c)所示。

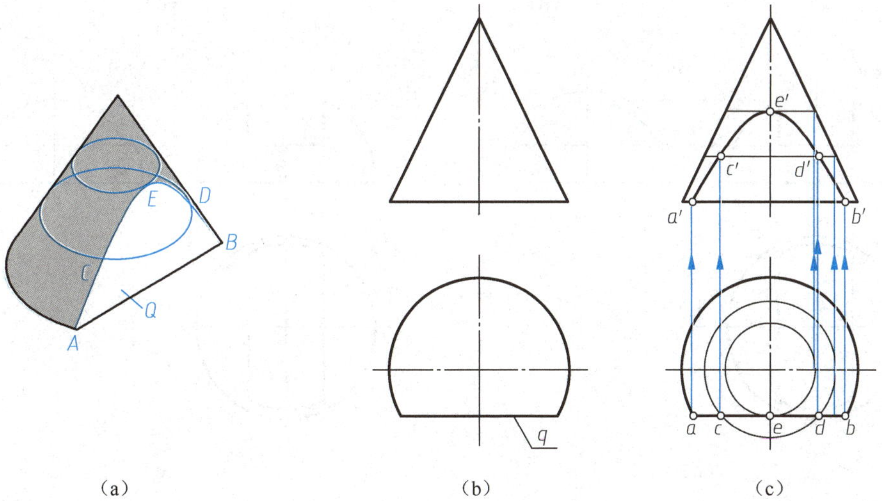

图 3-26　圆锥被正平面截切

3. 圆球的截交线

平面与圆球截交，截交线为圆。但由于截平面与投影面的位置不同，截交线的投影可能是圆、椭圆或直线。

视频

例3-19

【例3-19】 如图3-27(a)所示,已知开槽半圆球的正面投影图,完成其水平投影图和侧面投影图,如图3-27(b)所示。

分析:半圆球上方的切槽是由一个水平面和两个侧平面截切半圆球而成的,其交线的空间形状均为圆弧。水平面与半圆球截交线的水平投影反映实形,正面投影和侧面投影积聚成直线。两个侧平面与半圆球截交线的侧面投影反映实形,正面投影和水平投影积聚成直线。

作图步骤:

假设水平面将半球整体截切,求出截交线的水平投影后取有效部分,如图3-27(c)所示。同理,求出侧平面截切半圆球截交线的侧面投影和水平投影,并取有效部分,如图3-27(d)所示。半球体对侧面投影的转向轮廓线仅剩水平切平面以下部分,完成后的半圆球切槽如图3-27(e)所示。

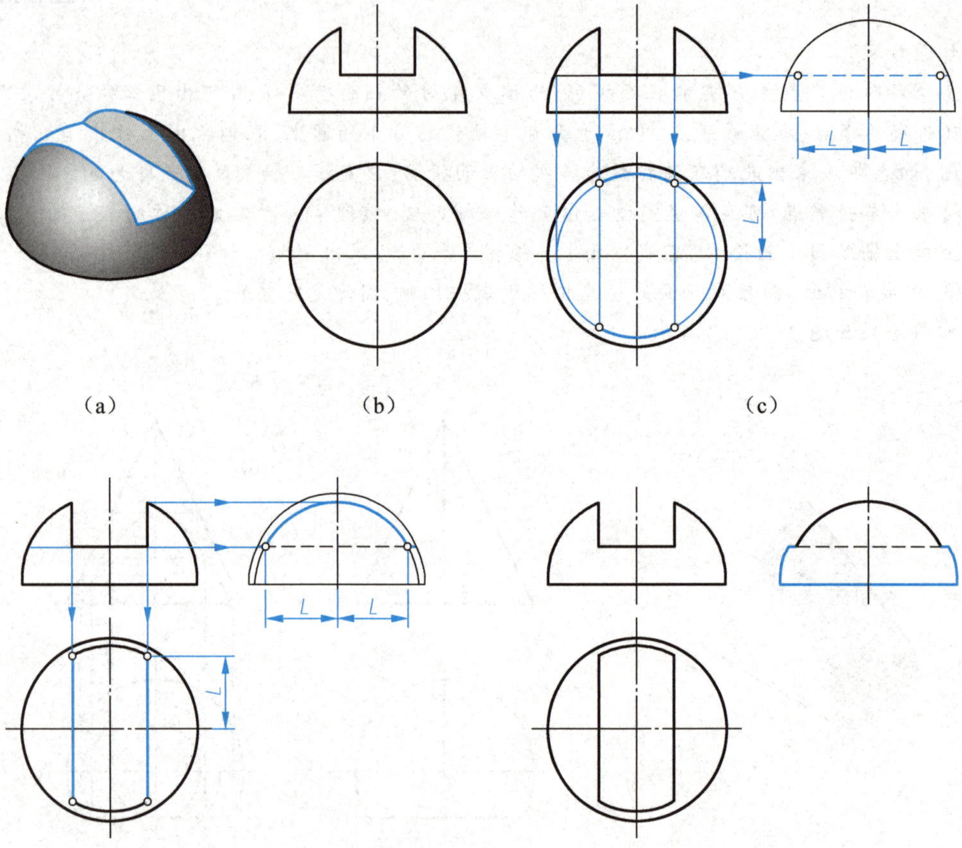

图3-27 圆球的截切

4. 复合回转体的截切

平面与复合回转体截切的截交线为各种截交线的组合。应分别求出各基本体和截平面之间的截交线。

【例 3-20】 如图 3-28(a)、(b)所示,已知回转体的正面和侧面投影图,完成其水平投影。

分析:该回转体由同轴的一个圆锥体和两个直径不等的圆柱体所组成。左边的圆锥和圆柱同时被水平面 P 截切,而右边的大圆柱不仅被 P 截切,还被正垂面 Q 截切。P 与圆锥面的截交线为双曲线,其水平投影反映实形,正面投影和侧面投影积聚成直线。P 平面与两个圆柱面的截交线均为矩形,正面投影积聚在 p'上,侧面投影分别积聚在圆上。Q 面与大圆柱面的截交线为椭圆的一部分,其正面投影积聚在 q'上,侧面投影积聚在大圆上,水平投影为一段椭圆弧。

如图 3-28(c)所示,依次求出各个截平面与各基本体的截交线,同时还应求出截平面之间的交线的投影,然后再补全被截切后的回转体轮廓线的投影,将留下部分的截交线和轮廓线用粗实线画出,擦掉切去的部分,如图 3-28(d)所示。

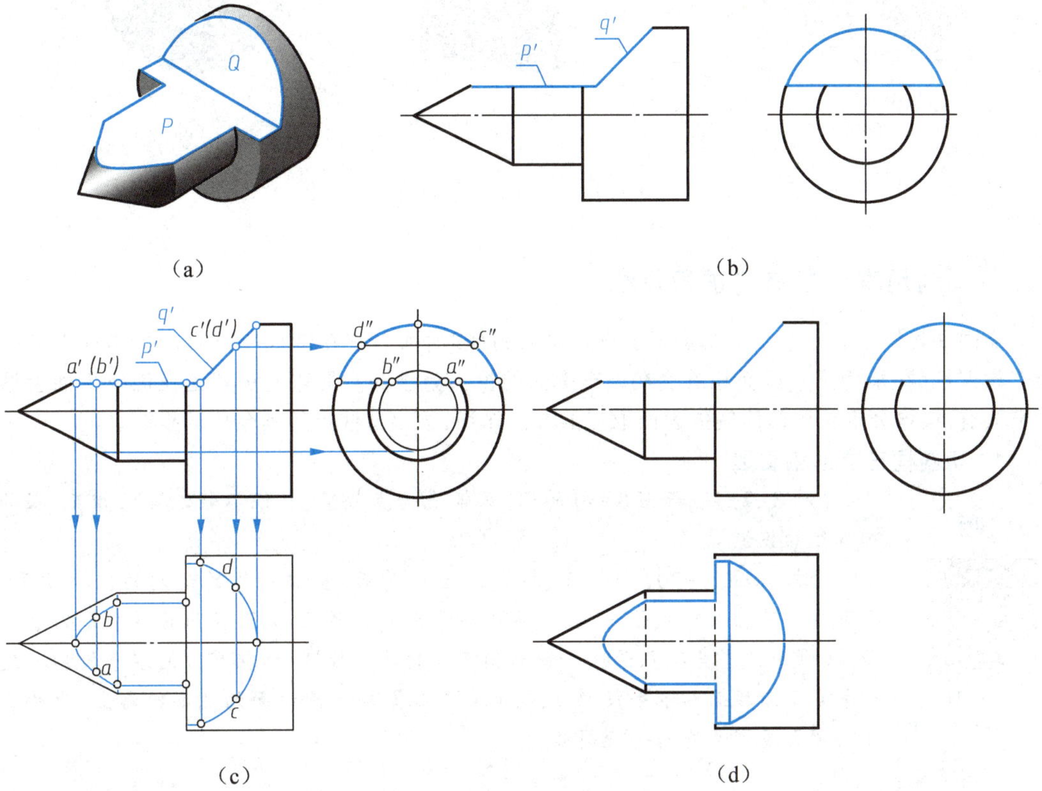

图 3-28　复合回转体的截切

3.3　两立体相交

复杂零件往往是由两个或两个以上的立体组成,两立体表面的交线称为相贯线,如图 3-29 所示。因为立体分为平面立体和曲面立体,所以相贯线又有三种情况:

(1)平面立体与平面立体相交,如图 3-29(a)所示。

(2)平面立体与曲面立体相交,如图 3-29(b)所示。

(3)曲面立体与曲面立体相交,如图 3-29(c)所示。

因为平面立体可以看作由若干个平面围成的实体,因此平面立体与平面立体相交、平面立体与曲面立体相交都可以转化成平面与平面立体表面相交和平面与回转体表面相交求截交线的问题。本章仅讨论两回转体表面相贯线的求法。

一般情况下相贯线是一条封闭的空间曲线,其形状取决于回转体的形状、大小和两回转体的相对位置。由于它是两回转体表面的共有线,因而相贯线同属于两回转体表面,相贯线上的点是两回转体表面的共有点。这样求相贯线的投影就转化为求两回转体表面一系列共有点的投影。

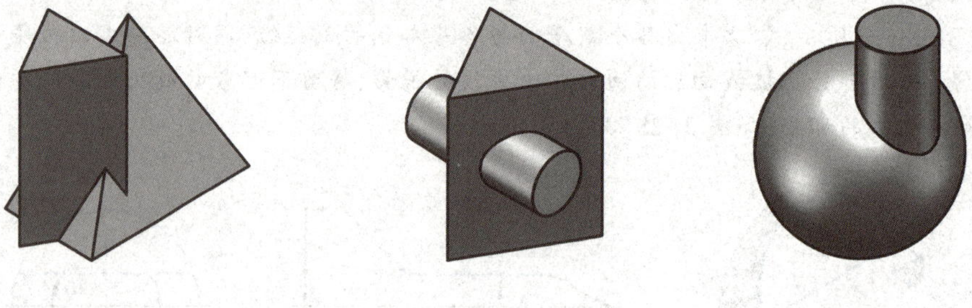

(a)　　(b)　　(c)

图 3-29　立体表面的交线

3.3.1　利用表面取点法求相贯线

当两回转体中有一个是轴线垂直于投影面的圆柱时,那么它在轴线所垂直的投影面上的投影有积聚性(积聚为圆),因而相贯线在该投影面的投影为已知。具体方法就是在该投影面上取若干共有点,再分别按照两回转体表面取点的方法作图,求出这些点的其余两面投影。

1. 两圆柱正交的相贯线

视频

例3-21

【例 3-21】 如图 3-30 所示,两轴线垂直相交,直径不等的圆柱相交,求其相贯线的投影。

分析:如图 3-30(a)所示,相贯线为一前后、左右对称的封闭的空间曲线。小圆柱面的轴线垂直于 H 面,其水平投影具有积聚性;大圆柱面的轴线垂直于 W 面,其侧面投影具有积聚性。根据相贯线的共有性可知:相贯线的水平投影一定积聚在小圆柱面的水平投影上,侧面投影积聚在大圆柱面的侧面投影上,为两圆柱面侧面投影共有的一段圆弧。

作图步骤:

①求特殊位置点:小圆柱面转向轮廓线上的点Ⅰ、Ⅱ、Ⅲ、Ⅳ同时也是极限位置点。点Ⅰ是最高、最左点,点Ⅱ是最高、最右点,点Ⅲ是最前、最低点,点Ⅳ是最后、最低点。Ⅰ、Ⅱ两点还是相贯线对正面投影可见与不可见的分界点,Ⅲ、Ⅳ两点是相贯线对侧面投影可见与不可见的分界点。通过分析确定点Ⅰ、Ⅱ、Ⅲ、Ⅳ的水平投影 1、2、3、4 和侧面投影 1″、2″、3″、4″后,再利用“三等关系”求出其正面投影 1′、2′、3′、4′,如图 3-30(b)所示。

②求一般位置点:在最高和最低点之间补充一般位置点Ⅴ、Ⅵ、Ⅶ、Ⅷ(Ⅶ、Ⅷ与Ⅴ、Ⅵ是前后对称点)。先在左视图给定Ⅴ、Ⅵ两点的侧面投影 5″、6″,再根据“三等关系”求出其水平投影和正面投影。

③相贯线的正面投影前后对称、虚实重合:用粗实线把各点的投影光滑顺序连接,即为所求相贯线。

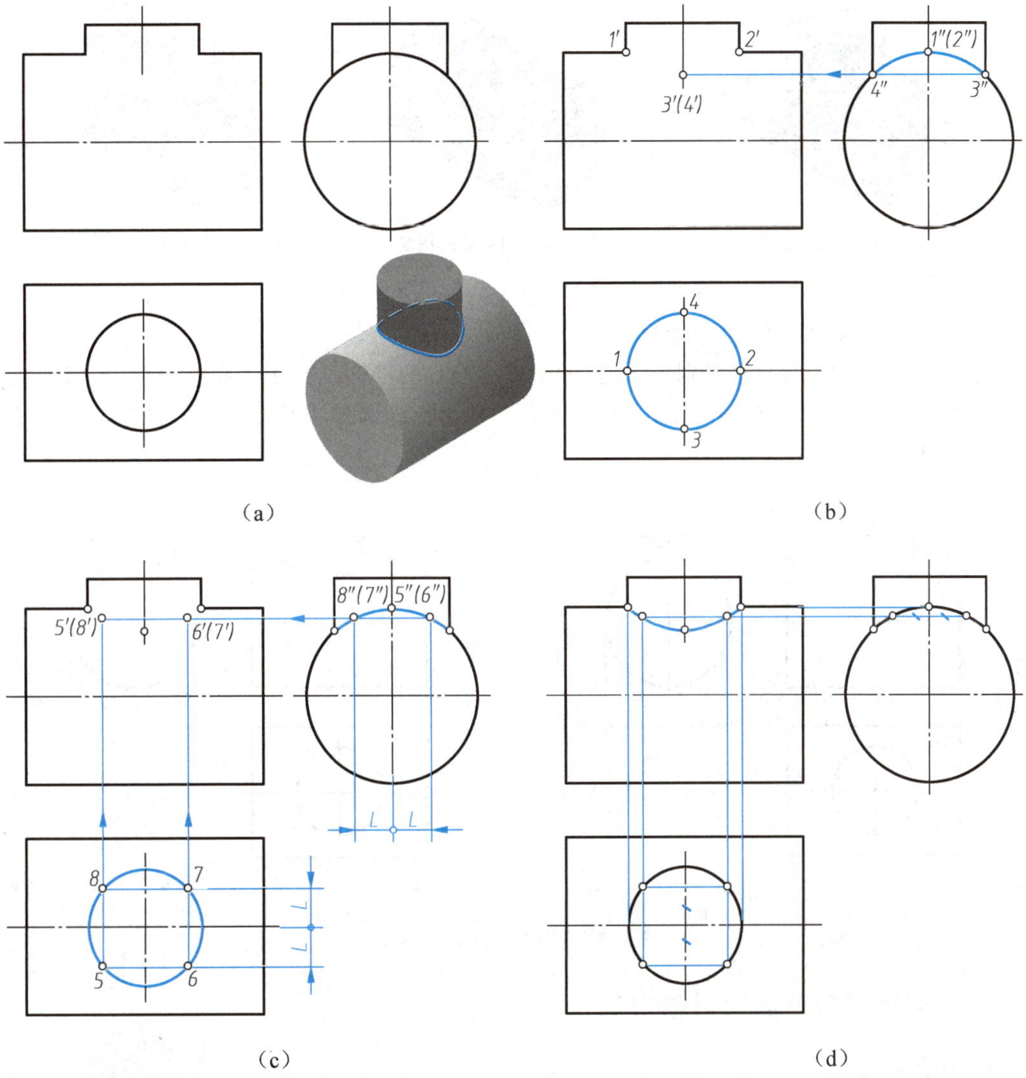

图 3-30　两圆柱正交

④完成物体轮廓线投影：在求解相贯线投影的问题时需注意：在相贯区不应有圆柱面轮廓线的投影。因此，在主视图中，大圆柱的转向轮廓线在 1′、2′之间的部分已经不存在。这从俯视图中可以看到。

2. 两圆柱正交产生相贯线的形式

圆柱与圆柱相交，形式不仅表现为外表面与外表面相交，还可以表现为内外表面相交（穿孔）或两内表面相交（孔与孔相交），相贯线的形状和求法与上例完全相同，如图 3-31 所示。

从这几种圆柱相贯线的作图结果，可总结出两圆柱正交时相贯线的投影规律：

①相贯线总是发生在直径较小圆柱的周围；

②在两圆柱均无积聚性的视图中，相贯线待求；

③相贯线总是向直径较大圆柱的轴线弯曲。

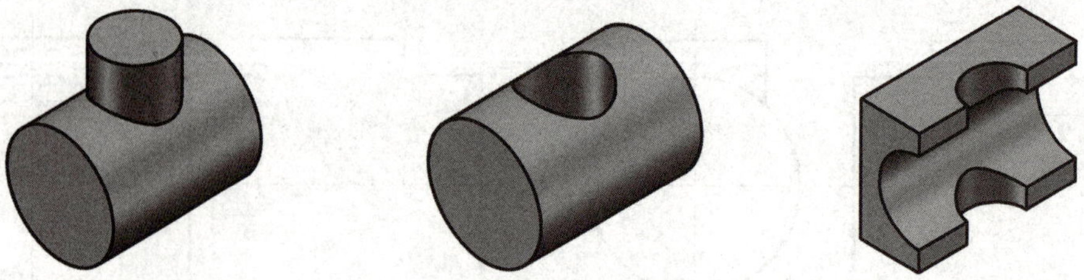

(a) 两外表面相交　(b) 外表面与内表面相交　(c) 两内表面相交

图 3-31　两圆柱正交时相贯线的三种形式

3. 两圆柱正交时相贯线的近似画法

当两圆柱正交时,其直径差别较大,且对相贯线形状的准确度要求不高时,允许采用近似画法。即用圆心位于小圆柱的轴线上,半径等于大圆柱半径的圆弧代替相贯线的投影。画图过程如图 3-32 所示。

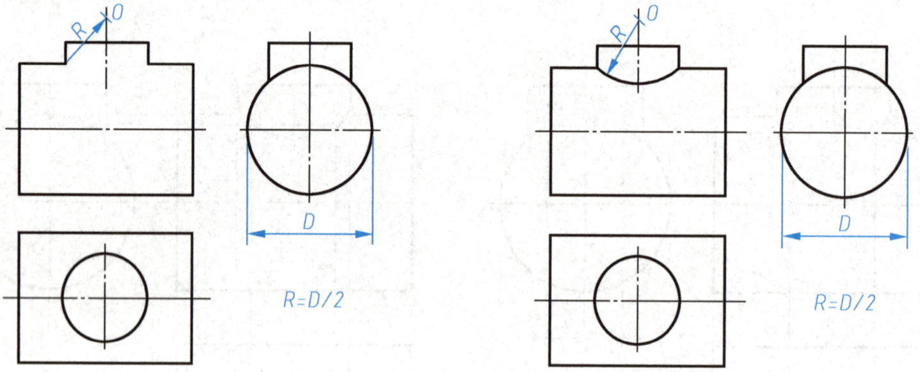

(a)　(b)

图 3-32　相贯线的近似画法

3.3.2　利用辅助平面法求相贯线

1. 作图原理

如图 3-33 所示为圆柱与圆锥正交,为了求共有点,假想用一个辅助平面 P 截切两回转体,可知截平面与圆柱的交线为矩形,与圆锥的交线为水平纬圆,它们相交于两点,这两点既在圆柱面上,又在圆锥面上,同时还在截平面 P 上,构成三面共点。照此方法,用辅助平面在两回转体相交处截切,便可得到一组交点,重复操作就可以求出相贯线上一系列的共有点。

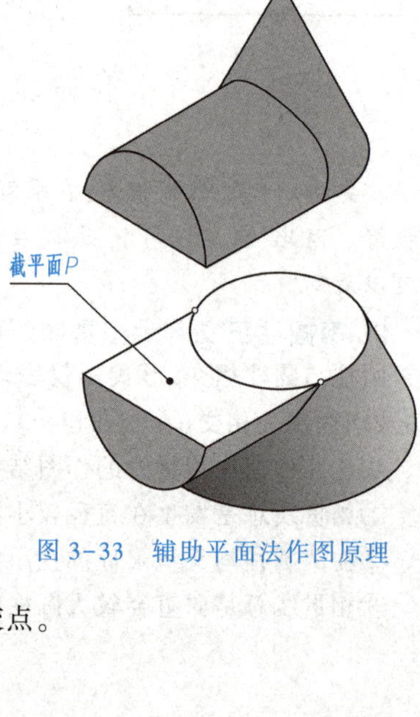

图 3-33　辅助平面法作图原理

2. 辅助平面的选择原则

(1)为了作图方便,投影特性简单,截交线的形状最好为直线与圆、直线与直线或圆与圆,因此选择与投影面平行的平面作为辅助平面最好。

(2)截平面应取在两回转体相交的范围内,否则得不到交点。

【例 3-22】 如图 3-34(a)所示，求圆柱与圆锥的相贯线。

视频
例3-22

分析：①由图 3-34(a)可知，相贯线是前后对称的空间曲线，其侧面投影积聚在圆柱的侧面投影轮廓圆上，故相贯线的侧面投影已知，需求其水平投影和正面投影。由于它们公共对称平面平行于 *V* 面，相贯线的正面投影必前后重叠，水平投影为封闭曲线。

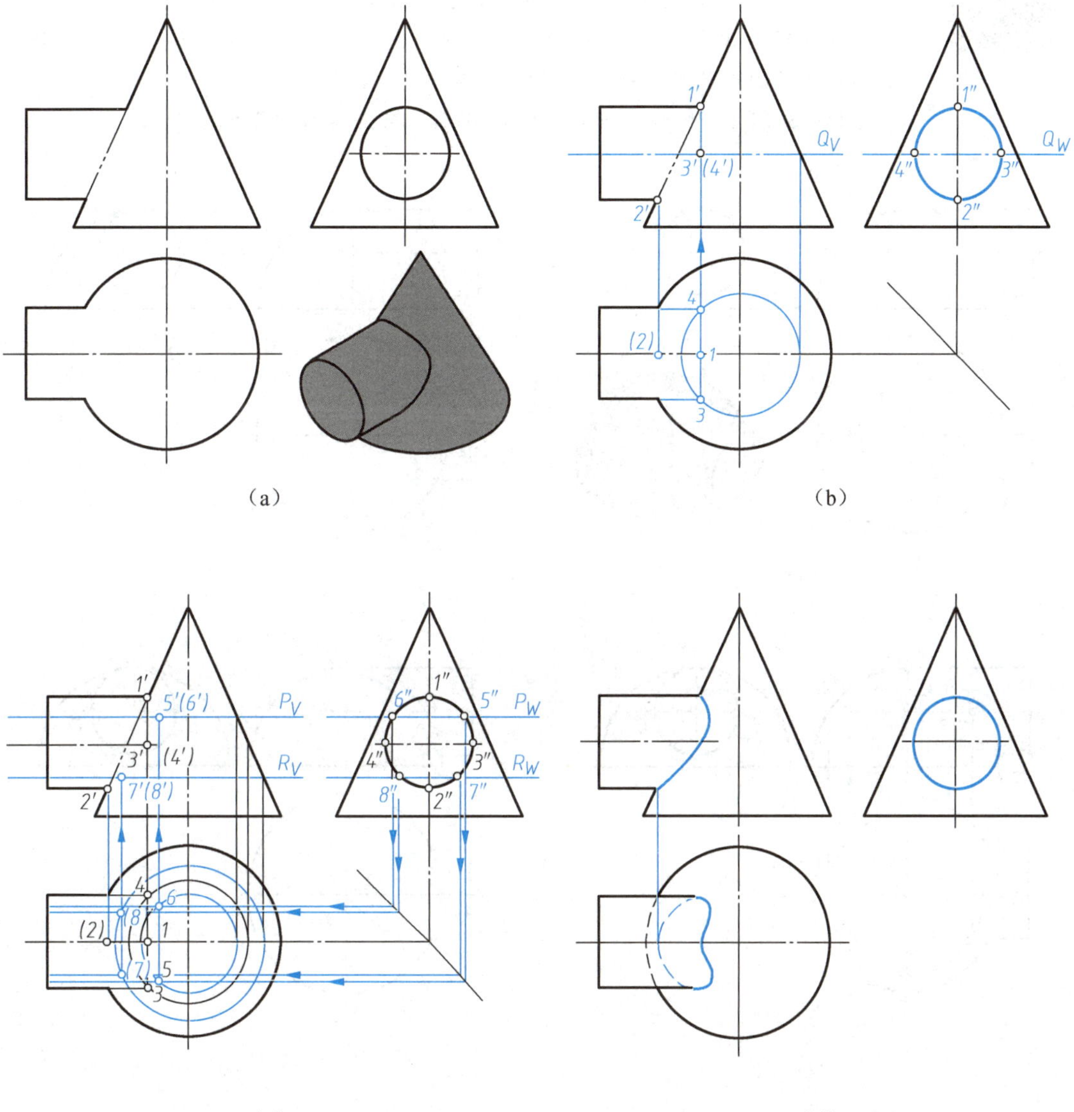

图 3-34　圆柱与圆锥相贯线

②选择辅助平面。对于圆柱可选择的有水平面、正平面和侧平面；对圆锥可选择的有水平面和过锥顶的平面。对于两回转体都适用的只有水平面。

作图步骤：

①求特殊位置点：如图 3-34(b)所示，由左视图可知 1″为最高点，2″为最低点，3″、4″为最前、

最后转向轮廓线上的点。根据“三等关系”可求出 1′、2′和 1、2。过 3″、4″作水平面 Q，Q 与圆锥交线的水平投影为圆，与圆柱的交线为最前、最后转向轮廓线，先求出它们的水平投影，得交点 3、4，再根据“长对正”得交点 3′(4′)。

视频

例3-23

②求一般位置点：如图 3-34(c)所示：同理，在特殊位置点中间适当位置过 5″、6″、7″、8″作水平面 P、R，先求 5、6、7、8，再求 5′(6′)、7′(8′)。

③判别可见性：光滑连接各点同面投影，如图 3-34(d)所示，相贯线的正面投影以 1′、2′为界前后重合，水平投影以 3、4 为界，以上可见，以下不可见。

④整理轮廓线：圆柱对水平投影面的转向轮廓线到 3、4 为止。并补全圆锥底面被遮挡圆弧的水平投影，作图结果如图 3-34(d)所示。

【例 3-23】 如图 3-35(a)所示，求圆柱与半球的相贯线。

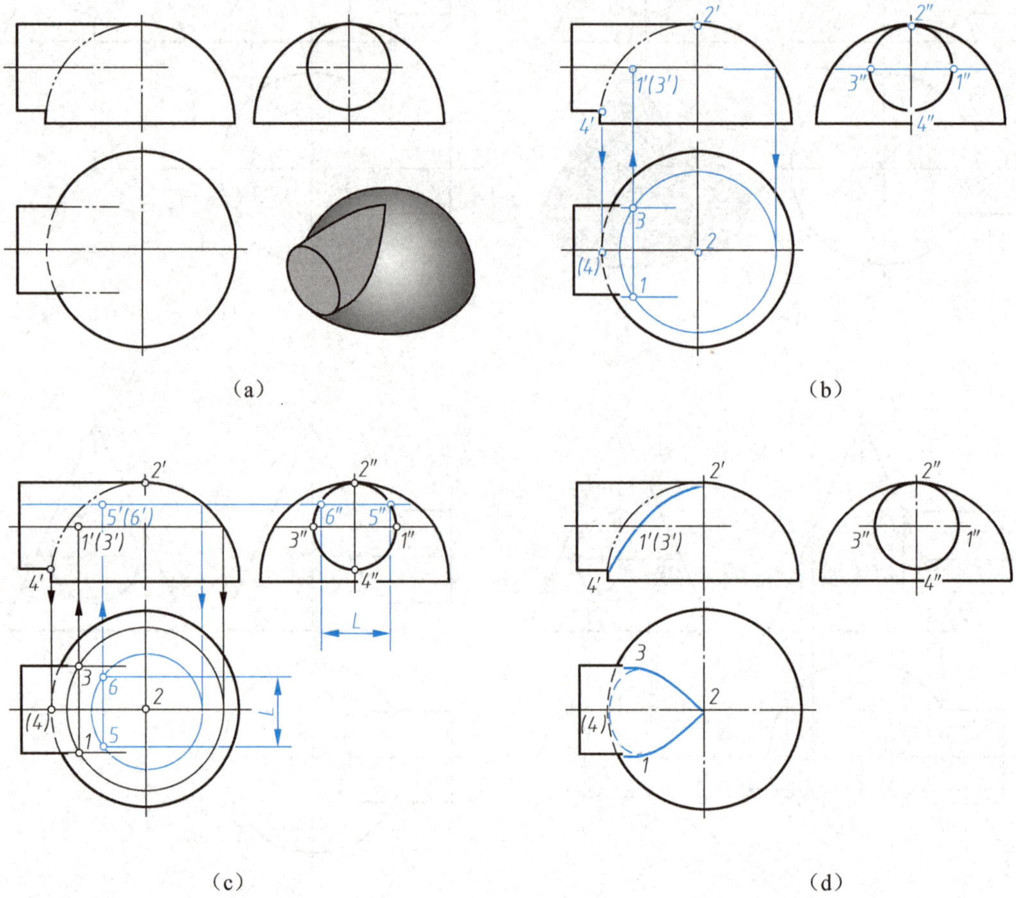

图 3-35　圆柱与半球的相贯线

分析：①由图 3-35(a)可知，因为该相贯体前后对称，所以相贯线为一条前后对称的空间曲线，其正面投影是前后重合的一段曲线，水平投影为一条封闭曲线。因圆柱的侧面投影有积聚性，故相贯线的侧面投影已知，重合在圆柱有积聚性的圆上，其水平投影和正面投影没有积聚性，需要用辅助平面求解。

②选择辅助平面。根据选择辅助平面的原则，适用的辅助平面有水平面、正平面和侧平面，

本题以水平面为例来讲解。

作图步骤：

①求特殊位置点：如图 3-35(b)所示，先定出圆柱转向轮廓线上点的侧面投影 1″、2″、3″、4″。Ⅱ、Ⅳ两点是圆柱最高、最低转向轮廓线与半球正面投影转向轮廓线的交点，根据“三等关系”求出 2′、4′和 2、4。Ⅰ、Ⅲ两点是圆柱最后、最前转向轮廓线上的点，也是球面上的一般位置点，可在球面上根据已知的侧面投影 1″、3″作出辅助水平圆积聚性的直线，得到纬圆半径，在俯视图上作出辅助圆的水平投影，该圆与圆柱最前、最后转向轮廓线的交点即为 1、3，进而求出 1′、3′。

②求一般位置点：在特殊位置点之间适当取一至两对一般位置点。如图 3-35(c)所示，在左视图上取一般位置点 5″、6″，同样用“纬圆法”求出其水平投影和正面投影。

③连线并判别可见性：在正面投影中，相贯线是一段虚实重合的光滑曲线；水平投影中，点 1、3 以上的相关线可见，以下的相贯线不可见。

④整理轮廓线：半球对正面投影的转向轮廓线到 2′、4′为止，圆柱对水平投影面的转向轮廓线到 1、3 为止。并补全半球底面被遮挡圆弧的水平投影，作图结果如图 3-35(d)所示。

3.3.3　相贯线的特殊情况

在一般情况下，两曲面立体的相贯线是空间曲线。但是，在某些特殊情况下，也可能是平面曲线或直线，下面简单地介绍相贯线为平面曲线或直线的三种比较常见的特殊情况。

(1)轴线相交且平行于同一投影面的圆柱与圆柱、圆柱与圆锥、圆锥与圆锥相交，若它们能同切一个球(通常称为等径相贯)，则它们的相贯线是垂直于这个投影面的椭圆，如图 3-36 所示。只要连接它们正面投影转向轮廓线的交点，可得两条相交的直线，即为相贯线(两个椭圆)的正面投影。

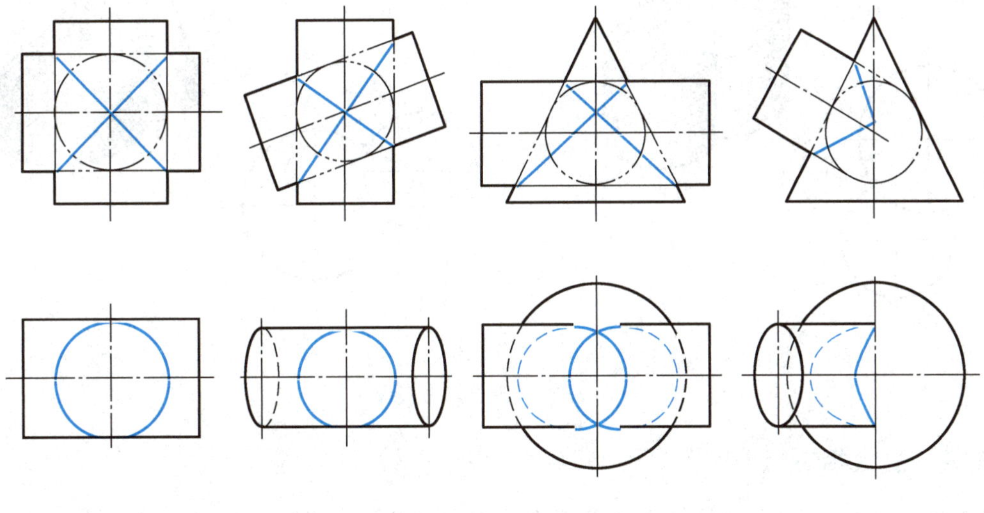

(a)　　(b)　　(c)　　(d)

图 3-36　同切于一个球面的圆柱、圆锥的相贯线

(2)同轴回转体相交，相贯线是垂直于轴线的圆，如图 3-37 所示。

(3)两轴线平行的圆柱相贯或共锥顶的两圆锥相贯，相贯线是直线，如图 3-38(a)、(b)所示。

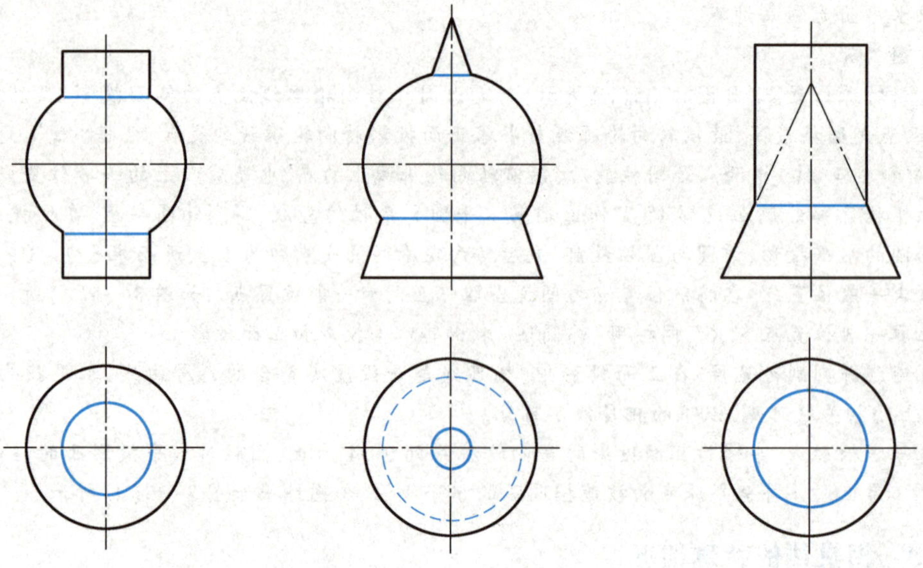

（a）　（b）　（c）

图 3-37　同轴回转体的相贯线

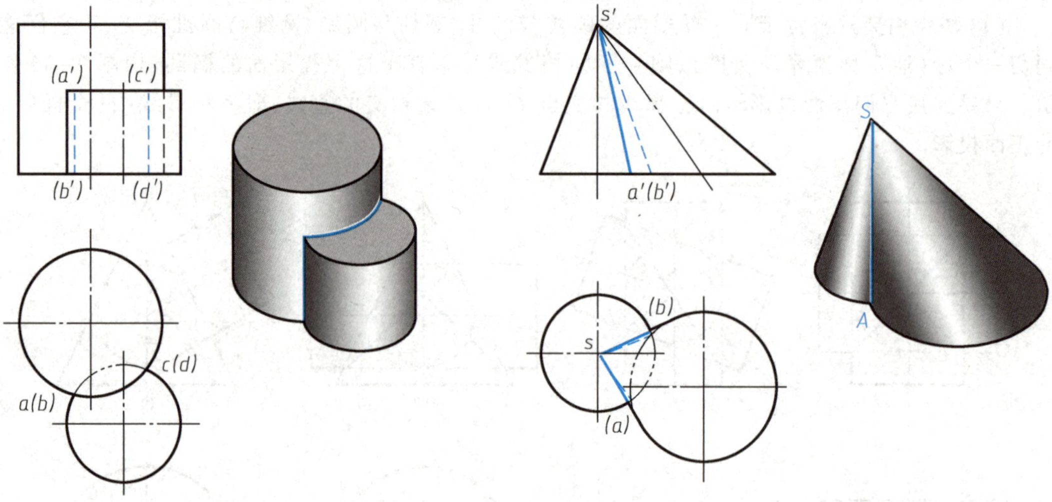

（a）　（b）

图 3-38　相贯线为直线

3.3.4　复合相贯

有些零件的表面交线比较复杂，会出现多体相交的情况。三个或三个以上的立体相交在一起，称为复合相贯。这时相贯线由若干条相贯线组合而成，结合处的点称为结合点。处理复合相贯线，关键在于分析，找出有几个两两曲面立体相贯，从而确定其由几段相贯线组成。

视频

例3-24

【例 3-24】　如图 3-39 所示，求组合体相贯线的投影。

分析：如图 3-39(a)所示，该相贯体由三个形体组成。其中Ⅰ、Ⅱ是轴线垂直相交的两个圆柱，Ⅲ是带有半圆柱面的立体，它与小圆柱产生的交线为求截交线的问题，它的前后端面与大圆柱产生的交线也是求截交线的问题，而它左侧的圆柱面与大圆柱相交产生相贯线。相贯线的水平投影积聚到Ⅱ、Ⅲ的水平投影轮廓线上，侧面投影积聚到Ⅰ与Ⅱ侧面投影重合的一段圆弧上。由上述分析可知，相贯线的水平和侧面投影已知，只需求出其正面投影。

作图步骤：

先找到三面共点的结合点1，以点1为界，右侧是Ⅰ、Ⅱ形体相交，左侧是Ⅰ、Ⅲ形体相交，上方是Ⅱ、Ⅲ形体相交。

①求Ⅰ与Ⅱ的交线。由相贯线上三个特殊位置点的水平投影1、2、3，在左视图上得到相应的侧面投影1″、2″、3″，再求出正面投影1′、2′、3′，如图3-39(b)所示。

②求Ⅰ与Ⅲ的交线。由相贯线上三个特殊位置点的水平投影1、4、5，在左视图上得到相应的侧面投影1″、4″、5″，再求出正面投影1′、4′、5′，如图3-39(c)所示。

③求Ⅱ与Ⅲ的交线。由于Ⅲ的右半部分是平面立体，因此其与右侧圆柱的交线是直线，按照"三等关系"求出其正面投影即可，如图3-39(d)所示。

按顺序连接主视图上各点得到相贯线的正面投影。作图结果如图3-39(d)所示。

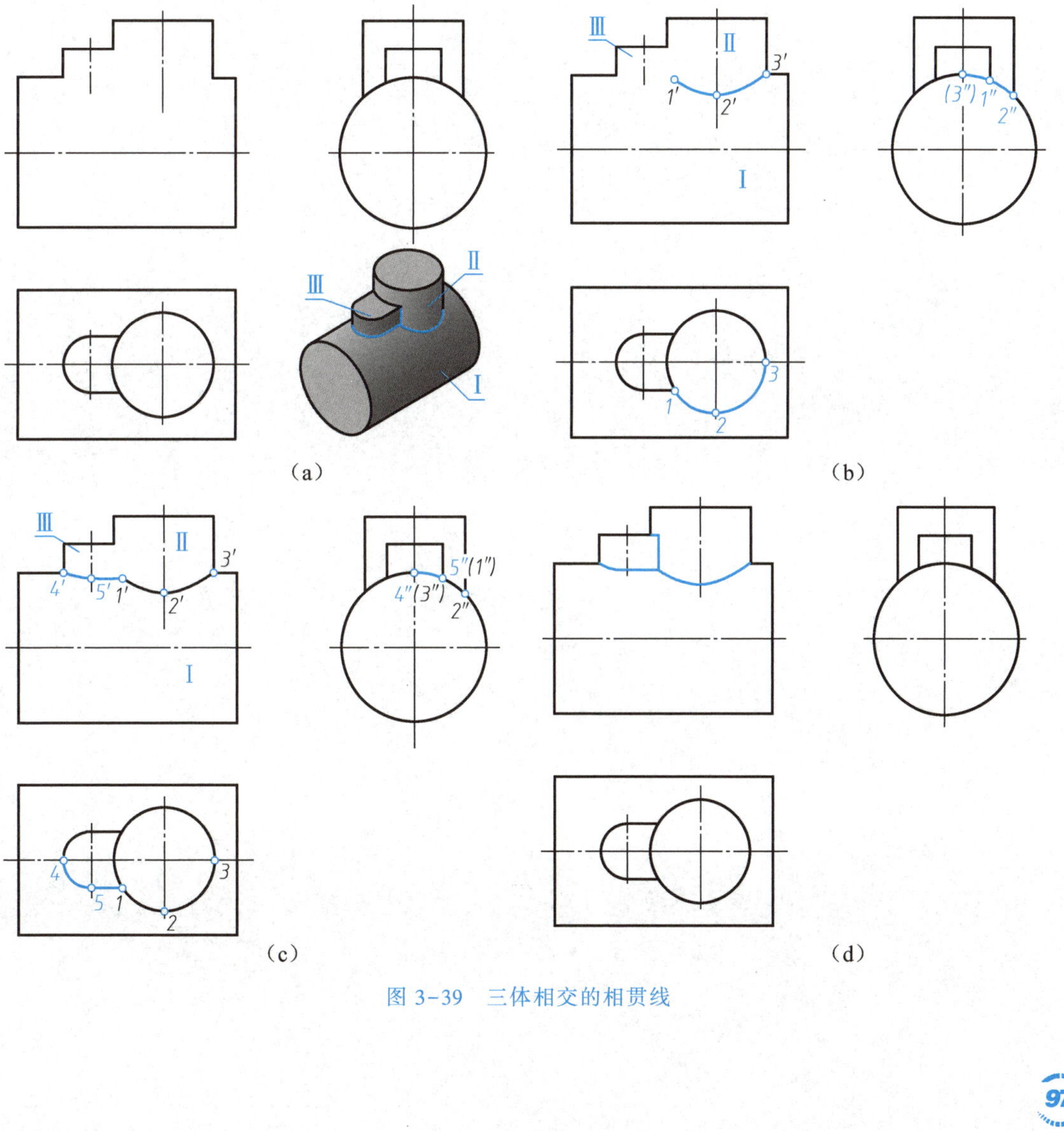

图3-39　三体相交的相贯线

拓展阅读

摆放位置对几何形体投影的影响

基本几何形体的投影用来表示空间几何体的形状，力求简洁、明晰、准确，此时几何形体的摆放位置就显得尤为重要。几何形体在投影体系中摆放的位置合理，即“摆正”，其投影图作图简单、表达清晰、易于阅读；反之，若把几何形体倾斜放置，则其投影图的作图将变得非常复杂、难以理解。

如同生活一样，我们要树立正确的人生观，堂堂正正坦诚做人，坦率处事，摆正自己的位置，一切才能变得“简单”，也才能更有利于发挥自我的作用，实现自我价值。

第 4 章 组合体的视图

组合体是工程形体抽象后的模型。本章首先学习组合体的组合方式及其分析方法，在此基础上深入学习绘制组合体视图、识读组合体视图及组合体尺寸标注的基本方法，为工程形体的表达及工程图样的识读奠定基础。学习本章时应特别注意掌握形体分析方法，以便有效地培养空间思维和空间想象能力。

任何复杂的机器零件，从形体的角度来分析，都可以看成是由若干基本几何体(如棱柱、棱锥、圆柱、圆锥、圆球等)，按一定的方式(叠加、切割或穿孔等)组合而成的。这种由基本几何体组合而成的形体称为组合体。

4.1 组合体的构成和分析方法

4.1.1 组合体的构成方式

为便于分析、研究组合体，按照组合体中各基本几何体的组合方式，可以把组合体分为叠加式、切割式和综合式(既有叠加，又有切割)三种形式，如图 4-1 所示。

(a) 叠加式　(b) 切割式　(c) 综合式

图 4-1 组合体的基本形式

4.1.2 基本体之间的连接关系及画法

组合体中各基本几何体间表面连接关系有以下几种情况。

(1)相邻两形体的表面互相平齐形成一个连续的平面，此时，结合处没有界线，在视图上不应画线，如图 4-2(a)所示。

(2)相邻两形体表面不平齐而相错形成一个不共面的表面，此时，在视图上相错处要画出两表面间的界线，如图 4-2(b)所示。

(3)相邻两形体的表面相切，平面与曲面光滑过渡，形成一个连续的表面，此时，在视图上相切处不应画线，如图 4-2(c)所示。

(4)相邻两形体的表面相交产生交线，此时，在视图上相交处应画出交线的投影，如图 4-2(d)所示。

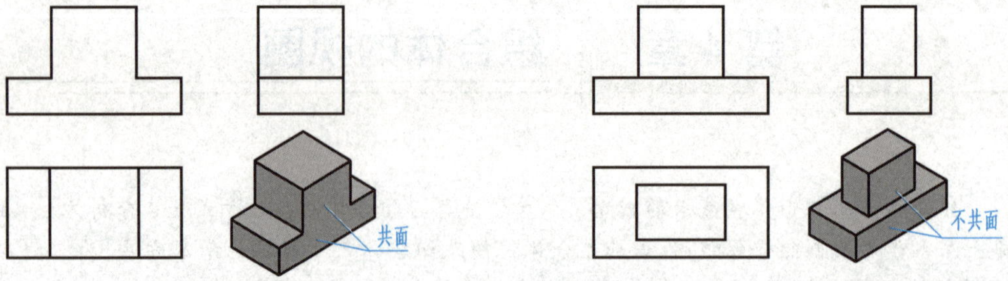

（a）两形体表面平齐　　（b）两形体表面相错

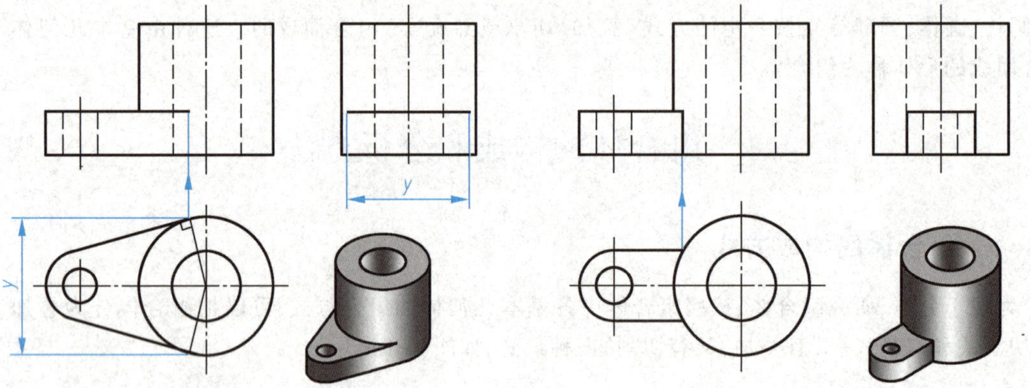

（c）两形体表面相切　　（d）两形体表面相交

图 4-2　组合体的表面关系

4.1.3　形体的分析方法

1. 形体分析法

上面我们讨论了组合体的构形、组合方式和表面之间的相对位置关系。这种假想把组合体分解为若干个基本体、分析它们的形状、确定它们的组合方式和相邻表面间的位置关系的方法称为形体分析法。

用形体分析法可以把复杂的问题变得简单。只要掌握了基本形体以及形体相邻表面不同关系的作图，就能解决组合体画图、读图问题。所以形体分析法是组合体画图、读图和尺寸标注的基本方法。

2. 线面分析法

在绘制或识读组合体视图时，对比较复杂的组合体通常在运用形体分析法的基础上，对不易表达或读懂的局部，还要结合线、面的投影进行分析（如分析形体的表面形状、形体上面与面的相对位置，以及线、面与投影面的相对位置及投影特性、形体的表面交线等），来帮助表达或读懂这些局部形状，这种方法称为线面分析法。

线面分析法是组合体画图、读图和尺寸标注的辅助方法。

4.2　组合体的画图

4.2.1　叠加式组合体三视图的画法

1. 形体分析

根据形体分析的概念，首先分析组合体的组成，其次分析其形体间的相对位置。如图 4-3 所示，轴承座由底板、支撑板、肋板、圆筒叠加而成。支撑板、肋板和底板分别是不同形状的平板，支撑板左右侧面都与圆筒的外圆柱面相切，肋板的左右侧面都与圆筒的外圆柱面相交，支撑板、肋板叠加在底板上。

根据图 4-3 所示的轴承座立体图，画出轴承座的三视图。

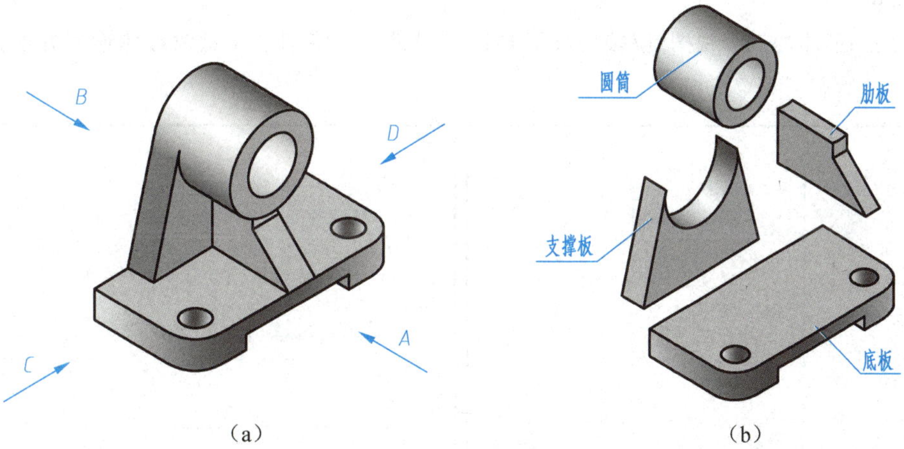

图 4-3　轴承座的形体分析

2. 选择主视图

在三视图中，主视图是最重要的视图。主视图应该尽量反映机件的形状特征。如图 4-3(a)所示，将轴承座按自然位置安放后，对由箭头所示的 *A*、*B*、*C*、*D* 四个方向进行投射所得的视图进行比较，确定主视图。如图 4-4 所示，若以 *B* 向作为主视图，虚线较多，显然没有 *A* 向清楚；*C* 向与 *D* 向视图虽然虚线情况相同，但若以 *C* 向作为主视图，则左视图上会出现较多虚线，没有 *D* 向好；再比较 *D* 向和 *A* 向视图，*A* 向更能反映轴承座各部分的轮廓特征，所以确定以 *A* 向作为主视图的投射方向。主视图确定以后，俯视图和左视图的投射方向也就确定了。

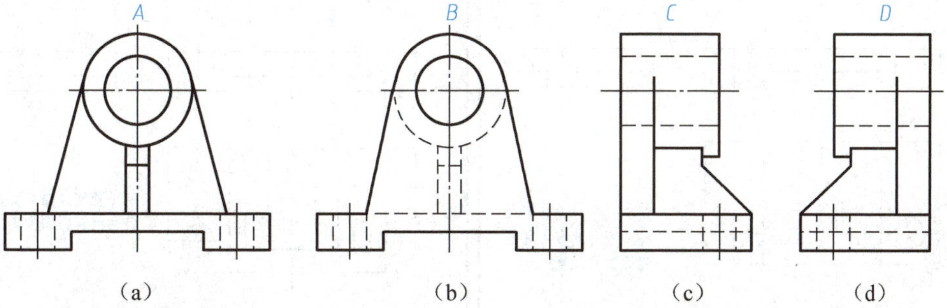

图 4-4　选择主视图的投射方向

3. 选比例，定图幅

根据组合体长、宽、高的最大尺寸，按国家标准《技术制图》的规定选定比例和图幅。比例尽量选用 1∶1。图幅要根据组合体大小及视图之间、视图与图框之间留有尺寸标注的距离而确定。

4. 布置视图

组合体三视图要根据投影规律，依据每个视图最大轮廓尺寸，均匀布置。画出每一视图上水平和铅垂的作图基准线。对称的视图必须以对称中心线作为基准线，此外，还可用回转体的轴线、圆的中心线以及长、宽、高三个方向的主要轮廓线作为作图基准线。

5. 画底稿

画底稿的一般顺序和方法，如图 4-5(a)～图 4-5(f)所示。

(1)按形体分析，对叠加式或综合式先画主要形体，后画次要形体；先定位置，后定形状；先画反映形体特征的视图，再画其他视图；先画各形体基本轮廓，最后完成细节；先画外形轮廓，后画内部形状。

(2)同一形体的三个视图，应按照投影规律同时进行。特别应注意两形体连接处的投影是否正确。

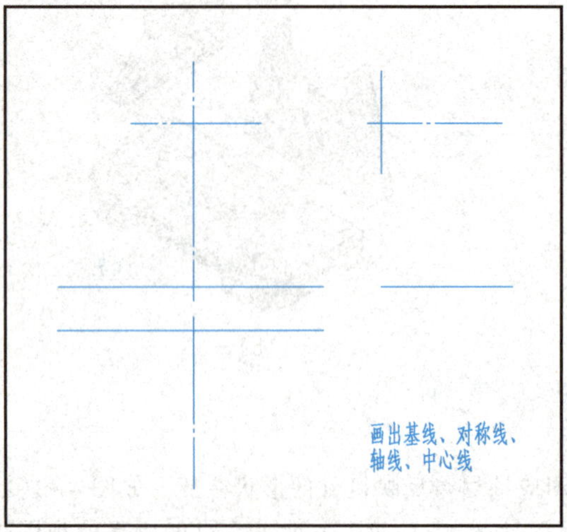

(a) 布置视图

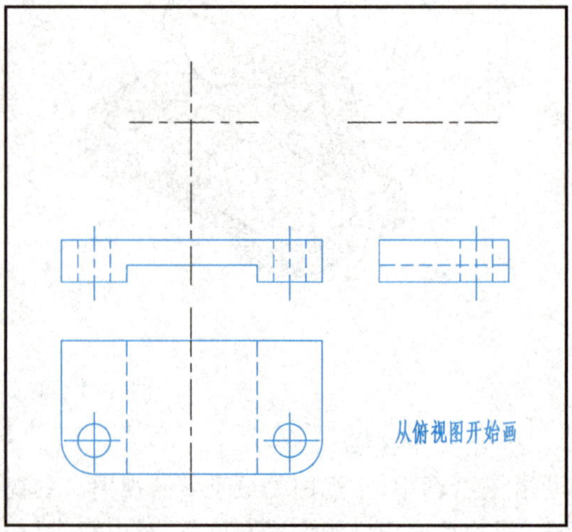

(b) 画底板

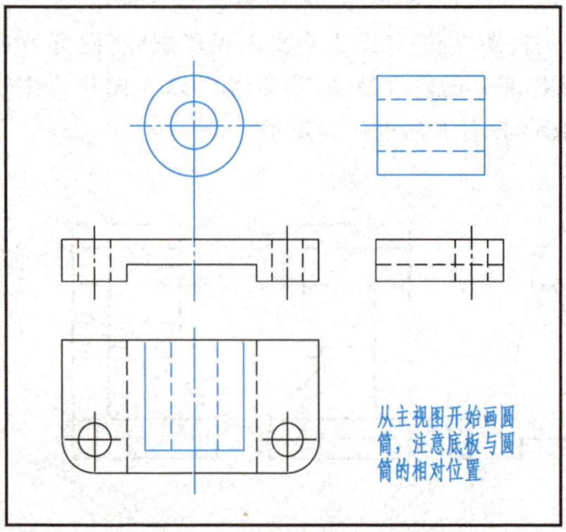

(c) 画圆筒

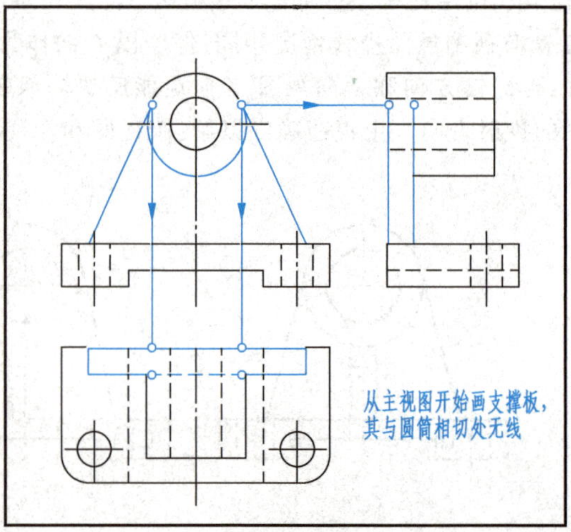

(d) 画支撑板

图 4-5　组合体画法——叠加式

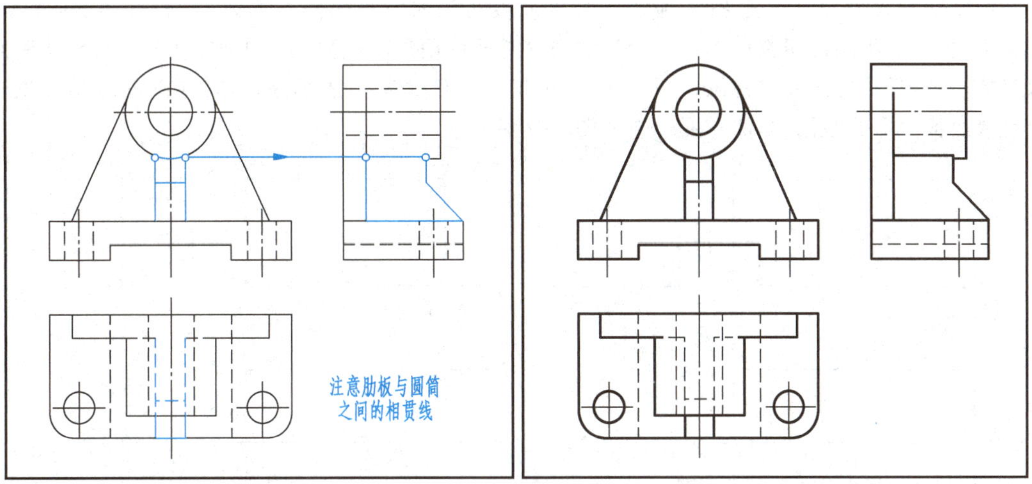

（e）画肋板　　（f）检查后加深

图 4-5　组合体画法——叠加式(续)

6. 检查、清理底稿并加深

底稿完成后,应仔细检查,有条件可进行互检。在确定没有错误及清理多余图线后再加深。加深时,先加深圆及圆弧,再加深直线;先加深虚线和点画线,再加深粗实线。整张图中,所画的图线保持粗细有可比性,浓淡一致。

4.2.2　切割式组合体三视图的画法

1. 形体分析

如图 4-6 所示,压块可以看作是由基本体(长方体)1 切去 2、3、4、5 而形成的。它的形体分析方法及画图步骤与前面讲述的方法基本相同,只是各个基本体是一块块"切割"下来的,而不是"叠加"上去的。

2. 选择主视图

如图 4-6(a)所示,应以 *A* 向为主视图的投射方向。再以由上向下、由左向右的投射方向分别作为俯视图和左视图的投射方向。

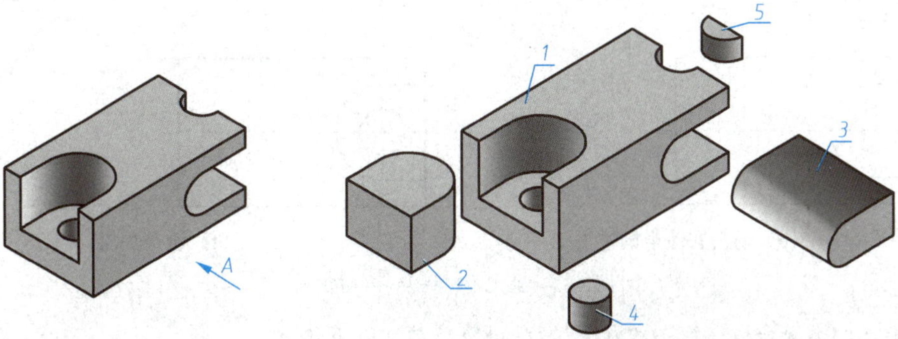

(a) 压块　　(b) 由长方体切割而成

图 4-6　压块的形体分析

3. 画图步骤

绘制切割式组合体三视图时，通常先画出未被切割前完整的基本形体（如长方体、圆柱等）的投影，再一步步画出切割后的形体。当切去的是两底面形状相同的柱体时，一般先画反映底面形状特征的视图，再画其他视图。图 4-6(b)中切去的四个基本体都是柱体，在画图时均应先画出反映底面实形的视图，具体作图步骤如图 4-7 所示。

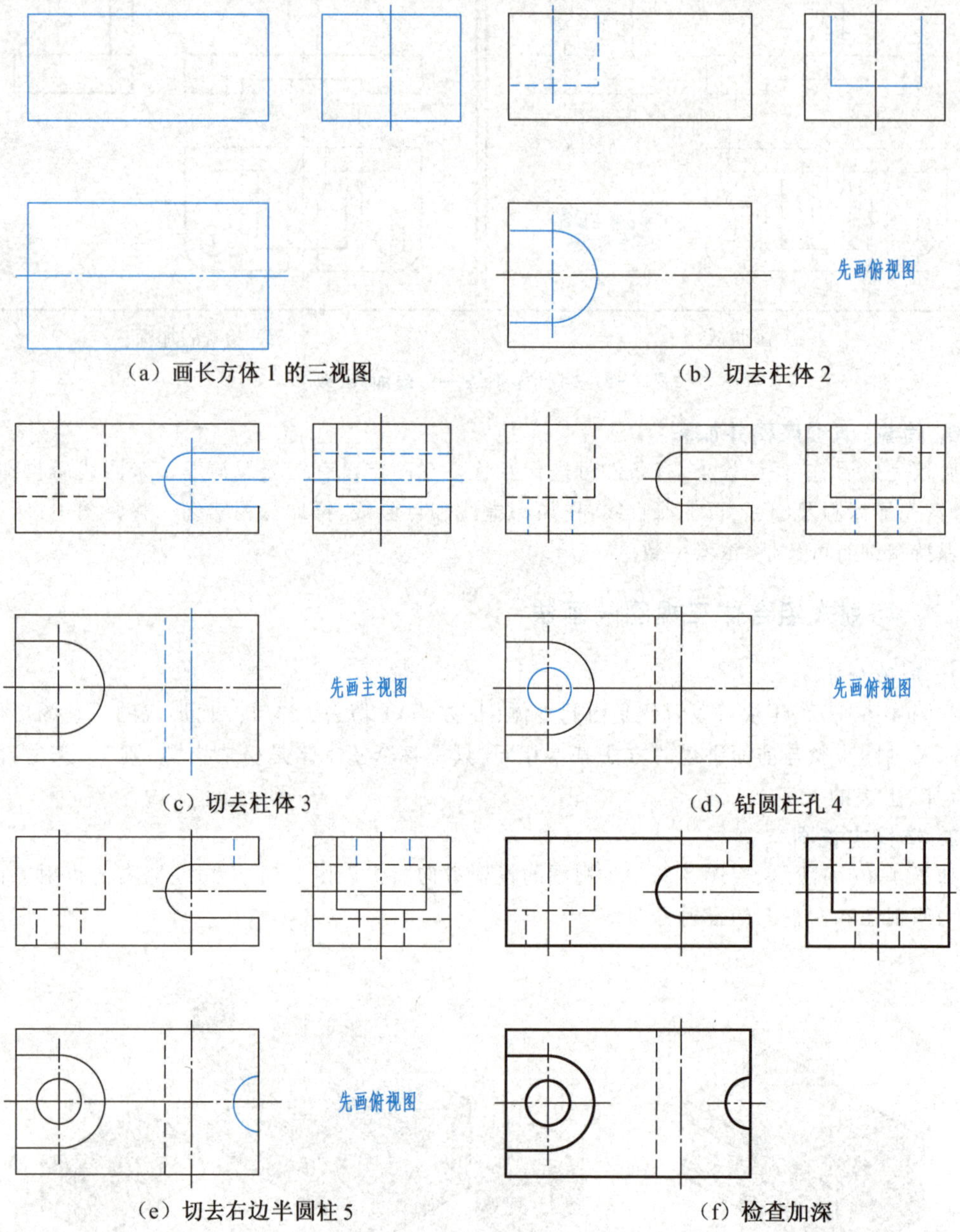

(a) 画长方体 1 的三视图　(b) 切去柱体 2

(c) 切去柱体 3　(d) 钻圆柱孔 4

(e) 切去右边半圆柱 5　(f) 检查加深

图 4-7　组合体画法——切割式

从上述两类组合体三视图的画图过程，可以总结出以下几点。

(1)要善于运用形体分析的方法分析组合体，将组合体适当分解，在分解方法上不强求一致，以便于画图和符合个人习惯为前提。

(2)画图之前一定要对组合体的各部分形状及相互位置关系有明确认识，画图时要保证这些关系表达正确。

(3)在画分解后的各基本体的三视图时，应从最能反映该形体形状特征的视图画起。

(4)要细致分析组合体各基本形体之间的表面连接关系。画图时注意不要漏线或多线。为此，需要对连接部分做具体分析，弄清楚它代表的是物体上哪个面或哪条线的投影，这些面或线在其他视图上的投影如何等。只有这样，才算做到了有分析地画图，才能通过画图，逐步提高投影分析的能力，提高空间的想象能力，为识图打下良好的基础。

4.3　读组合体的视图

画图和读图是学习本课程的两个重要环节。画图是对空间形体进行形体分析，按正投影法画成平面图形，而读图则是根据已画出的平面图形用形体分析和线面分析法想象出空间形体的实际形状。因此，要能正确迅速地读懂视图，必须以画图的投影理论为指导，熟练掌握三视图形成及其投影规律，各种位置直线和平面投影特性，常见基本几何体的投影特点及常见回转体截交线、相贯线的投影特点。

4.3.1　读组合体视图的基本知识

1. 相关视图联系起来读

在图样中，每个视图只能反映机件的两个坐标即某一个方向的形状。因此，在没有标注的情况下，由一个或两个视图往往不一定能唯一地表达某一机件的形状和基本体间的相对位置。因此，必须将有关视图联系起来读。

如图 4-8 和图 4-9 所示，它们某一个或两个视图相同，如果与其他视图联系起来读，就可看出它们表示了几种不同的形体。

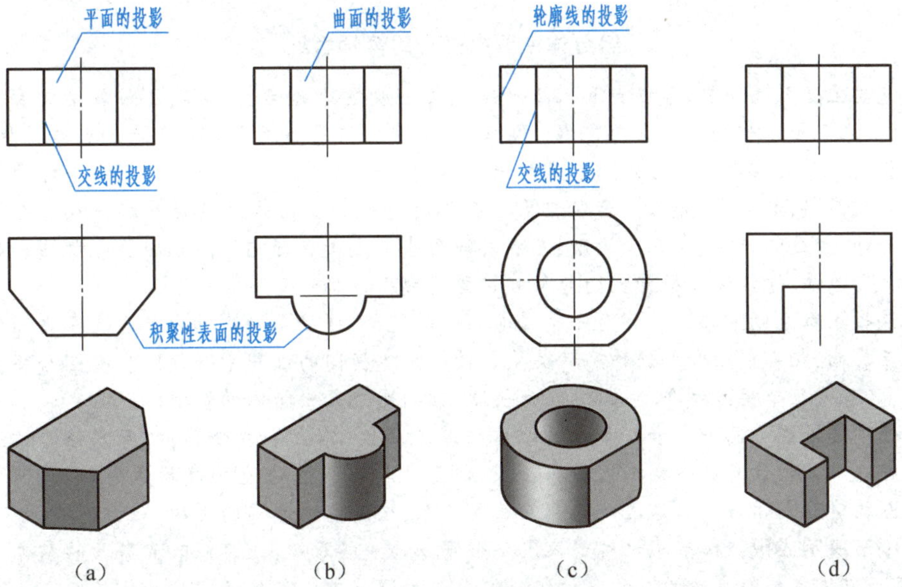

图 4-8　联系相关视图分析

2. 找出特征视图

特征视图，就是能把物体的形状特征或位置特征反映得最充分的那个视图。例如图4-8所示形体的俯视图，即为该形体的形状特征视图。找出特征视图再配合其他视图，就可较快地读懂视图，认清物体。

3. 利用轮廓线的可见性来判定形体间的相对位置

形体之间表面连接关系的变化，会使视图中的图线也产生相应的变化。图4-9(a)、(c)左视图中的三角形肋板与底板(圆弧形肋板)及侧板的连接线是可见的实线，说明它们的左面不平齐。因此，三角形肋板在底板的中间。图4-9(b) 左视图中三角形肋板与底板及侧板的连接线是不可见的虚线，说明它们的左面平齐。因此，根据俯视图，可以肯定三角形肋板有两块，一块在左，一块在右。

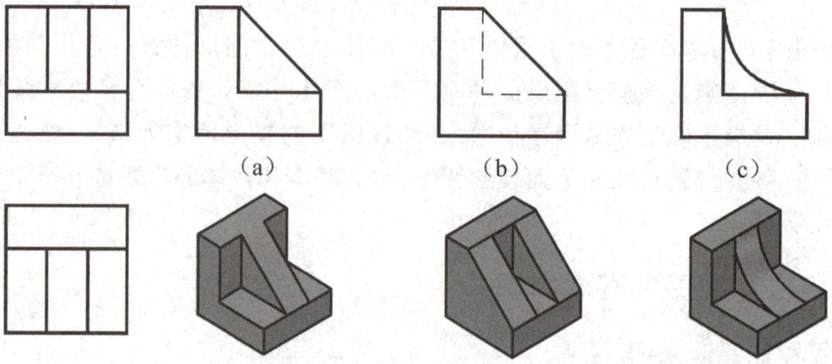

图4-9　联系相关视图分析

这种根据形体之间图线的可见性来判断各形体的相对位置和表面连接关系的方法，对于读图起到至关重要的作用。

拓展阅读

组合体读图中蕴含的哲学思维

马克思主义是关于自然、社会和人类思维发展一般规律的学说，实现了唯物主义和辩证法的统一，创立了辩证唯物主义和历史唯物主义，从而奠定了马克思主义整个理论大厦的根基，为我们提供了科学的世界观和方法论。结合组合体读图的学习，主要体现在以下几个方面：

1. 实践是基础　实践是人类为了自己的理想所进行的能动地改造世界的一切社会性的客观物质活动，人类的产生、生存和活动，是以实践为基本方式和标志的。读组合体视图必须加强实践，多想、多练，才能逐步提升空间想象和构型能力；

2. 注意事物之间的联系　作为一个普遍的哲学范畴，联系是指事物内部各要素之间和事物之间相互影响、相互制约和相互作用的关系。读组合体视图的过程中必须注意视图与视图之间的联系，只有将几个视图结合起来看，才能快速、准确地想象出物体的形状。

3. 抓主要矛盾　同一性和斗争性是矛盾的基本属性，二者不可分割，相互联结。读组合体视图的过程中必须注意抓住特征视图，通过抓住形状特征视图快速构建物体的形状，通过位置特征视图构建基本体与基本体之间的相互位置关系，从而达到读图的目的。

4. 细节决定成败　细节不仅可以决定整个事物的最终等级，还可以改变事物的整体发展方向，甚至可以决定任何事情的成败。读组合体视图的过程中一定要注意基本体与基本体之间过渡关系的图线，实线还是虚线？有线还是无线？最终构思的形体都会有非常大的区别，有时甚至是完全相反的结果，因此必须要留心每一个细节。

4.3.2 读组合体视图举例

1. 形体分析法应用

形体分析法是读图的基本方法,通常是从最能反映该组合体形状特征的视图着手,分析该组合体是由哪几部分组成及其组成的方式,然后按照投影规律逐个找出每一基本形体在其他视图中的位置,最终想象出组合体的整体形状。下面通过实例来介绍如何使用形体分析法读图。

读懂图 4-10(a)所示组合体的三视图,想象出该组合体的形状。

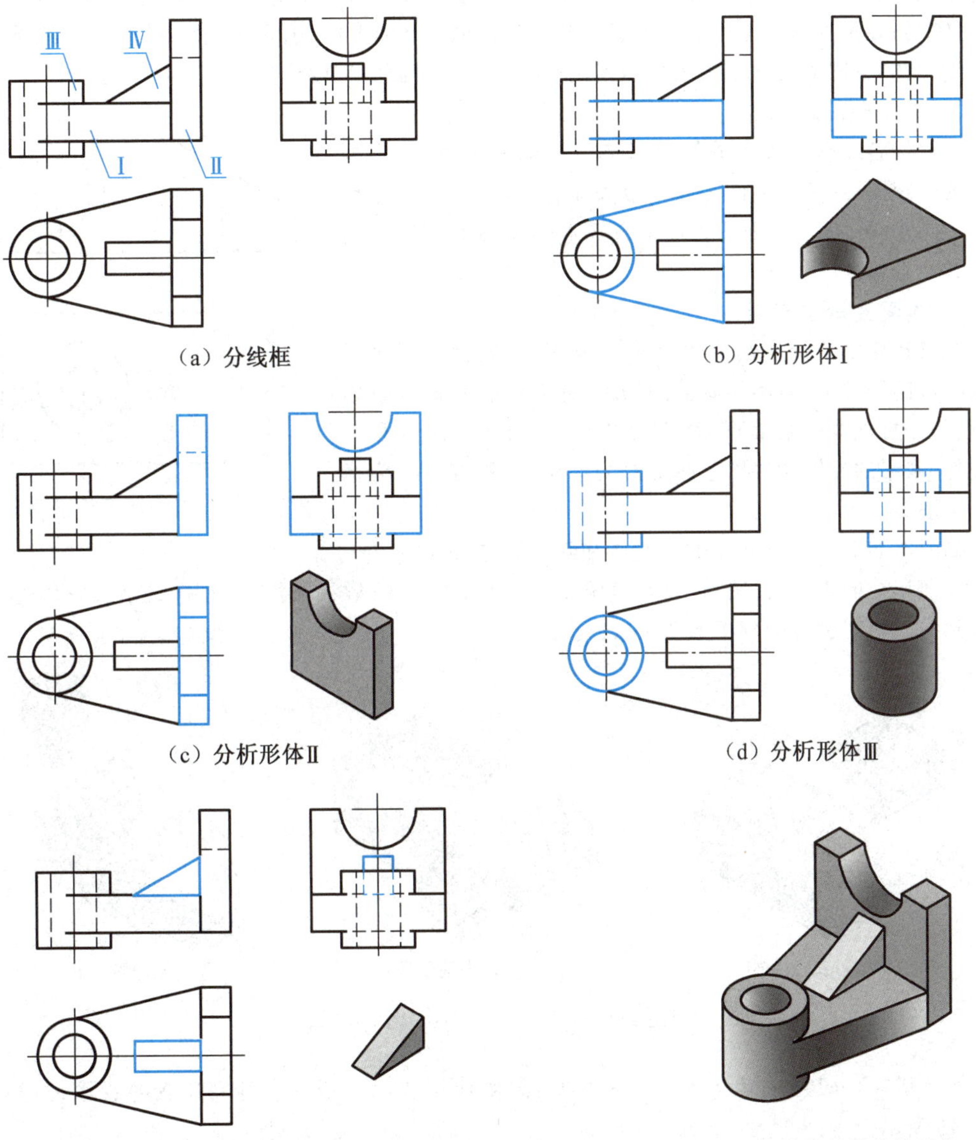

(a) 分线框　(b) 分析形体Ⅰ　(c) 分析形体Ⅱ　(d) 分析形体Ⅲ　(e) 分析形体Ⅳ　(f) 综合想象整体形状

图 4-10 叠加式组合体视图读图方法和步骤

(1)认识视图抓特征

认识视图就是以主视图为主,分析清楚图纸上各视图的名称与投射方向。抓特征就是抓住特征视图,找出反映物体特征较多的视图,以便在较短的时间里,对整个物体有大致了解。应用形体分析,从主视图入手,分成几个表示简单形体的封闭线框,在图 4-10(a)中,分成Ⅰ、Ⅱ、Ⅲ、Ⅳ四个线框。

(2)分解形体对投影

从主视图入手,根据投影的"三等"对应关系,分别把每个线框的其余投影找出,从而就可确定各线框所表示的简单形体的形状。图 4-10(b)表示形体Ⅰ是以水平投影形状为底面的柱体;图 4-10(c)表示形体Ⅱ是以侧面投影形状为底面的柱体;图 4-10(d)表示形体Ⅲ是轴线垂直于水平面的圆筒;图 4-10(e)表示形体Ⅳ是底面平行于正面的三棱柱体。

(3)综合归纳想整体

在看懂各线框所表示的简单形体形状的基础上,再根据整体的三视图,想象它们的相互位置关系,逐渐形成一个整体形状。图 4-10(f)所示为该组合体的整体形状,是前后对称的叠加式组合体。

2. 线面分析法应用

在读比较复杂的切割式组合体的视图时,通常在运用形体分析法的基础上,对不易看懂的局部,还要结合线面的投影分析,如分析立体的表面形状、表面交线、面与面之间的相对位置等,来帮助看懂和想象这些局部的形状,这种方法称为线面分析法。

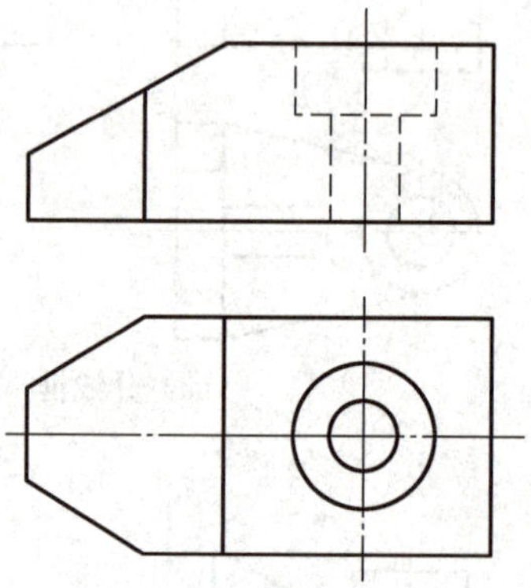

图 4-11 由压板的主、俯视图补画左视图

如图 4-11 所示,已知压板的主视图和俯视图,求作左视图。

对照压板的主、俯视图,可以看出压板具有前后对称的形状结构,可看作是由长方体经过切割得到的。切割过程的分析如图 4-12 所示。

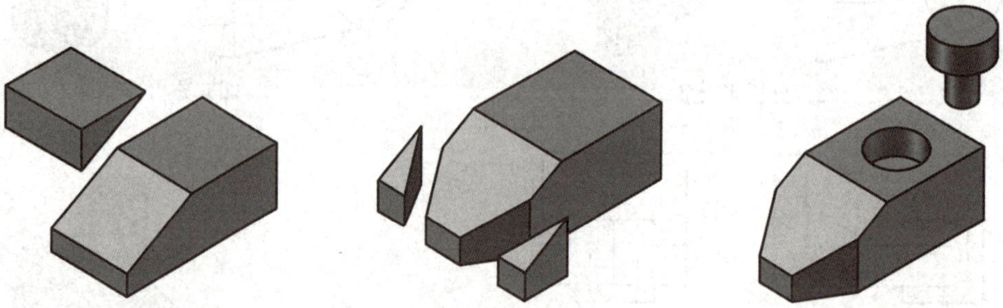

(a) 切去左上角　(b) 切去前后角　(c) 挖出阶梯孔

图 4-12 长方体切割得到压板的分析

在分析补画切割式组合体的三视图时,需要使用线面分析法。补画压板左视图的过程如图 4-13 所示。

(1)补画长方体的左视图

如图 4-13(a)所示,添画表示长方体外轮廓的双点画线,并补画该长方体的左视图。

(2)对压板进行线面分析

如图 4-13(b)所示为压板空间的线面分析图。

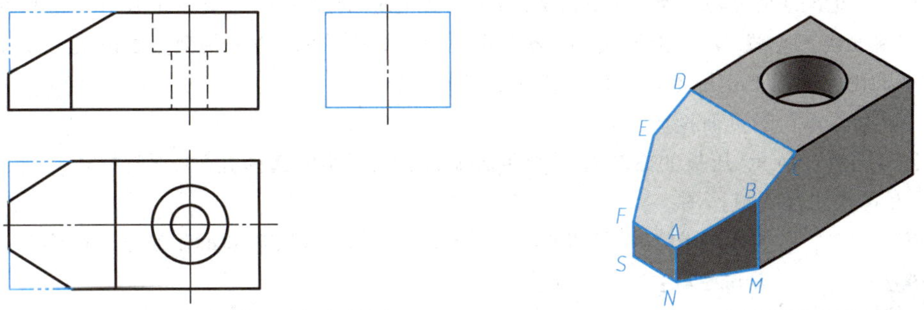

（a）补画长方体的左视图　　（b）空间线面分析

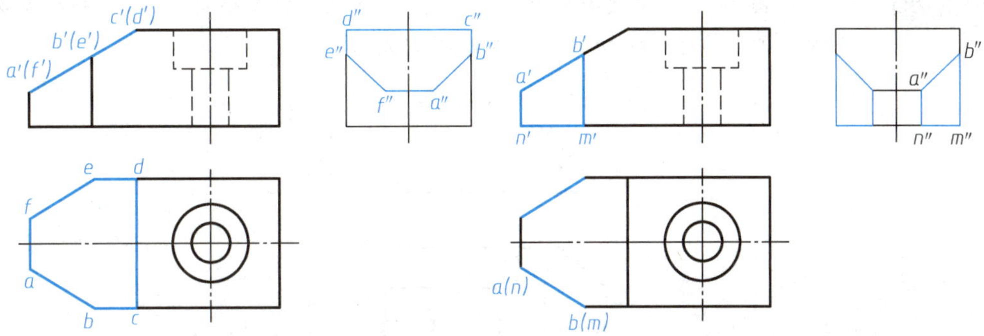

（c）补画正垂面的左视图　　（d）补画铅垂面的左视图

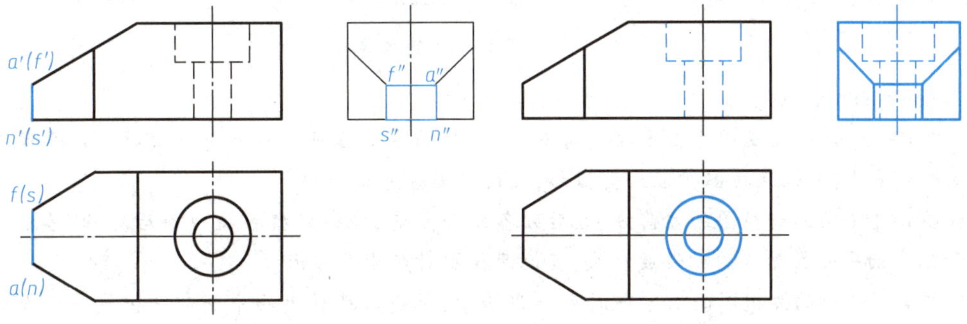

（e）补画侧平面的左视图　　（f）补画阶梯孔的左视图并完成作图

图 4-13　用线面分析法补画压板左视图的过程

(3)补画正垂面 *ABCDEF* 的侧面投影

如图 4-13(c)所示,俯视图中左端有一个六边形的封闭线框 *abcdef*,对应主视图左上角的一条斜线 *a′b′c′d′e′f′*,显然这是一个正垂面的两面投影,据正垂面的投影特性即可补画出侧面投影的类似形(六边形)*a″b″c″d″e″f″*。

(4)补画铅垂面 *ABMN* 的侧面投影(因前后对称,仅分析左端前方)

如图 4-13(d)所示,主视图中的一个四边形 *a′b′m′n′* 对应着俯视图左端前方的斜线 *abmn*,可分析出压板的左侧前角被一个铅垂面切割,由铅垂面的投影特性可补画出具有类似形(四边形)的侧面投影 *a″b″m″n″*。

(5)补画侧平面 *ANSF* 的侧面投影

如图 4-13(e)所示,主视图最左端有一条直线,对应着俯视图也是一条直线,仅从正面和水平投影来判断,它可能是一条侧平线。也可能是一个侧平面,那么如何确定呢?由图 4-13(c)、(d)可知,正垂面六边形的左边是一条正垂线 AF,铅垂面四边形的左边是一条铅垂线 AN,因此可断定压板的左端是由正垂线 AF 和铅垂线 AN 构成的一个矩形侧平面(两条相交直线确定一个平面),这个侧平面的侧面投影实际上已在前几步作图中作出。

(6)补画阶梯孔的侧面投影

如图 4-13(f)所示,压板的右端有两个共轴线的上大下小的圆柱孔(也称阶梯孔),补画其侧面投影,并描深图线完成作图。

视频

例4-1

【例 4-1】 现根据图 4-14 所示组合体视图,想象出该组合体的形状。

作图步骤:

(1)填平补齐现原形

从图 4-14 三个视图的外轮廓线看,三个视图均有缺角或凹槽,若补齐均属矩形。所以该形体被切割前的形状,应该是四棱柱。

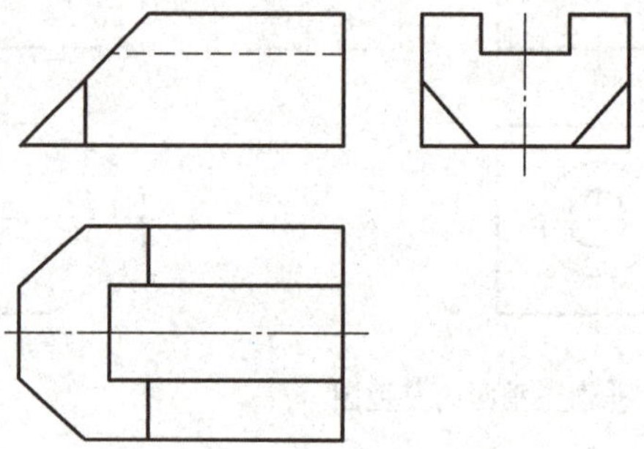

图 4-14 组合体视图

(2)切割形体出面形

从图 4-15(a)的主视图左上方缺一角看,四棱柱的左上方被切掉一个三棱柱。切平面在主视图积聚成直线,其他两视图对应为类似形,故切平面 S 为正垂面。

从图 4-15(b)的俯视图的左前方、左后方各缺一角看,说明四棱柱左边前后对称,各被铅垂面 P 所切。切平面在俯视图积聚成直线,其他两视图对应为类似形。

从图 4-15(c)的左视图的上方中间有一凹槽看,说明四棱柱上面中间部分被挖去一个四棱柱,如上分析切平面 V 面为正平面,U 面为水平面。

(3)综合分析想整体

通过形体的初步分析,又从投影特性进一步线面分析,较详尽地了解三视图,这样便可综合起来分析想象出物体的形状,如图 4-15(d)所示。

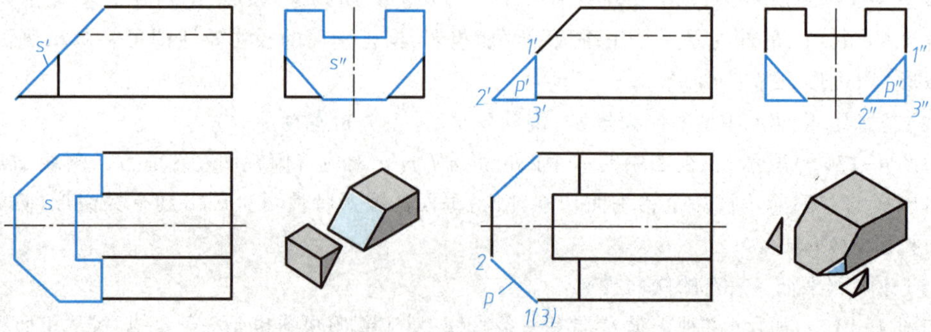

(a) (b)

图 4-15 组合体视图读图方法和步骤

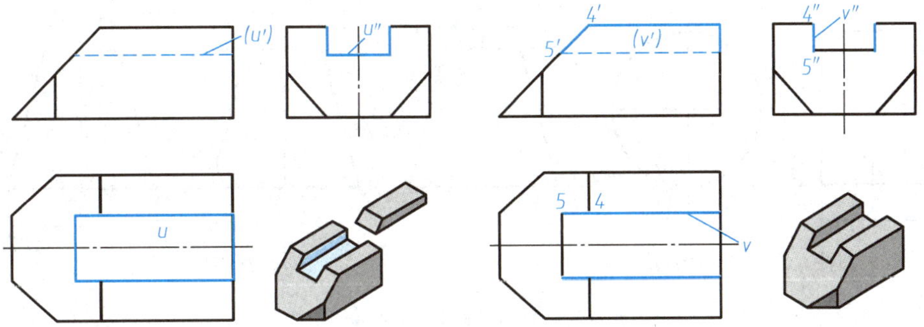

(c)　　　　　　　　　　　　(d)

图 4-15　组合体视图读图方法和步骤(续)

4.4　组合体的尺寸标注

组合体的视图主要用于表达物体的形状,而物体的真实大小及其相对位置,则由视图上所标注的尺寸数值来确定。本节主要在平面图形尺寸标注的基础上,进一步学习组合体的尺寸标注。

组合体尺寸标注的基本要求如下。

(1)正确:所标注的尺寸应符合国家标准《技术制图》和《机械制图》中尺寸注法的基本规定(GB/T 16675.2—2012 和 GB/T 4458.4—2003)。

(2)完整:对组合体各部分形状大小及相对位置尺寸标注齐全,既不能遗漏,也不能重复。

(3)清晰:所注尺寸要布置整齐清楚,相对集中,便于看图。

(4)合理:所注尺寸既要符合设计要求,又能保证加工、装配、测量等工艺要求。

4.4.1　简单立体的尺寸标注

组合体的形状无论复杂与否,一般都可以认为是由简单立体通过叠加或切割得到的。因此,要掌握组合体的尺寸标注,必须先熟悉和掌握一些简单立体的尺寸标注方法。这些尺寸注法已经规范化,一般不能随意改变。

1. 常用基本体的尺寸标注

对于常见基本平面体,通常可通过标注描述其底面真实大小的尺寸和高度尺寸的方式表达其真实大小,如图 4-16(a)~(b)所示。对于常见基本回转体,通常可通过标注描述其上、下底圆的直径尺寸和高度尺寸的方式表达其真实大小,如图 4-16(e)~(g)所示。

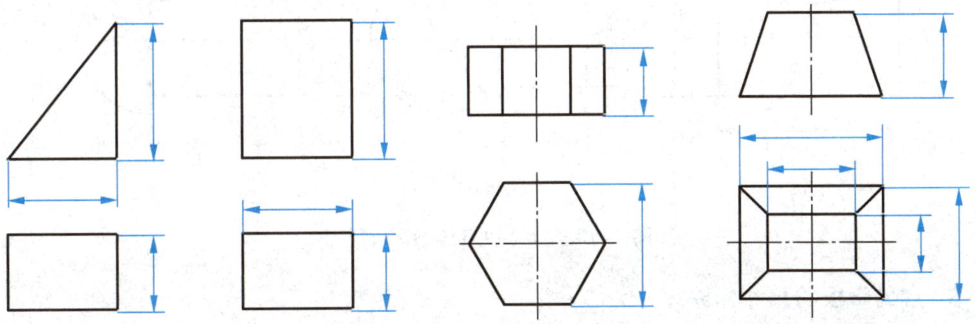

(a) 三棱柱　　(b) 长方体　　(c) 正六棱柱　　(d) 四棱台

图 4-16　常用基本体的尺寸标注

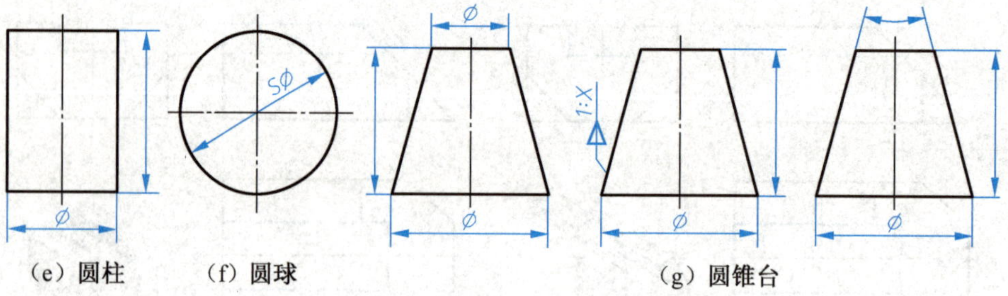

图 4-16　常用基本体的尺寸标注(续)

2. 具有切口的基本体和相贯体的尺寸标注

图 4-17、图 4-18 为一些常见切割体和相贯体的尺寸标注。在标注切割体和相贯体的尺寸时,应首先注出基本体的尺寸,然后再注出确定截平面位置的尺寸和相贯两基本体相对位置的尺寸,而截交线和相贯线本身不标注尺寸。

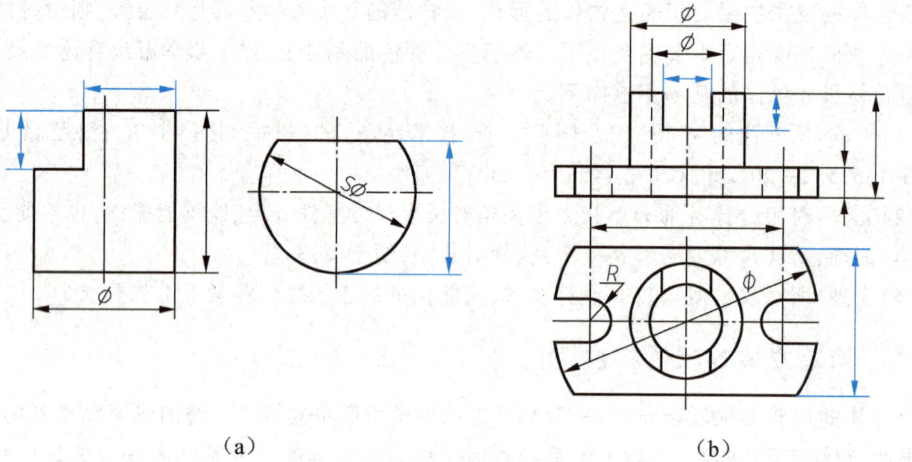

图 4-17　常见切割体的尺寸标注

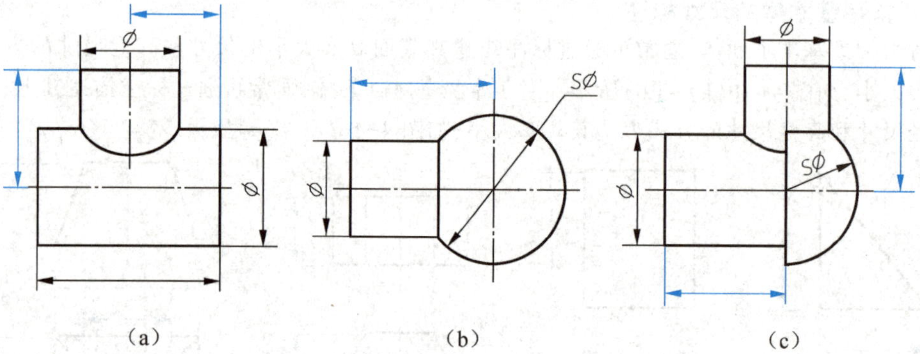

图 4-18　常见相贯体的尺寸标注

3. 常见薄板的尺寸标注

平面体特别是柱体的尺寸是由底面尺寸和高度尺寸组成的,而底面形状各异。因此,掌握一些简单形体的尺寸注法很重要,图 4-19 列举了板状形体的尺寸注法。

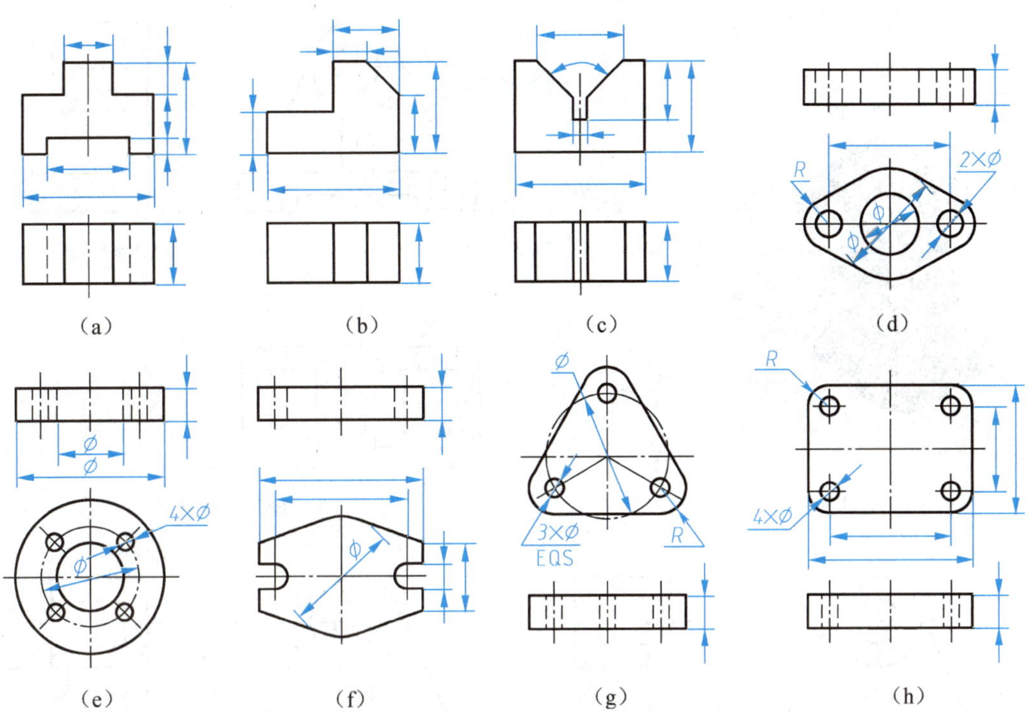

图 4-19　常见薄板的尺寸标注

4.4.2　组合体的尺寸标注

应用形体分析法,可将组合体分解成由若干基本体组合而成,因此对组合体应标注三种尺寸。

1. 定形尺寸

定形尺寸为确定各基本体形状大小的尺寸。

2. 定位尺寸

定位尺寸为确定基本体与基本体相对位置的尺寸。

3. 总体尺寸

总体尺寸为确定组合体总长、总宽和总高的尺寸。

标注定位尺寸时,必须在长、宽、高三个方向分别选出尺寸基准,以便确定各基本体间的相对位置。所谓尺寸基准,即标注尺寸的起点,通常可选用组合体的底面、重要端面、对称平面以及回转体的轴线等作为尺寸基准。

下面举例说明在组合体视图上,标注尺寸的方法和步骤。

【例 4-2】　如图 4-20 所示轴承座,在其组合体视图上标注尺寸。

标注尺寸的方法和步骤:

①形体分析。轴承座由底板、圆筒、支撑板和肋板组成,如图 4-20(a)所示。

②选尺寸基准。长度方向以左右对称面为基准;宽度方向以底板的后端面为基准;高度方向以底板的底面为基准,如图 4-20(b)所示。

③标注底板的形状尺寸,如图 4-20(c)所示。

④标注圆筒的各形状尺寸及相对位置尺寸,如图 4-20(d)所示。

⑤标注支撑板和肋板的各形状尺寸及相对位置尺寸,如图 4-20(e)所示。

⑥最后结果如图 4-20(f)所示。

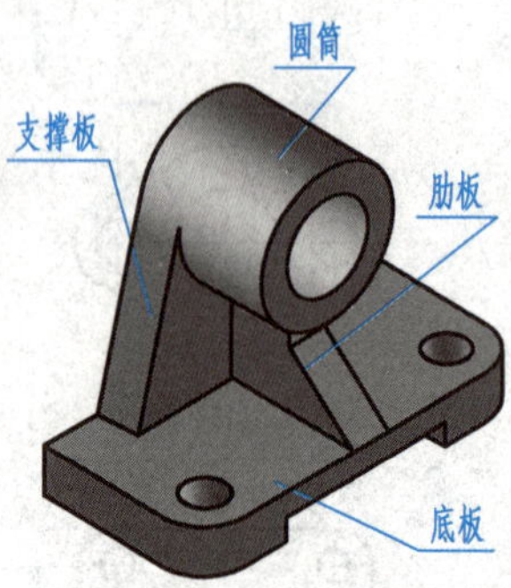

（a）立体图

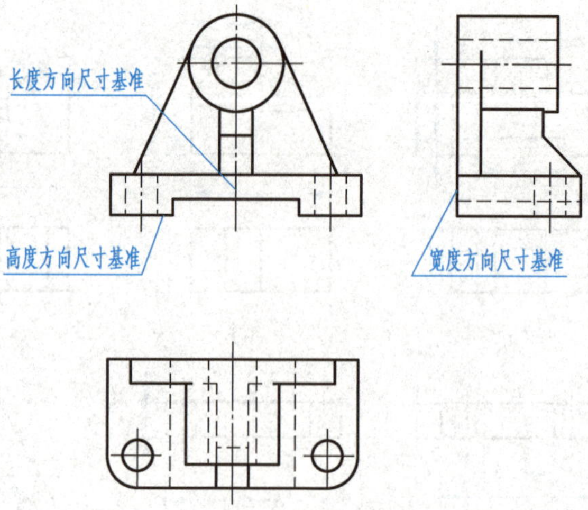

（b）确定尺寸基准

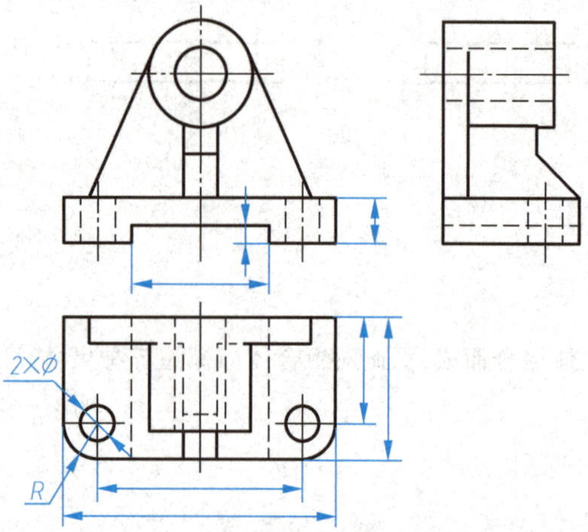

（c）标注底板尺寸

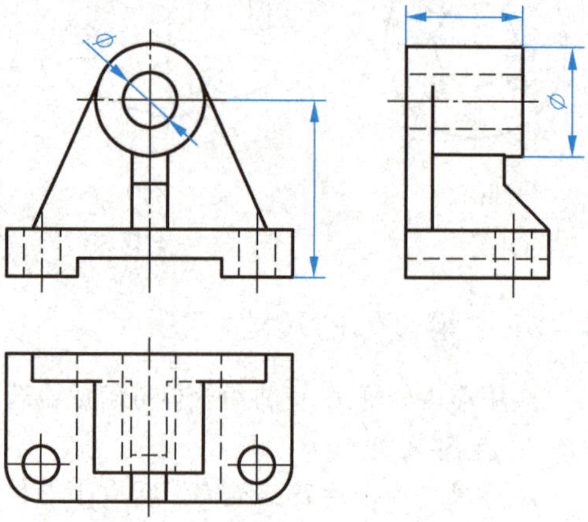

（d）标注圆筒尺寸

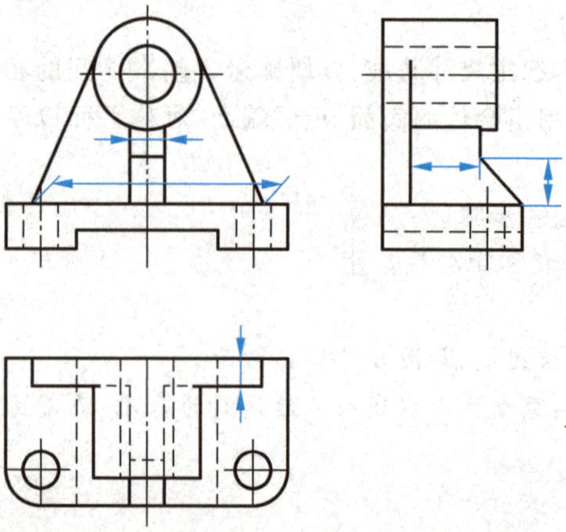

（e）标注支撑板与肋板尺寸

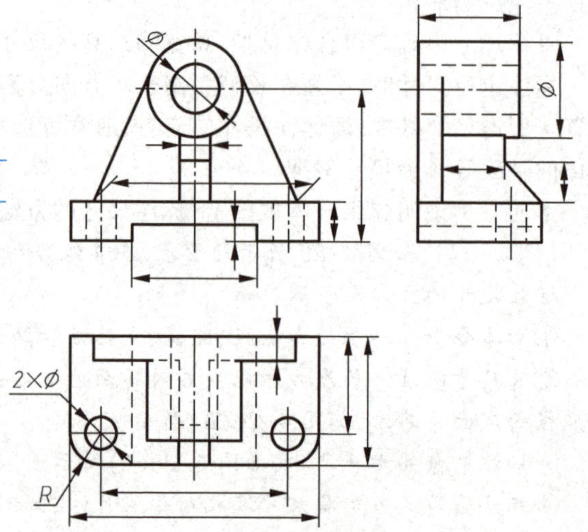

（f）最后结果图

图 4-20　轴承座的尺寸标注

4.4.3　尺寸标注的常见问题

(1)尺寸应尽量标注在最能反映形状特征的视图上,如图 4-21 所示。

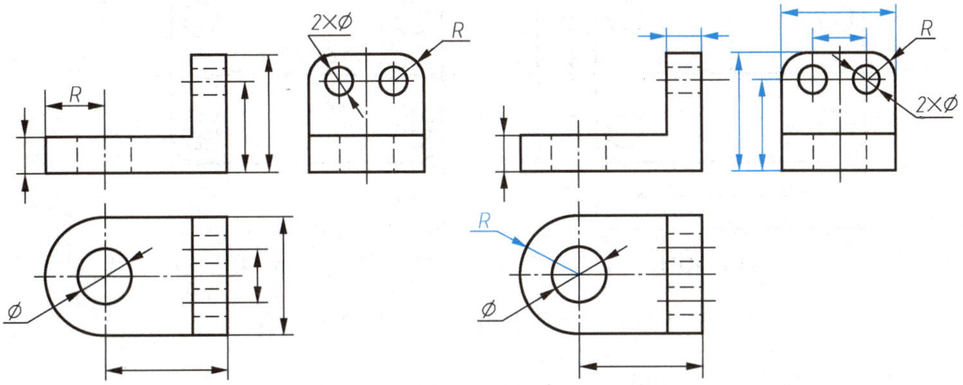

(a) 不好　　　　(b) 好

图 4-21　尺寸标注常见问题(一)

(2)直径尺寸尽量注在投影为非圆的视图上,如图 4-22 所示。而圆弧的半径必须注在投影为圆的视图上,如图 4-21 中的“*R*”尺寸。

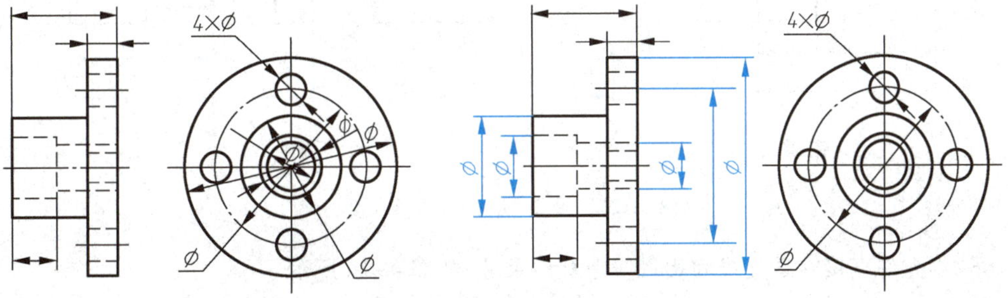

(a) 不好　　　　(b) 好

图 4-22　尺寸标注常见问题(二)

(3)尺寸线、尺寸界线与轮廓线应尽量不相交。平行排列的尺寸应将小尺寸注在里面,大尺寸注在外面;尺寸应尽量注在视图外部,保持图面清晰,如图 4-23 所示。

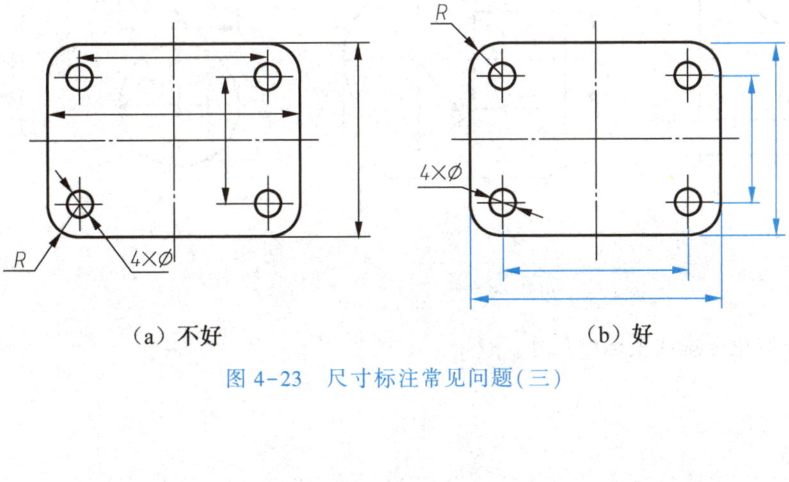

(a) 不好　　　　(b) 好

图 4-23　尺寸标注常见问题(三)

(4)对称结构的尺寸一般应按对称要求标注,不能只注一半,也不能同时各注一半,如图 4-24 所示。

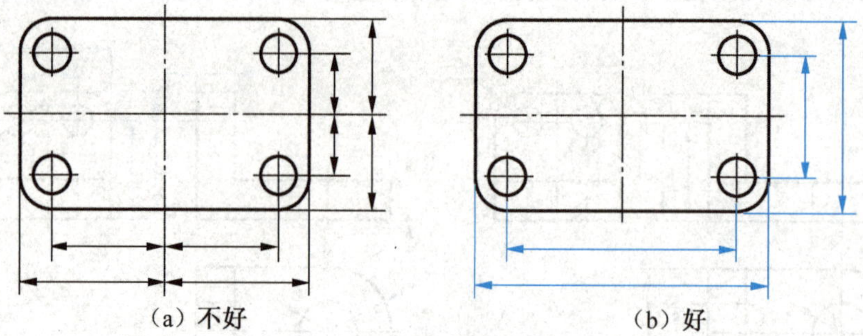

图 4-24　尺寸标注常见问题(四)

(5)应避免标注封闭尺寸,如图 4-25 所示。

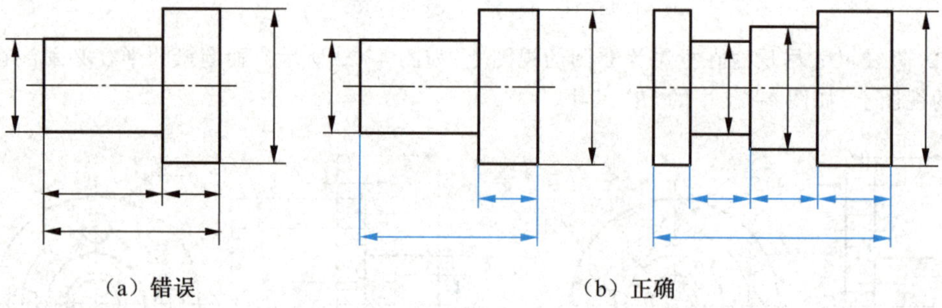

图 4-25　尺寸标注常见问题(五)

(6)不允许直接在截交线和相贯线上标注尺寸,如图 4-26 所示。

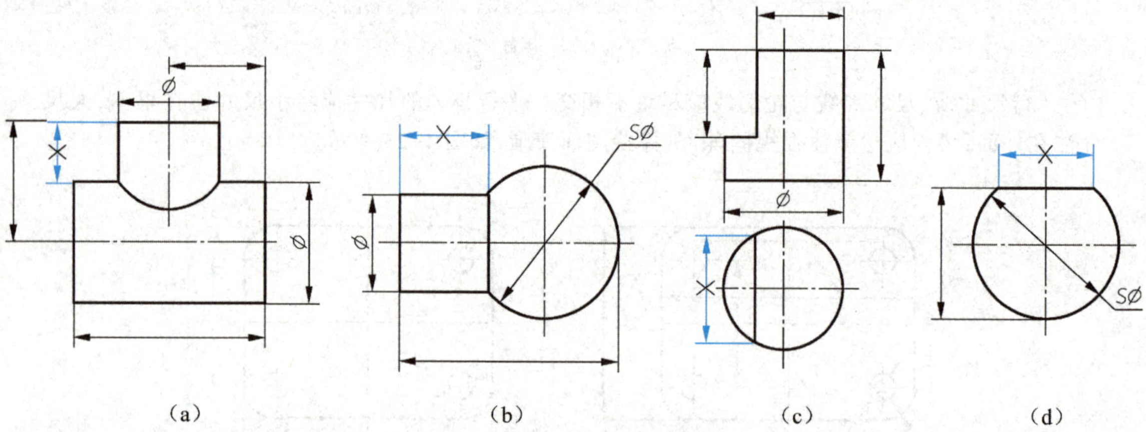

图 4-26　尺寸标注常见问题(六)

(7)尽量避免在虚线上标注尺寸。

第 5 章　轴 测 图

本章介绍轴测图的形成、画法及应用，并着重介绍正等轴测图和斜二轴测图的画法。掌握轴测图的绘制方法，可以帮助初学者提高理解形体及空间想象的能力，并为读懂正投影图提供形体分析及空间想象的思路及方法。

5.1　轴测图的基本知识

在工程制图中，一般采用多面正投影图来表达机件，如图 5-1(a)所示。该投影图可以完全确定机件的形状和大小，并且具有作图简便和度量性好的优点，但缺点是直观性差，缺乏立体感，不易看懂，因此在工程设计中经常采用三维立体感较强的轴测投影图(简称轴测图)作为辅助图样来表达机件，如图 5-1(b)所示。本章主要介绍轴测图的基本知识和画法。

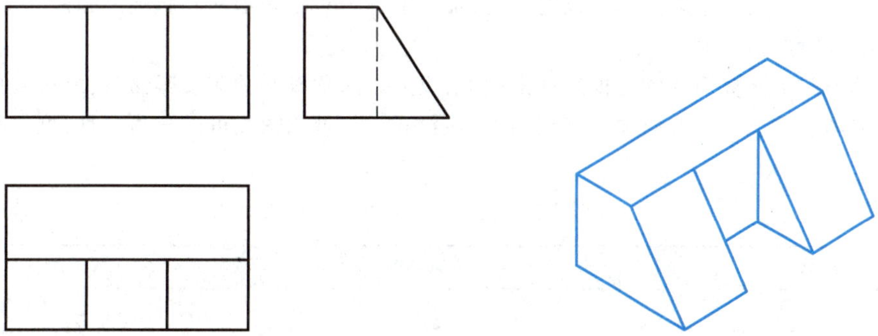

(a) 多面正投影图　　(b) 轴测图

图 5-1　多面正投影图与轴测图

5.1.1　轴测图的形成

将物体连同其参考直角坐标系，沿不平行于任一坐标面的方向，用平行投影法将其投射在单一投影面上所得到的图形，称为轴测投影图。该单一投影面 P 称为轴测投影面，如图 5-2 所示。空间三个坐标轴与轴测投影面的夹角可以任意选取，但为了直观性好以及便于作图，应选取适当的夹角，使三个坐标轴度量方向在轴测投影面上都能显示。

5.1.2　轴测图的术语

如图 5-2 所示，空间直角坐标轴 O_1X_1、O_1Y_1、O_1Z_1 在轴测投影面上的投影 OX、OY、OZ 称为轴测投影轴，简称轴测轴。轴测轴之间的夹角$\angle XOY$、$\angle YOZ$、$\angle XOZ$ 称为轴间角。轴测轴上的单位长度与空间直角坐标轴上的单位长度的比值称为轴向伸缩系数，OX、OY、OZ 轴的轴向伸缩系数分别用 p、q、r 表示。随着空间直角坐标轴与轴测投影面的相对位置不同，三个方向会产生不同的轴向伸缩系数，根据作图需要选定不同比值，则可以绘制不同种类的轴测图。(注：在 GB/T 4458.3—

2013《机械制图　轴测图》中规定，正轴测图的轴向伸缩系数用 p、q、r 表示，斜轴测图的轴向伸缩系数用 p_1、q_1、r_1 表示。）

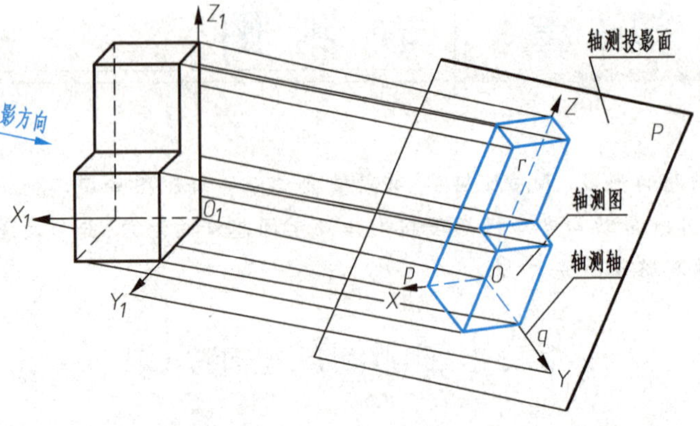

图 5-2　轴测图的形成

5.1.3　轴测图的种类及投影特性

根据空间物体的位置以及轴测投射方向，轴测图分为正轴测图和和斜轴测图两大类。

1. 正轴测图

当物体的三个坐标面与轴测投影面都倾斜，投射方向垂直于轴测投影面时，所得到的投影图称为正轴测图。按照三个方向轴向伸缩系数是否相等，正轴测图又可以分为三种，见表 5-1。

表 5-1　正轴测图

正等轴测图	正二轴测图	正三轴测图
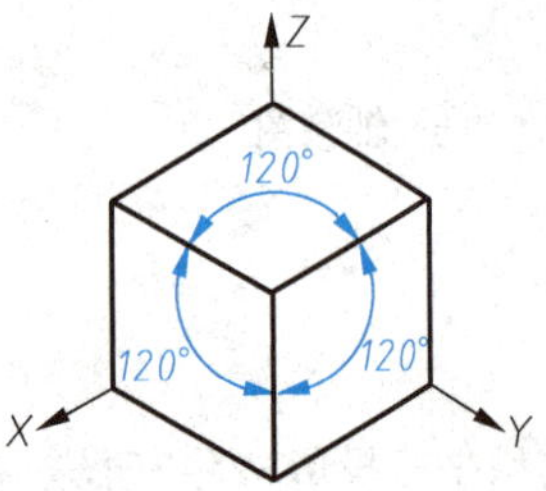 $p=q=r$； $\angle XOY=\angle YOZ=\angle XOZ=120°$； 长=宽=高	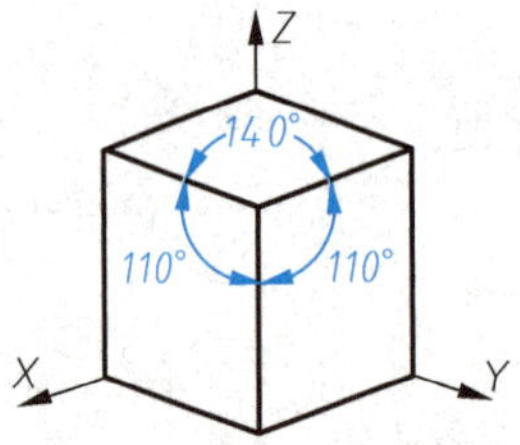 p、q、r 中有两个相等， 如 $p=q\neq r$； $\angle XOY\neq\angle YOZ=\angle XOZ$ 长=宽	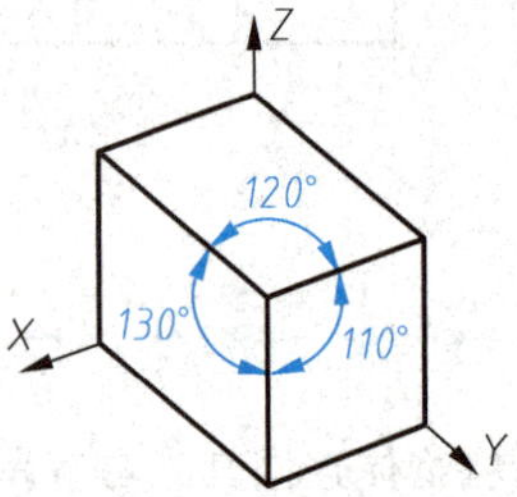 $p\neq q\neq r$； $\angle XOY\neq\angle YOZ\neq\angle XOZ$ 长≠宽≠高

2. 斜轴测图

当物体和轴测投影面都放正，投射方向倾斜于轴测投影面时，所得到的投影图称为斜轴测图。本书仅介绍轴测投影面 P 平行于正投影面 V 时得到的正面斜轴测图（以下简称斜轴测图）。由于轴测投影面 P 平行于正投影面 V，因此轴测轴 OX 和 OZ 之间的轴间角为 90°，OX 和 OZ 的轴向伸缩系数为 1。不同的投射方向可以使 OY 的轴向伸缩系数和轴间角 $\angle XOY$ 发生变化，表 5-2 根据不同的轴间角和各轴向伸缩系数绘制了各种不同的斜轴测图。

表 5-2　斜轴测图

轴　间　角	*OY* 轴的轴向伸缩系数为 0.5	*OY* 轴的轴向伸缩系数为 1.0
轴间角∠*XOY* 为 150°	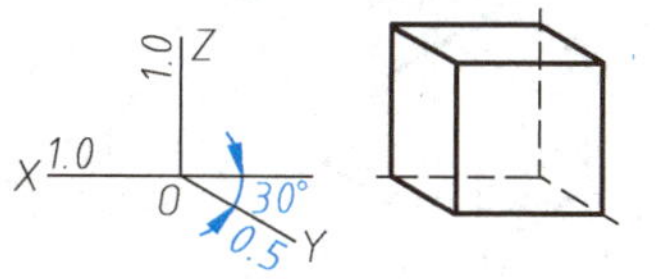	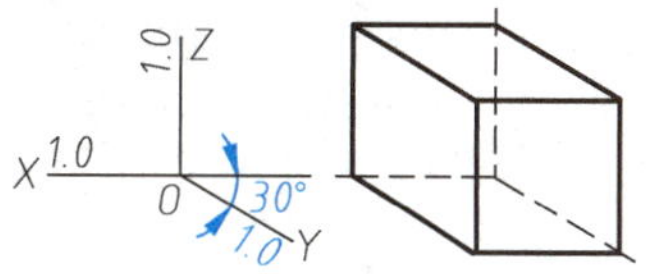
轴间角∠*XOY* 为 135°	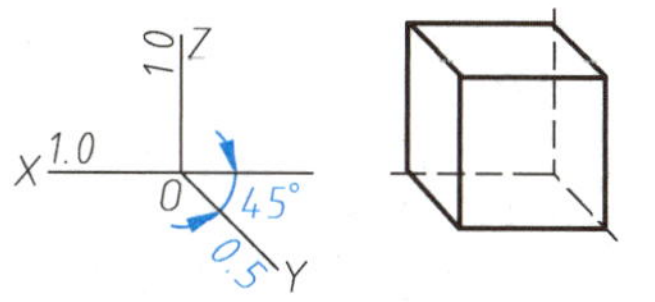	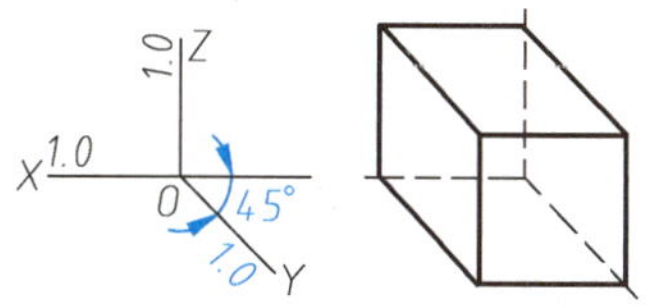
轴间角∠*XOY* 为 120°	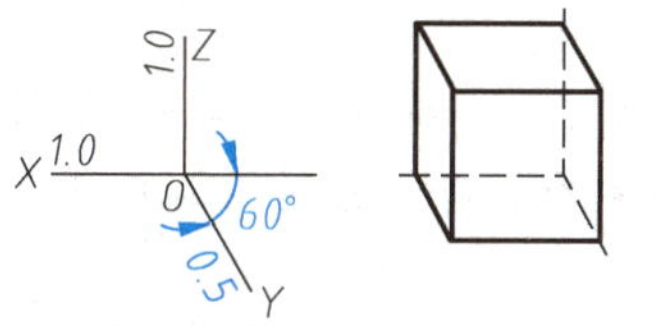	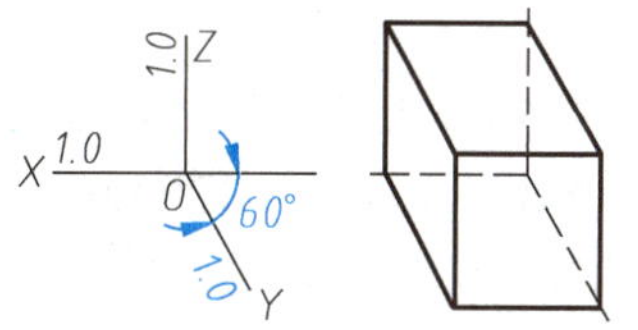

从表 5-2 可以看出,轴间角为 135°,*OY* 轴的轴向伸缩系数为 $q_1 = 0.5$,轴测图立体效果最好,同时也便于作图,这种轴测图称为斜二轴测图。

在《机械制图　轴测图》GB/T 4458.3—2013 国家标准中推荐了三种轴测图,作为工程中最常用的轴测图。即正等轴测图、正二轴测图、斜二轴测图,必要时允许采用其他轴测图。

由于轴测图是由平行投影法得到的,因此它具有平行投影法的投影特性:立体上互相平行的线段,在轴测图中仍互相平行;立体上平行于空间坐标轴的线段,在轴测图中仍平行于相应的轴测轴;立体上两平行线段长度的比值,在轴测图上保持不变。

5.2　正等轴测图

5.2.1　正等轴测图的形成及参数

正等轴测图是三条坐标轴对轴测投影面处于倾角都相等的位置所得到的轴测图,如图 5-3 所示。正等轴测图的轴间角均为 120°,各轴向伸缩系数都相等,约为 0.82,即 $p = q = r \approx 0.82$。在实际作图中,为了作图方便,常将轴向伸缩系数简化,取 $p = q = r = 1$。采用简化系数后,物体的投影沿各轴向的长度都被放大了 1/0.82≈1.22 倍,但形状保持不变。

图 5-3 (b)、(c)为分别用轴向伸缩系数和简化轴向伸缩系数画出的轴测图。今后无特殊说明,画正等轴测图时均采用简化轴向伸缩系数作图。

5.2.2　基本体的正等轴测图

1. 平面立体正等轴测图的画法

任何一个具有相同截面的立体,都可以看做是由这个截面拉伸一定高度得到的,因此在绘制具有相同截面立体的正等轴测图时,可以先画出其形状特征视图,然后将其拉伸一定的距离即可得到轴测图。需要注意,因轴测图中只画出可见部分,故将坐标原点选在可见表面上。

画轴测图的方法有坐标法、切割法和综合法三种。

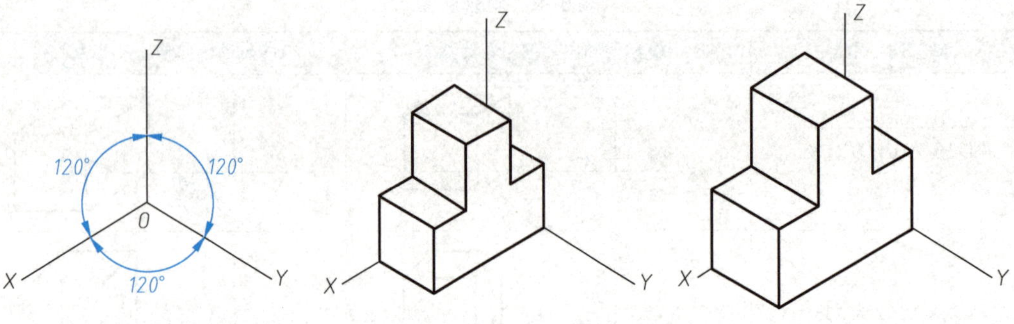

（a）轴间角　　（b）$p=q=r\approx0.82$　　（c）$p=q=r=1$

图 5-3　正等轴测图

(1)坐标法

坐标法就是根据物体上各点的坐标，依据轴向伸缩系数，直接量取到轴测轴上，求出各点的轴测投影，并依次连接，得到物体的轴测投影图。它是绘制轴测图最基本的方法，也是其他各种绘制方法的基础。

视频

例5-1

【例 5-1】 做出如图 5-4(a)所示立体的正等轴测图。

分析：该立体的形状特征视图为俯视图，可以先画出俯视端面的轴测图，然后拉伸得到整个立体的轴测图。

作图步骤：

①在两面投影图上找到形状特征表面（俯视图为形状特征表面），建立好坐标系 $OXYZ$，如图 5-4(a)所示。

②根据轴间角均为 120°，画出三根轴测轴，如图 5-4(b)所示。

③在两面投影图中量取形状特征表面（俯视图）的尺寸，在轴测轴上作出对应的线段，然后连接出端面形状，如图 5-4(c)所示。

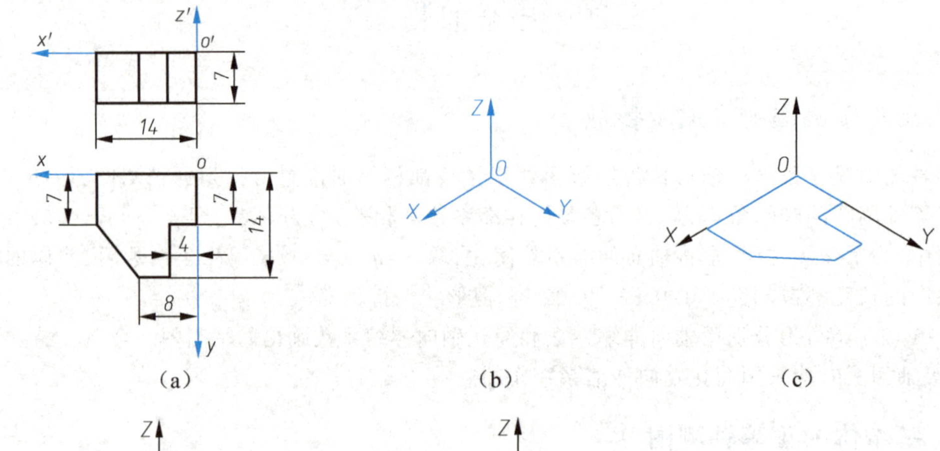

(a)　(b)　(c)

(d)　(e)　(f)

图 5-4　平面立体正等测画法

④过端面的各顶点，沿拉伸方向绘制可见棱线，如图5-4(d)所示。

⑤连接拉伸棱线的端点，绘制端面的终止位置，如图5-4(e)所示。

⑥加深可见轮廓，完成立体正等轴测图，如图5-4(f)所示。

(2)切割法

对不完整的形体，可先按完整形体画出，然后用切割的方法画出其不完整部分，这种作图方法称为切割法。

【例5-2】 画出图5-5(a)所示立体的正等轴测图。

视频 例5-2

分析：该物体由长方体被切割而成，可先画出长方体的正等测，再把需要切割的部分逐个切去，即可完成该立体的正等测。

作图步骤：

①在所给的三视图上建立直角坐标系 *OXYZ*，如图5-5(a)所示。

②画各轴测轴，首先画出完整四棱柱的正等轴测图，如图5-5(b)所示。

③依据尺寸5、16和10，完成切去左上角后的正等轴测图，如图5-5(c)所示。

④依据尺寸5、7、16，画出长方体上切槽后的正等轴测图，如图5-5(d)所示。

⑤擦去多余图线并检查加深，完成切割体的正等轴测图，如图5-5(e)所示。

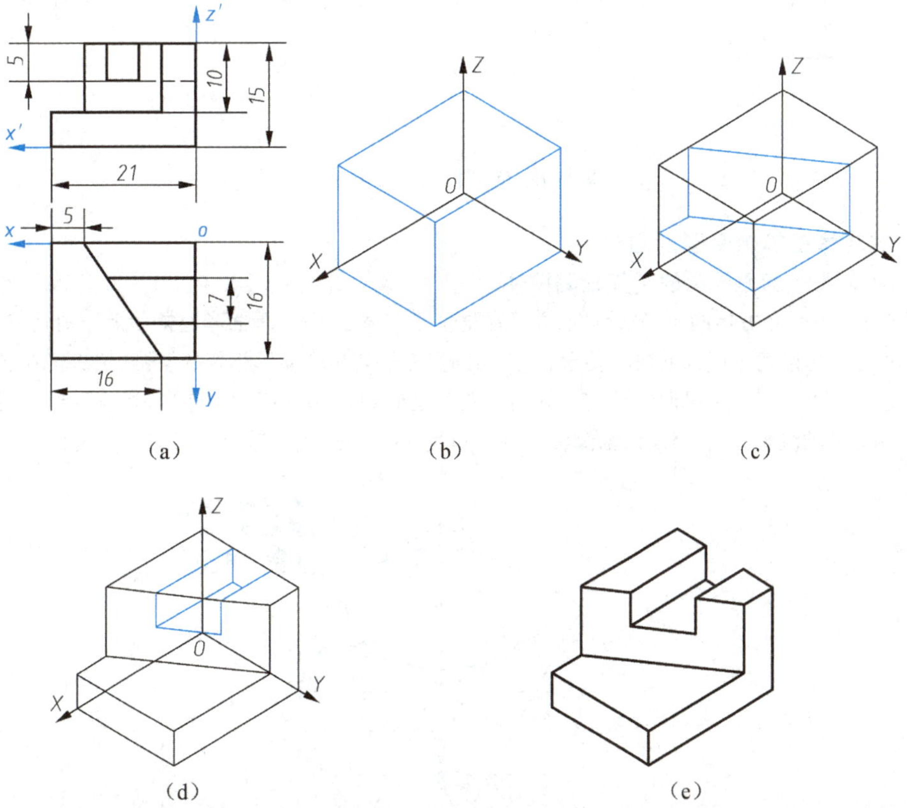

图5-5 切割立体的正等轴测图

(3)综合法

有些平面立体也可采用形体分析的方法，先将其分解成若干基本形体，然后再逐个将形体组合在一起或进一步切割，此方法称为综合法。

视频

例5-3

【例 5-3】 画出图 5-6(a)所示组合体的正等轴测图。

分析:首先进行形体分析,该立体可分解为三部分,逐个画出各部分的正等轴测图,即得到组合体的正等轴测图,画图时要注意各部分之间的相对位置关系。

作图步骤:

①在所给的三视图上建立直角坐标系 $OXYZ$,如图 5-6(a)所示。

②画出各轴测轴,完成底板的正等轴测图,如图 5-6(b)所示。

③立板与底板同宽,同时与右表面平齐,依据相关尺寸,画出立板的正等轴测图,如图 5-6(c)所示。

④肋板下表面与底板上表面共面,右表面与立板左表面共面,依据相关尺寸及位置关系,画出肋板的正等轴测图,擦去多余图线并检查加深,完成组合体的正等轴测图,如图 5-6(d)所示。

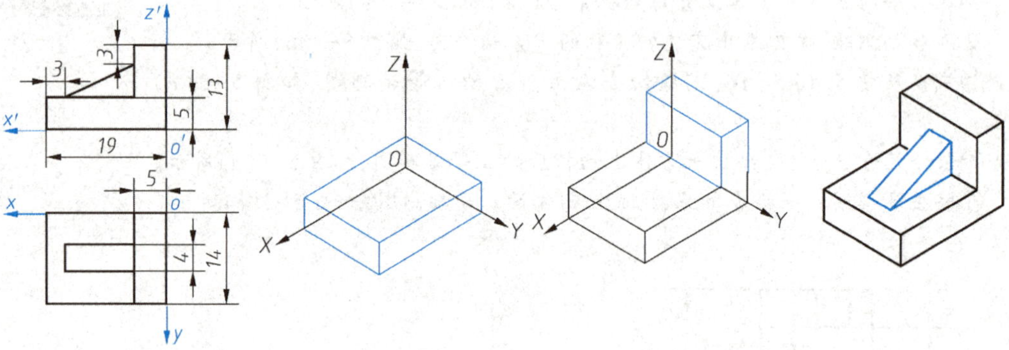

(a)　　(b)　　(c)　　(d)

图 5-6　组合体的正等轴侧图

2. 回转体正等轴测图的画法

(1)平行于坐标面的圆的正等轴测图

图 5-7 为一个正方体的正等轴测图,并且在这个正方体的正面、顶面和左侧面上分别画有内切圆。由图可知,正方体的每个面都变成了菱形,而内切圆变成了与相应菱形相切的椭圆,切点仍在各边的中点。由此可见,平行于坐标平面的圆的正等轴测图都是椭圆,椭圆的短轴方向与相应菱形的对角线重合,即与相应的轴测轴方向一致,该轴测轴垂直于圆所在的平面,而长轴仍与短轴相互垂直。

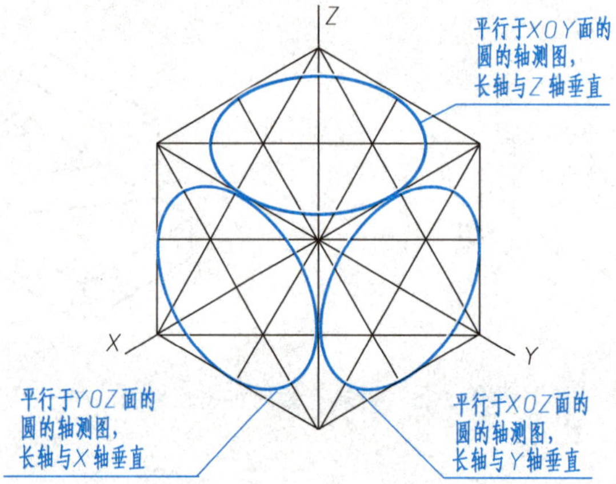

图 5-7　平行于坐标面的圆的正等测投影

下面以水平圆为例，说明圆的正等轴测图画法：

①确定坐标轴，作圆的外切正方形 $ABCD$，切点为 1、2、3、4，如图 5-8(a) 所示。

②画出轴测轴，作出正方形的轴测投影，为一菱形 $ABCD$，如图 5-8(b) 所示。

③连接 BD，与 $A4$ 及 $C1$ 的连线交于 O_1 点，与 $A3$ 及 $C2$ 的连线交于 O_2 点，A、C、O_1、O_2 即为四个圆弧的圆心，如图 5-8(c) 所示。

④分别以 A、C 为圆心，以 $A4$、$C1$ 为半径，画圆弧 34 及 12；再以 O_1、O_2 为圆心，画圆弧 14、23，则椭圆画出，如图 5-8(d) 所示。

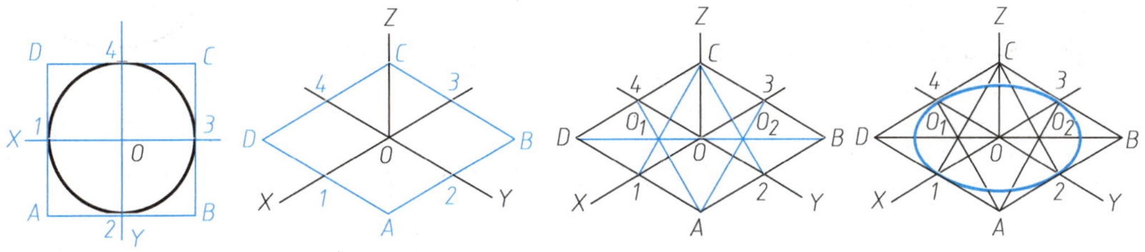

(a)　(b)　(c)　(d)

图 5-8　水平圆的正等测画法

(2) 圆柱体的正等轴测图

回转体如圆柱、圆锥在作轴测图时，画出上、下底面及轮廓线的轴测投影即可。

【例 5-4】 画出如图 5-9(a) 所示圆柱的正等轴测图。

视频

例5-4

分析：圆柱的轴线是铅垂线，其两端面为平行于水平面且直径相等的圆，按平行 XOY 坐标面的圆的正等轴测画法画出即可。

作图步骤：

①在圆柱两面投影图上确定坐标轴，如图 5-9(a) 所示。

②画出轴测轴，定出上下端面的位置后，用近似画法画出圆柱顶面的近似椭圆，如图 5-9(b) 所示。

③将顶面椭圆的圆心沿 Z 轴方向下移高度 H，以与顶面相同的半径画弧，做底面近似椭圆的可见部分，再过长轴的端点做两近似椭圆的公切线，如图 5-9(c) 所示。

④去掉多余的线，加深可见轮廓，完成圆柱的正等轴测图，如图 5-9(d) 所示。

(3) 圆角的正等轴测图近似画法

圆角是圆的 1/4，其正等轴测图画法与圆的正等轴测图画法相同，即做出对应的 1/4 菱形，再画出对应部分的圆弧即可。

【例 5-5】 画出如图 5-10(a) 所示带圆角底板的正等轴测图。

视频

例5-5

作图步骤：

①先画出长方体底板的正等轴测图，再由圆的半径 R 确定各切点的位置，在切点处做底板顶面各边垂线，相邻两边垂线的交点 O_1、O_2 即为两段椭圆弧的圆心，如图 5-10(b) 所示。

②分别以 O_1、O_2 为圆心，垂线长为半径画弧，所得弧即为底板顶面上的圆角，再将圆心和切点下移高度 H 至底面，画出底面圆角及公切线，如图 5-10(c) 所示。

③去掉多余的线，加深可见轮廓，完成底板的正等轴测图，如图 5-10(d) 所示。

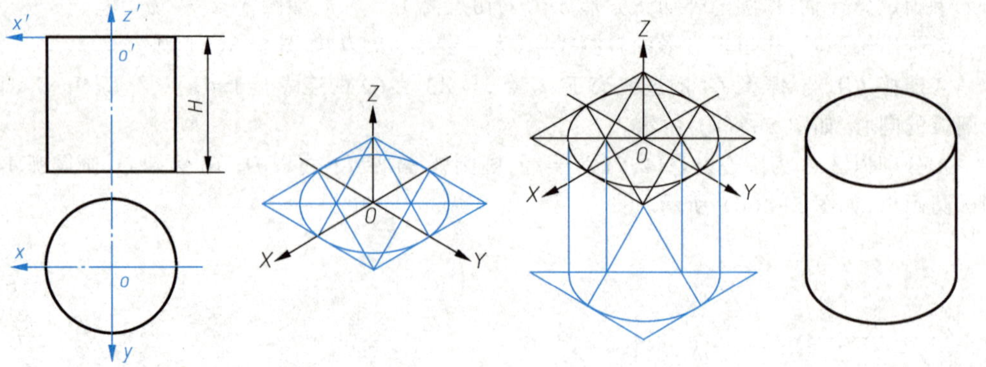

(a)　(b)　(c)　(d)

图 5-9　圆柱体的正等轴测图画法

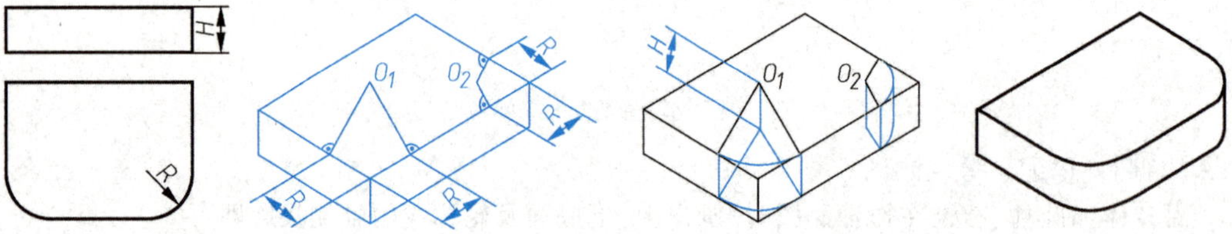

(a)　(b)　(c)　(d)

图 5-10　圆角的正等轴测图画法

5.3　斜二轴测图

5.3.1　斜二轴测图的形成及参数

斜轴测图是将物体和轴测投影面都放正,使投射方向倾斜于轴测投影面所得到的投影图。当两个轴向伸缩系数相等,即 $p_1 = q_1 \neq r_1$ 或 $p_1 \neq q_1 = r_1$ 或 $p_1 = r_1 \neq q_1$ 时,即为斜二轴测图,如图 5-11 所示。在斜二轴测图中,为了作图方便,常使轴测投影面 P 平行于坐标面 XOZ 或坐标面 XOY。这样,就能使平行于该坐标面的图形在轴测图上的投影反映实形。本节只介绍 P 平行于 XOZ 坐标轴的斜二轴测图。

将坐标轴 OZ 放置于铅垂位置,坐标面 XOZ 平行于轴测投影面,当投射方向与三个坐标轴都不平行时,形成正面斜轴测图,如图 5-12 所示。此时,轴间角 $\angle X_1O_1Z_1 = 90°$,$\angle X_1O_1Y_1 = \angle Y_1O_1Z_1 = 135°$,轴向伸缩系数 $p_1 = r_1 = 1$,$q_1 = 0.5$,物体上平行于坐标面 XOZ 的线和平面图形在轴测图上都反映实长和实形。

5.3.2　平面立体的斜二轴测图

斜二轴测图的基本画法仍然采用坐标法,画法与正等轴测图类似,关键是确定形状特征视图。

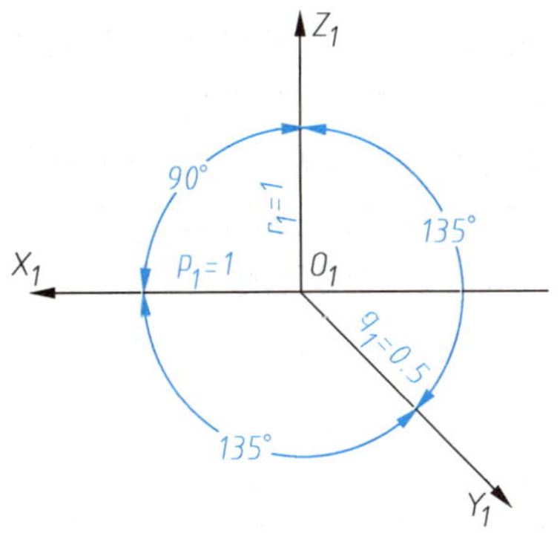

图 5-11　斜二轴测图的参数

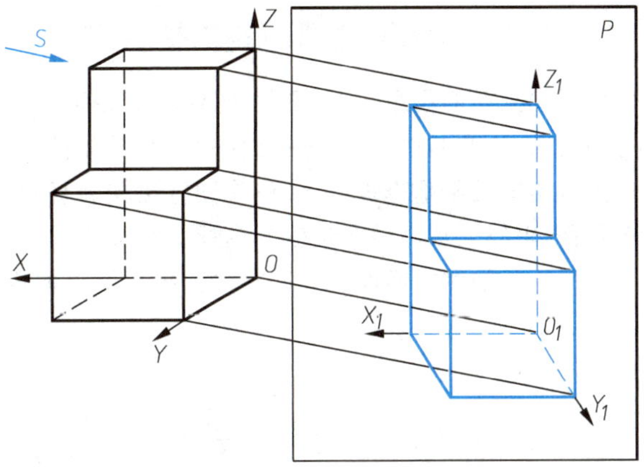

图 5-12　斜二轴测图的形成

【例 5-6】 画出如图 5-13(a)所示立体的斜二轴测图。

分析：该立体的形状特征视图为主视图，可以看作将主视图作为一个端面拉伸一定距离而形成，作图步骤如下：

①在所给三视图上确定坐标系，如图 5-13(a)所示。

②根据斜二轴测图的轴间角画出轴测轴，如图 5-13(b)所示。

③在 XOZ 平面绘制该立体的形状特征表面，根据斜二轴测图 OX、OZ 轴的轴向伸缩系数 1，以实形绘制该形状特征表面即该立体的前端面，如图 5-13(c)所示。

④将端面进行拉伸，即过端面各顶点绘制侧棱线。根据斜二轴测图 OY 轴的轴向伸缩系数 0.5，轴测图中侧棱线的长度为三视图中该棱线长度的 1/2，如图 5-13(d)所示。

⑤连线，绘制后端面，如图 5-13(e)所示。

⑥去掉多余的线，加深可见轮廓，完成立体的斜二轴测图，如图 5-13(f)所示。

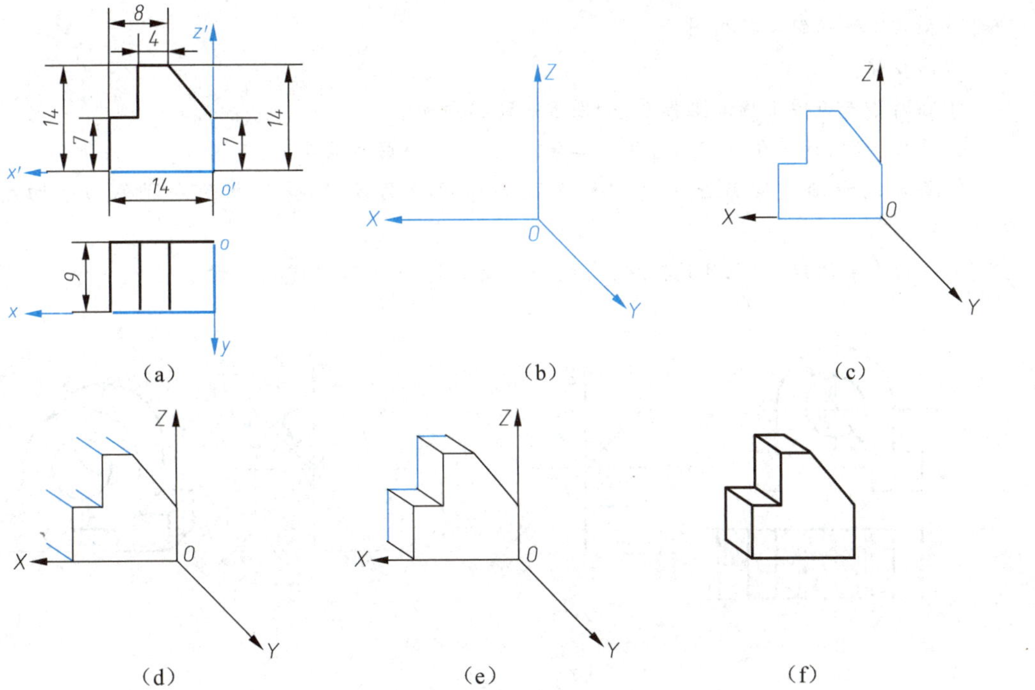

图 5-13　平面立体的斜二轴测图

5.3.3 平行于坐标面的圆的斜二轴测图

根据斜轴测图的投影特点，平行于 XOZ 坐标面的圆，其斜二测投影仍为直径相等的圆，如图 5-14 所示。平行于 XOY、YOZ 坐标面的圆的斜二测投影均为形状相同的椭圆，但其长、短轴方向与相应的轴测轴既不垂直也不平行，作图方法较为复杂，本节不做介绍。因此在同一方向上有若干圆的零件，用斜二轴测图表达较为简便。将圆或圆弧所在的平面平行于某一坐标面，再将这一坐标平面平行于轴测投影面，此时，在轴测投影面上的投影直接反映这些圆或圆弧的实形。

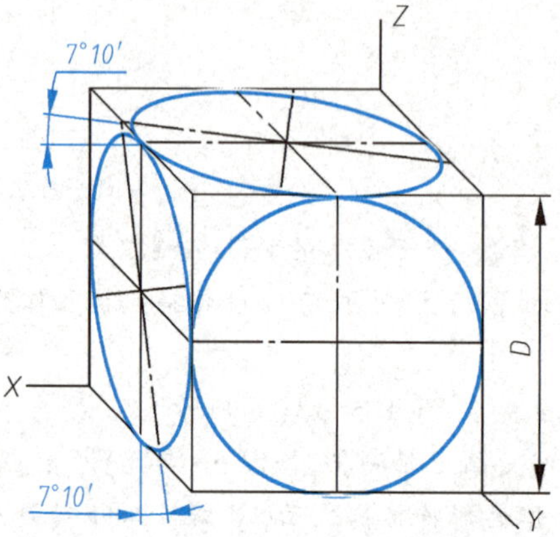

图 5-14 平行坐标面的圆的斜二测投影

【例 5-7】 画出如图 5-15(a)所示立体的斜二轴测图。

分析：该立体上部是一个半圆柱面，还有一个与半圆柱面同心的圆柱孔，在三视图中选择坐标系时，让圆和圆弧平行于 XOZ 面，在轴测图中也让它们平行于 XOZ 轴测投影面，此时其斜二轴测图反映圆和圆弧的实形。画出前端面，再将其向后拉伸，作出后端面可见投影，连接相应切线即可得到该立体的斜二轴测图。

作图步骤：

①在所给三视图上确定坐标系，如图 5-15(a)所示。

②画出轴测轴，并画出前端面的斜二轴测图，它反映前端面实形，如图 5-15(b)所示。

③将前端面轴测投影沿 Y 轴后移 $b/2$，画出后端面投影，并绘制两半圆弧的公切线，如图 5-15(c)所示。

④去掉多余的线，加深可见轮廓，完成斜二轴测图，如图 5-15(d)所示。

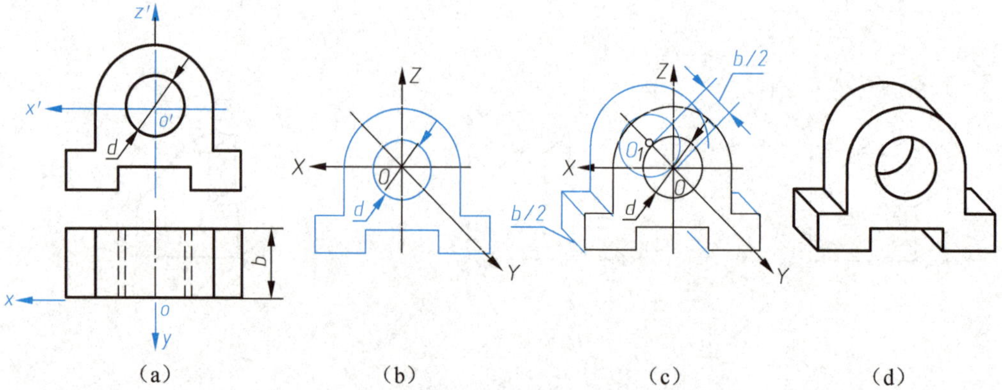

图 5-15 带有圆柱面立体的斜二轴测图

5.4　轴测剖视图的画法

按照 GB/T 4458. 3—2013《机械制图　轴测图》相关规定，为表示零件内部形状，可假想用剖切平面将零件的一部分剖去，这样得到的轴测图称为轴测剖视图。

5.4.1　剖切平面的位置及剖面线的画法

1. 剖切平面的位置

为使图形清晰、立体感强，通常用两个相互垂直的轴测坐标面（或其平行面）进行剖切，并使剖切平面通过机件的主要轴线或对称平面，从而较完整地显示该机件的内外形状，如图 5-16(a)所示。应避免用一个剖切平面剖切整个机件，如图 5-16(b)所示，或选择不合理的剖切位置，如图 5-16(c)所示。

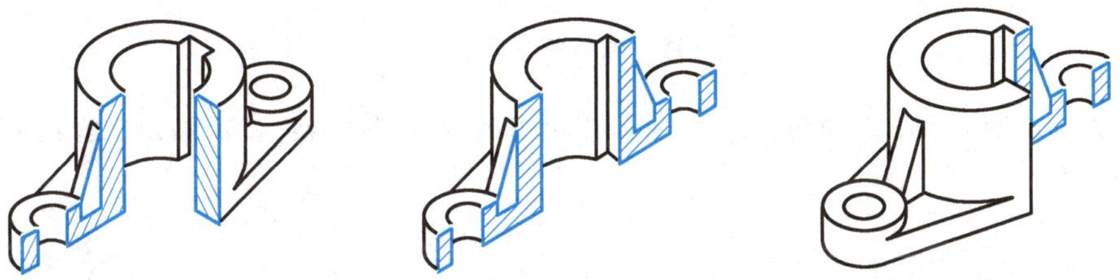

(a) 正确　　(b) 不好　　(b) 不合理

图 5-16　轴测剖视图的剖切位置

2. 剖面线的画法

无论什么材料的机件，剖面区域的剖面符号一律画成等距、平行的细实线，剖面线方向按图 5-17 绘制。剖切平面的方向不同，剖面线的方向也随之不同。当剖切平面通过机件的肋板或薄壁结构的纵向对称平面时，在肋板或薄板的剖面区域内不画剖面线，而是用粗实线将其与相邻形体分开，如图 5-16(a)所示。

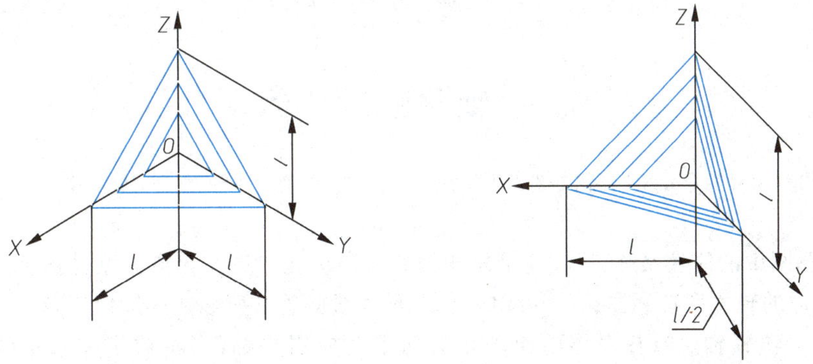

(a) 正等轴测图　　(b) 斜二轴测图

图 5-17　轴测剖视图的剖面线方向

5.4.2　轴测剖视图的画法

轴测剖视图有如下两种画法。

(1)先把机件完整的外形轴测图画出,如图 5-18(b)所示。然后在轴测图上确定剖切平面的位置,画出剖面,擦去剖切掉的部分,并补画内部看得见的结构轮廓,如图 5-18(c)所示。最后在剖面区域画出剖面线,加深图形,如图 5-18(d)所示。

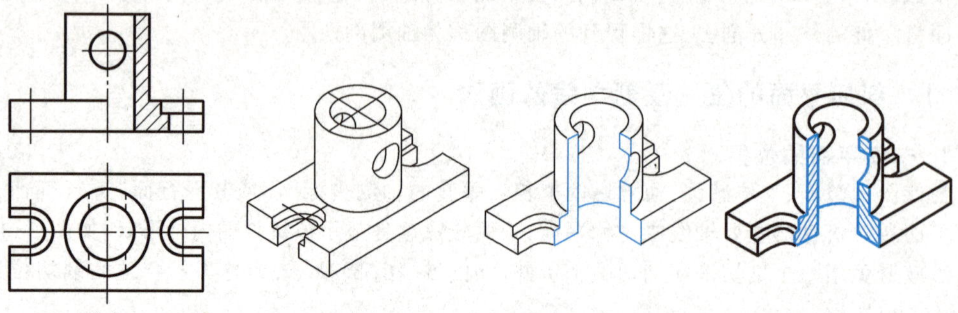

图 5-18　轴测剖视图画法(一)

(2)先画出剖面形状的轴测图,然后补画出可见的内、外轮廓线,最后画出剖面线并加深,如图 5-19 所示。

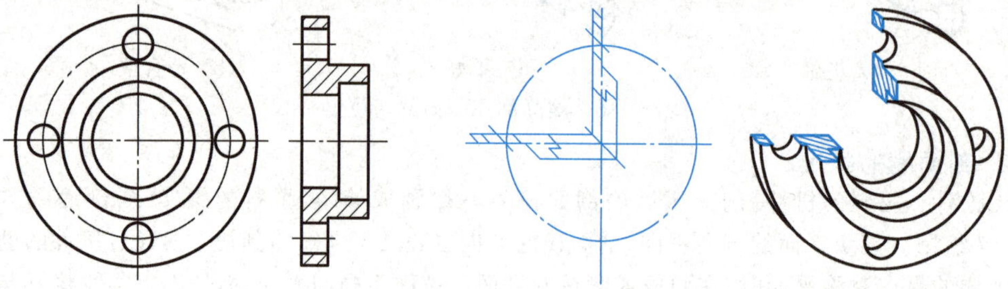

图 5-19　轴测剖视图画法(二)

5.5　轴测图尺寸标注

按照 GB/T 4458.3—2013《机械制图 轴测图》相关规定,轴测图中尺寸标注的基本原则如下。

(1)轴测图中的线性尺寸,一般应沿轴测轴的方向标注。尺寸数值为零件的公称尺寸;尺寸数字应按相应的轴测图形标注在尺寸线的上方;尺寸线必须和所标注的线段平行,尺寸界线一般应平行于某一轴测轴。当在图形中出现字头向下时应引出标注,将数字按水平位置注写,如图 5-20 所示。

(2)轴测图中标注角度尺寸时,尺寸线应画成与该坐标平面相应的椭圆弧,角度数字一般写在尺寸线的中断处或椭圆弧外侧,字头向上,如图 5-21 所示。

(3)轴测图中标注圆的直径尺寸时,尺寸线和尺寸界线应分别平行于圆所在平面内的轴测轴,图 5-22 中$\varnothing 20$的注法。标注圆弧半径或较小圆的直径时,尺寸线可以(或通过)圆心引出标注,但注写数字的横线必须平行于轴测轴,图 5-22 中 $2\times\varnothing 10$、$R6$ 的注法。

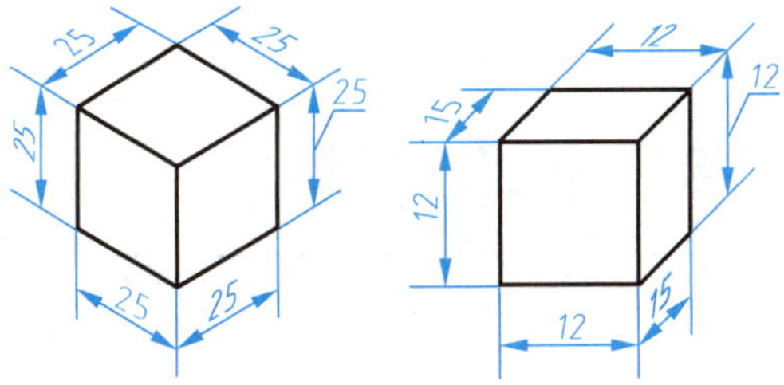

图 5-20　轴测图线性尺寸标注

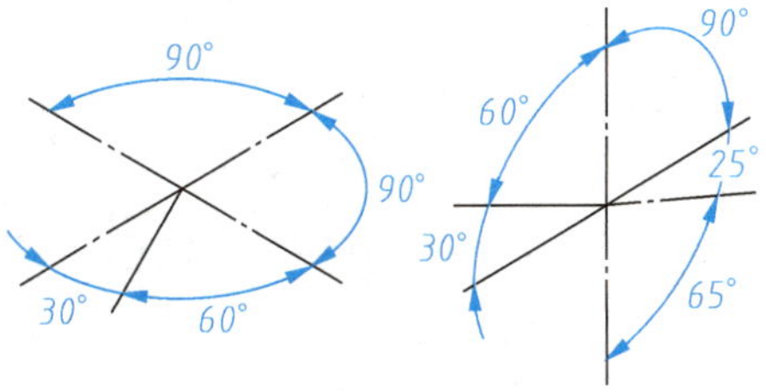

图 5-21　轴测图角度尺寸标注

(4)图 5-23 所示为组合体轴测图上尺寸标注示例。

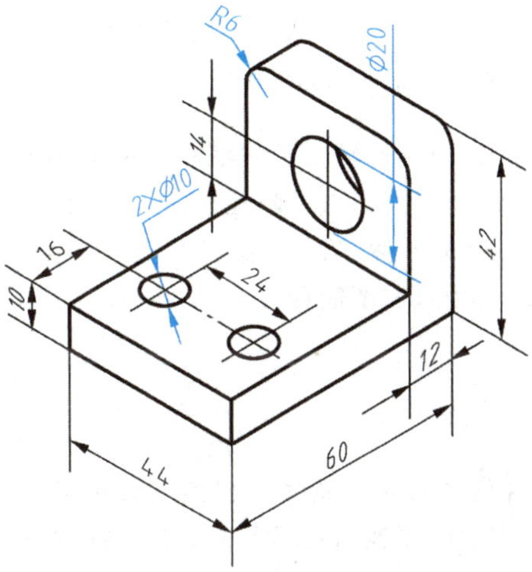

图 5-22　轴测图圆的尺寸标注

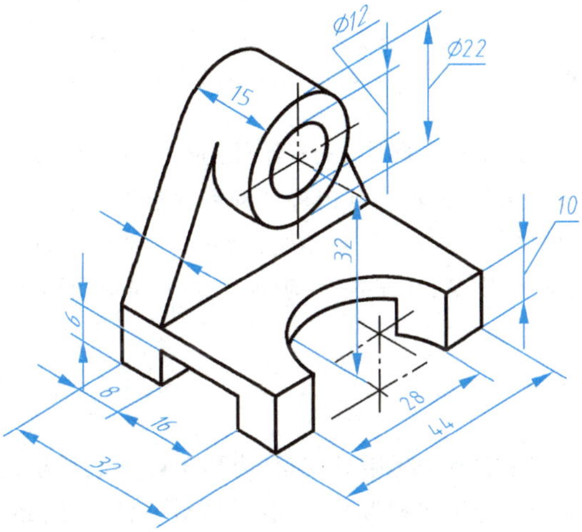

图 5-23　轴测图尺寸标注示例

5.6　徒手绘制轴测图

轴测草图也称轴测徒手图，是不借助任何绘图仪器、工具，用目测、徒手绘制的轴测图。徒手画轴测草图是表达设计构思、帮助空间想象的一种有效手段。在学习投影制图过程中，常常借助徒手画轴测草图表达空间构想的模型。在产品开发、技术交流和产品介绍等过程中，也常常用到轴测草图。

要熟练、清晰、准确地画出轴测草图，必须具备一定的绘图技巧和正确的绘图方法。

(1)熟练掌握各种轴测图的基本理论和画图方法，如各种轴测图的轴间角、轴向伸缩系数、各坐标面上轴测椭圆的长短轴的方向和大小。

(2)在画较复杂的机件时，要进行形体分析，把机件划分成一些简单的基本几何体，以便画出各部分的结构。还要分析机件整体及各组成部分长、宽、高的比例关系，使画出的轴测草图准确无误。

(3)在画图中要熟练运用轴测投影的基本特性，它们是准确绘制轴测草图的重要依据，又是提高画图速度的好帮手。

第 6 章 机件的常用表达方法

本章内容是在学习组合体视图的基础上，依据国家标准《技术制图》GB/T 17451—1998、GB/T 17452—1998、GB/T 17453—2005 的规定及《机械制图》GB/T 4458.1—2002、GB/T 4458.4—2003、GB/T 4458.6—2002、GB/T 24739—2009 的规定，介绍视图、剖视、断面等机械零件的常用表达方法及应用，从而使机械零件的表达更为方便、清晰、简洁、实用，并为工程图样的绘制及阅读提供基础。本章主要介绍其中的视图、剖视图、断面图及其他规定画法和简化画法等。

在生产实际中，机械零件的结构和形状是多种多样的，对于比较复杂的零件仅仅用前面所学的三视图，很难将其内外结构形状清晰地表达出来。为了正确、完整、清晰地表达零件的内、外结构形状，国家标准《技术制图》和《机械制图》中规定了机件的各种表达方法。对机件进行表达的基本原则是：在完整、清晰地表达机件结构形状的前提下，力求制图简便。

6.1 视 图

根据有关标准和规定，应用正投影法所绘制出机件的图形称为视图。视图主要用来表示机件的外部结构和形状，一般只画出可见部分，必要时才用细虚线表达其不可见部分。视图通常分为基本视图、向视图、局部视图和斜视图四种。

6.1.1 基本视图

当机件的外部形状较复杂时，为了清晰地表达机件上下、左右、前后六个基本方向的结构形状，可在原有三个投影面的基础上，对应地再增加三个投影面，组成一个正六面体，如图 6-1 所示。正六面体的六个面称为基本投影面，机件向基本投影面投射所得的视图称为基本视图。即在原有主、俯、左三视图的基础上又对应增加三个视图，分别为后视图、仰视图和右视图。

基本视图的展开方法为：正投影面不动，其余各基本投影面按图 6-2 所示方向展开，此时六个投影面均展开到正投影面所在的平面上。六个基本视图的默认配置关系如图 6-3 所示，此时不需标注视图名称，但仍遵循如下投影规律：

(1)主、俯、仰视图长对正，后视图与主、俯、仰视图长度相等；

(2)主、左、右、后视图高平齐；

(3)俯、左、右、仰视图宽相等；

(4)除后视图外，远离主视图的方向为物体的前方。

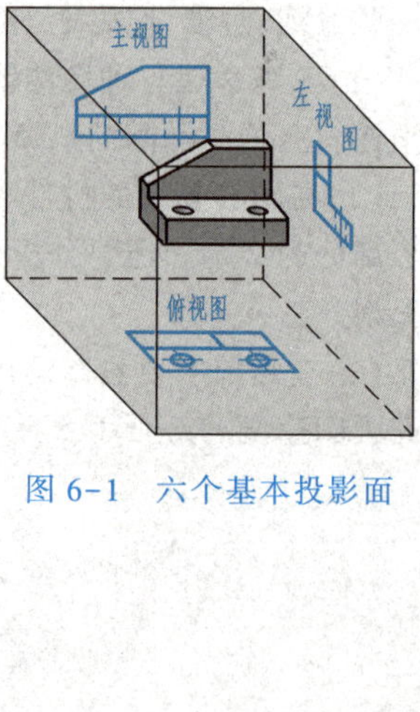

图 6-1 六个基本投影面

在实际画图时，通常不需要将机件的六个基本视图全部画出，而是根据机件的结构和复杂程度，选择适当的基本视图。一般优先采用主、俯、左三视图。

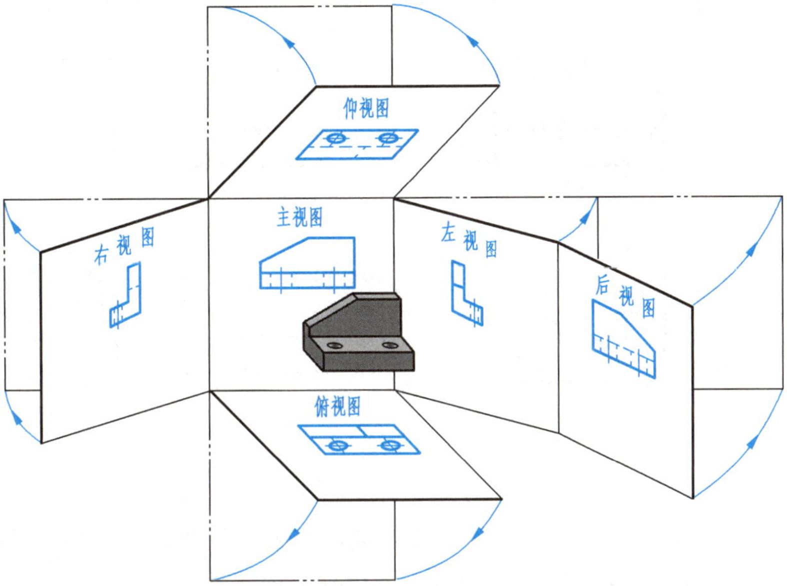

图 6-2　基本视图展开

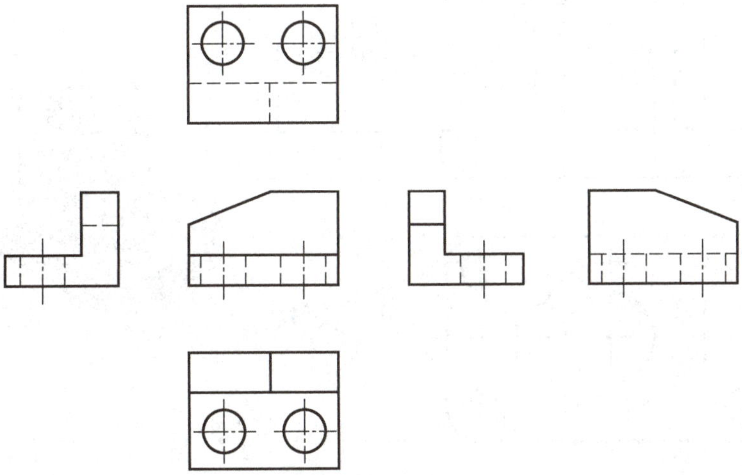

图 6-3　六个基本视图

6.1.2　向视图

在实际设计过程中,因结构需要或为了布局更美观,有时无法将六个基本视图都按照图 6-3 的形式进行配置,而是根据需要自由配置视图,如图 6-4 所示,这样自由配置的基本视图称为向视图。

配置向视图时,应在向视图上方用大写拉丁字母标出视图名称“×”,在相应的视图附近用带箭头的细实线指明投射方向,并标注相同的字母表示对应关系。

配置向视图时应该注意:

(1)向视图的视图名称“×”为大写拉丁字母,无论是箭头旁的字母,还是视图上方的字母,均应正写,且与正常的读图方向相一致,以便于识别。

(2)由于向视图是基本视图的另一种配置形式,所以表示投射方向的箭头应尽可能指引在主视图上，以便所获得的视图与基本视图一致。表示后视图投射方向的箭头，应配置在左视图或右视图上。

视频

图6-4

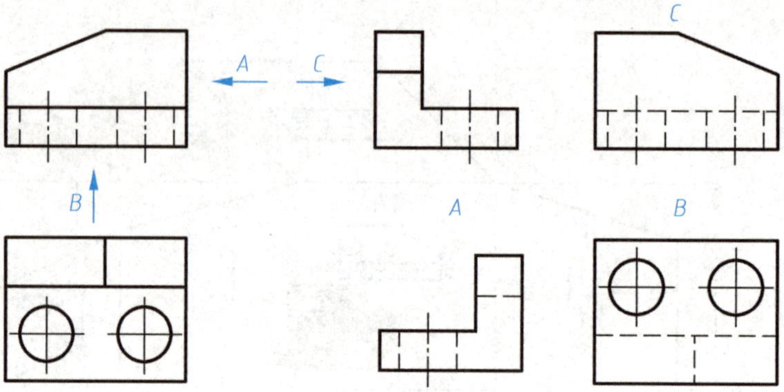

图 6-4　向视图

6.1.3　局部视图

当机件的某一部分形状未表达清楚，又没有必要画出整个基本视图时，可以只将机件的局部结构形状向基本投影面投射，这样所得的视图称为局部视图，如图 6-5 所示。

视频

图6-5

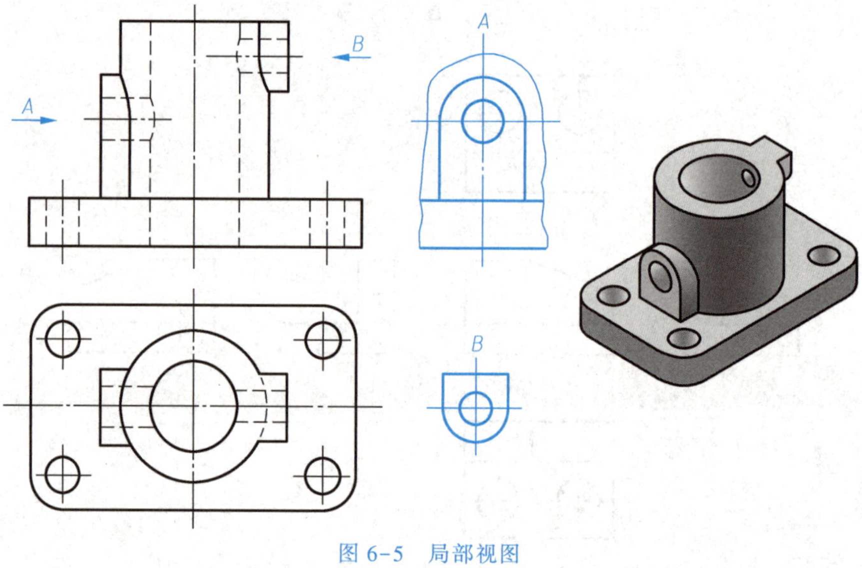

图 6-5　局部视图

局部视图的画法和标注应符合如下规定。

(1) 局部视图可按基本视图的形式配置（图 6-5 中的 *A* 向局部视图），也可按向视图的形式配置（图 6-5 中的 *B* 向局部视图）。当局部视图按基本视图的形式配置，中间又没有被其他图形隔开时，可省略标注（图 6-5 中的 *A* 向局部视图即可省略标注）。

(2) 局部视图的断裂边界通常用波浪线表示，图 6-5 中的 *A* 向局部视图。画图时，波浪线不能超出形体的轮廓（粗实线），也不能与形体的轮廓线重合，当通过孔、槽等位置时，波浪线还应断开。

(3) 当局部视图表示的局部结构形状完整，且外轮廓线又成封闭的独立结构形状时，波浪线可省略不画，图 6-5 中的 *B* 向局部视图。

(4) 为了节省绘图时间和图幅，对称机件的视图可只画一半或四分之一，并在对称中心线的两端画出两条与其垂直的平行细实线，如图 6-6 所示。

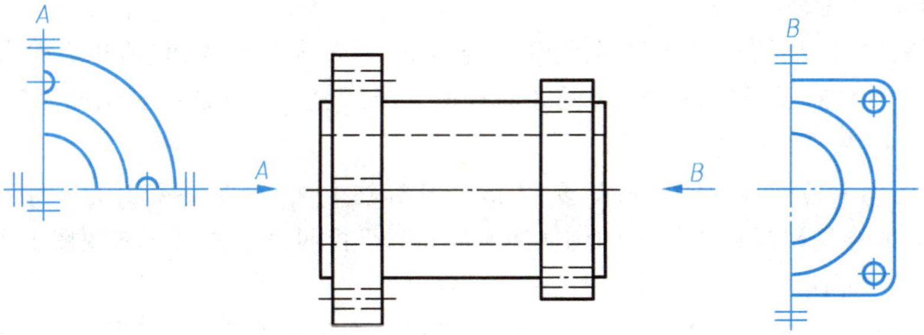

图 6-6　对称结构局部视图的画法

6.1.4　斜视图

机件向不平行于基本投影面的平面投射所得的视图,称为斜视图。

当机件上有不平行于基本投影面的倾斜结构时,用基本视图就不能反映该部分的实形,同时不便于画图和标注尺寸。为了表达倾斜部分的真实形状,可按换面法的原理,选择一个与机件倾斜部分平行,且垂直于某一个基本投影面的辅助投影面,将该倾斜部分的结构形状向辅助投影面投射,即可得到反映该部分实形的斜视图。

图 6-7(a)为一弯板立体图,弯板右上部分的倾斜结构形状在主、俯视图中均不能反映该部分的实形,可将弯板向平行于“斜板”且垂直于正面的辅助投影面 *P* 投射,画出“斜板”的投影图,再将其展平与正面重合,即得“斜板”的斜视图,如图 6-7(b)所示。

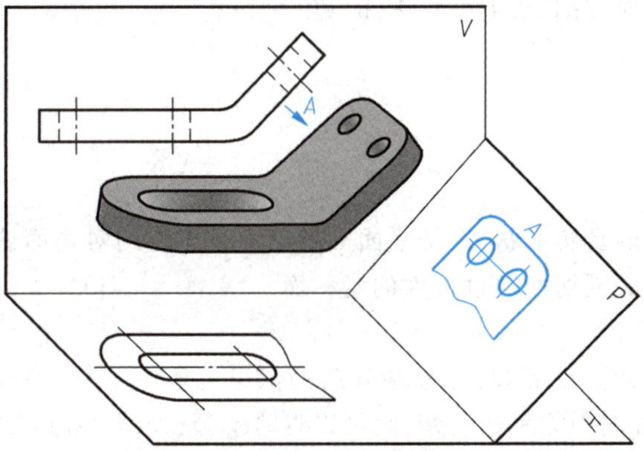

(a) 弯板立体图

视频

图6-7

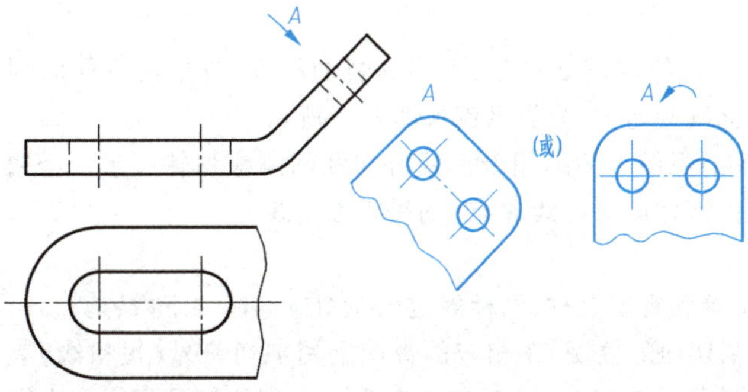

(b)　　　　(c)

图 6-7　斜视图

画斜视图时应注意：

(1)斜视图主要用来表达机件上倾斜部分的实形，通常为局部视图，所以其余部分不必全部画出，而采用波浪线断开，如图 6-7(b)的 *A* 向视图。当所表示机件的倾斜结构是完整的，且其外形轮廓线封闭时，波浪线可省略不画。

(2)斜视图通常按向视图的形式配置并标注，其标注方法是：在斜视图上方标出视图的名称“×”，并在相应的视图附近用带箭头的细实线和字母“×”指明投射方向。斜视图上方的名称和字母均应水平书写，如图 6-7(b)所示。

(3)斜视图一般按投影关系配置，必要时可平移。为了画图方便，在不致引起误解时，也允许将图形旋转，但应注明“×↶”(表示该视图名称的大写字母应靠近旋转符号的箭头端，带箭头的半圆弧半径等于字高)，如图 6-7(c)所示。

6.2 剖 视 图

当机件的内部结构比较复杂时，视图中就会出现较多的细虚线，如图 6-8(a)所示。这些细虚线往往与实线交错重叠，既影响图形的清晰又不利于看图和标注尺寸。为了解决这些问题，国家标准规定了剖视图的基本表示法。

6.2.1 剖视图的基本概念

用一个假想剖切面 *P* 将机件剖开，将观察者和剖切面之间的部分移除，再将剩余部分向基本投影面投射，所得的图形称为剖视图，简称剖视，如图 6-8(b)、(c)所示。

6.2.2 剖视图的画法和标注

1. 剖视图的画法

(1)确定剖切面的位置

为了尽可能表达出机件内部结构的真实形状，剖切平面一般应通过机件的对称面或轴线，并平行于相应的投影面，如图 6-8(c)中的剖切面通过机件的对称面。

(2)画剖视图

用粗实线绘制剖切平面剖切到的断面轮廓线，并补画其后的可见轮廓线。剖切平面之后仍不可见的结构形状的虚线，若在其他视图中能表达清楚，则可以省略不画，如图 6-8(b)中省略了虚线。

(3)画剖面符号

在剖切平面与机件接触的剖面区域绘制剖面符号，不同材料的机件，应采用不同的剖面符号。各种材料的剖面符号由相应的标准规定，其分类示例如图 6-9 所示。

在同一张图样上，同一物体在各剖视图上的通用剖面线方向和间隔应保持一致。金属材料的剖面符号应画为与主要轮廓或剖面区域的对称线成 45°的等距细实线。

2. 剖视图的标注

为了方便读图，正确表达剖切位置和视图名称，国标规定剖视图应标注如下内容：

(1)用剖切线(细点画线)指示剖切面的位置，在相应的视图上用剖切符号(短粗线)表示剖切面的起、止和转折位置，同时指明投射方向(用带箭头的细实线)，在剖切符号旁标注大写拉丁字母“×”，如图 6-8(b)所示。

(2)一般应在剖视图的正上方用大写拉丁字母标出剖视图的名称“×—×”。字母必须水平书写，并与剖切符号旁标注的字母相同，以表示对应关系，如图 6-8(b)所示。

(3)当剖视图按基本视图关系配置，且中间没有其他图形隔开时，可省略投射方向（箭头）；当单一剖切面通过机件的对称面或基本对称面，且剖视图按基本视图关系配置时，可以不加标注，图 6-8(b)中的标注可以省略。

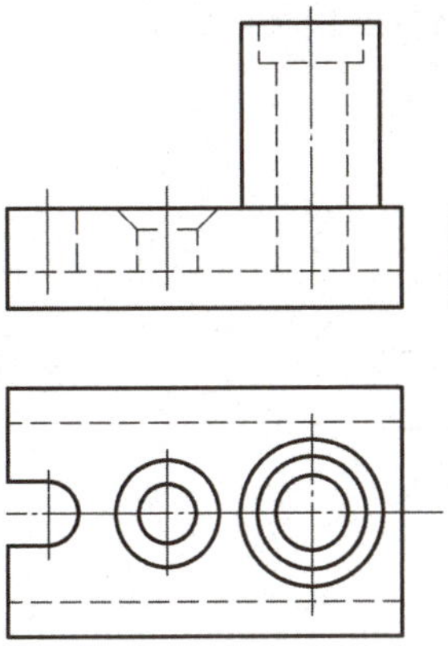

(a) 视图

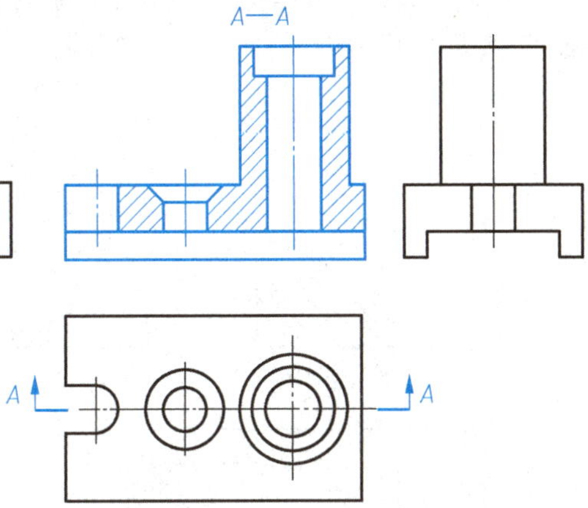

(b) 剖视图

视频

图6-8

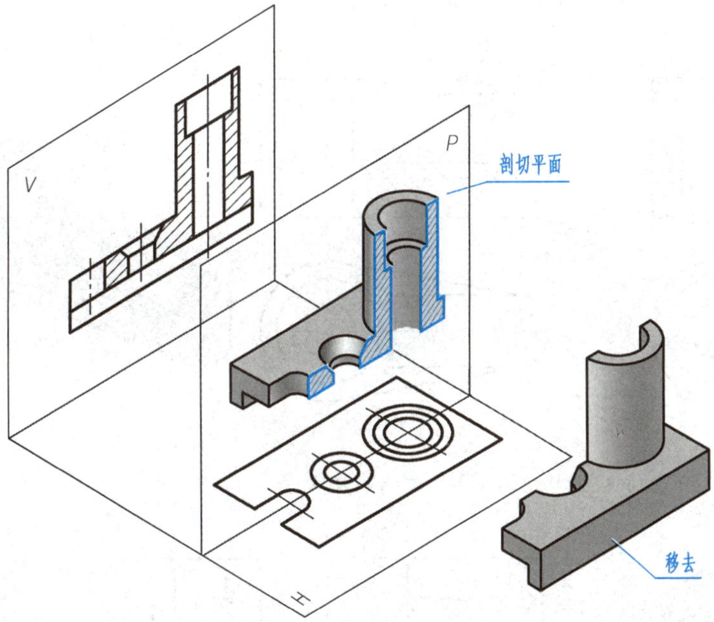

(c) 剖视图的概念

图 6-8　视图和剖视图

3. 画剖视图应注意的问题

(1)剖视只是假想把机件切开，事实上机件并没有切开，也没有移走一部分。因此，除剖视图外，其他视图仍应完整绘出，如图 6-8(b)中的俯、左视图应按完整机件绘出。

(2)为了使剖视图清晰,凡是其他视图上已表达清楚的结构形状,该结构在视图中又为不可见时,其虚线可省略不画。图 6-10(a)中,底板的结构已经表达清楚,主视中的虚线应省略不画;而图 6-10(b)中,主视图中的虚线必须画出,以表示底板的厚度。

(3)在剖视图中剖切平面之后的可见台阶面或交线不要漏画,如图 6-11、图 6-12 所示。

(4)对于机件的肋、轮辐及薄壁等结构,若剖切平面通过其纵向对称面时,该结构按不剖绘制,即该部分不画剖面符号,需要用粗实线将它与相邻部分隔开,图 6-13 中的肋板不画剖面符号。

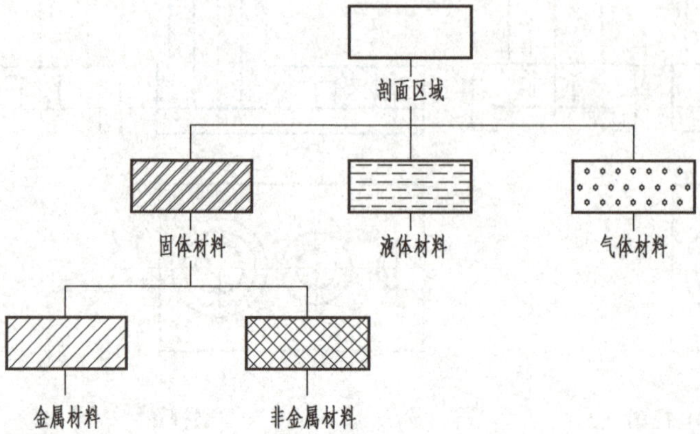

图 6-9 特定剖面符号分类示例

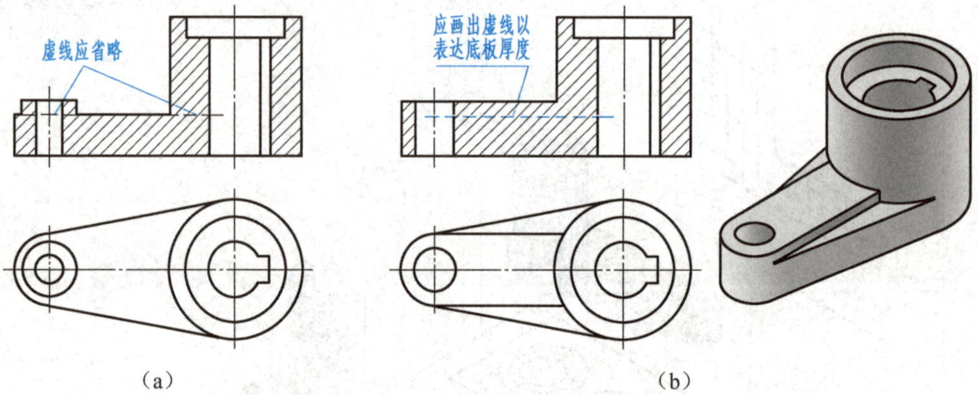

图 6-10 剖视图中虚线的处理

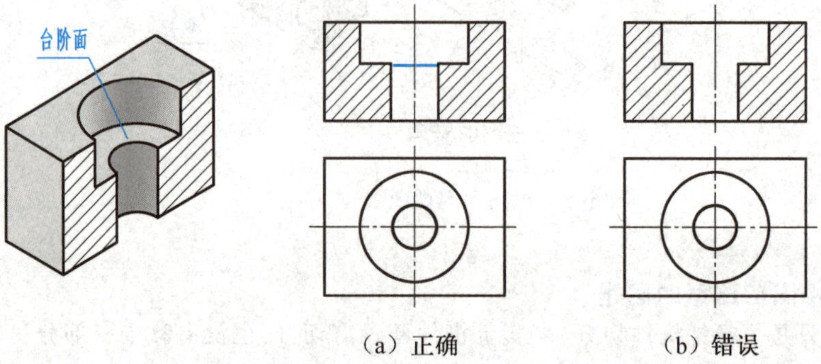

图 6-11 剖切平面后台阶面的画法

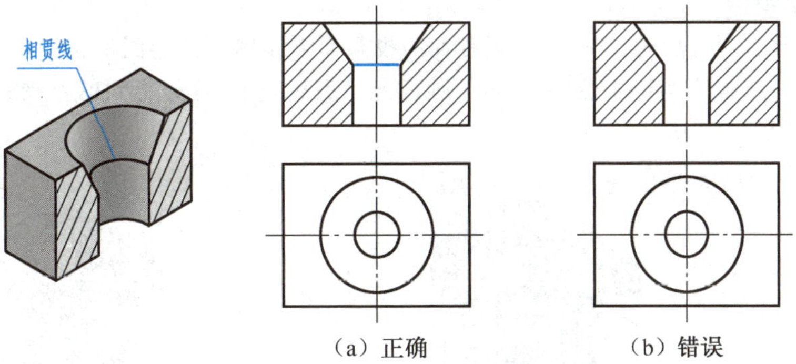

图 6-12　剖切平面后交线的画法

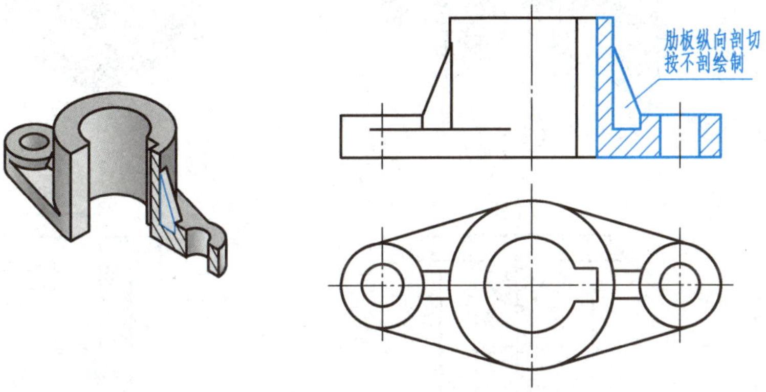

图 6-13　肋板纵向剖切的画法

6.2.3　剖视图的种类

剖视图按剖切范围可分为:全剖视图、半剖视图和局部剖视图三种。

1. 全剖视图

用剖切平面将机件完全剖开后所得的剖视图称为全剖视图。

全剖视图主要适用于外形比较简单或外形在其他视图中已表达清楚,而内形相对比较复杂的机件,如图 6-14 所示。

全剖视图的标注按前述剖视图的标注原则处理。当单一剖切面通过机件的对称或基本对称平面时,且剖视图配置在基本视图位置,中间又没有其他图形隔开,可省略标注,如图 6-14 所示。

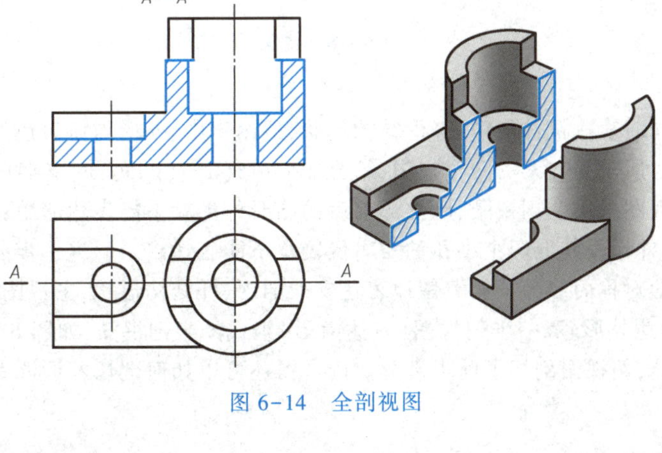

图 6-14　全剖视图

2. 半剖视图

当机件具有对称面时，向垂直于对称面的投影面上投影所得的图形，可以对称线（对称面的投影）为界，一半画视图以表达外形，一半画剖视以表达内形，这样得到的剖视图称为半剖视图，如图 6-15 所示。

视频

图6-15

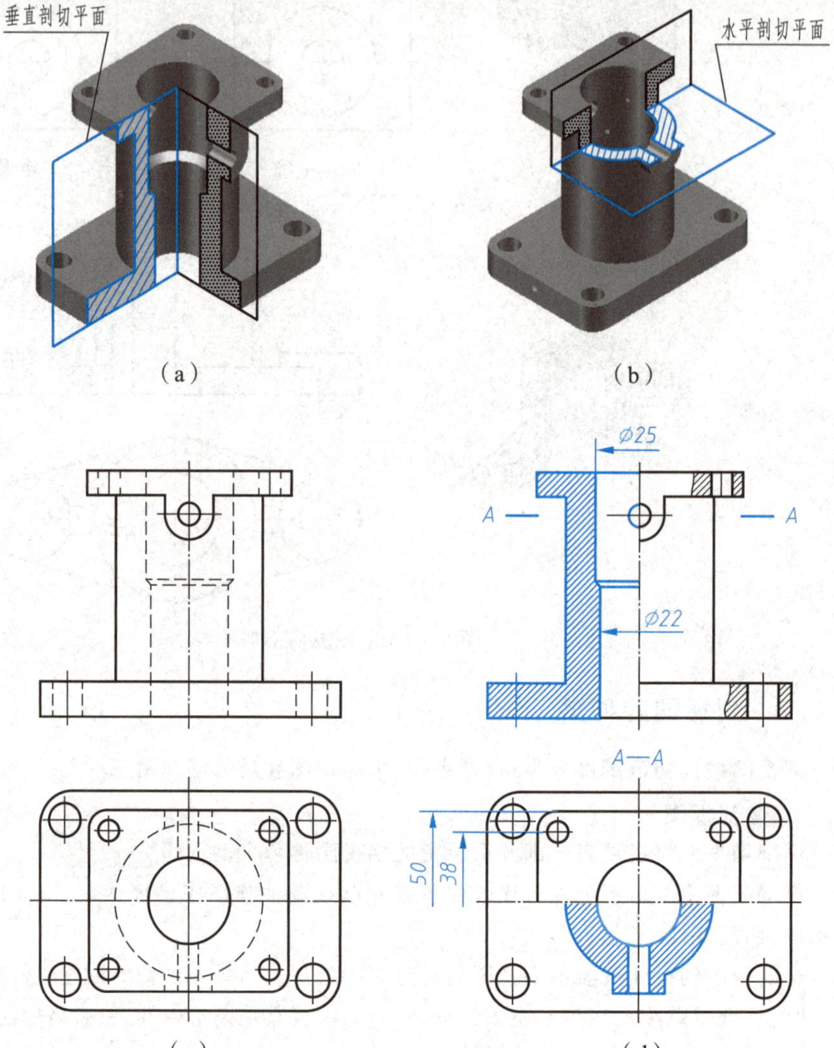

图 6-15　支架的半剖视图

半剖视图能同时表达机件的内、外形结构形状，适用于内、外形均需表达的对称机件。

如图 6-15(c)所示为支架的两个视图，结合图 6-15(a)、(b)可知，支架的内、外部结构形状均较复杂。若主视图采用全剖视图，则上部前后的凸台外形就不能表达清楚；若俯视图采用全剖视图，则顶部底板外形及其上四个小孔的相对位置也不能表达出来。进一步分析可知，支架具有左右和前后对称的对称面。为了能清楚地表达支架的内、外结构形状，主视图和俯视图都可以画成由一半视图（表达外形）和一半剖视图（表达内形）组成的半剖视图，如图 6-15(d)所示。主视图剖切了左半部分，俯视图剖切了前半部分。俯视图还可以如何剖切？请读者思考。

画半剖视图时应注意以下几个问题：

(1)半个外形视图与半个内形剖视图的分界线是机件的对称线，用细点画线表示，不能画成粗实线等其他图线。

(2)因为图形对称，机件内部形状已经在半个剖视图中表达清楚的情况下，半个视图部分对应的表示内部形状的虚线不再画出。

(3)半剖视图的标注方法与全剖视图完全相同。如图 6-15(d)所示主视图所采用的剖切平面通过支架的前后对称面，且按投影关系配置，故可省略标注；而俯视图所用的剖切平面不是支架的对称面，故应标注剖切平面位置和名称，而俯视半剖视图按投影关系配置在主视图下方，故可省略箭头。

(4)在半剖视图中标注对称结构的尺寸时，虽然部分结构形状(如主视图中孔的直径、俯视图中上底板的宽度及其上孔的定位尺寸等)未能完整显示，但仍然要标注其完整尺寸，如图 6-15(d)所示。此时尺寸线应略超过对称线，并只在一端画出箭头，如：$\varnothing$25、50 等，$\varnothing$25 表示孔的直径，50 表示上底板的宽度。

(5)当机件接近于对称，且不对称部分已在其他视图中表达清楚时，也可采用半剖视图，如图 6-16 所示。

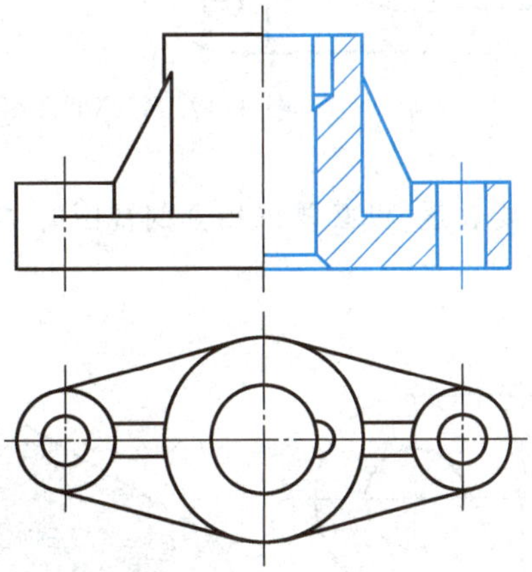

图 6-16　机件接近于对称的半剖视图

3. 局部剖视图

用剖切面将机件局部地剖开所得的剖视图称为局部剖视图，通常用波浪线表示剖切范围。如图 6-17 所示的箱体，其顶部有一圆台，箱体内部从上至下开有阶梯孔，左前方有一圆孔，底部为带有四个安装孔的底板，箱体前后、左右、上下都不对称。为了兼顾内外结构的表达，将主视图画成两个不同剖切位置的局部剖视图。在俯视图中，为了保留顶部外形，采用“*A—A*”剖切位置的局部剖视图。

局部剖视图一般用于内、外形均需表达的不对称机件。局部剖视图是一种比较灵活的表达方法，不受机件结构是否对称的限制，剖切范围也可根据实际需要选取。但在一个视图中过多地选用局部剖视图，则使视图显得支离破碎，给读者带来识图的困难，因此选用时应考虑看图的方便。

(1)局部剖视图的适用范围

①当机件的内形和外形需要在一个视图中兼顾表达，机件又不对称时，应采用局部剖视图，如图 6-17 所示的箱体。

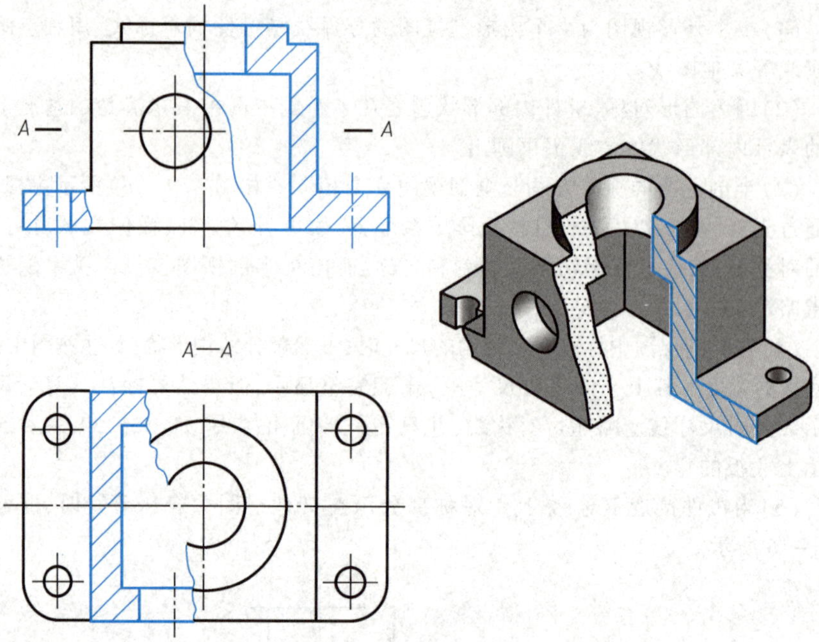

视频

图6-17

图 6-17　局部剖视图

②当机件只有部分内形需要表达，没必要采用全剖视图时，应采用局部剖视图，如图 6-18 所示。

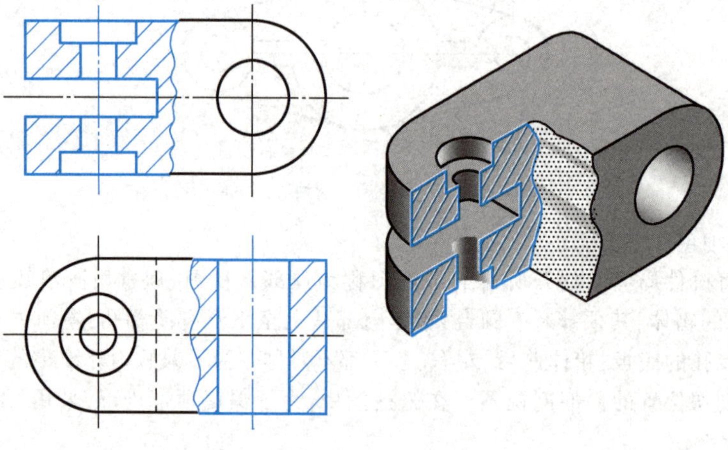

图 6-18　不宜采用全剖视图的机件

③当机件虽为对称结构，但视图中的对称线与轮廓线重合时，不宜采用半剖视图，应采用局部剖视图，如图 6-19 所示。

④实心轴、杆上有孔或槽等内部结构需要表达时，应采用局部剖视图，如图 6-20 所示。

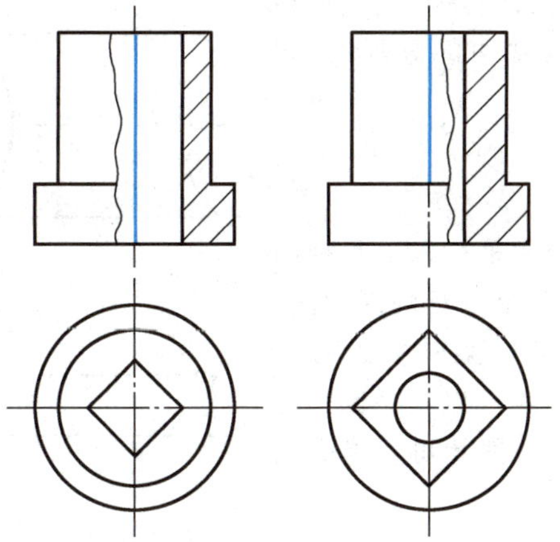

图 6-19　对称中心线与其他图线重合时的局部剖视图

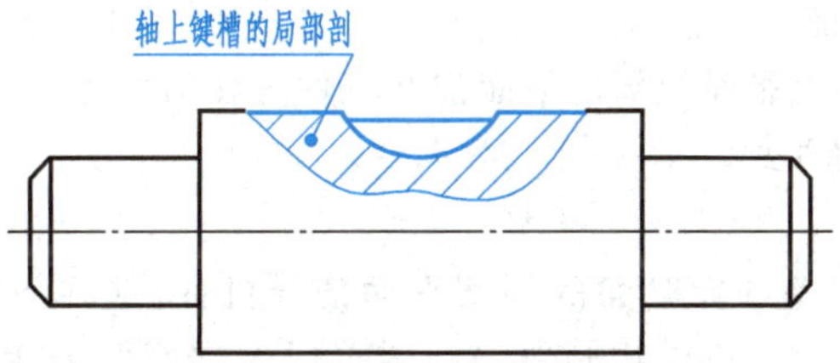

图 6-20　实心杆上需要表达的内部结构

(2)局部剖视图的画法及标注

①波浪线相当于剖切部分的表面断裂线,因此波浪线不应画在剖切平面与观察者之间的通孔、通槽内或超出剖切范围轮廓线之外,如图 6-21(b)所示。

②局部剖视图与视图之间用波浪线分界分割,波浪线不可与图形轮廓线重合,如图 6-21(c)所示。

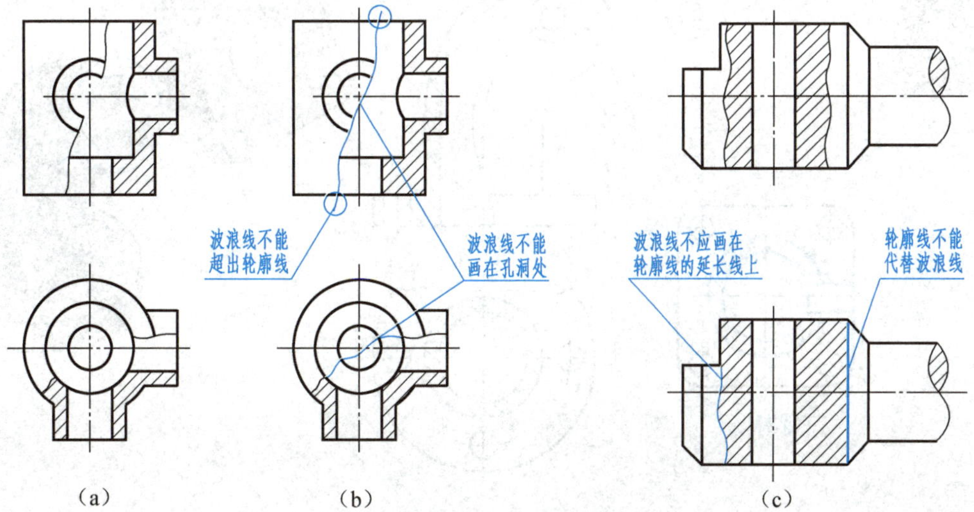

图 6-21　局部剖视图中波浪线的正误画法

③当被剖切部分的结构为回转体时，允许将该结构的中心线作为剖视与视图的分界线，如图 6-22 所示。

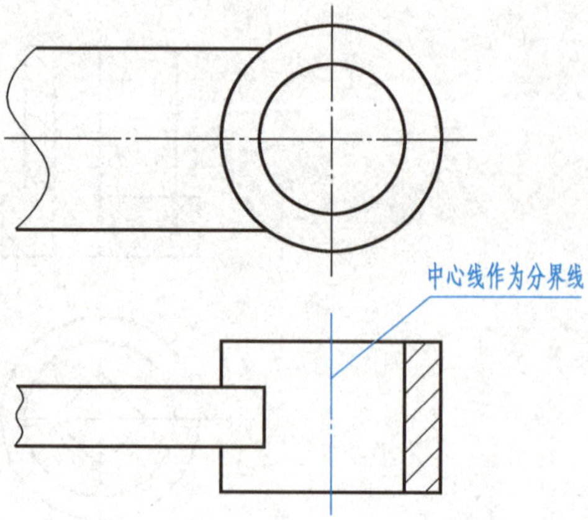

图 6-22　中心线作为分界线的局部剖视图

6.2.4　剖切面的分类

根据机件的结构特点，通常采用以下几种剖切面剖开机件：单一剖切面、几个平行的剖切面、几个相交的剖切面（交线垂直于某一投影面）。这些剖切面通常为平面，有时也可以是柱面。无论采用哪种剖切面剖开机件，一般均可获得全剖视图、半剖视图和局部剖视图。

1. 单一剖切面

单一剖切面包括单一平行剖切平面、单一斜剖切平面、单一剖切柱面。

（1）单一平行剖切平面

用一个平行于某基本投影面的剖切平面剖开机件。如前所述的全剖视图、半剖视图和局部剖视图都采用了这种剖切方式。

（2）单一斜剖切平面

用一个不平行于任何基本投影面的剖切平面剖开机件，这种剖切方法通常称为斜剖。如图 6-23 所示的机件，由于其上部结构倾斜，为了表达孔及端面形状，用一个平行于端面的剖切面切开机件，并向平行于该剖切平面的投影面投射得到斜剖视图 A-A。

视频

图6-23

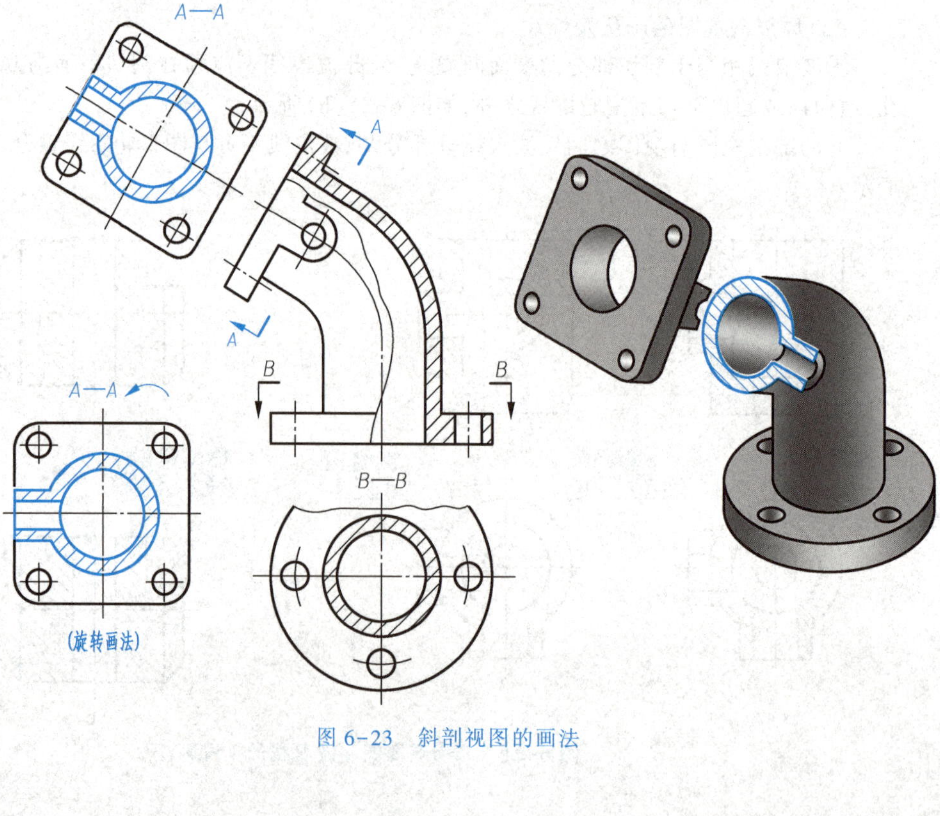

图 6-23　斜剖视图的画法

画斜剖视图时应注意：斜剖视图标注不能省略；为了看图方便，斜剖视图最好按照投影关系配置在箭头所指方向，必要时允许将图形配置在其他位置；在不引起误解的情况下，为了合理利用图纸，也可将图形旋转放正，但必须标注“*X—X*”，同时加注旋转符号，箭头靠近字母，如图 6-23 中的旋转画法。

(3)单一剖切柱面

用一个圆柱面将机件剖开，如图 6-24 中所示的 *B-B* 剖视图。采用单一柱面剖切机件时，剖视图一般应按展开绘制，标注时应在图名后加注展开符号。

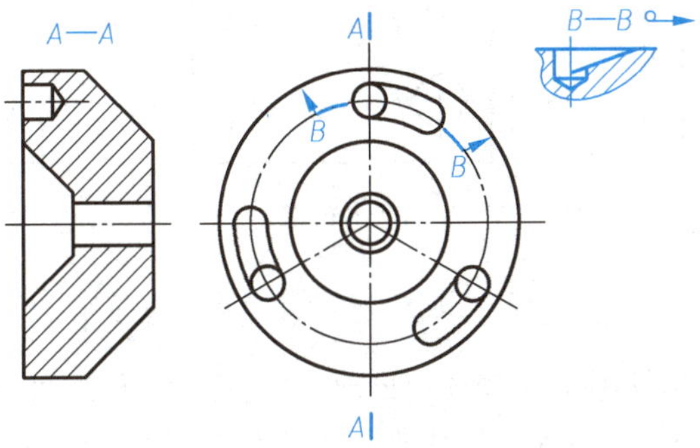

图 6-24　单一柱面剖切

2. 几个平行的剖切平面

当机件内形层次较多，用一个剖切平面不能同时剖到几个内形结构时，可采用几个平行的剖切平面剖开机件，这种剖切方式称为阶梯剖。如图 6-25 所示，机件左侧有两个圆柱孔和长圆孔，右侧有一个圆柱孔，这些孔的轴线不在同一个平面内，用一个剖切平面无法同时剖到全部内形。假想用三个互相平行的剖切平面来剖切（一个剖切左侧圆孔，一个剖切长圆孔，另一个剖切右侧圆孔），三部分所剖结合，就构成了阶梯剖视图。

绘制阶梯剖视时应注意以下几点。

(1)画阶梯剖视时，应在剖切平面的起止、转折处画出剖切符号，并标注相同的拉丁字母（当空间狭小时，转折处可省略字母），同时用箭头指明投射方向，并在剖视图上方注明相应的字母，如图 6-25 所示。

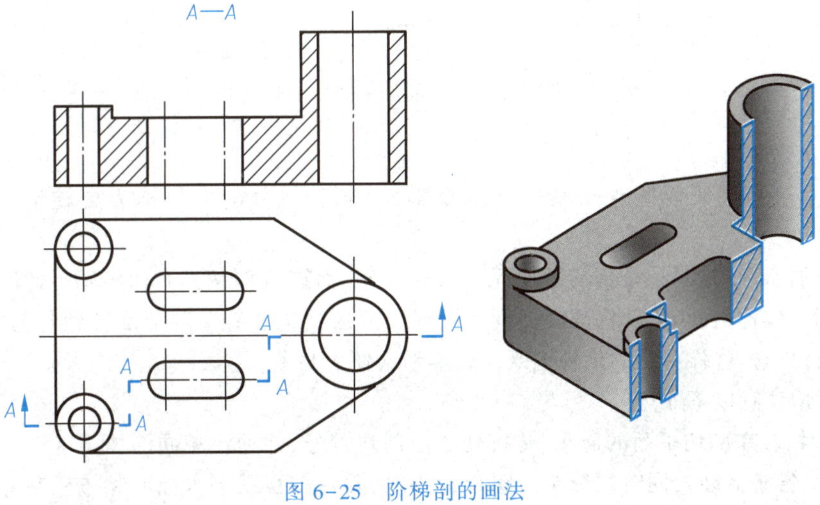

视频

图6-25

图 6-25　阶梯剖的画法

(2)因为剖切是假想的,所以在视图中不应画剖切平面转折处的投影,如图 6-26(a)、(b)所示。转折处也不应与机件的轮廓线重合,如图 6-26(c)所示。

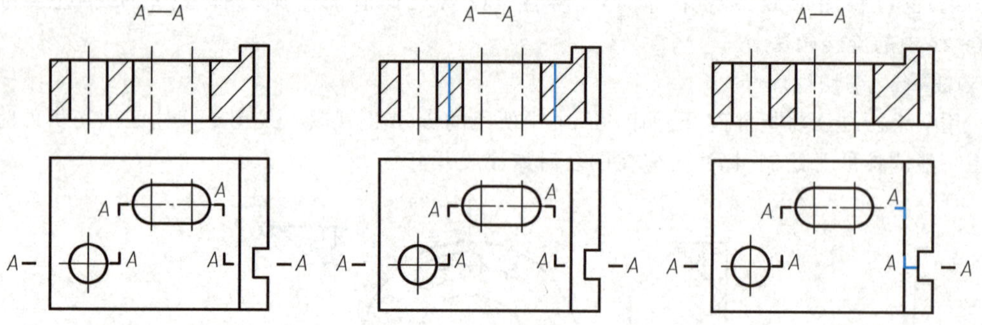

(a) 正确　　(b) 错误　　(c) 错误

图 6-26　阶梯剖视图画法常见错误

(3)合理选择剖切位置,不应在剖视图内出现不完整要素,仅当两个要素具有公共对称中心线或轴线时,可以对称中心线或轴线为分界线各画一半,如图 6-27 所示。

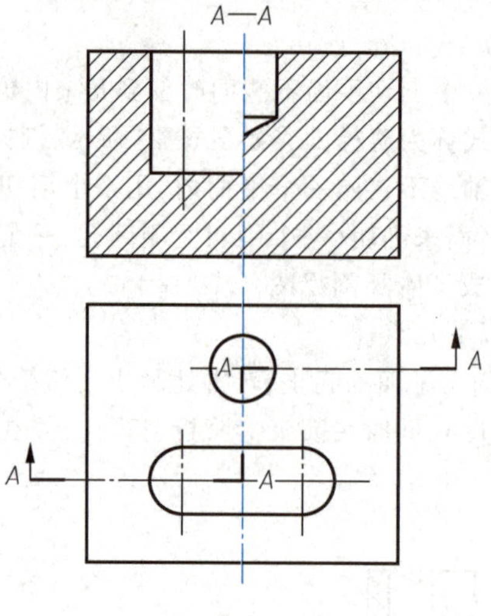

图 6-27　具有公共对称线的阶梯剖

3. 几个相交的剖切面

用两个相交的剖切平面(交线垂直于某一基本投影面)剖开机件的方法称为旋转剖,如图 6-28 所示。

图 6-28 中机件的内部结构用一个剖切平面无法表达清楚,而该机件又具有回转轴。此时,可以先假设按图示剖切位置剖开,然后将被倾斜剖切平面剖开的结构及有关部分旋转到与基本投影面平行后,再进行投射,这样得到的剖视图既反映实形又便于画图。

绘制旋转剖视时应注意以下几点:

(1)画旋转剖视时,应在剖切平面的起止、转折处画出剖切符号,并标注相同的拉丁字母(当空间狭小时,转折处可省略字母),同时用箭头指明投射方向,并在剖视图上方注明相应的字母,如图 6-28 所示。

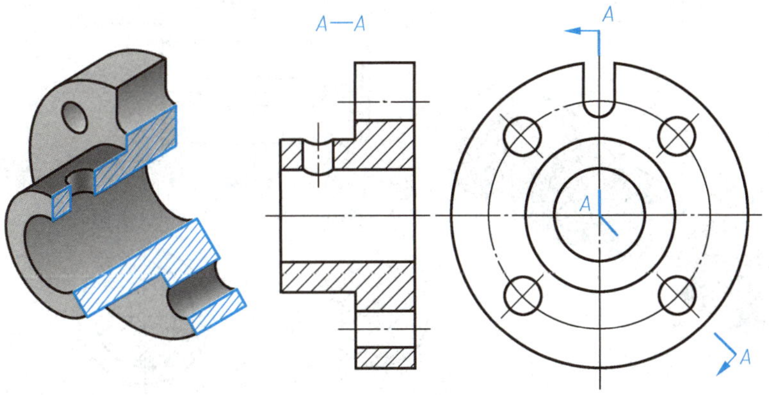

视频

图6-28

图 6-28　旋转剖视的画法

(2)在剖切平面后的其他结构一般应按原来的位置画出,图 6-29 俯视图中的油孔,在表达时按照它在主视图中的位置直接投射。

(3)当剖切后产生不完整要素时,应将此部分按不剖绘制,图 6-30 机件的中臂按不剖绘制。

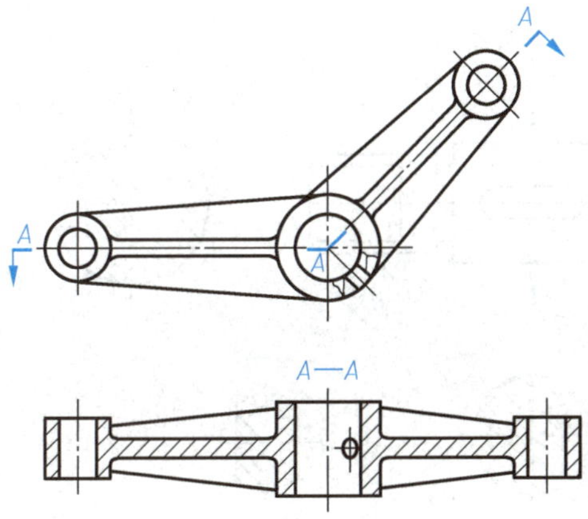

图 6-29　旋转剖的画法(一)

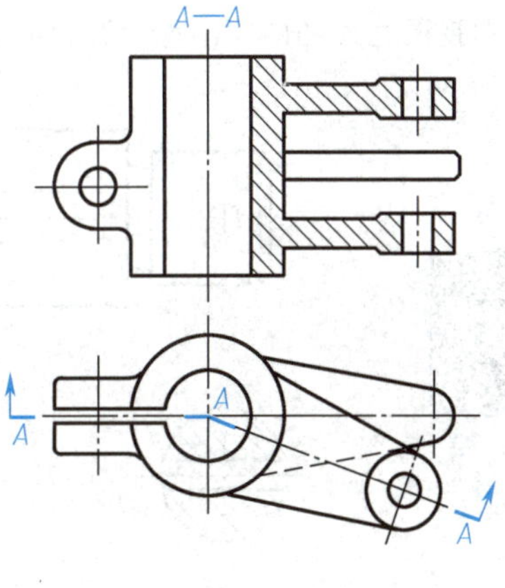

图 6-30　旋转剖的画法(二)

6.3　断面图

6.3.1　基本概念

假想用剖切面将机件的某处切断,仅画出该剖切面与机件接触部分的图形称为断面图(简称断面)。

如图 6-31 所示的轴,主视图表达了键槽的形状和位置,键槽的深度既可以用剖视图表达,也可以用断面图表达。二者的区别为:断面图是面的投影,只需画出机件的断面形状;而剖视图是体的投影,除了画出断面的形状外,还需画出投射方向上断面之后的可见部分。由此发现,用断面图表达的图形更清晰、简洁,同时也便于标注尺寸。

视频

图6-31

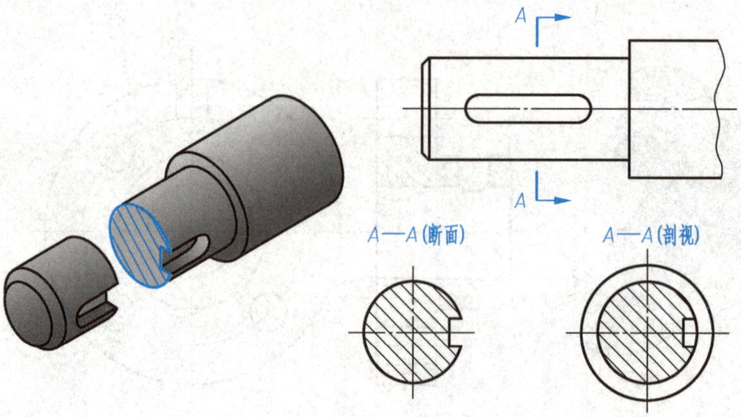

图 6-31　断面图的形成及其与剖视图的区别

断面图主要用来配合视图表达肋板、轮辐、型材，以及带有孔、洞、槽的轴等。根据配置的位置不同，断面图可分为移出断面图和重合断面图两种。

6.3.2　断面图的种类

1. 移出断面图

画在视图之外的断面图称为移出断面图，如图 6-32 所示。

视频

图6-32

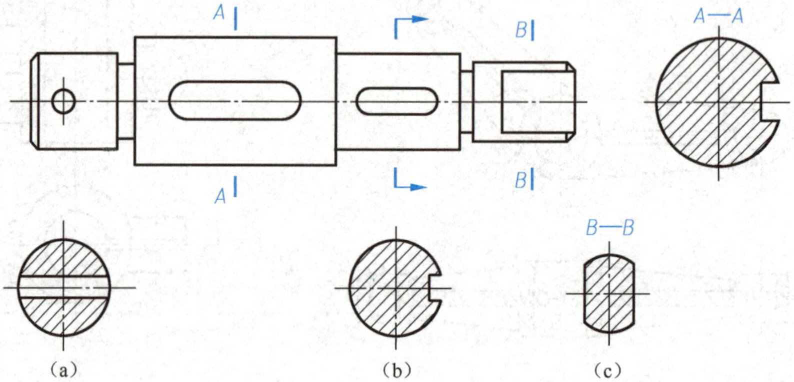

图 6-32　移出断面图

(1)移出断面图的画法及注意事项

①移出断面图的轮廓线用粗实线绘制，剖面区域要画剖面符号。

②为了表达机件断面的真实形状，剖切平面一般应垂直于机件的主要轮廓线或轴线，如图 6-33(a)所示肋板的断面图。

③由两个或多个相交平面剖切得到的移出断面图，中间应断开绘制，如图 6-33(b)所示。

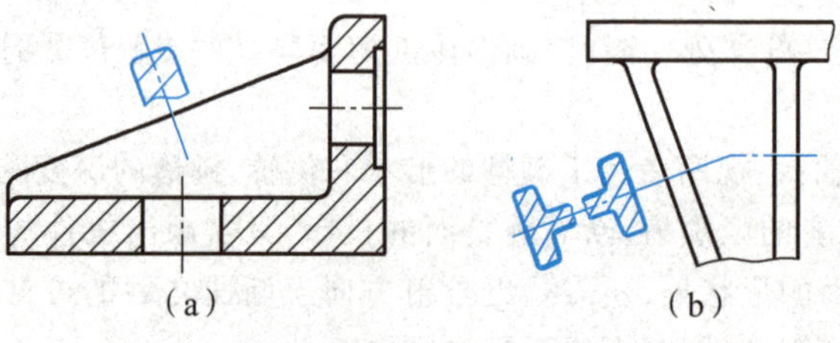

图 6-33　移出断面图的规定画法(一)

④当剖切面通过回转面形成的孔或凹坑的轴线时，这些结构应按剖视绘制，如图 6-34 所示。当剖切面通过非圆孔，会导致出现完全分离的两个断面时，这些结构也按剖视绘制，在不致引起误解时，允许将图形转正，如图 6-35 所示。

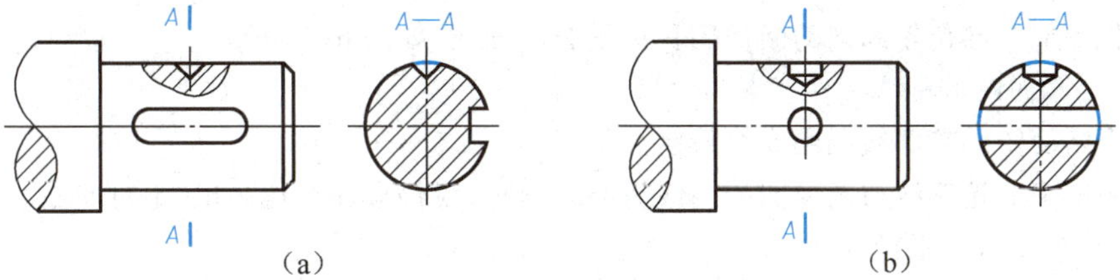

图 6-34　移出断面图的规定画法(二)

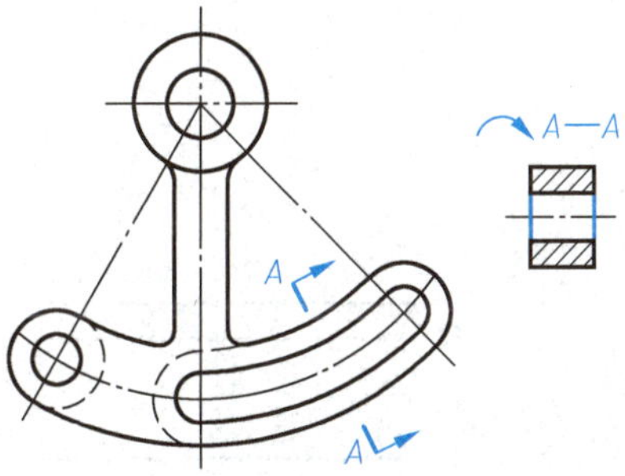

图 6-35　移出断面图的规定画法(三)

⑤当移出断面图对称时，断面图可画在视图的中断处，如图 6-36 所示。

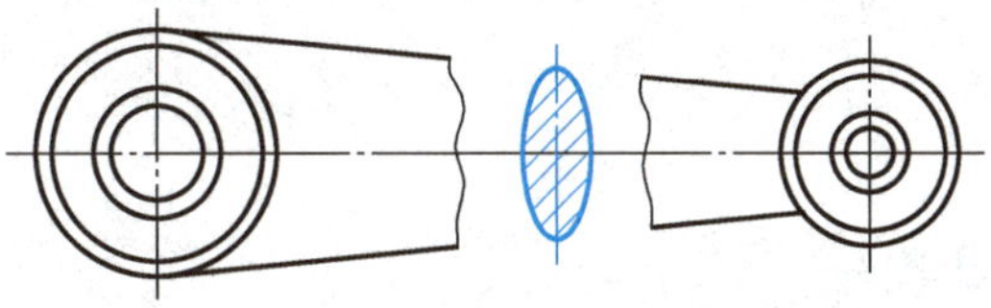

图 6-36　移出断面图的规定画法(四)

(2)移出断面图的标注

移出断面图的标注与剖视图的标注基本相同，一般应在上方用大写拉丁字母注出断面图的名称，在相应的视图上用剖切符号表示剖切位置及投射方向，并标上相同的字母。在实际画图时，根据配置位置的不同，可以省略某些标注。

①移出断面图应尽量配置在剖切线的延长线上，如图 6-32(a)、(b)所示，也可以配置在其他适当的位置，如图 6-32 中的 *B-B* 断面图。

②配置在剖切符号延长线上的对称移出断面图[图 6-32(a)]，以及配置在视图中断处的对称移出断面图(图 6-36)，只需画出剖切线(细点画线)，省略标注。

③不对称移出断面图,可省略字母,如图 6-32(b)所示。

④不配置在剖切符号延长线上的对称移出断面图,以及按投影关系配置在基本视图位置上的不对称移出断面图,均可省略箭头,如图 6-32(c)、图 6-34 所示。

2. 重合断面图

画在视图剖切部位轮廓内的断面图称为重合断面图,如图 6-37 所示。

(1)重合断面图的画法及注意事项

①重合断面图的轮廓线用细实线绘制。

②当视图中的轮廓线与断面图的图线重叠时,轮廓线仍应连续地画出,不可间断。

(2)标注的重合断面图注意事项

①对称的重合断面图不加任何标注,其对称中心线即是剖切线,如图 6-38(a)所示。

②不对称重合断面图的图形一侧应与剖切线对齐,不必标注字母,但仍需标注剖切符号和投射方向的箭头,如图 6-38(b)所示。

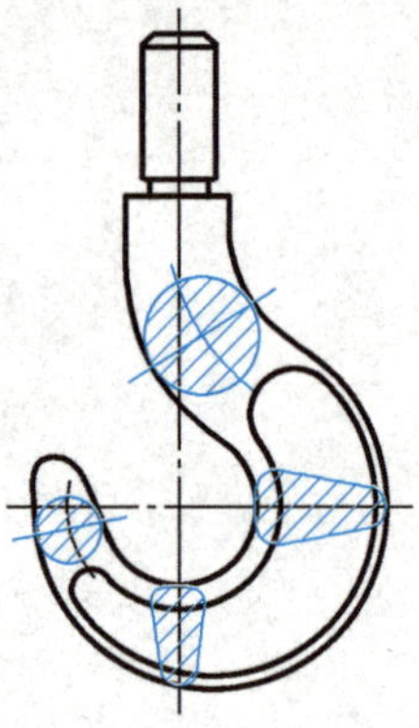

图 6-37　重合断面图的规定画法(一)

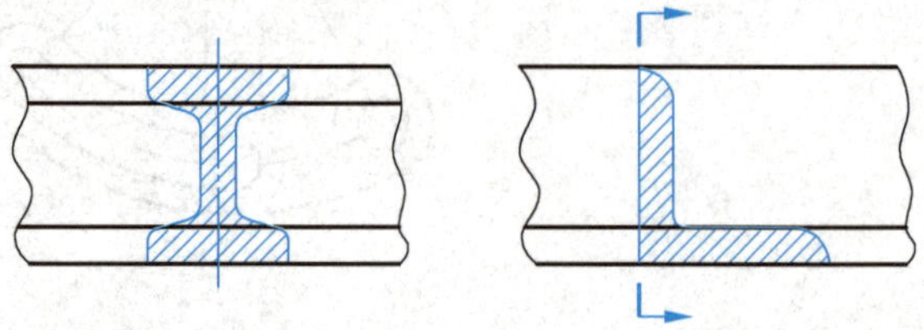

(a)对称的重合断面图　(b)不对称的重合断面图

图 6-38　重合断面图的规定画法(二)

6.4　图样的其他画法

6.4.1　局部放大图

1. 局部放大图的基本概念

机件上的一些细小结构,经常由于图形过小而表达不清楚或标注尺寸的位置不够,如图 6-39 中Ⅰ、Ⅱ两处的结构。此时,可将机件的部分结构用大于原图所采用的比例画出,这样的表达方式称为局部放大图。

2. 局部放大图的画法及注意事项

(1)局部放大图根据表达需要,可以画成视图、剖视图、断面图,它与被放大部分的表达方式无关,图 6-39 中的Ⅱ处。

(2)局部放大图应尽量配置在被放大部位的附近。

(3)画局部放大图时,除螺纹的牙型、齿轮、链轮的齿形外,其余应用细实线圈出放大部位,如图 6-39 所示。

(4)当同一机件上有几个被放大的部分时,应用大写罗马数字依次标明被放大的部位,并在局部放大图的上方标出相应的罗马数字和所采取的比例,如图 6-39 所示。

(5)当机件上只有一处被放大的部位时,只需在局部放大图上方注明所采用的比例。

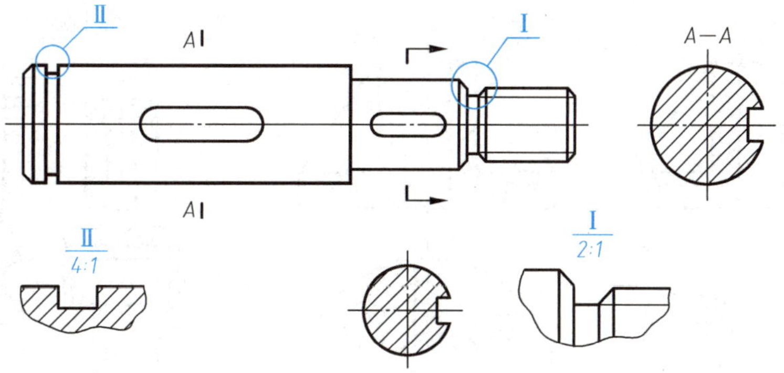

图 6-39　局部放大图

(6)局部放大图上所标注的放大比例,是指图形中该结构的线性尺寸与机件中该结构的实际线性尺寸之比,并不是与原图的比例。

6.4.2　简化画法

在不影响机件形状和结构的表达完整、清晰的前提下,国标规定了一些表达机件的简化画法,以减少绘图的工作量,提高设计效率及图样的清晰度,加快设计进度。按照 GB/T 4458.1—2002、GB/T 13361—2012、GB/T 16675.1—2012 中的规定,本节归纳介绍几种常用的简化画法,以便读者使用。

1. 机件上肋、轮辐及薄壁的简化画法

(1)机件的肋、轮辐及薄壁等结构,当纵向剖切时(剖切平面平行于它们的厚度表面),该结构不画剖面符号,只需用粗实线将它与相邻部分分开,如图 6-40 中左视图所示。

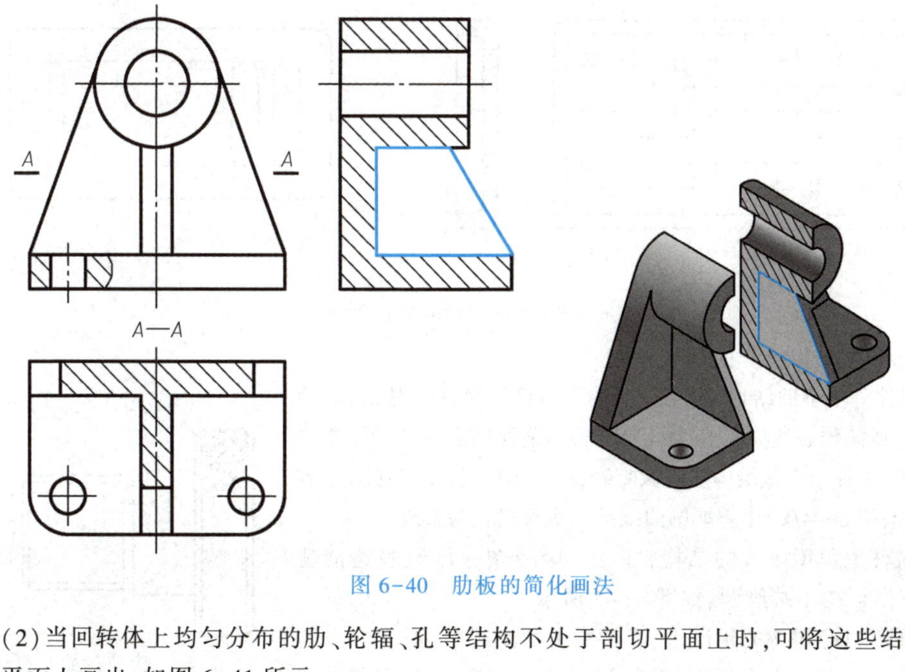

图 6-40　肋板的简化画法

(2)当回转体上均匀分布的肋、轮辐、孔等结构不处于剖切平面上时,可将这些结构旋转到剖切平面上画出,如图 6-41 所示。

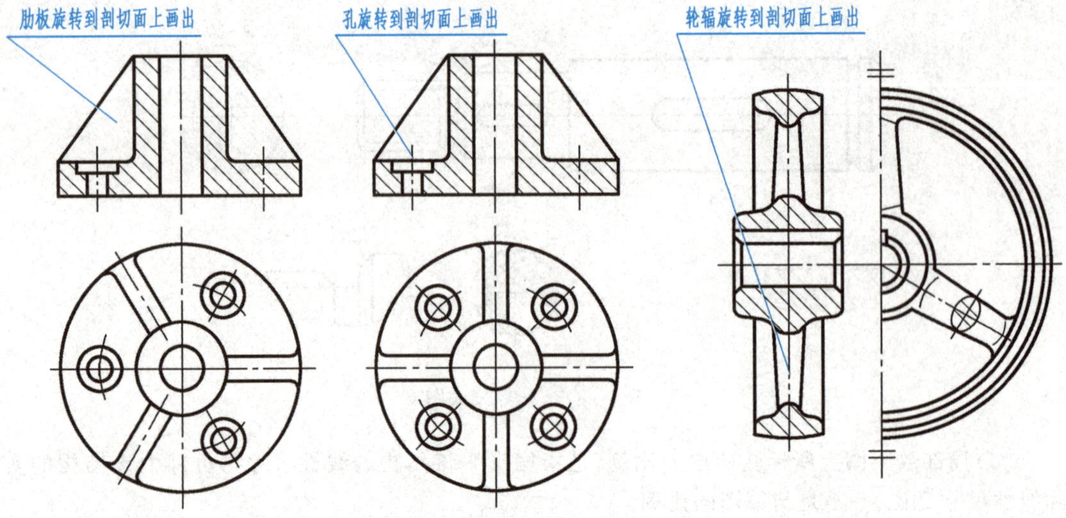

图 6-41　肋板、轮辐和孔的简化画法

2. 相同结构的简化画法

(1)当机件上具有若干个形状相同且成规律分布的孔时,可以仅画出一个或几个,其余只需用细点画线表示其中心位置,在零件图中应注明孔的总数,如图 6-42(a)所示。

(2)当机件上具有若干相同的结构(如齿、槽等),并按一定规律分布时,只需画出几个完整的结构,其余用细实线连接,在零件图中应注明该结构的总数,如图 6-42(b)所示。

(3)机件上的滚花部分或网状物、编织物,可在轮廓线附近用粗实线局部示意画出,在零件图上的技术要求中应注明这些结构的具体要求,如图 6-43 所示。

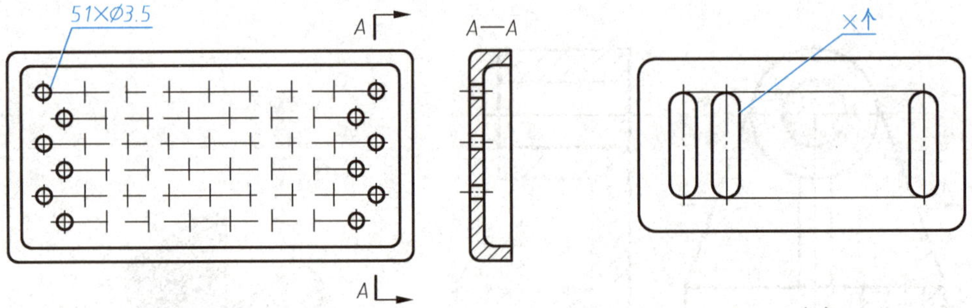

图 6-42　相同结构的简化画法

3. 较小结构和斜度的简化画法

(1)机件上较小的结构,当在一个视图中已经表达清楚时,其他视图可省略或简化表达。图 6-44(a)中,移出断面图表达清楚了机件左端的结构,主视图中该结构省略截交线,简化画出;图 6-44(b)中省略了相贯线;图 6-44(c)中将非圆曲线的相贯线简化为直线。

(2)机件上斜度不大的结构,如在一个视图中已经表达清楚时,其他图形可按小端绘制,如图 6-45 所示。

(3)在不引起误解的情况下,零件图中的小圆角、锐边的小圆角或 45°小倒角允许省略不画,但须注明尺寸或在技术要求中加

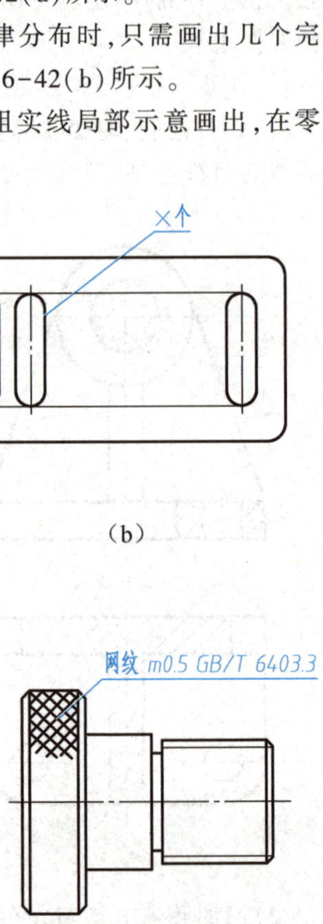

图 6-43　滚花的简化画法

以说明，如图 6-46 所示。

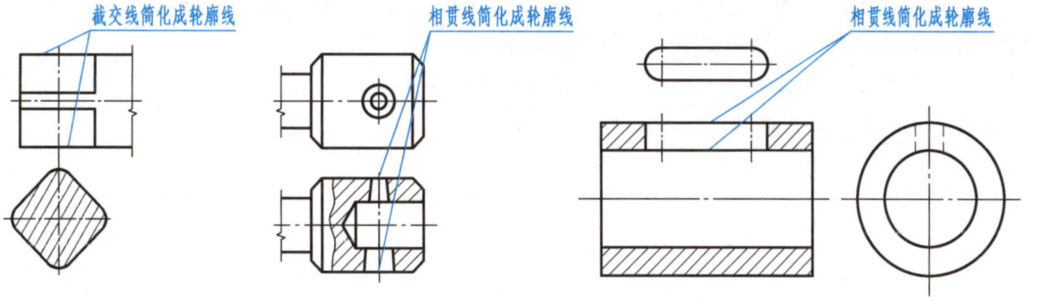

（a）　（b）　（c）

图 6-44　较小结构的简化画法

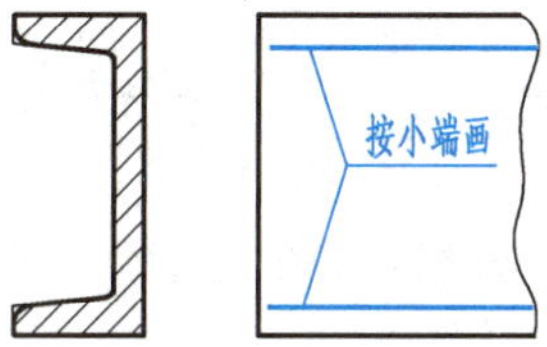

图 6-45　小斜度的简化画法

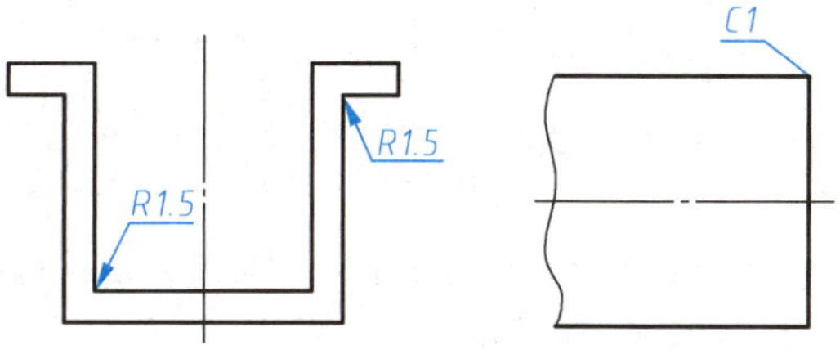

图 6-46　小圆角和倒角的简化画法

（4）与投影面倾斜角度小于或等于 30°的圆或圆弧，其投影可用圆或圆弧代替，如图 6-47 所示。

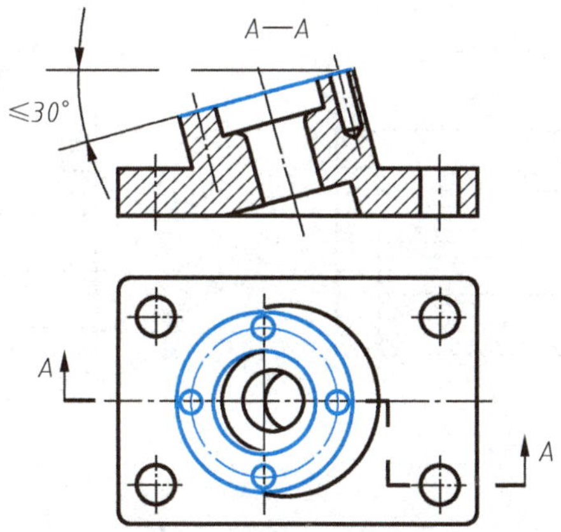

图 6-47　小倾斜圆的简化画法

4. 较长机件的简化画法

对于较长的机件，若沿长度方向的形状一致或按一定规律变化时，可断开绘制，如图 6-48 所示，断开之后需用细波浪线或双折线绘制其断裂边，但标注尺寸时仍需按照实际长度进行标注。

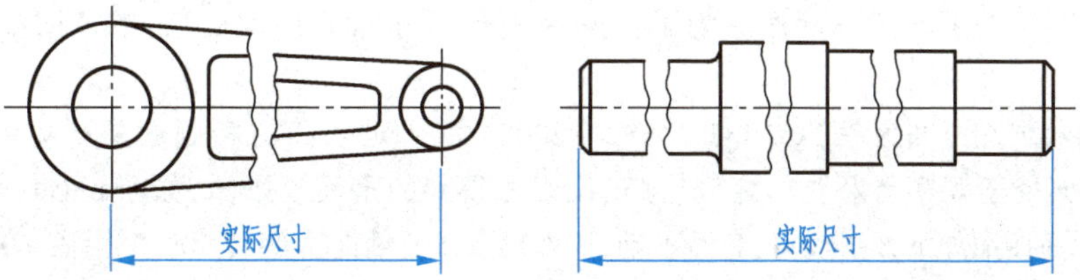

（a）　（b）

图 6-48　较长机件的简化画法

5. 其他简化画法

(1)在不致引起误解的情况下,零件图中的移出断面图,允许省略剖面符号,如图 6-49 所示,但剖切位置和断面图仍需按国标规定进行标注。

(2)当图形不能充分表达平面时,在不增加视图、剖视图及断面图的前提下,可用平面符号(相交两细实线)表示平面,如图 6-50 所示。

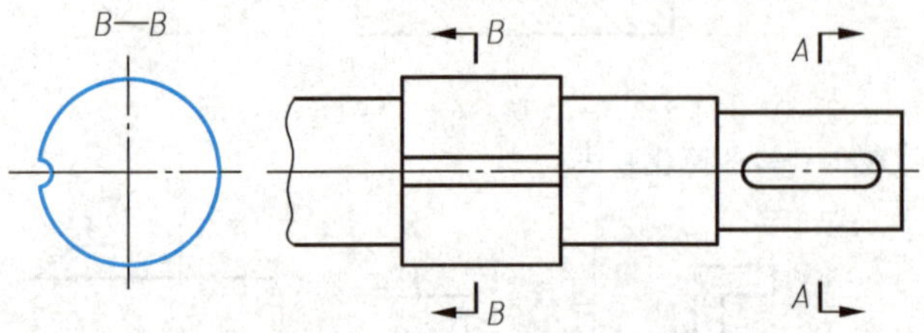

图 6-49 断面图的简化画法

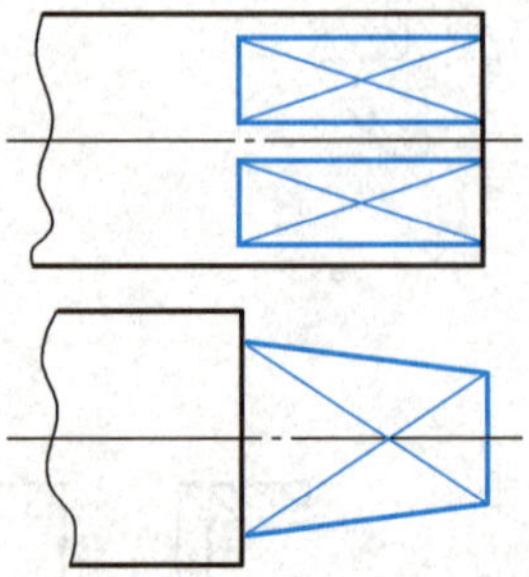
图 6-50 平面的表示法

(3)在需要表示位于剖切平面前面的结构时,这些结构按假想投影的轮廓线(细双点画线)绘制,如图 6-51 所示。

(4)圆柱形法兰以及类似零件上均匀分布的孔,可按图 6-52 所示的方法画出。

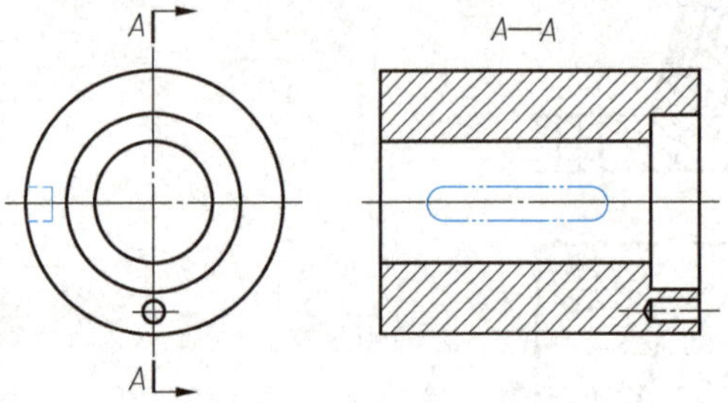

图 6-51 剖面前结构的表示法

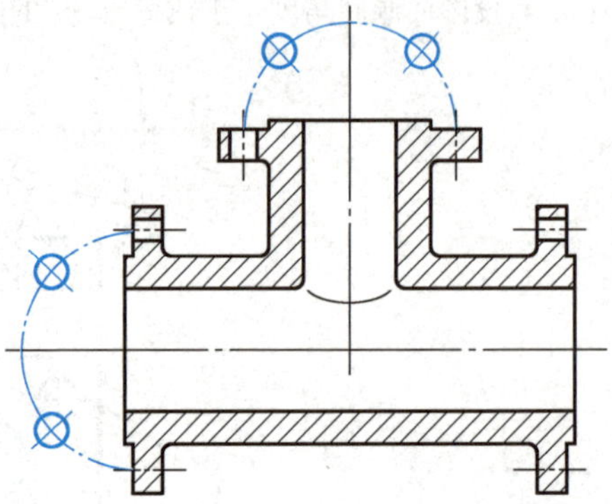
图 6-52 法兰的简化画法

6.5 第三角画法简介

6.5.1 第三角画法的概念及其三视图

三个互相垂直的投影面将空间分为八个分角,如图 6-53 所示。我国采用第一角画法,而美国、日本等国家采用第三角画法。为了更好地进行国际间的技术交流,本节简要介绍第三角画法。

按照《技术制图 投影法》(GB/T 14692—2008)中的规定,第三角画法是将物体置于第三分角内,即投影面处于观察者和物体之间,用正投影法得到的多面投影图,如图 6-54(a)所示。

三个投影面按照如下方法展开:V 面不动,H 面沿着 OX 轴向上旋转 90°,W 沿着 OZ 轴向前旋转 90°,得到如图 6-54(b)所示的三视图,三个视图之间仍然保持长对正、高平齐、宽相等的三等关系。

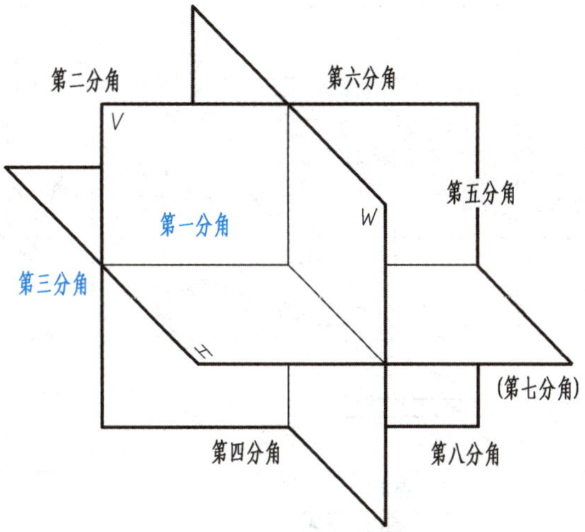

图 6-53　八个分角

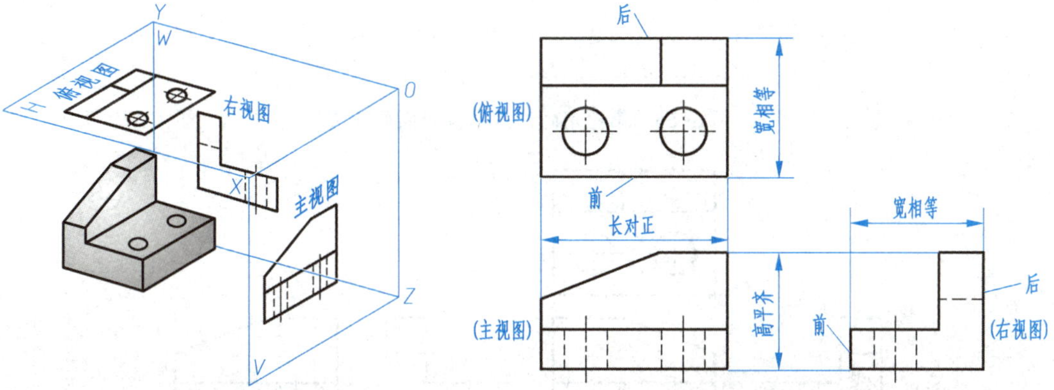

(a) 第三角投影　　(b) 第三角画法的三视图

图 6-54　第三角画法

6.5.2　第三角画法的基本视图及配置

在第三角画法的投影中,可假设各投影面均为透明的,使投影面处于观察者和物体之间,然后将物体向各投影面进行投影,再按照图 6-55 所示方法展开各投影面,得到第三角画法的六个基本视图,如图 6-56 所示,分别是:

主视图——由前向后投射所得的视图;

俯视图——由上向下投射所得的视图,配置在主视图的上方;

右视图——由右向左投射所得的视图,配置在主视图的右方;

左视图——由左向右投射所得的视图,配置在主视图的左方;

仰视图——由下向上投射所得的视图,配置在主视图的下方;

后视图——由后向前投射所得的视图,配置在右视图的右方。

当第三角画法的六个基本视图如图 6-56 所示进行配置时,不需注写视图名称。

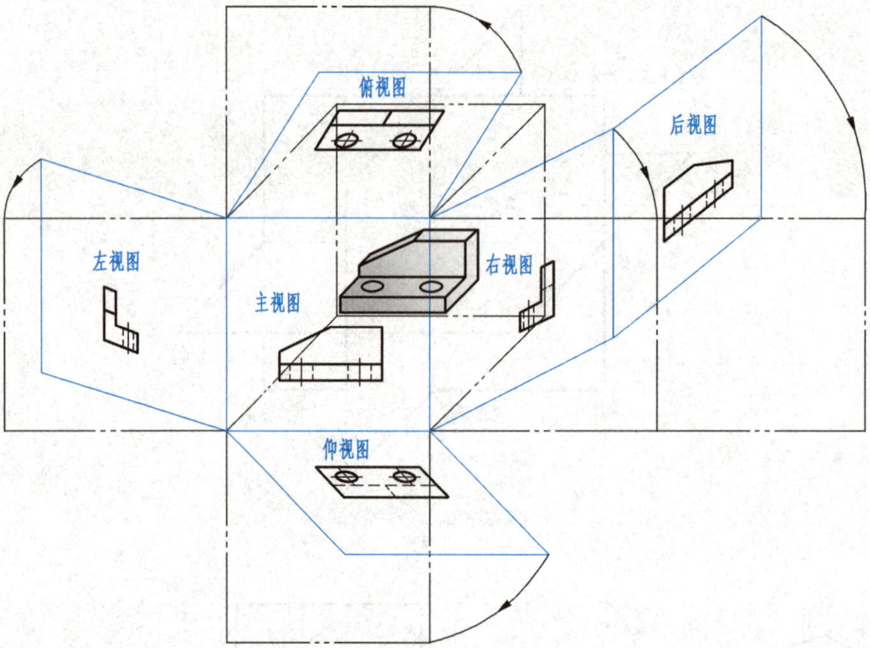

图 6-55　第三角画法基本投影面展开法

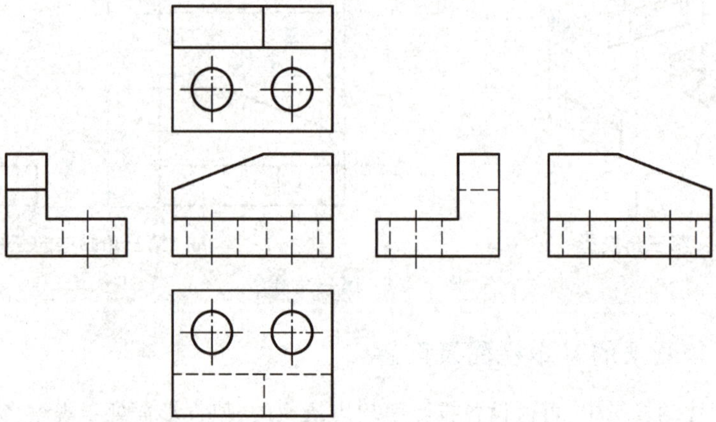

图 6-56　第三角画法的六个基本视图

采用第三角画法绘图时，必须在图样中画出第三角画法的识别符号，如图 6-57 所示。

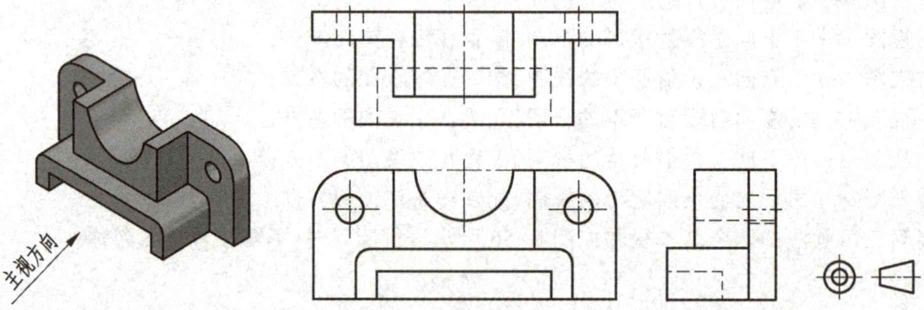

图 6-57　第三角组合体三视图的画法

第三角画法与第一角画法均采用正投影法，按正投影法的投影规律进行绘图。两种画法均保持三等关系。只是物体所在分角不同，观察者、物体、投影面之间的相对位置关系不同，投影后所得各视图的配置也不同。为了便于识别第三角画法与第一角画法，国家标准规定了相应的识别符号（参见 GB/T 14692—2008）。

6.6 图样画法综合应用举例

机件的表达方法多种多样，前面介绍了视图、剖视图、断面图、简化画法等，在实际应用中，应根据零件的结构特点进行具体分析，综合运用各种表达方法，完整、清晰、简明地表示出零件的内外结构形状。选择视图时要注意，每个视图都应具有明确的表达内容，它们之间又要互相联系，同时还要避免过多地重复表达，力求简化绘图工作，下面举例说明。

图 6-58 为一减速器箱体的立体图，试选择箱体的表达方案。

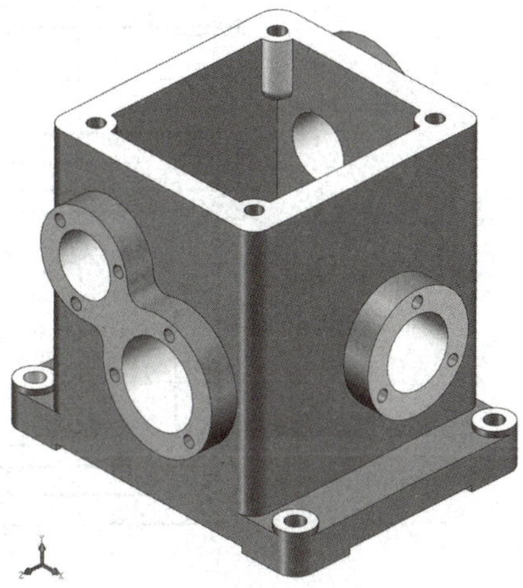
图 6-58 减速器箱体的立体图

1. 形体分析

主视图按箭头所示方向选取。箱体大致由底板、空心四棱柱、凸台三大部分构成。底板四个角孔的位置上、下均有凸台；箱体内部有方形空腔并且左边内部有一凸台，顶端四个角上分别有四个螺纹孔；箱体前、后、左、右都有不同结构的凸台，凸台上都开有与箱体内部相通的轴孔，并且凸台上都加工有均布的螺孔；箱体前后、左右、上下均不对称。

2. 选择表达方案（图 6-59）

（1）主视图

用几个平行的剖切平面进行剖切获得局部剖视图 *A—A*，它既表达了箱体内部的结构形状，又保留了前面凸台的形状及螺孔的分布情况。

（2）俯视图

用外形视图表达顶部和底板的结构形状，对左上方凸台进行局部剖切表达出左上方轴孔为通孔，同时用简化画法表达出该凸台上螺孔的深度。

（3）左视图

用全剖视图表达箱体的内部结构形状，同时用简化画法表达出箱体前、后方向凸台上螺孔的深度。

（4）其他视图

用 *D* 向局部视图表达箱体左边凸台的形状和螺孔的相对位置；用 *E* 向局部视图表达箱体右边外形；用 *F* 向局部视图表达底板下面凸台的形状；用 *C—C* 剖切的局部视图表达箱体左边内部凸台的形状。

同一零件的表达方案可以有多种，图 6-59 只是其中之一，读者可以通过分析确定其他表达方案，从中选择最佳方案。

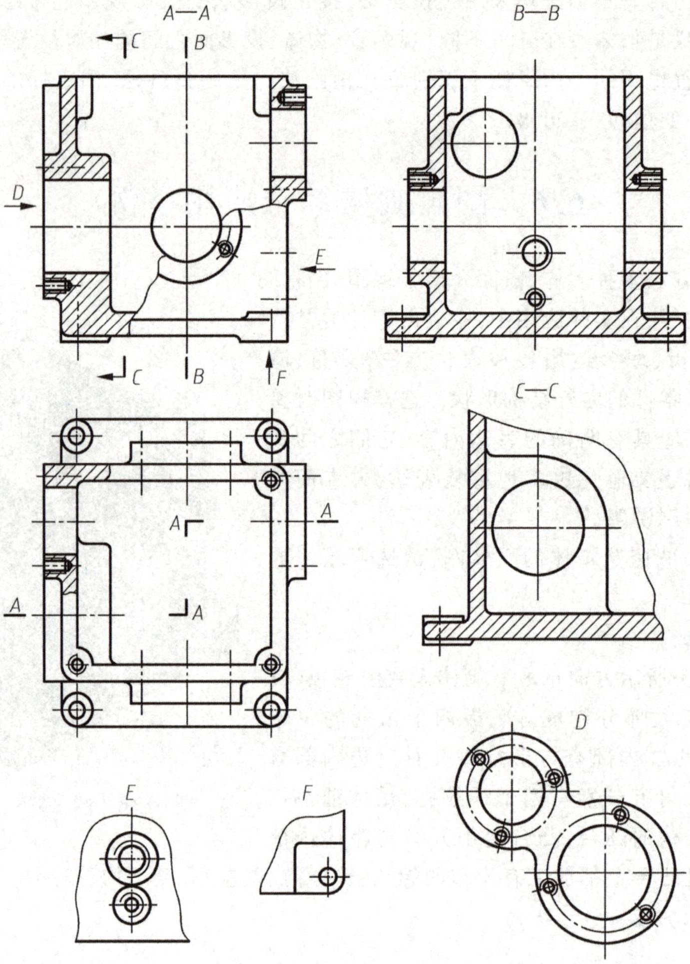

图 6-59　减速器箱体的表达方案

拓展阅读

《庖丁解牛》的三重境界

《庖丁解牛》是《庄子》中的一个故事，这个故事告诉我们，想要达到对事物深刻、细致的了解，就必须摸准事物的根本规律，并且要懂得利用事物的规则，通过反复的练习与实践，最终便可达到熟能生巧的境界。

第一重境界：所见莫非全牛者

庖丁最开始学杀牛的时候，看到的就是一头牛的形象，这是一个笼统含混的意象。如何下刀，如何运刀，如何收刀，各个环节如何相互配合，庖丁此时还有些模糊。

学习工程制图也是如此，初学时看到的只是简单形体本来呈现出的面貌，随着形体逐渐变得复杂，图形中线条越来越多，且虚线交错造成的层次不清，形体各结构及其背后的规律是不显现的。

第二重境界：未尝见全牛也

三年之后，庖丁技艺小成，他眼里已经没有一头完整的牛的形象了。此时，牛的形象结构化、具象化了，牛变成了牛头、牛身、牛尾、牛股、牛腱等一系列骨头与肌肉的组合。从一个无从下手的结构整体，进入到组成这个整体的细微结构，并逐层解构，人的认知也就逐渐深化。

学习工程制图时，视图、剖视图、断面图等各种表达方法就相当于庖丁手里的刀，结合对机件内、外结构的分析，合理应用表达方法形成适当的表达方案，清晰、简洁、正确地表达机件，认知也随之深化。

第三重境界：官知止而神欲行

第二重境界的目无全牛看起来已经很厉害了，但是在杀了几千头牛之后，庖丁解牛的技艺进一步提高，终于达到了“官知止而神欲行”。进入化境的庖丁，最后可以不用眼睛等感官系统就能人刀合一、游刃有余。

学习如此，做任何事情亦是如此。我们每个人都像庖丁一样，世间繁杂的事情就像是“牛”一样，如果我们可以找寻其中的规律，按照规律办事，那么就可以做到熟能生巧、游刃有余。

第 7 章　标准件和常用件

在各种机械设备中，有些被大量采用的机件，如键、销、滚动轴承、螺纹紧固件（螺栓、螺母、螺钉、垫圈）等，它们在结构要素、尺寸方面均已被标准化，称为标准件。还有些机件，如齿轮、弹簧等，它们的主要参数部分已系列化，称为常用件。本章将介绍这些标准件和常用件的基本知识和规定画法，标准件的代号、标注及有关表格的查阅方法。

7.1　螺　　纹

7.1.1　螺纹的形成和工艺结构

1. 螺纹的形成

螺纹是在圆柱或圆锥表面上沿螺旋线所形成的具有相同剖面的连续凸起和沟槽。加工在零件外表面的螺纹称为外螺纹；加工在零件内表面的螺纹称为内螺纹。在圆柱表面形成的螺纹称为圆柱螺纹，在圆锥表面形成的螺纹称为圆锥螺纹。

圆柱面上一点绕圆柱的轴线做等速旋转运动的同时，又沿一条直线做等速直线运动，这种复合运动的轨迹就是螺旋线。各种螺纹都是根据螺旋线原理加工而成的，螺纹通常采用专用刀具在机床或专用机床上加工制造。图 7-1(a)、(b)所示分别是在车床上加工外、内螺纹的方法，夹持在车床夹盘上的工件做等角速度旋转，车刀沿轴线方向做等速移动。另外，还可以用如图 7-1(c)、(d)所示板牙套制外螺纹、丝锥攻制内螺纹。

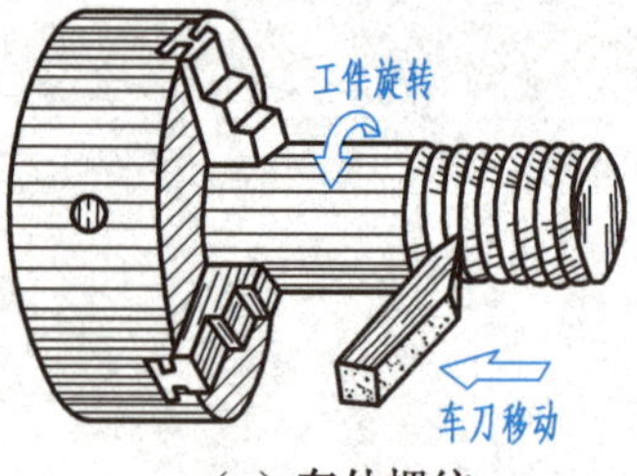

(a) 车外螺纹

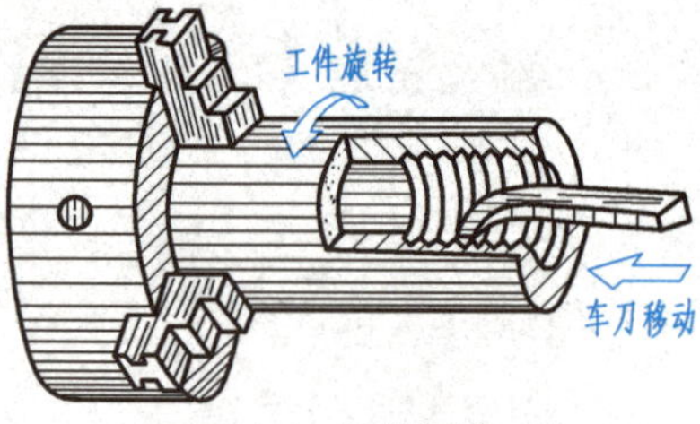

(b) 车内螺纹

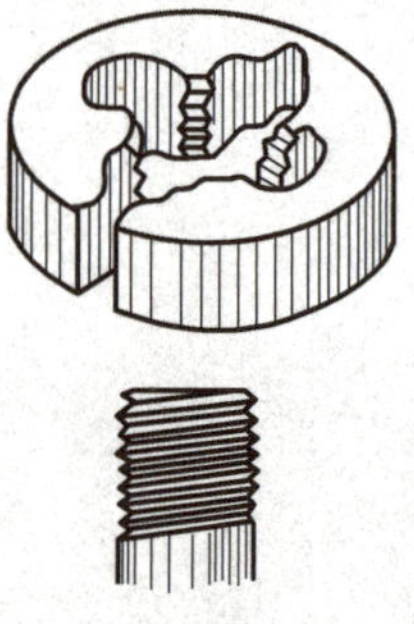
(c) 板牙套制外螺纹

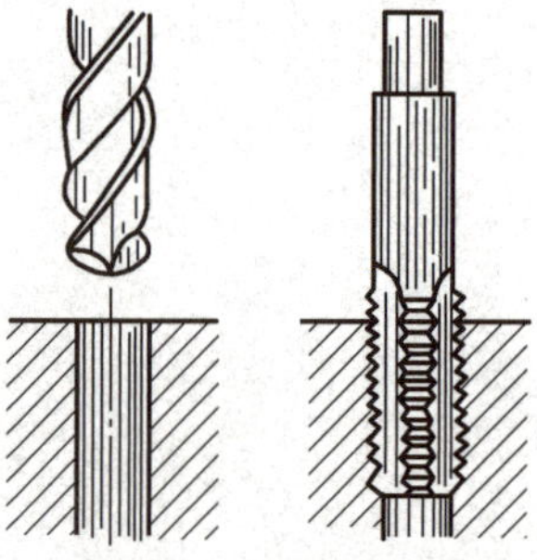
(d) 钻孔、丝锥攻制内螺纹

图 7-1　加工螺纹

2. 螺纹的工艺结构

为了便于装配和防止螺纹起始圈损坏，常在螺纹的起始处加工成一定的形状，如倒角、倒圆等，如图 7-2(a)所示。

车削螺纹时，刀具接近螺纹末尾处要逐渐离开工件，因此，螺纹收尾部分的牙型是不完整的，螺纹的这一段牙型不完整的收尾部分称为螺尾，如图 7-2(b)所示。为了避免产生螺尾，可以预先在螺纹末尾处加工出退刀槽，然后再车削螺纹，如图 7-2(c)所示。

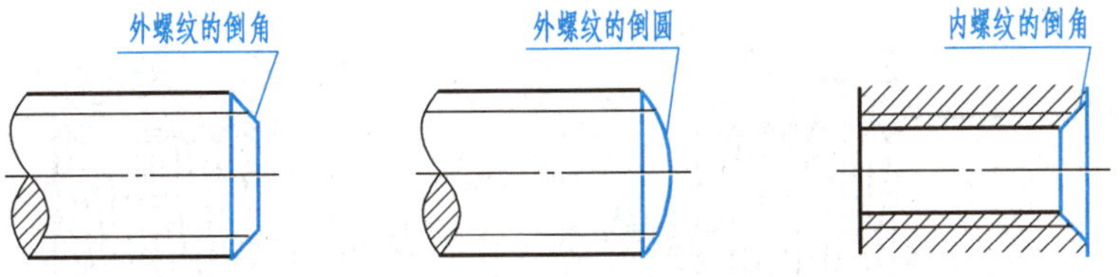

(a) 螺纹的倒角和倒圆

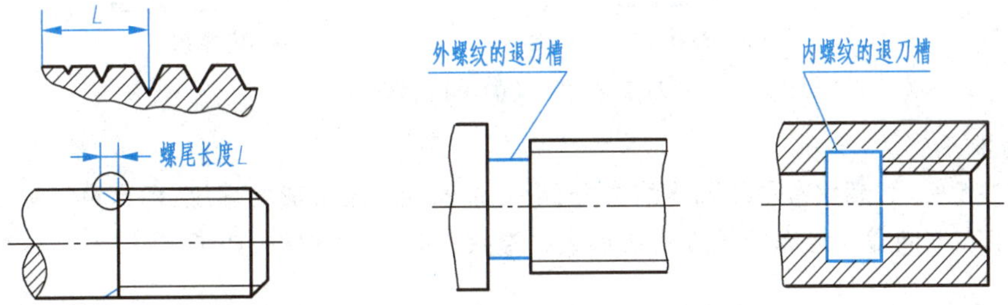

(b) 螺尾　　(c) 螺纹退刀槽

图 7-2　螺纹的工艺结构

7.1.2　螺纹的结构要素

下面介绍国家标准《螺纹　术语》(GB/T 14791—2013)中有关螺纹结构要素的术语。螺纹的结构要素包括牙型、直径、线数、螺距和导程、旋向等。

1. 牙型

牙型是在螺纹轴线平面内的螺纹轮廓形状。螺纹凸起部分顶端称为牙顶，螺纹沟槽的底部称为牙底。如图 7-3 所示，常见的螺纹牙型有三角形、梯形、锯齿形、矩形等，不同牙型的螺纹有不同的用途，如三角形螺纹用于联接，梯形、矩形螺纹用于传动等。在螺纹牙型上，两相邻牙侧之间的夹角称为牙型角，用 α 表示。

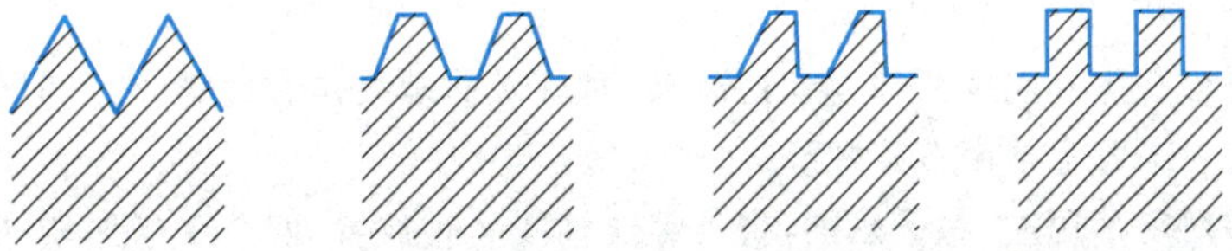

(a)三角形　(b)梯形　(c)锯齿形　(d)矩形

图 7-3　螺纹的牙型

2. 直径

螺纹直径包括螺纹的大径、小径和中径。外螺纹的大径、小径和中径分别用 d、d_1 和 d_2 来表示，内螺纹的大径、小径和中径分别用 D、D_1 和 D_2 来表示，如图 7-4 所示。

大径是指与外螺纹的牙顶或内螺纹的牙底相配合的假想圆柱或圆锥面的直径，是螺纹的公称直径。

小径是指与外螺纹的牙底或内螺纹的牙顶相配合的假想圆柱或圆锥面的直径。

中径是指一个假想圆柱或圆锥面的直径，该圆柱或圆锥面的母线通过牙型上沟槽和凸起宽度相等的位置。

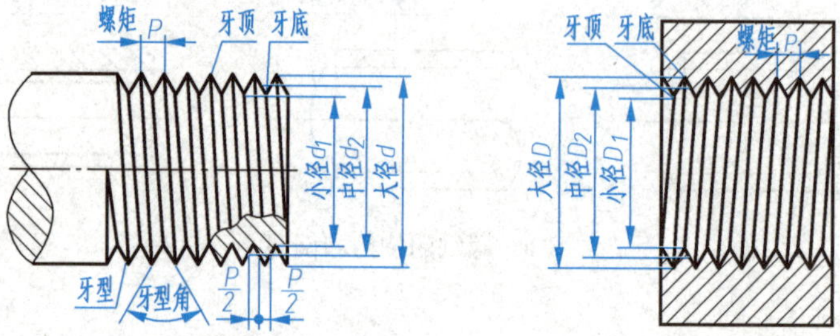

(a) 外螺纹　　(b) 内螺纹

图 7-4　螺纹的直径和螺距

3. 线数

如图 7-5 所示，螺纹有单线和多线之分，沿一条螺旋线所形成的螺纹，称为单线螺纹；沿两条或两条以上在轴向等距分布的螺旋线所形成的螺纹，称为多线螺纹，如图 7-5 所示。螺纹的线数用 n 表示。

4. 螺距 P 和导程 P_h

螺纹相邻两牙在中径线上对应两点间的轴向距离，称为螺距，用 P 表示；同一条螺旋线上的相邻两牙在中径线上对应两点间的轴向距离，称为导程，用 P_h 表示。如图 7-5 所示，对于单线螺纹，导程与螺距相等，即 $P_h=P$；对于多线螺纹，$P_h=n\times P$。

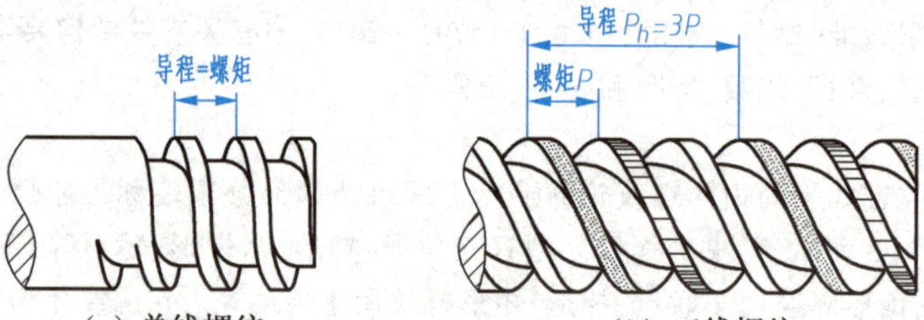

(a) 单线螺纹　　(b) 三线螺纹

图 7-5　螺纹的线数、导程与螺距

5. 旋向

螺纹的旋向有右旋和左旋两种，顺时针旋转时旋入的螺纹是右旋螺纹，逆时针旋转时旋入的螺纹是左旋螺纹。工程上常用右旋螺纹。

螺纹旋向的判定采用左、右手法则：将外螺纹轴线竖直放置，四个手指握住螺纹，使得大拇指指向螺纹上升的方向，符合左手法则，即为左旋螺纹，如图 7-6(a)所示；反之，符合右手法则，即为右旋螺纹，如图 7-6(b)所示。

内、外螺纹通常是配合使用的，只有上述五个结构要素完全相同的内、外螺纹才能旋合在一起。

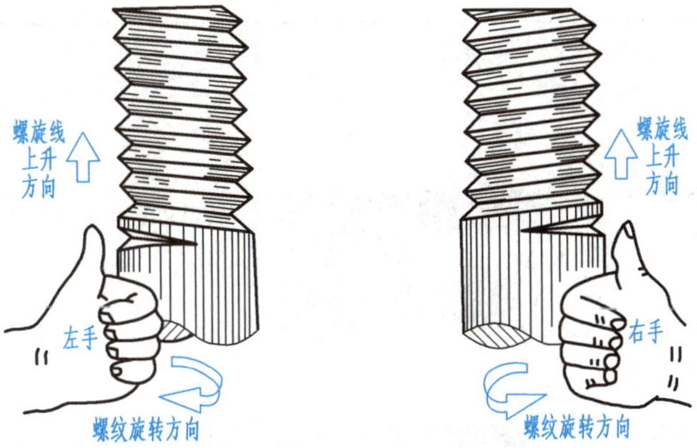

（a）左旋螺纹　　（b）右旋螺纹

图7-6　螺纹的旋向

在螺纹的所有结构要素中，牙型、公称直径和螺距是决定螺纹结构规格的最基本要素，称为螺纹三要素。凡三要素符合国家标准规定的螺纹称为**标准螺纹**；牙型符合国家标准规定，公称直径或螺距不符合国家标准规定的螺纹称为**特殊螺纹**；牙型不符合国家标准规定的螺纹称为**非标准螺纹**。

7.1.3　螺纹的种类

螺纹按用途可分为联接螺纹和传动螺纹两大类，见表7-1。联接螺纹起联接作用，传动螺纹用于传递运动和动力。

常见的联接螺纹有普通螺纹和管螺纹，普通螺纹又分为粗牙普通螺纹和细牙普通螺纹；管螺纹又分为非螺纹密封的管螺纹和用螺纹密封的管螺纹。联接螺纹的共同特点是牙型都是三角形，其中普通螺纹的牙型角为60°，管螺纹的牙型角为55°。同一种大径的普通螺纹，一般有几种螺距，螺距最大的一种称为粗牙普通螺纹，其余称为细牙普通螺纹。

常见的传动螺纹是梯形螺纹，在一些特定的情况下也采用锯齿形螺纹。

表7-1　常用螺纹的种类和用途

螺纹种类及特征代号			牙型及牙型角	用　　途
联接螺纹	普通螺纹	粗牙普通螺纹(M)	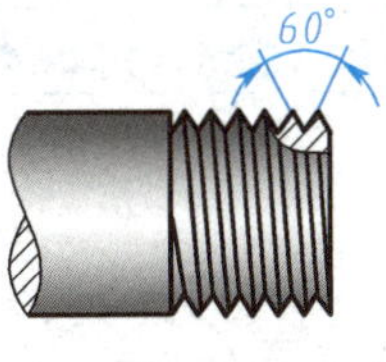	用于一般零件的联接，是应用最广的联接螺纹
		细牙普通螺纹(M)		在大径相同的情况下，它的螺距比粗牙螺纹小、且深度较浅，多用于细小的精密零件或薄壁零件
	管螺纹	55°非密封管螺纹(G)	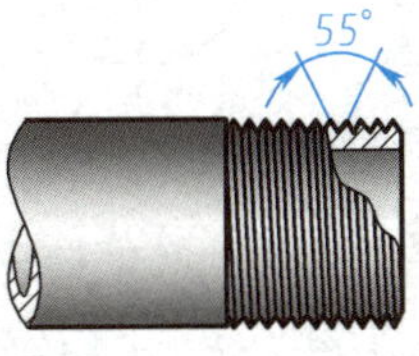	用于非螺纹密封的低压管路的联接，如自来水管、煤气管等
		55°密封管螺纹		用于螺纹密封的中高压管路的联接

续表

螺纹种类及特征代号		牙型及牙型角	用　　途
传动螺纹	梯形螺纹 (Tr)	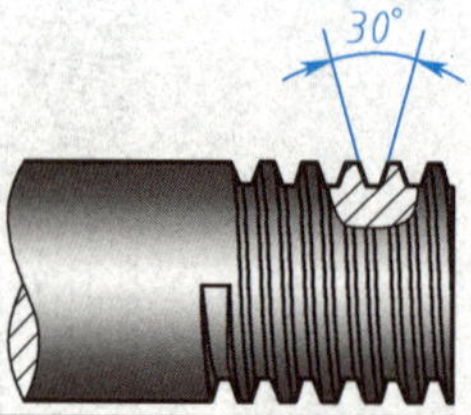	传递动力用，各种机床的丝杠多采用这种螺纹
	锯齿形螺纹 (B)	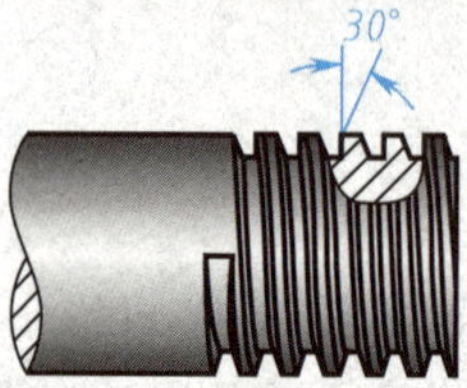	只能传递单向动力，如螺旋压力机的传动丝杠就多采用这种螺纹

7.1.4　螺纹的规定画法

螺纹是由空间曲面构成的，其真实投影的绘制十分烦琐，且螺纹的结构和尺寸都已经标准化，为了提高绘图效率，国家标准对螺纹的画法和标记进行了规定。绘图时，不必按照其真实投影画出，只需根据国家标准规定的螺纹画法进行绘图和标记即可。

1. 外螺纹的规定画法

如图 7-7(a)所示，外螺纹大径(牙顶圆、牙顶线)的投影画成粗实线，外螺纹小径(牙底圆、牙底线)的投影画成细实线，在螺杆头部的倒角或倒圆部分也应画出；小径通常按大径的 85%

视频

图7-7

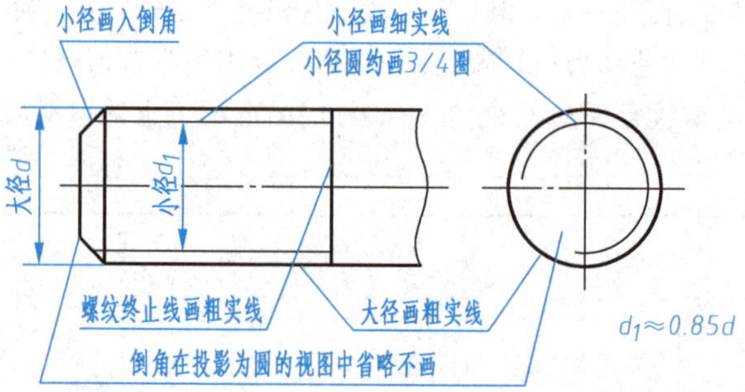

(a) 视图

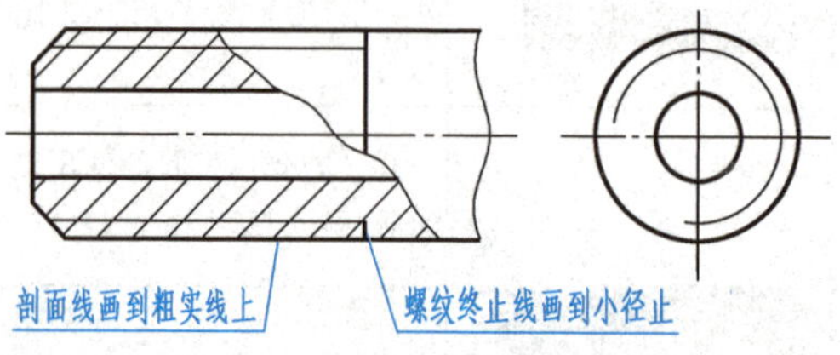

(b) 剖视图

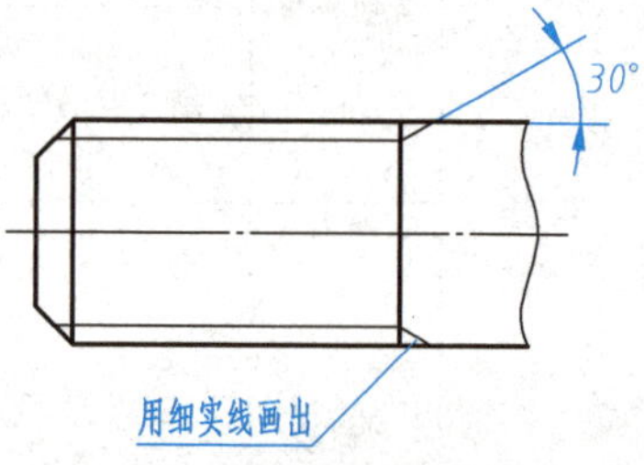

(c) 螺尾的表示法

图 7-7　外螺纹的规定画法

绘制;在投影为圆的视图中,倒角圆的投影省略不画,小径的细实线只画约 3/4 圈(空出 1/4 圈的位置不作规定);螺纹长度终止线用粗实线表示。

若管子的外壁加工有外螺纹,需要用剖视的方法表达时,剖面线必须画到粗实线处,螺纹部分需用粗实线绘制螺纹长度终止线,如图 7-7(b)所示。

螺尾部分一般不必画出,当需要表示螺尾时,螺尾部分的牙底用与轴线成 30°的细实线绘制,如图 7-7(c)所示。

2. 内螺纹的规定画法

如图 7-8(a)所示,内螺纹一般应画剖视图,画剖视图时,内螺纹小径(牙顶圆、牙顶线)的投影画成粗实线,内螺纹大径(牙底圆、牙底线)的投影画成细实线,剖面线必须画至和粗实线相交;小径通常按大径的 85%绘制;在投影为圆的视图中,倒角圆的投影省略不画,大径的细实线只画约 3/4 圈(空出 1/4 圈的位置不作规定);螺纹长度终止线用粗实线表示,应画至和螺纹的大径相交。

不可见螺纹的所有图线(倒角、大径、小径、螺纹终止线)均用细虚线绘制,如图 7-8(b)所示。

加工内螺纹时,需以内螺纹小径加工出光孔,钻孔深度应比螺纹孔深度略大。标准麻花钻顶角为 118°,用它钻出的盲孔,底部会形成顶角为 118°的圆锥面,绘图时,其顶角简化为 120°,不必标注尺寸。绘制不穿通的螺纹孔(螺纹盲孔)时,一般应将钻孔深度与螺纹孔深度分别画出,没有明确给出钻孔深度时,钻孔深度应比螺纹孔深度大 0.5D,其中 D 为螺纹大径,如图 7-8(c)所示。

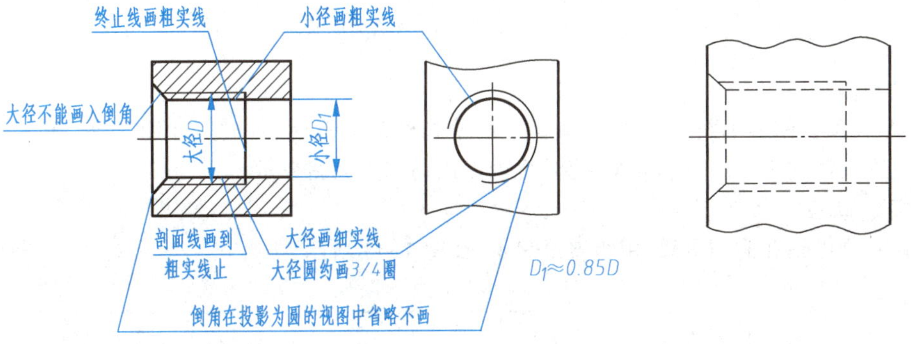

(a) 内螺纹通孔　　(b) 不可见内螺纹

视频

图7-8

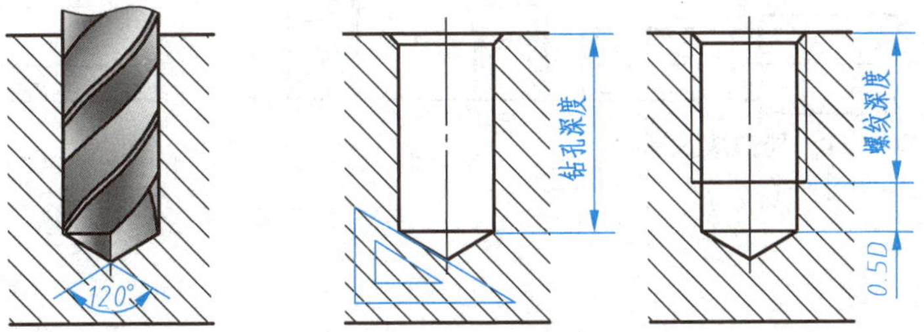

(c) 不穿通的螺纹孔

图 7-8　内螺纹的规定画法

3. 螺纹联接的规定画法

通过内、外螺纹旋合联接在一起的物体是简单的装配体,表达内、外螺纹旋合的图样称为装配图(详见第 9 章)。在绘制装配图时,应遵守以下规定:

(1)装配图中,相邻两零件的接触表面画一条线,不接触表面画两条线;

(2)当剖切平面通过外螺纹的轴线时,螺杆作为实心杆件按不剖绘制;

(3)当剖切平面垂直于外螺纹的轴线时,螺杆处应画剖面线;

(4)在同一张图中,相邻两零件的剖面线应不同(方向、间隔不同),相同零件的剖面线必须相同(方向和间隔完全一致)。

内、外螺纹联接时,常采用全剖视图画出,规定其旋合部分按外螺纹绘制,其余部分按各自的规定画法绘制,如图 7-9 所示。

需要特别强调的是,只有牙型、直径、线数、螺距及旋向等结构要素完全相同的内、外螺纹才能旋合在一起,而采用国家标准规定的画法绘制螺纹时,图中只能显示出螺纹的大径和小径。因此在图 7-9 所示螺纹联接的图形中,表示螺纹大径和小径的粗、细实线应分别对齐。

视频

图7-9

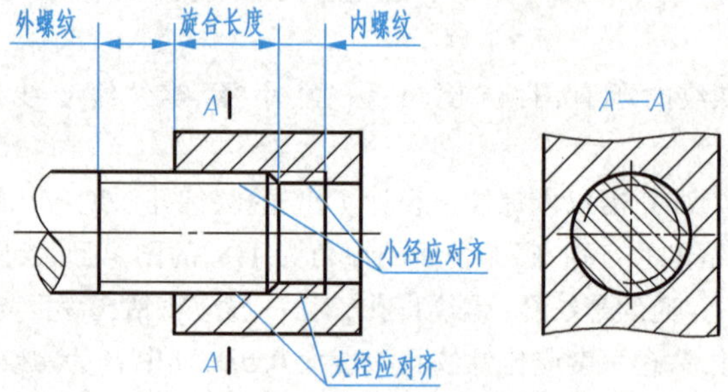

图 7-9　螺纹联接的规定画法

4. 螺纹牙型的画法

标准螺纹的牙型无须在图形中画出,当需要表示非标准螺纹的牙型时,可按照如图 7-10 所示的形式绘制,既可在局部剖视图中绘制几个牙型,也可以用局部放大图表示。

5. 螺纹孔相贯的画法

螺纹孔相交时,只画出钻孔的相贯线,用粗实线表示,如图 7-11 所示。

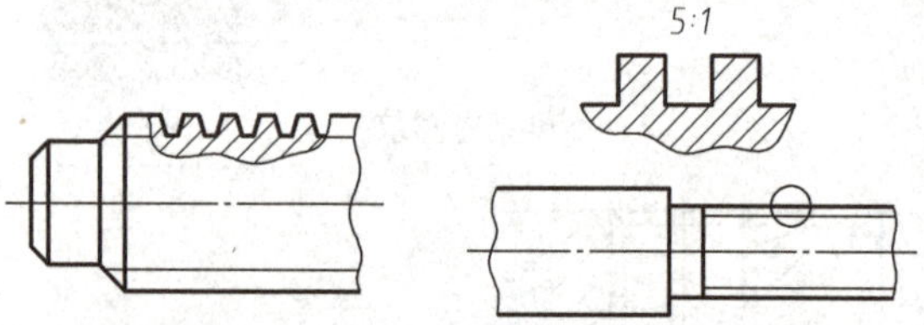

(a) 局部剖视图　(b) 局部放大图

图 7-10　非标准螺纹牙型的表示法

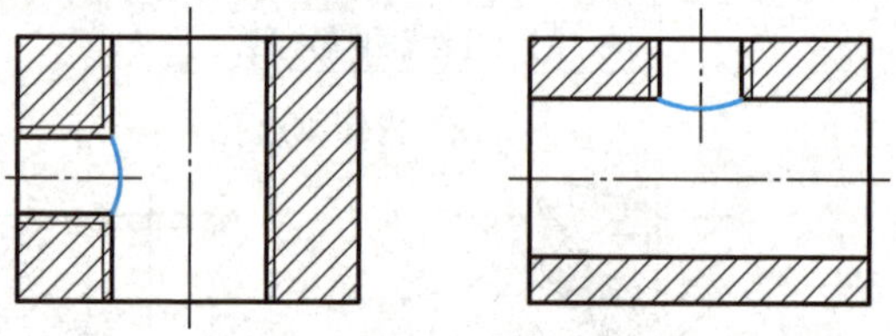

(a)　(b)

图 7-11　螺纹孔相贯的画法

7.1.5　螺纹的标注

由于螺纹采用统一规定的画法,为了便于识别螺纹的种类及其要素,对螺纹必须按照规定格式在图上进行标注。标准螺纹、特殊螺纹和非标准螺纹有不同的标注方法,下面分别进行说明。

1. 标准螺纹的标注

除管螺纹外,标准螺纹标注的内容及格式如下:

| 螺纹特征代号 | | 螺纹尺寸代号 | - | 螺纹公差带代号 | - | 旋合长度代号 |

（1）螺纹特征代号

见表 7-1，其中粗牙普通螺纹和细牙普通螺纹均用“M”表示。

（2）螺纹尺寸代号

其内容及格式如下：

公称直径 × 螺距（单线时）｜ P_h 导程（P 螺距）（多线时）　（旋向）

公称直径——均指螺纹的大径。

导程（螺距）——单线螺纹只标螺距，多线螺纹需同时标注 P_h 导程（P 螺距）。螺纹的线数不必单独标注，隐含在导程和螺距之中。粗牙普通螺纹的螺距已完全标准化，标注时省略标注螺距，使用时查表即可。

旋向——当旋向为右旋时，省略标注；左旋时要标注左旋代号，用“LH”表示。

（3）螺纹公差带代号

由表示公差等级的数字和表示基本偏差代号的字母组成，外螺纹用小写字母，内螺纹用大写字母，如 5g、6H 等。内、外螺纹的公差等级和基本偏差都已有规定。

需要说明的是普通螺纹需要标注中径和顶径（牙顶对应直径）公差带代号，当两公差带代号完全相同时，只标注一项；梯形螺纹和锯齿形螺纹仅标注中径公差带代号。

（4）旋合长度代号

螺纹的旋合长度分为短、中等和长三种，分别用符号 S、N、L 表示，也可由具体数值来表示旋合长度。中等旋合长度可省略标注。

管螺纹应标注螺纹符号、尺寸代号和公差等级。其中，螺纹符号包括 G、R、Rp 等；尺寸代号不表示螺纹的公称直径，而是指加工有螺纹的管子通径，单位为英寸，具体大径、小径等需要查表确定；公差等级代号，外管螺纹分为 A、B 两级标注，内管螺纹则不标注。需要说明的是：管螺纹必须采用指引线标注，且指引线应从大径线引出。

需要时，装配图中应对螺纹副进行标注。螺纹副的标注方法与螺纹的标注方法相同，由于相配合的内、外螺纹五个基本要素完全相同，因此在标注时无须重复标注，只需将内、外螺纹的公差带代号分别标注即可。

表 7-2 列出了常用标准螺纹和螺纹副的标注示例。

表 7-2　常用标准螺纹和螺纹副的标注示例

螺纹种类		标注图例	说　明
普通螺纹	细牙外螺纹	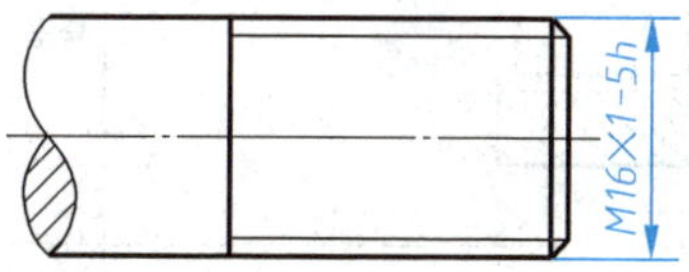	细牙螺纹螺距必须标注，中径和顶径公差带代号同为 5h，右旋省略不标注，旋合长度中等，省略标注
	粗牙内螺纹	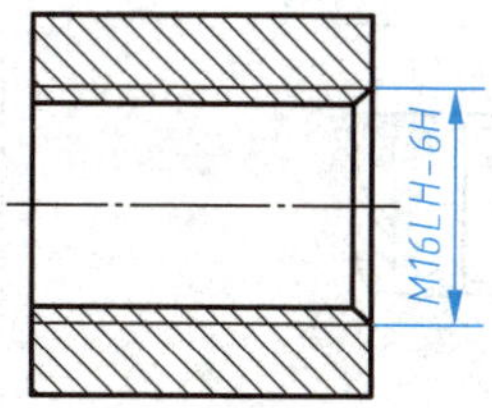	粗牙螺纹螺距不标注，LH 表示左旋，中径和顶径公差带代号相同，只标注一个代号 6H

续表

螺纹种类		标注图例	说　明
普通螺纹	内、外螺纹旋合标注	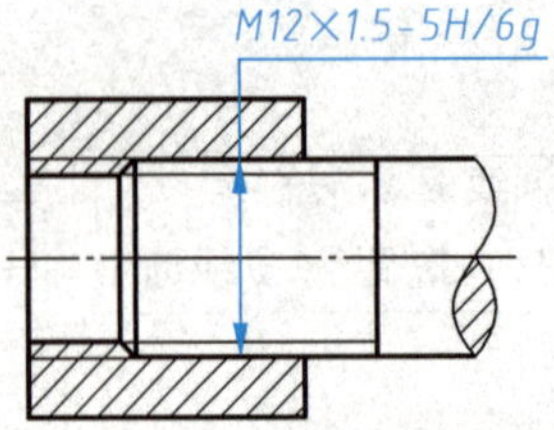	内外螺纹旋合时，公差带代号用斜线分开，左侧为内螺纹公差带代号，右侧为外螺纹公差带代号
55°非密封管螺纹	内螺纹	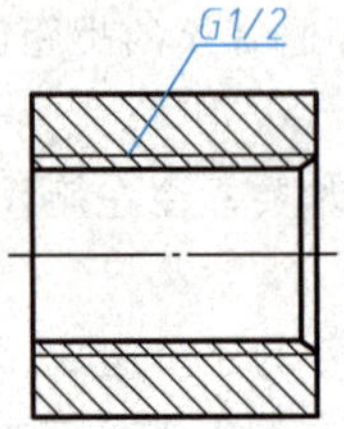	管螺纹的标注用指引线指向螺纹大径。内管螺纹的中径公差等级只有一种，省略标注
	外螺纹	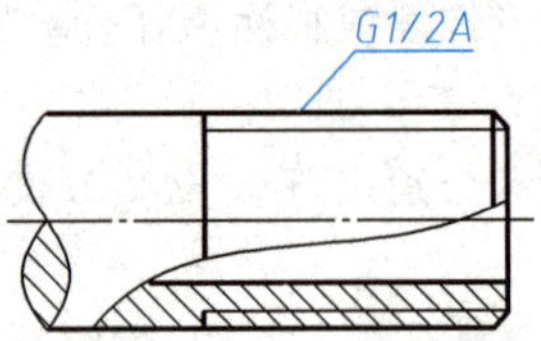	外管螺纹中径的公差等级为A级，右旋省略不标注
梯形螺纹	外螺纹	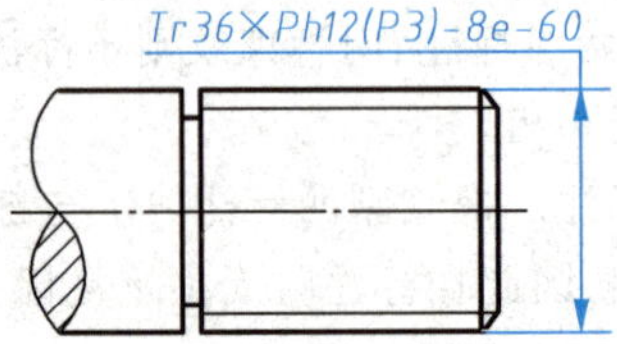	梯形螺纹导程12，螺距3，线数4，旋向右旋省略不注。中径公差带代号为8e，旋合长度为60mm
	内螺纹	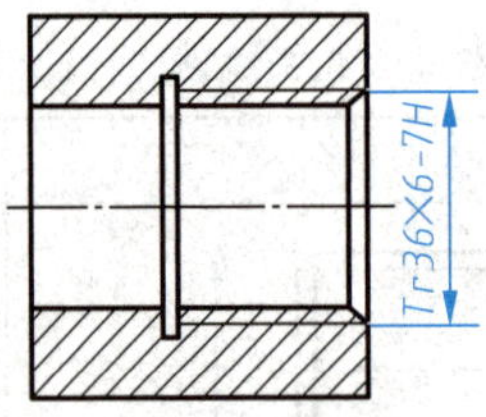	梯形螺纹，螺距6，单线，旋向右旋省略不注。中径公差带代号为7H，旋合长度为中等，省略不注
	内、外螺纹旋合标注	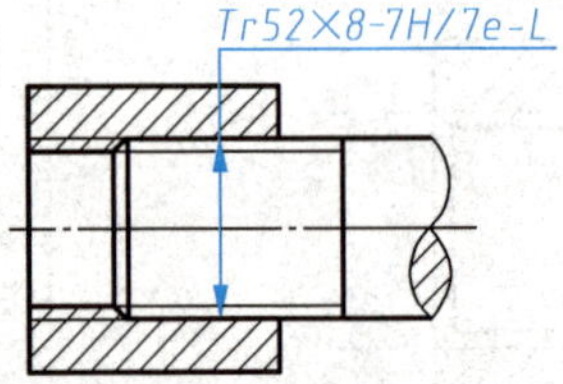	梯形螺纹，螺距8，单线，旋向右旋省略不注。内螺纹中径公差带代号为7H，外螺纹中径公差带代号为7e。旋合长度为 L

续表

螺纹种类		标注图例	说　　明
锯齿形螺纹	外螺纹	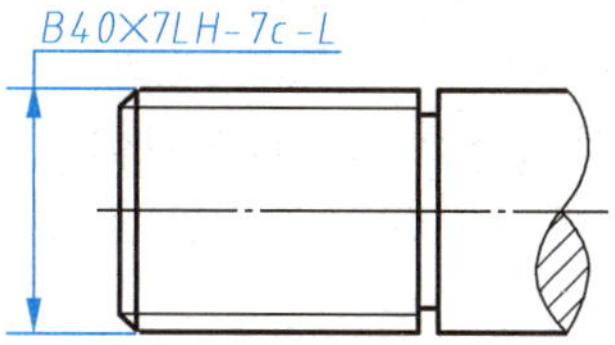	锯齿形螺纹，螺距 7，左旋，中径公差带代号为 7c，旋合长度为 L
	内螺纹	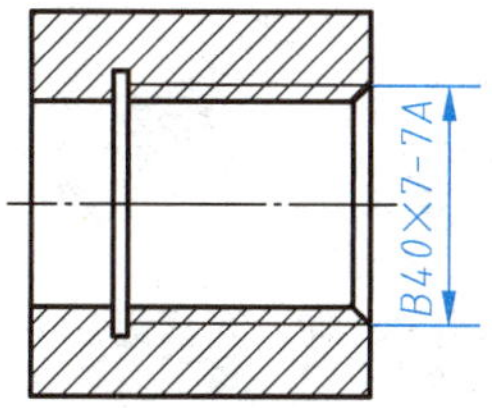	锯齿形螺纹，螺距 7，右旋省略不注，中径公差带代号为 7A，旋合长度为中等，省略不注
	内、外螺纹旋合标注	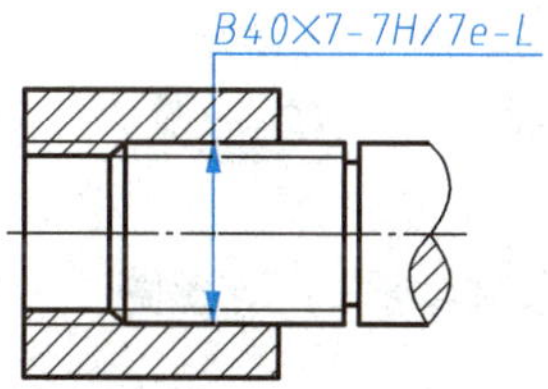	锯齿形螺纹，螺距 7，单线，旋向右旋省略不注。内螺纹中径公差带代号为 7H，外螺纹中径公差带代号为 7e。旋合长度为 L

2. 特殊螺纹和非标准螺纹的标注

(1) 特殊螺纹

应在牙型符号前加注“特”字，并标注大径和螺距，如图 7-12(a)所示。

(2)非标准螺纹

用局部剖画出螺纹的牙型，并标注加工该牙型所需要的全部尺寸及有关要求，如图 7-12(b)所示。

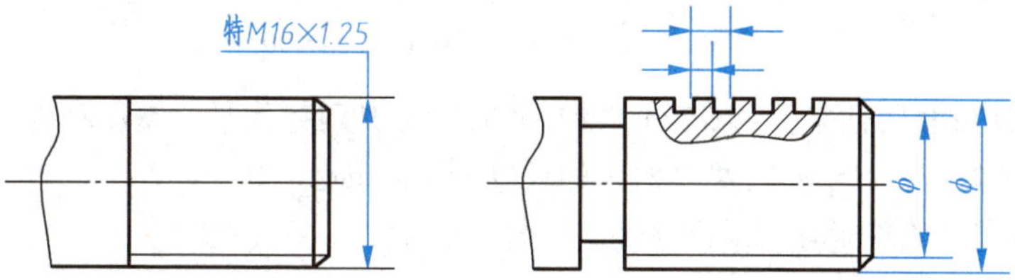

(a) 特殊螺纹　　(b) 非标准螺纹

图 7-12　特殊螺纹和非标准螺纹的标注

7.2　螺纹紧固件

在机器中，零件之间的联接方式分为可拆卸联接和不可拆卸联接两种。可拆卸联接中，螺纹紧固件联接是工程应用最广泛的联接方式。螺纹紧固件的联接方式通常有螺栓联接、双头螺柱联接和螺钉联接等，常用的螺纹紧固件有螺钉、螺栓、螺柱(或称双头螺柱)、螺母和垫圈等。螺纹紧固件是标准件，它们的结构、尺寸已经标准化，绘图时，根据它们的标记，可以在有关标准中查到它们的结构形式和全部尺寸。使用时直接按标记采购即可。

7.2.1 螺纹紧固件的种类

螺纹紧固件也称螺纹联接件,就是运用一对内、外螺纹的联接作用来联接和紧固零件。如图 7-13 所示,常用的螺纹紧固件有六角头螺栓、双头螺柱、螺母(六角螺母、六角开槽螺母、圆螺母等)、螺钉(内六角圆柱头螺钉、开槽圆柱头螺钉、开槽沉头螺钉、紧定螺钉等)、垫圈(平垫圈、弹簧垫圈、止动垫圈)。螺纹紧固件是标准件,对符合标准的螺纹紧固件,不需要详细画出它们的零件图。

(a) 六角头螺栓　(b) 双头螺栓　(c) 内六角圆柱头螺钉　(d) 开槽圆柱头螺钉　(e) 开槽沉头螺钉　(f) 开槽长圆柱端紧定螺钉

(g) 六角螺母　(h) 六角开槽螺母　(i) 侧面开槽圆螺母　(j) 平垫圈　(k) 弹簧垫圈　(l) 止动垫圈

图 7-13　常见螺纹紧固件

7.2.2 螺纹紧固件的规定标记

国家标准对螺纹紧固件的标记做了规定,其标记格式为:

螺纹紧固件名称	国家标准代号	螺纹紧固件规格尺寸

例如:

螺栓 GB/T 5782—2016 M12×80

其中,"螺栓"为螺纹紧固件名称;"GB/T 5782—2016"是其国标代号;"M12×80"是螺纹紧固件螺栓的规格尺寸,螺纹规格 d=M12,螺纹的公称长度 l=80 mm。

常用螺纹紧固件的规定标记见表 7-3。

7.2.3 常用螺纹紧固件的画法

因为螺纹紧固件是标准件,所以根据它们的规定标记,就可以从附录 D~I 或有关标准中查到它们的结构形式和全部尺寸,这种绘制螺纹紧固件的方法称为查表法。这种方法使用起来比较烦琐。

为提高绘图速度,对于在装配图中所用到的螺栓、螺柱、螺钉、螺母、垫圈等常用的螺纹紧固件,一般采用比例画法,即这些螺纹紧固件的尺寸都按照与螺纹公称直径 d 或 D 成一定比例来确定。比例画法分为近似画法和简化画法两种,在画装配图时可以采用其中一种。

图 7-14~图 7-18 分别是六角头螺栓、六角螺母、螺钉、双头螺柱和垫圈的比例画法。

表 7-3　常用螺纹紧固件的规定标记

名称及国标代号	画法及规格尺寸	规定标记及说明
六角头螺栓 GB/T 5782—2016	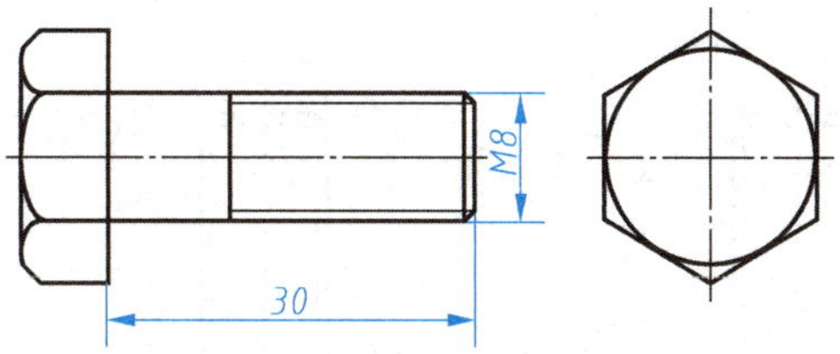	规定标记: 螺栓 GB/T 5782—2016 M8×30 名称:螺栓 国标代号:GB/T 5782—2016 螺纹规格:M8 公称长度:30 mm
双头螺柱 GB/T 897—1988	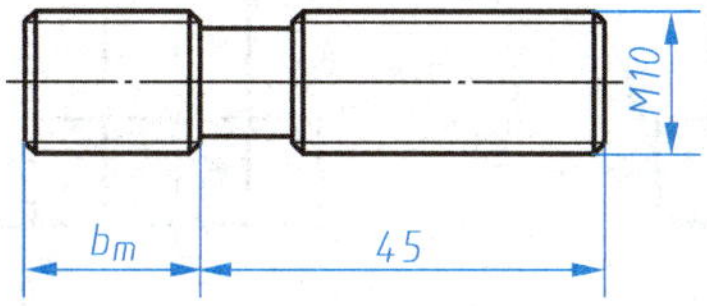	规定标记: 螺柱 GB/T 897—1988 M10×45 名称:螺柱 国标代号:GB/T 897—1988 螺纹规格:M10 公称长度:45 mm
开槽盘头螺钉 GB/T 67—2016	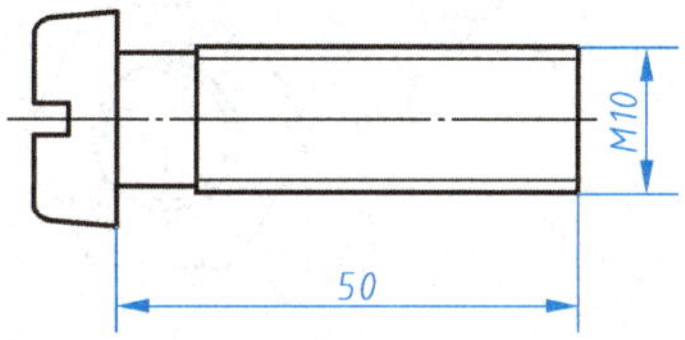	规定标记: 螺钉 GB/T 67-2016 M10×50 名称:螺钉 国标代号:GB/T 67—2016 螺纹规格:M10 公称长度:50 mm
开槽沉头螺钉 GB/T 68—2016	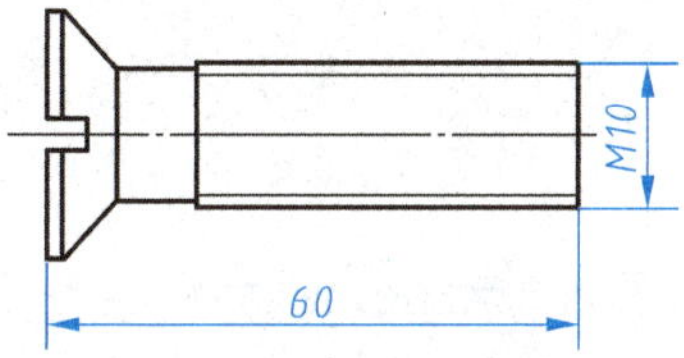	规定标记: 螺钉 GB/T 68—2016 M10×60 名称:螺钉 国标代号:GB/T 68—2016 螺纹规格:M10 公称长度:60 mm
开槽锥端紧定 螺钉 GB/T 71—2018	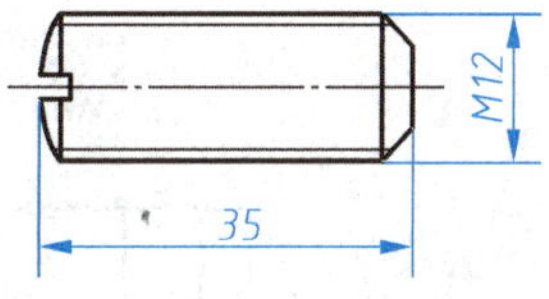	规定标记: 螺钉 GB/T 71—2018 M12×35 名称:螺钉 国标代号:GB/T 71—2018 螺纹规格:M12 公称长度:35 mm
六角螺母 GB/T 6170—2015	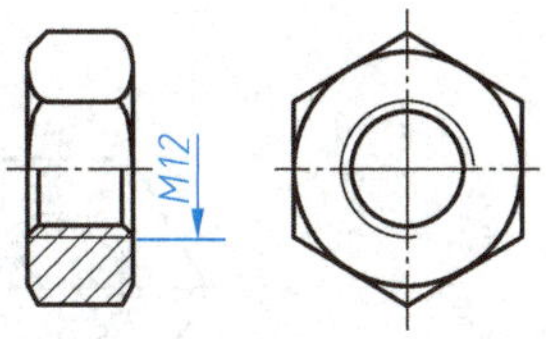	规定标记: 螺母 GB/T 6170—2015 M12 名称:螺母 国标代号:GB/T 6170—2015 螺纹规格:M12
平垫圈 GB/T 97. 1—2002	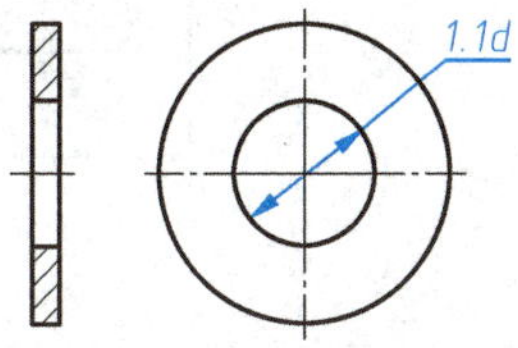	规定标记: 垫圈 GB/T 97. 1—2002 10 名称:垫圈 国标代号:GB/T 97. 1—2002 螺纹规格:M10(表示与之配合使用的螺栓或螺柱的螺纹规格为 M10)
标准型弹簧垫圈 GB/T 93—1987	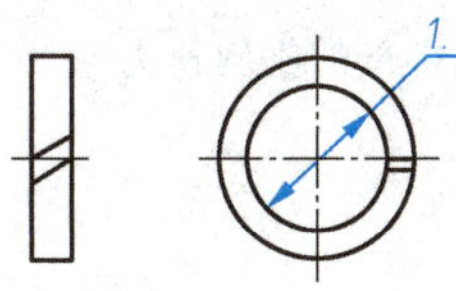	规定标记: 垫圈 GB/T 93—1987 10 名称:垫圈 国标代号:GB/T 93—1987 螺纹规格:M10(表示与之配合使用的螺栓或螺柱的螺纹规格为 M10)

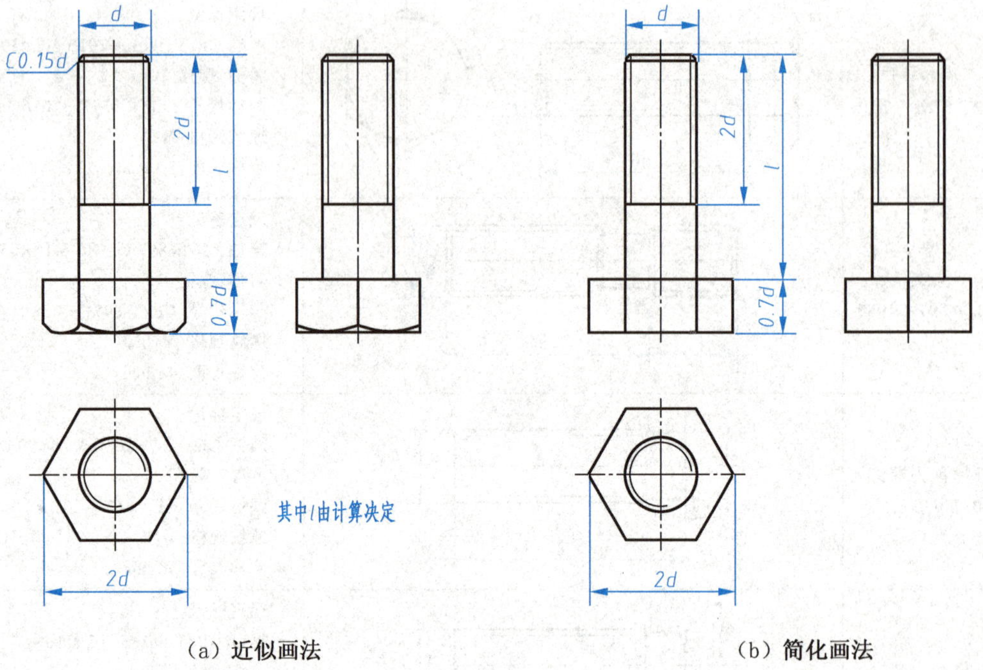

图 7-14　六角头螺栓的比例画法

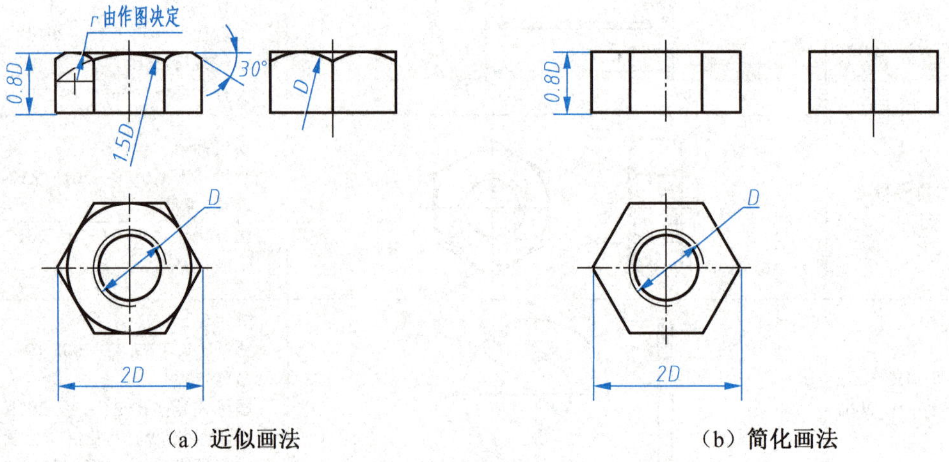

图 7-15　六角螺母的比例画法

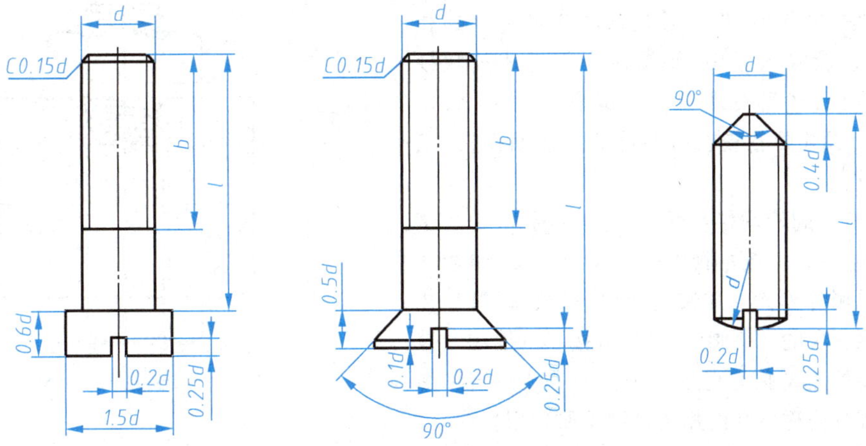

（a）开槽圆柱头螺钉　（b）开槽沉头螺钉　（c）开槽锥端紧定螺钉

图 7-16　螺钉的比例画法

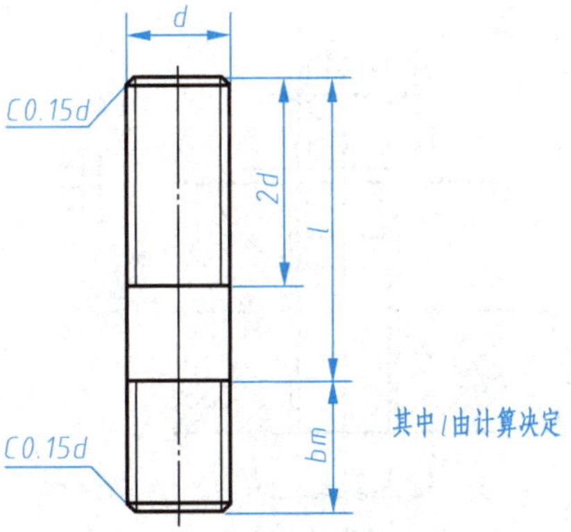

图 7-17　双头螺柱的比例画法

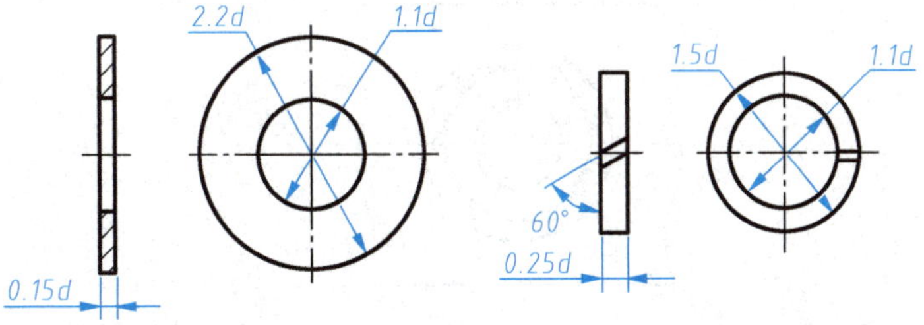

（a）平垫圈　（b）标准型弹簧垫圈

图 7-18　垫圈的比例画法

7.2.4　螺纹紧固件联接的装配图画法

常见螺纹紧固件的联接形式有三种：螺栓联接、双头螺柱联接和螺钉联接。下面分别介绍这三种联接装配图的画法。

1. 螺栓联接装配图的画法

螺栓通常与螺母和垫圈一起形成螺栓联接，该联接一般用于联接与紧固两个不太厚、并允许钻成通孔的零件，图 7-19 为螺栓联接的装配示意图。采用螺栓联接时，先将两块被联接零件上的孔对准，再将螺栓穿入孔中，使螺栓头部抵住被联接零件的下表面，然后在螺栓的上部套上平垫圈，以增加支承面积并防止被联接零件的上表面损伤，最后用螺母拧紧。

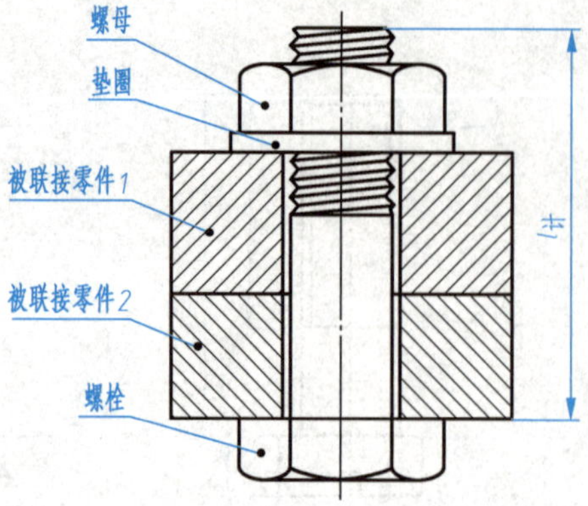

图 7-19　螺栓联接装配示意图

图 7-20 是螺栓联接装配图的比例画法，为清楚地表达联接关系，一般主视图采用全剖视图，俯视图和左视图采用外形图。在装配图中，螺栓、螺母和垫圈均应按照各自的比例画法，且均应按不剖绘制。被联接的两零件上光孔的直径应按 1.1d 绘制（实际加工时可按螺纹公称直径由相关设计手册选用）。

视频

图7-20

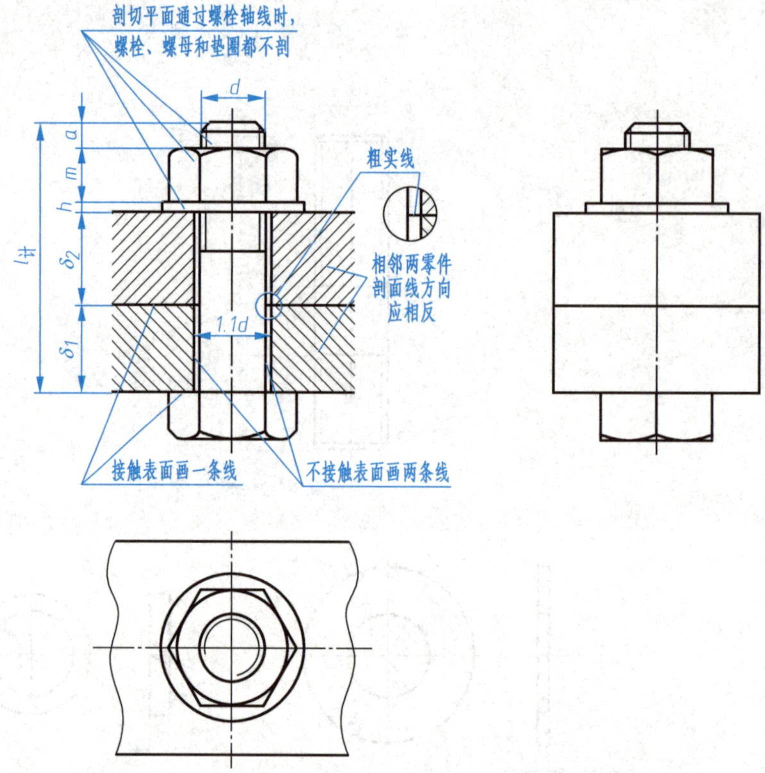

图 7-20　螺栓联接装配图的画法

绘制螺栓联接的装配图时，需要先计算出螺栓的画图长度 $l_{计}$：

$$l_{计} = \delta_1 + \delta_2 + h + m + a$$

式中　δ_1、δ_2——两个被联接零件的厚度；

h——垫圈厚度；

m——螺母厚度；

a——螺栓末端伸出长度，按 0.3d 计算。

需要说明的是，实际选用螺栓的公称长度 l 时，根据计算长度 $l_{计}$，在附录 D 中选取大于且最

接近 $l_{计}$ 的标准值，即为螺栓的公称长度 l，在标记螺栓时使用。

在绘制螺栓联接装配图时，螺栓、螺母的简化画法即为螺栓联接装配图的简化画法。

2. 双头螺柱联接装配图的画法

双头螺柱联接是由双头螺柱、螺母、垫圈组成的，该联接一般多用于被联接件之一太厚，不能钻成通孔或不宜采用螺栓联接的情况，图7-21为双头螺柱联接的装配示意图。双头螺柱没有头部，两端均有螺纹，旋入被联接零件的一端称为旋入端，与螺母、垫圈联接的一端称为紧固端。采用双头螺柱联接时，先将螺柱的旋入端完全旋入较厚的零件中拧紧，再将较薄的零件套入双头螺柱，然后套上弹簧垫圈（弹簧垫圈有防松作用，也可以采用平垫圈），最后用螺母拧紧。

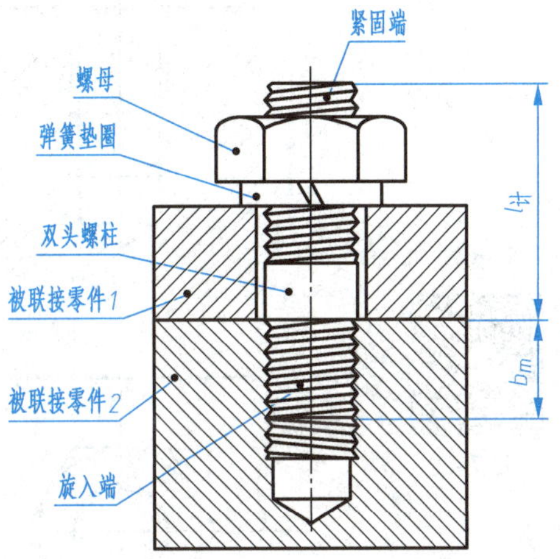

图7-21　双头螺柱联接装配示意图

图7-22(a)是双头螺柱联接装配图的近似画法，为清楚地表达联接关系，一般主视图采用全剖视图，俯视图和左视图采用外形图（该图中左视图未画出）。采用双头螺柱联接时，先在较薄的零件上加工出通孔（孔的直径应按1.1d绘制，实际加工时可按螺纹公称直径由相关设计手册选用）；在较厚的零件上加工出螺纹盲孔，螺纹孔的直径 D 与双头螺柱的公称直径 d 相同，螺纹深度比螺柱旋入端 b_m 多0.5d，钻孔深度比螺纹深度多0.5d，且孔的底部有120°的锥顶角。在装配图中，双头螺柱、螺母和弹簧垫圈均应按照各自的比例画法，且均应按不剖绘制。

绘制双头螺柱联接的装配图时，需要先计算出螺柱的画图长度 $l_{计}$：

$$l_{计} = \delta + s + m + a$$

式中　δ——较薄被联接零件的厚度；

s——弹簧垫圈厚度；

m——螺母厚度；

a——螺柱末端伸出长度，按0.3d计算。

需要说明的是，实际选用双头螺柱的公称长度 l 时，根据计算长度 $l_{计}$，在附录G中选取大于且最接近 $l_{计}$ 的标准值，即为双头螺柱的公称长度 l，在标记双头螺柱时使用。

由图7-22(a)还可以看到，在绘制双头螺柱联接装配图时，旋入端的螺纹长度 b_m 与被旋入零件的材料有关。通常，当被旋入零件的材料为钢或青铜时，取 $b_m = d$；材料为铸铁时，取 b_m = 1.25d 或 1.5d；材料为铝时，取 $b_m = 2d$。

绘制双头螺柱装配图时，将双头螺柱螺纹部分的倒角省略、螺母采用简化画法时，即为双头螺柱联接装配图的简化画法。该图中也可进一步将钻孔深度省略，如图7-22(b)所示。

3. 螺钉联接装配图的画法

螺钉根据其用途可分为联接螺钉和紧定螺钉两大类。一个起联接作用，一个起固定作用。

(1)联接螺钉

联接螺钉用于联接不经常拆卸，并且受力不大的两个零件。图7-23(a)、(b)为螺钉联接的装配示意图。采用螺钉联接时，在被联接的两个零件上分别加工出通孔和螺纹孔，先将两个零件的孔对准，然后将螺钉穿过通孔，旋入下面零件的螺纹孔中并拧紧，依靠螺钉头部压紧被联接件而实现两者的联接。还可以根据被联接零件的厚度将通孔加工成阶梯孔，以便螺钉的头部放入，如图 7-23(b)所示。

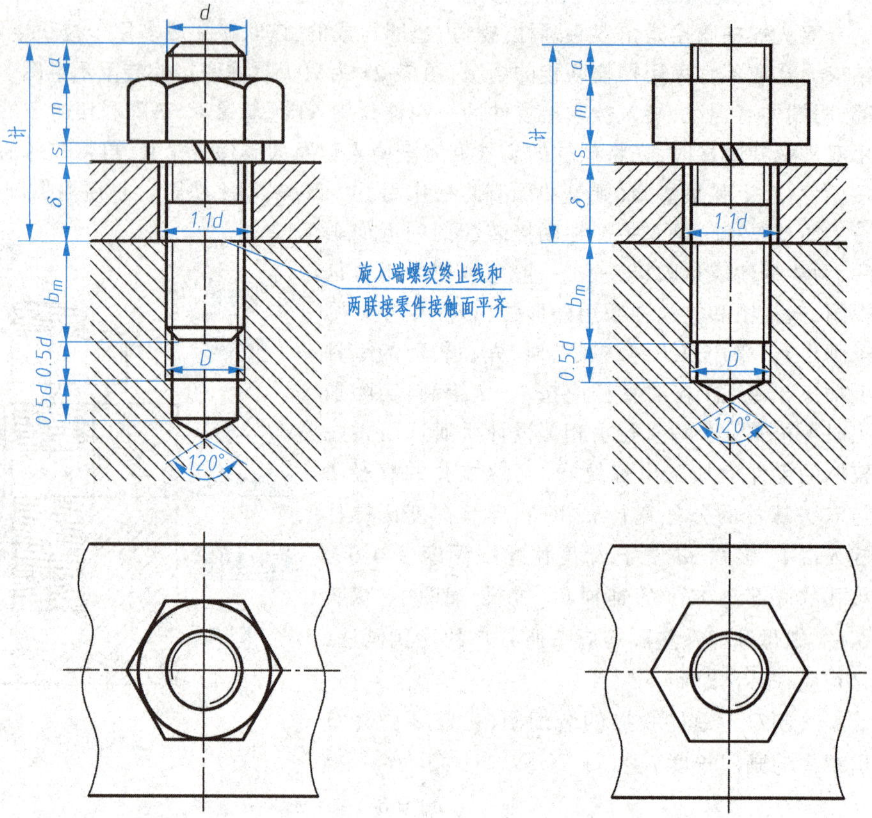

视频

图7-22

（a）　　（b）

图 7-22　双头螺柱联接装配图的画法

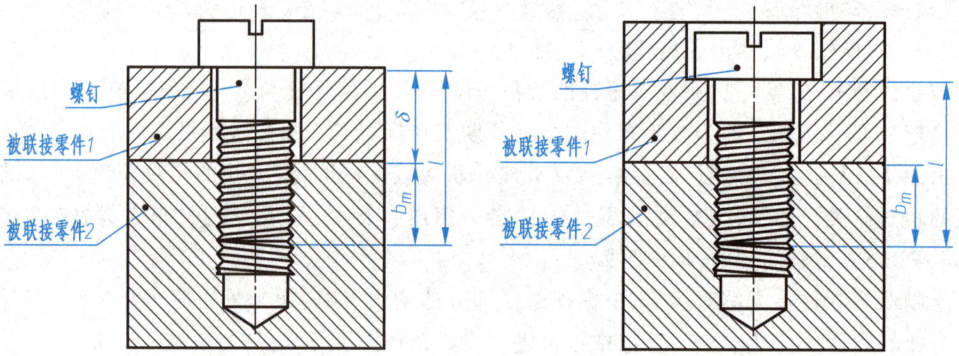

（a）被联接零件较薄时　　（b）被联接零件较厚时

图 7-23　螺钉联接装配示意图

图 7-24(a)、(b)分别为开槽圆柱头螺钉联接和开槽沉头螺钉联接装配图的比例画法，为清楚地表达联接关系，一般主视图采用全剖视图，俯视图和左视图采用外形图（该图中左视图未画出）。在螺钉联接装配图中，在较薄的零件上加工出通孔（孔的直径应按 1.1d 绘制，实际加工时可按螺纹公称直径由相关设计手册选用）；在较厚的零件上加工出螺纹盲孔，旋入螺孔一端的画

法和双头螺柱联接相似，二者区别之处在于：为了保证有足够的旋合长度，螺纹终止线必须高于螺孔孔口，或加工成全螺纹。在装配图中，螺钉应按照比例画法，且按不剖绘制，螺钉螺纹部分倒角可省略不画。

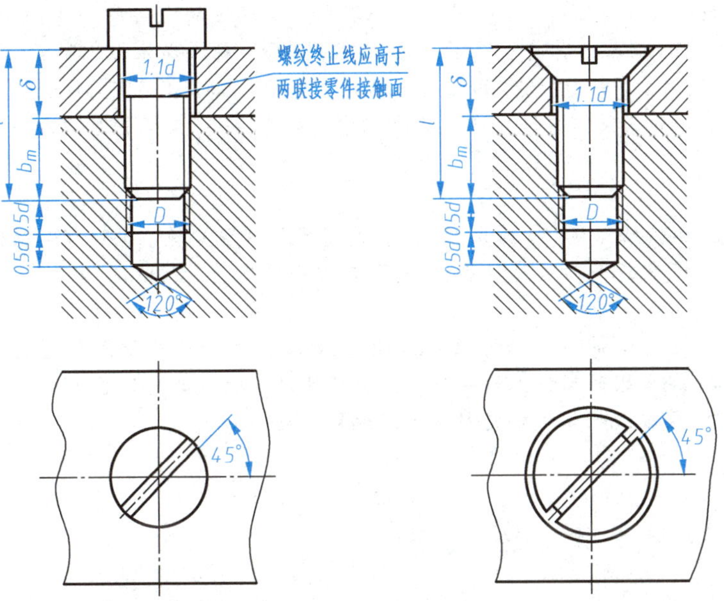

（a）开槽圆柱头螺钉联接　　（b）开槽沉头螺钉联接

图 7-24　螺钉联接装配图的画法

视频

图7-24

螺钉旋入长度 b_m 的确定与双头螺柱联接相同，与被联接零件的材料有关。当被旋入零件的材料为钢或青铜时，取 $b_m=d$；材料为铸铁时，取 $b_m=1.25d$ 或 $1.5d$；材料为铝时，取 $b_m=2d$。

需要说明的是：在俯视图中，螺钉头部螺丝刀槽按规定画成与水平线向右倾斜 45°，而主视图和左视图中的螺丝刀槽均正对读者。

(2) 紧定螺钉

紧定螺钉用来固定两个零件的相对位置，使它们不产生相对运动，如图 7-25 所示。轴和齿轮的相对位置可以通过一个开槽锥端紧定螺钉而固定。使用时，锥端紧定螺钉旋入齿轮的螺纹孔中，将其锥端压进轴的凹坑中，使二者不发生相对运动。

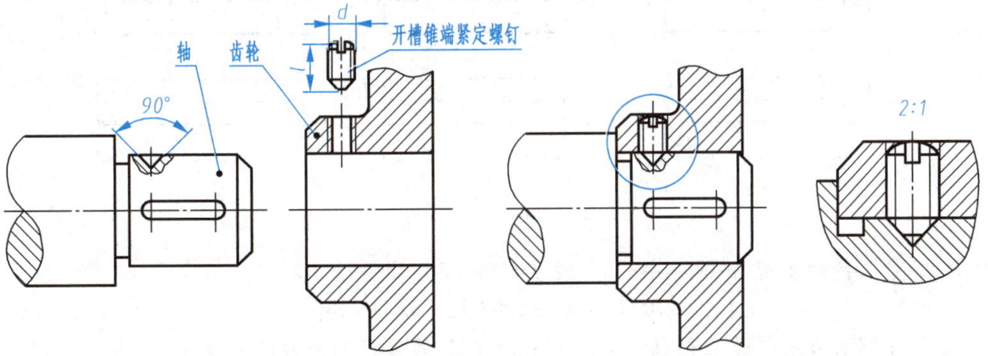

（a）联接前　　（b）联接后

图 7-25　锥端紧定螺钉联接装配图的画法

拓展阅读

螺纹紧固件的工程应用

螺钉联接(包括螺栓、螺柱等螺纹紧固件)在机器中无处不在。从过去的上海牌手表、永久牌自行车等曾经的“中国制造”,到现在的神舟十三号宇宙飞船、蛟龙号载人潜水器、华为手机等如今的“中国制造”,均为不同时代“中国制造”的品质代名词。如何提高产品质量、打造制造强国与螺钉联接质量密不可分。而工程制图作为产品设计、加工、制造、安装过程中关键的一个环节,其作用是不言而喻的。

1. 培养工匠精神

“工匠精神”是对自己的产品精雕细琢、精益求精,追求更完美的精神理念,小小的螺钉也该有这样的追求。否则时间一长,出现腐蚀或者松脱,就会导致安全隐患。

2. 发扬“螺丝钉精神”

螺丝钉虽小,其作用却是不可估量的。发扬螺丝钉精神,就要把崇高的理想信念和道德品质追求融入日常的工作和生活,在自己的岗位上做一颗永不生锈的螺丝钉。新时代赋予螺丝钉精神新的历史意义和时代价值,应持续倡导和发扬新时代螺丝钉精神。

7.3 键与销

7.3.1 键联接

键是标准件,用于联接轴和轴上的传动零件,如齿轮、皮带轮等,使它们一起转动,实现轴与传动件的周向固定,起传递扭矩的作用。普通平键联接是常用的键联接方式,平键的两个侧面是其工作表面。

1. 键的结构形式及标记

普通平键有三种形式,如图 7-26 所示。键的标记包括国标代号、名称、型号和公称尺寸,其中,使用最多的 A 型普通平键的型号 A 可省略标注。

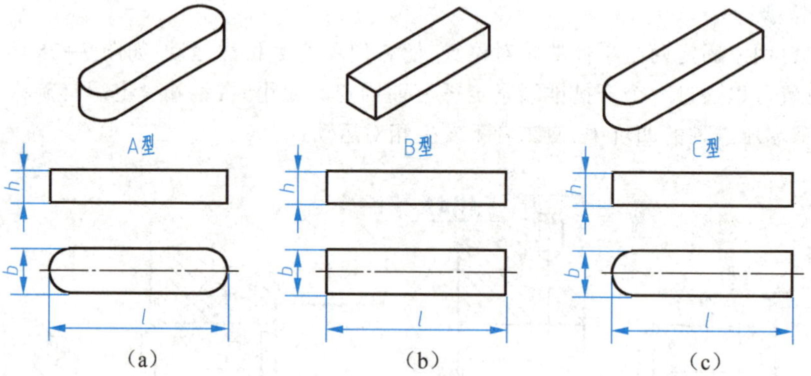

图 7-26 普通平键

例如:圆头普通平键 A 型,$b=18$,$h=11$,$l=100$,其规定标记为:

GB/T 1096—2003 键 18×11×100

单圆头普通平键 C 型,$b=18$,$h=11$,$l=100$,其规定标记为:

GB/T 1096—2003 键 C18×11×100

2. 键的选取及键槽的画法

普通平键断面的公称尺寸 b、h 可根据键在工作时所联接轴的直径大小，查标准 GB/T 1096—2003 确定，其长度 l 根据轮毂长度查标准 GB/T 1096—2003 后取 l 系列标准值。与其相配的轴上键槽和轮毂孔上的键槽尺寸仍然由国标 GB/T 1096—2003 确定，详见附录 K。键槽是轴（轮毂）类零件上的一种结构，通常在插床或铣床上加工而成，因此，键槽要在轴（轮毂）的零件图中画出并标注尺寸。轴上键槽和轮毂孔上的键槽画法和尺寸标注如图 7-27（a）、（b）所示。

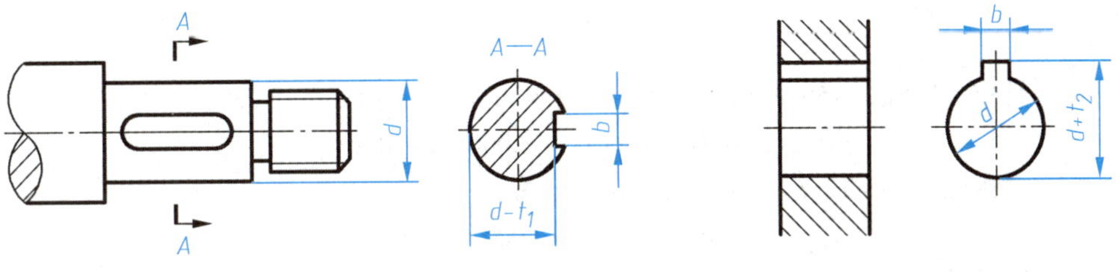

（a）轴上键槽　　（b）轮毂孔上键槽

图 7-27　普通平键键槽的画法

3. 键联接的装配画法

普通平键联接装配图的画法如图 7-28 所示。普通平键使用时，键的两个侧面是工作面，联接时与键槽的两个侧面接触，键的底面也与轴上键槽的底面接触，因此在绘制键联接的装配图时，将这些接触的表面画成一条线；键的顶面为非工作面，联接时与轮毂孔上键槽的顶面不接触，应画出间隙。另外，为表达键的安装情况，主视图中在轴上采用了局部剖视图，当剖切平面通过键的纵向对称面时，键按不剖绘制；左视图中键被剖切平面横向剖切，键要画剖面线。

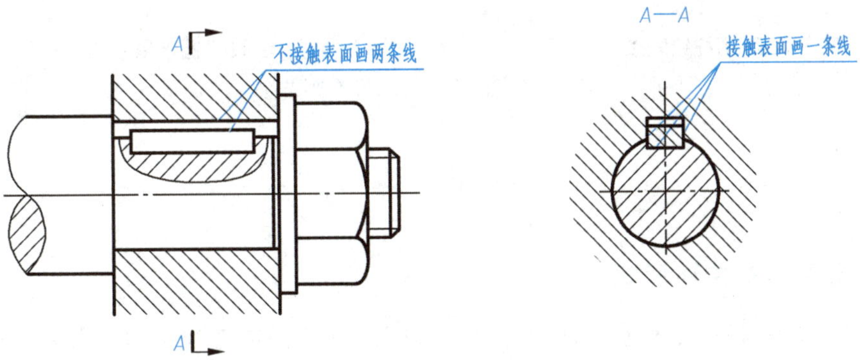

图 7-28　普通平键联接装配图的画法

7.3.2　销联接

销是标准件，通常用于零件间的联接和定位，常用的销有圆柱销、圆锥销和开口销等。其中开口销和槽型螺母配合使用，起防松止脱的作用。

1. 销的结构形式及标记

销的形式、尺寸及标记如图 7-29 所示。销的标记包括名称、国家标准代号和公称尺寸。

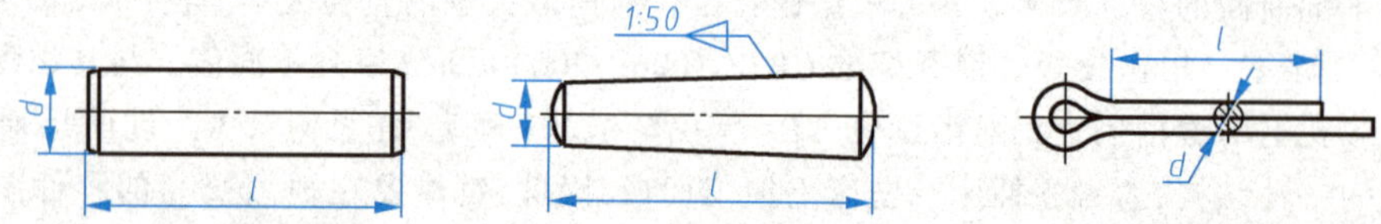

（a）圆柱销　（b）圆锥销　（c）开口销

图 7-29　销的形式和尺寸

例如：圆柱销 $d=10$，$l=50$ 时，材料为钢、不经淬火、不经表面处理时，其标记为：

销 GB/T 119.1—2000 10×50

A 型圆锥销 $d=10$，$l=60$ 时，其规定标记为：

销 GB/T 117—2000 10×60

2. 销联接的装配画法

圆柱销和圆锥销联接装配图的画法如图 7-30 所示。当剖切平面通过销的轴线时，销按不剖绘制。在画圆锥销联接时，一定要把销的大端处于上方并高出销孔 3~5 mm。

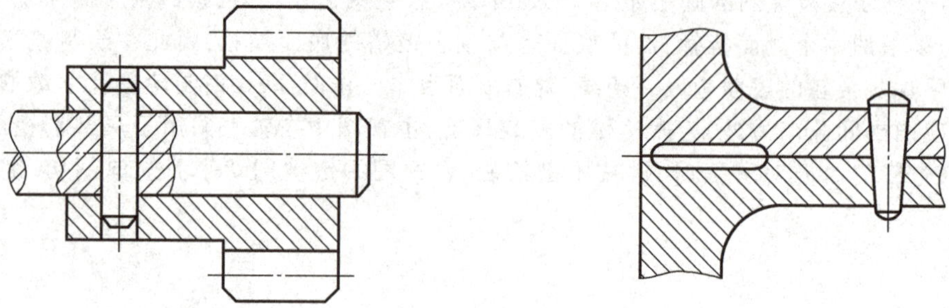

（a）圆柱销联接　（b）圆锥销联接

图 7-30　销联接装配图的画法

7.4 齿　　轮

7.4.1 常见齿轮传动形式

齿轮是一个有齿构件，通过一对齿轮啮合，可以在两轴之间传递动力，也可改变转速和运动方向。根据齿轮传动中两轴的相对位置关系，可将齿轮传动分为以下三种基本形式。

(1) 圆柱齿轮传动

齿轮的两轴线相互平行，用于两平行轴间的传动，如图 7-31(a) 所示。

(2) 圆锥齿轮传动

齿轮的两轴线相交，用于两相交轴间的传动，如图 7-31(b) 所示。

(3) 蜗轮蜗杆传动

蜗轮和蜗杆的轴线交叉，用于两交叉轴间的传动，如图 7-31(c) 所示。

(a) 圆柱齿轮　　(b) 圆锥齿轮　　(c) 蜗轮蜗杆

图 7-31 常见齿轮传动的形式

7.4.2 直齿圆柱齿轮的几何要素和计算

1. 直齿圆柱齿轮的几何要素

直齿圆柱齿轮的几何要素如图 7-32 所示,齿轮轮齿最常用的齿形曲线是渐开线。

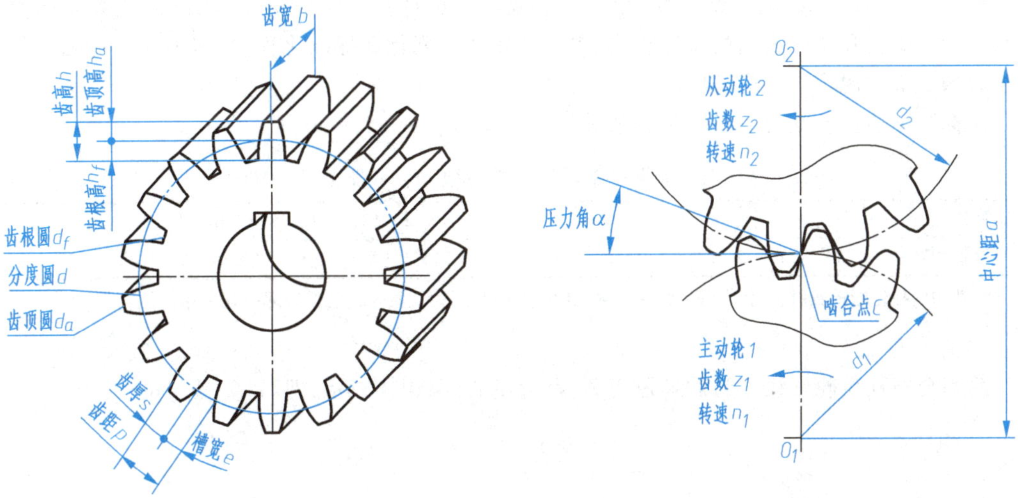

(a) 单个直齿圆柱齿轮　　(b) 啮合的直齿圆柱齿轮

图 7-32 直齿圆柱齿轮及其啮合示意图

(1) 齿顶圆

包含轮齿顶部的假想圆柱面,称为齿顶圆,其直径用 d_a 表示。

(2) 齿根圆

包含轮齿根部的假想圆柱面,称为齿根圆,其直径用 d_f 表示。

(3) 分度圆

分度圆是设计、制造齿轮时进行各部分尺寸计算的基准圆,也是分齿的基准圆,所以称为分度圆,直径用 d 表示。在一对啮合的标准齿轮中,两齿轮的分度圆是相切的。

(4) 齿距、齿厚、齿槽宽

分度圆上相邻两齿廓对应点之间的弧长称为齿距,用 p 表示;分度圆上一个轮齿两侧齿廓之间的弧长称为齿厚,用 s 表示;分度圆上一个齿槽两侧齿廓之间的弧长称为齿槽宽,简称槽宽,用 e 表示。在标准齿轮中,齿厚和槽宽各为齿距的一半,即 $s=e=p/2$,$p=s+e$。

(5)齿高

轮齿在齿顶圆和齿根圆之间的径向距离称为齿高,用 h 表示。

齿顶高:轮齿在齿顶圆与分度圆之间的径向距离称为齿顶高,用 h_a 表示。

齿根高:轮齿在齿根圆与分度圆之间的径向距离称为齿根高,用 h_f 表示。

齿高:$h = h_f + h_a$。

(6)齿宽

轮齿沿轴向的宽度称为齿宽,用 b 表示。

(7)齿数

在齿轮整个圆周上轮齿的总数,用 z 表示,正常齿轮的最少齿数为 17。

(8)压力角

两啮合齿轮在节点 C 处,两齿廓曲线的公法线(即齿轮的受力方向)与两分度圆公切线(即节点 C 处的瞬时运动方向)的夹角,用 α 表示。我国标准齿轮的压力角为 20°。

(9)模数

在分度圆上,齿轮分度圆周长 $\pi d = zp$,也就是 $d = zp/\pi$,令 $p/\pi = m$,则 $d = mz$,m 是齿轮的模数。显然,模数 m 越大,轮齿就越大,轮齿的承载能力也越强。模数 m 是设计、制造齿轮的重要参数。为了简化和统一齿轮的轮齿规格,提高齿轮的系列化和标准化程度,国家标准对圆柱齿轮的模数做了统一规定,见表 7-4。

两标准圆柱齿轮啮合的条件是模数和压力角相等。

表 7-4　渐开线圆柱齿轮的标准模数 m(GB/T 1357—2008)

第一系列	1,1.25,1.5,2,2.5,3,4,5,6,8,10,12,16,20,25,32,40,50
第二系列	1.125,1.375,1.75,2.25,2.75,3.5,4.5,5.5,(6.5),7,9,(11),14,18,22,28,36,45

注:选用圆柱齿轮模数时,应优先选用第一系列,其次选用第二系列,括号内的模数尽可能不用。

(10)中心距

两啮合圆柱齿轮轴线之间的最短距离,称为中心距,用 a 表示,即

$$a = \frac{1}{2}(d_1 + d_2) = \frac{1}{2}m(z_1 + z_2)$$

(11)传动比

主动齿轮转速 n_1 与从动齿轮转速 n_2 之比,用 i 表示,即

$$i = \frac{n_1}{n_2} = \frac{z_2}{z_1}$$

2. 直齿圆柱齿轮的尺寸计算

直齿圆柱齿轮的基本参数 m、z 确定以后,齿轮各部分的尺寸按表 7-5 中的公式计算。

表 7-5　直齿圆柱齿轮几何要素的计算公式

名　称	代　号	计算公式	名　称	代　号	计算公式
模数	m		齿数	z	
齿顶高	h_a	$h_a = m$	分度圆直径	d	$d = mz$
齿根高	h_f	$h_f = 1.25m$	齿顶圆直径	d_a	$d_a = m(z+2)$
齿高	h	$h = 2.25m$	齿根圆直径	d_f	$d_f = m(z-2.5)$
齿距	p	$p = \pi m$	中心距	a	$a = m(z_1 + z_2)/2$

7.4.3　圆柱齿轮的规定画法

1. 单个圆柱齿轮的画法

单个圆柱齿轮一般用主视图和左视图两个视图来表示，主视图采用剖视或视图的形式，左视图采用视图的形式，图 7-33 为单个圆柱齿轮的规定画法。

(1)齿顶圆和齿顶线用粗实线绘制，分度圆和分度线用细点画线绘制，齿根圆和齿根线用细实线绘制，也可省略不画，如图 7-33(a)所示。

(2)主视图采用剖视方法表达时，齿根线用粗实线绘制，轮齿部分一律按不剖画出，如图 7-33(b)所示。

(3)若为斜齿轮或人字形齿轮，则在其投影为非圆的视图上，用三条相互平行的细实线表示轮齿方向，如图 7-33(c)所示。

(4)齿轮轮齿部分以外的结构，均按其真实投影绘制。

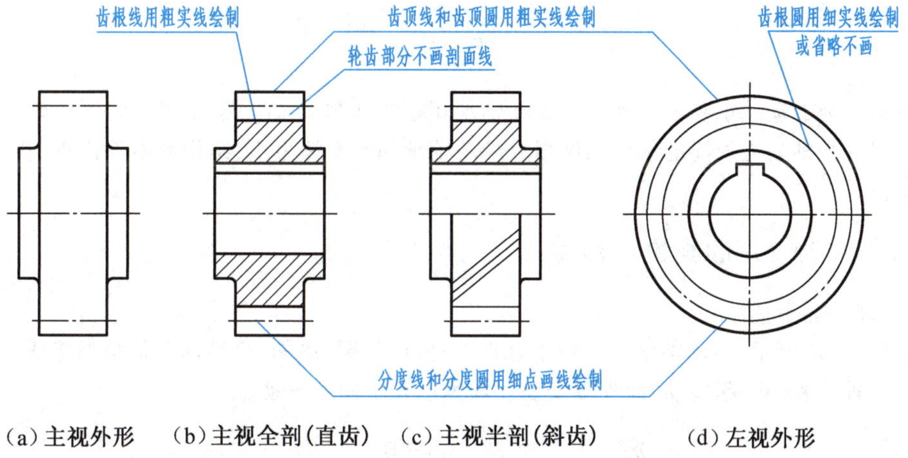

图 7-33　单个圆柱齿轮的画法

2. 两圆柱齿轮啮合的画法

两标准圆柱齿轮啮合时，两齿轮的分度圆处于相切位置，此时分度圆也称节圆。如图 7-34 所示两齿轮啮合的规定画法。

(1)啮合区内，在投影为非圆的剖视图中，啮合区两齿轮的分度线重合用细点画线绘制，两齿根线用粗实线绘制，一个齿轮的齿顶线用粗实线绘制，另一个轮齿的齿顶线用虚线绘制，如图 7-34(a)所示。在外形图中，啮合区的齿顶线和齿根线不画，分度线重合用粗实线绘制，如图 7-34(c)所示。

(2)啮合区内，在投影为圆的视图中，两齿轮的分度圆相切，两齿顶圆用粗实线绘制，两齿根圆用细实线绘制，如图 7-34(b)所示；也可将两齿根圆和啮合区内齿顶圆省略不画，如图 7-34(d)所示。

(3)啮合区外，其余部分的结构均按单个齿轮的规定画法绘制。

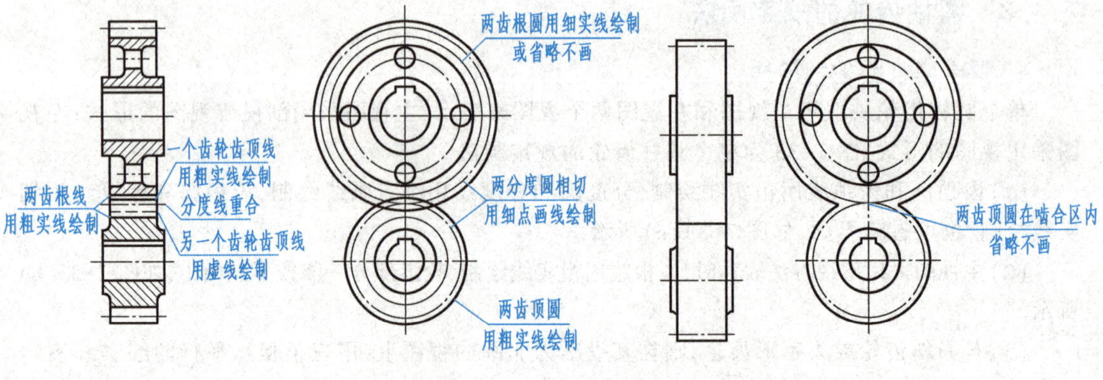

(a) 主视全剖　　(b) 左视外形　　(c) 主视外形　　(d) 左视外形

图 7-34　圆柱齿轮啮合的画法

7.5　滚动轴承

轴承分为滑动轴承和滚动轴承。滚动轴承用于支承轴及轴上零件使它们保持确定的位置，同时可以减少轴与支承间的摩擦和磨损。滚动轴承具有摩擦力小，结构紧凑等优点，在工程上被广泛采用。

7.5.1　滚动轴承的结构和种类

1. 滚动轴承的结构

如图 7-35 所示，滚动轴承是一种组合件，一般由外圈、内圈、滚动体和保持架组成。使用时，内圈套在轴上和轴一起转动，而外圈安装在轴承座孔中固定不动。

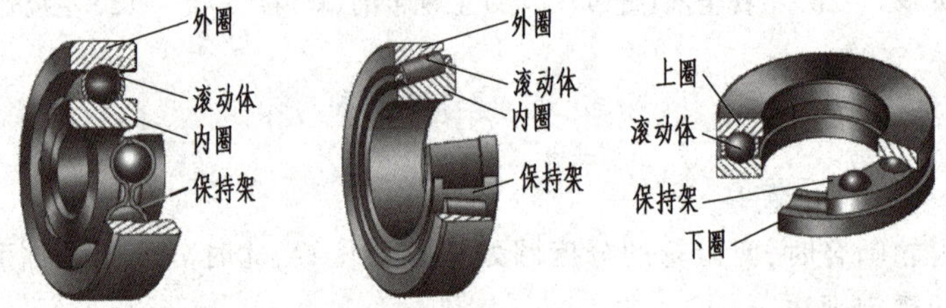

(a) 深沟球轴承　　(b) 圆锥滚子轴承　　(c) 推力球轴承

图 7-35　滚动轴承

2. 滚动轴承的种类

滚动轴承按其所能承受的载荷方向分为向心轴承、向心推力轴承和推力轴承。

(1) 向心轴承

主要用于承受径向载荷，也可承受少量轴向载荷，如图 7-35(a) 所示的深沟球轴承。该轴承结构简单紧凑，价格最低，极限转速高，摩擦阻力小，适用于转速较高、载荷平稳的场合。

(2) 向心推力轴承

可承受较大的径向载荷和轴向载荷，如图 7-35(b) 所示的圆锥滚子轴承。该轴承滚动体为滚子，外圈可分离，安装调整方便，宜成对使用，对称安装，适用于旋转精度高、支点跨距小、轴的刚度较大的场合。

(3)推力轴承

只能承受轴向载荷,如表7-35(c)所示的推力球轴承。该轴承适用于轴向载荷大、转速不高的场合。

7.5.2 滚动轴承的代号

滚动轴承种类很多,为便于组织生产和选用,国家标准(GB/T 272—2017)规定了滚动轴承的结构、尺寸、公差、承载力和类型等,均采用代号表示。轴承代号由前置代号、基本代号和后置代号组成,从左至右依次为:

前置代号 - 基本代号 - 后置代号

前置代号表示轴承的某些特殊特征,用字母表示,如:L表示可分离轴承的可分离套圈。

后置代号用字母和数字表示轴承结构、公差等级等要求,如:角接触球轴承,接触角 $\alpha=15°$ 时用C表示,公差等级由高到低分别用/PZ、/P4、/PS、/P6等表示。

基本代号是轴承代号的基础,用来表示轴承的基本类型、结构和尺寸。基本代号由轴承类型代号、尺寸系列代号和内径代号组成,从左至右依次为:

类型代号 - 尺寸系列代号 - 内径代号

1. 类型代号

轴承类型代号用数字或大写拉丁字母表示。如:深沟球轴承的类型代号为"6",角接触球轴承的类型代号为"7",推力圆柱滚子轴承的类型代号为"8",圆柱滚子轴承的类型代号为"N"。

2. 尺寸系列代号

尺寸系列代号由轴承的宽(高)度系列代号和直径系列代号组合而成,用两位阿拉伯数字来表示。它的主要作用是区别结构和内径相同时,为适应不同轴向尺寸和受力大小而制定的轴承在宽度和直径方面的变化系列,具体使用时可通过标准(GB/T 272—2017)查阅。

3. 内径代号

内径代号表示滚动轴承的公称直径,一般用两位阿拉伯数字来表示。在"04"~"99",用这两位数字乘以5即为滚动轴承的内径尺寸;在"04"以下时,国家标准规定,"00"表示内径为10 mm,"01"表示内径为12 mm,"02"表示内径为15 mm,"03"表示内径为17 mm。内径小于10 mm和大于495 mm轴承,国标另有规定,使用时可通过标准查阅。

【例7-1】 说明推力圆柱滚子轴承GS 81107的含义。

前置代号:"GS"表示推力圆柱滚子,推力滚针轴承座圈;

类型代号:"8"表示推力圆柱滚子轴承;

尺寸系列代号:"11"表示宽度系列代号和直径系列代号均为1;

内径代号:"07"表示轴承的内径为35 mm。

7.5.3 滚动轴承的画法

滚动轴承是标准组件,当需要在装配图中表示滚动轴承时,可采用国家标准给出的规定画法或特征画法。滚动轴承的各种画法及尺寸比例见表7-6,其各部分尺寸可根据滚动轴承代号,由附录O~Q或相关标准中查得。

表 7-6　常用滚动轴承的类型代号及画法

名称及标准号	画图步骤	规定画法	特征画法
深沟球轴承(GB/T 276—2013)	①由 *D*、*B* 画轴承外轮廓； ②由 $(D-d)/2=A$ 画内外圈断面； ③由 *A*/2、*B*/2 定球心，画滚球； ④由球心作 60°斜线，求两交点； ⑤自所求两交点作外(内)圈的内(外)轮廓	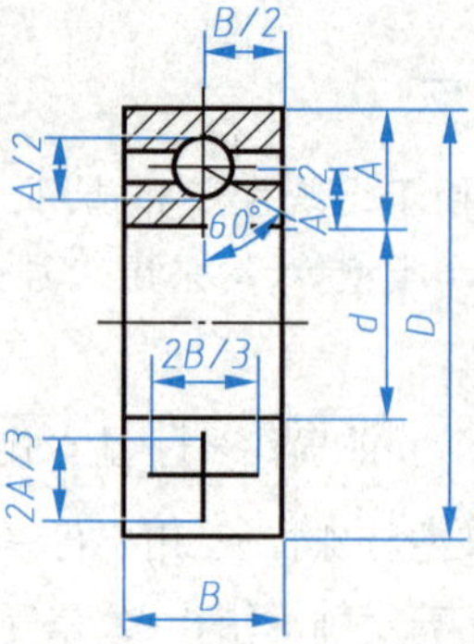	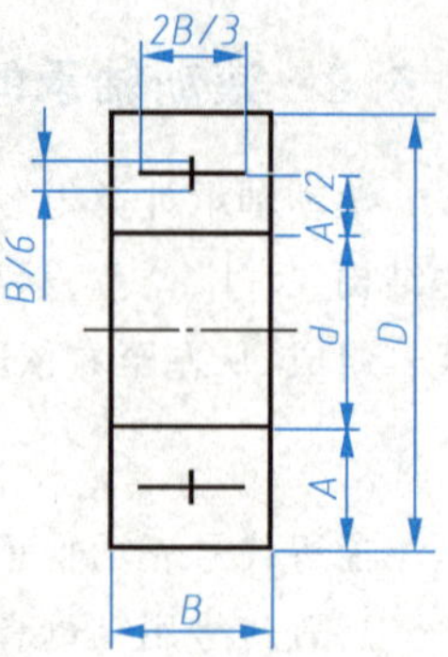
圆锥滚子轴承(GB/T 297—2015)	①由 *D*、*d*、*T*、*B*、*C* 画轴承外轮廓； ②由 $(D-d)/2=A$ 画内外圈断面； ③由 *A*/2、*T*/2 及 15°线定滚子轴线； ④由 *A*/2、*A*/4、*C* 作滚子外形； ⑤完成内外圈的轮廓	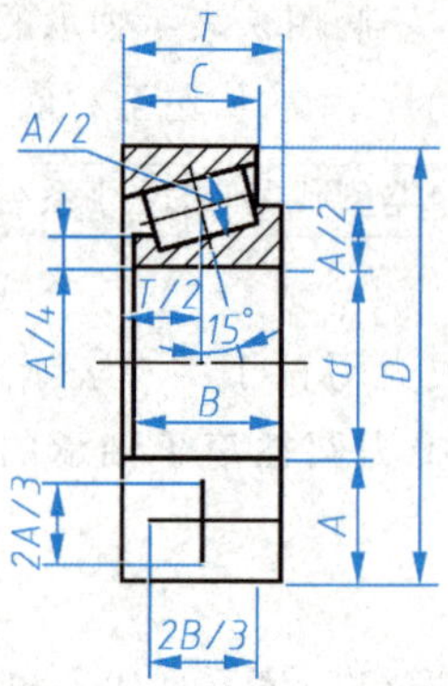	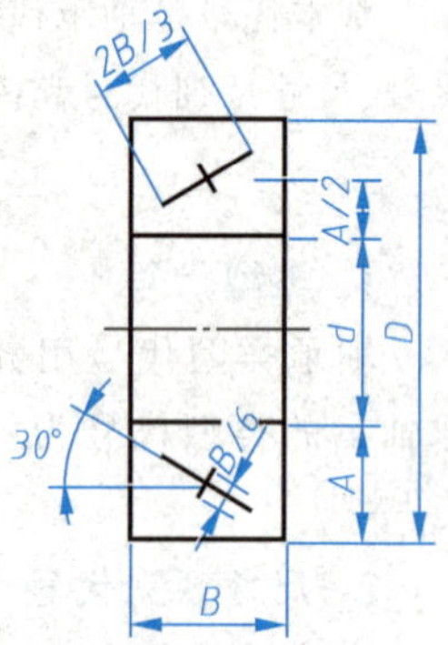
推力球轴承(GB/T 301—2015)	①由 *D*、*T* 画轴承外轮廓； ②由 $(D-d)/2=A$ 画上下圈断面； ③由 *A*/2、*T*/2 定球心，画滚球； ④由球心作 60°斜线，求两交点； ⑤自所求两点作上下圈的轮廓	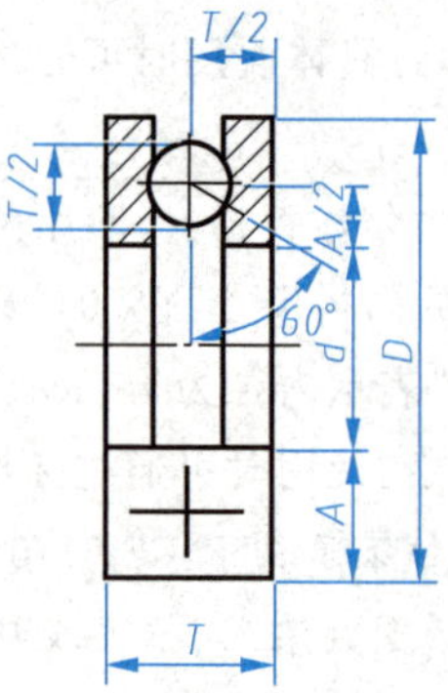	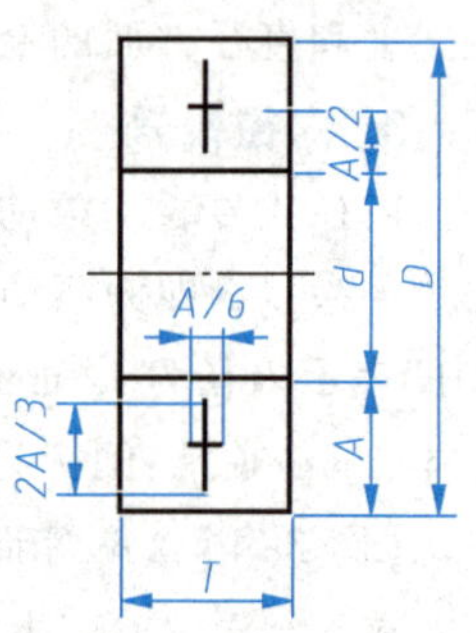

7.6　圆柱螺旋压缩弹簧

弹簧的主要作用是减震、夹紧、测力、储能和输出能量等。弹簧是一种常用件，其特点是在弹性限度内，受外力作用而变形，去掉外力后，弹簧能立即恢复原状。

弹簧的种类很多，用途较广。外形呈圆柱形的螺旋弹簧，称为圆柱螺旋弹簧，根据受力不同，圆柱螺旋弹簧又分为压缩弹簧、拉伸弹簧和扭转弹簧，如图 7-36 所示。

（a）压缩弹簧　　（b）拉伸弹簧　　（c）扭转弹簧

图 7-36　圆柱螺旋弹簧

7.6.1　圆柱螺旋压缩弹簧的参数

如图 7-37 所示，圆柱螺旋压缩弹簧的各部分名称、形状和尺寸由以下参数决定。

（1）簧丝直径 d：制作弹簧的钢丝直径。

（2）弹簧中径 D：弹簧内径和外径的平均值，也是弹簧的规格直径，按标准选取。

（3）弹簧外径 D_2：弹簧的最大直径，$D_2=D+d$。

（4）弹簧内径 D_1：弹簧的最小直径，$D_1=D-d$。

（5）节距 t：弹簧两相邻有效圈的轴向距离。

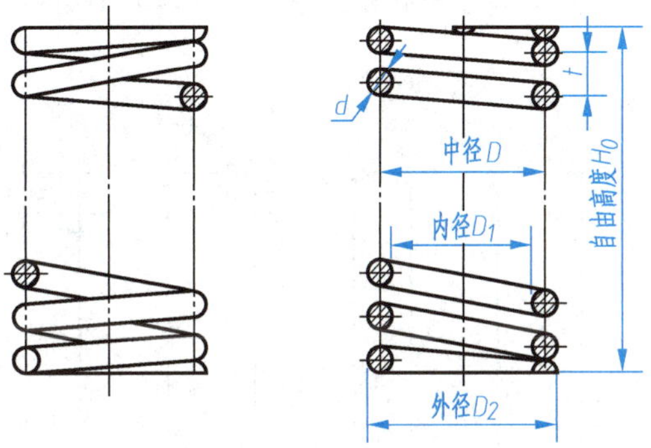

（a）视图画法　　（b）剖视画法

图 7-37　圆柱螺旋压缩弹簧的规定画法及参数

（6）有效圈数 n：弹簧上能保持相同节距的圈数。有效圈数是计算弹簧刚度时的圈数。

（7）支承圈数 n_2：为使弹簧受力均匀，放置平稳，一般都将弹簧两端并紧磨平，工作时起支承作用。弹簧端部用于支承或固定的圈数称为支承圈。支承圈有 1.5、2、2.5 三种，支承圈数 $n_2=2.5$ 用得较多，即两端各并紧 1.25 圈。

（8）总圈数 n_1：弹簧的有效圈数与支承圈数之和即为总圈数，$n_1=n+n_2$。

（9）自由高度 H_0：弹簧在无负荷作用时的高度，$H_0=nt+(n_2-0.5)d$。

（10）簧丝展开长度 L：制作弹簧时簧丝的长度，$L=n_1\sqrt{(\pi D)^2+t^2}\approx n_1\pi D$。

（11）旋向：弹簧分右旋和左旋两种，工程上常用的是右旋。

7.6.2　圆柱螺旋压缩弹簧的规定画法

1. 单个弹簧的规定画法

（1）在平行于圆柱螺旋压缩弹簧轴线的投影面的视图中，可画成视图，也可以画成剖视图，各圈的轮廓线画成直线，如图 7-37（a）、（b）所示。

（2）圆柱螺旋压缩弹簧有效圈数多于四圈时，可以只画出其两端的 1～2 圈，中间只需用过簧丝断面中心的细点画线连起来，并且可适当缩短图形长度。

（3）弹簧两端并紧磨平时，无论支承圈的圈数多少和末端并紧情况如何，均可按图中所示的支撑圈为 2.5 圈的形式绘制，也可按实际情况绘制。

（4）螺旋弹簧均可画成右旋，也可按实际情况绘制，对必须保证的旋向要求应在“技术要求”

中注明;左旋弹簧在弹簧标记中应注明旋向代号为左。

2. 圆柱螺旋压缩弹簧的画图步骤

【例7-2】 已知圆柱螺旋压缩弹簧的簧丝直径 $d=6$ mm、弹簧中径 $D=36$ mm、节距 $t=12$ mm、有效圈数 $n=6$、支承圈数 $n_2=2.5$,右旋,试画出圆柱螺旋压缩弹簧的剖视图。

作图步骤:

①计算自由高度 $H_0=nt+(n_2-0.5)d=6\times12+2\times6=84$mm,根据弹簧中径和自由高度画出长方形 $ABCD$,如图 7-38(a)所示。

②根据钢丝直径 d,画出支承圈部分弹簧钢丝的剖面,如图 7-38(b)所示。

③画出有效圈部分弹簧钢丝的剖面。先在 BC 线上根据节距 t 画出圆 1 和圆 2;然后在 AD 线上画出圆 3、圆 4 和圆 5,如图 7-38(c)所示。

④按右旋方向作相应圆的公切线及剖面线,完成作图,如图 7-38(d)所示。

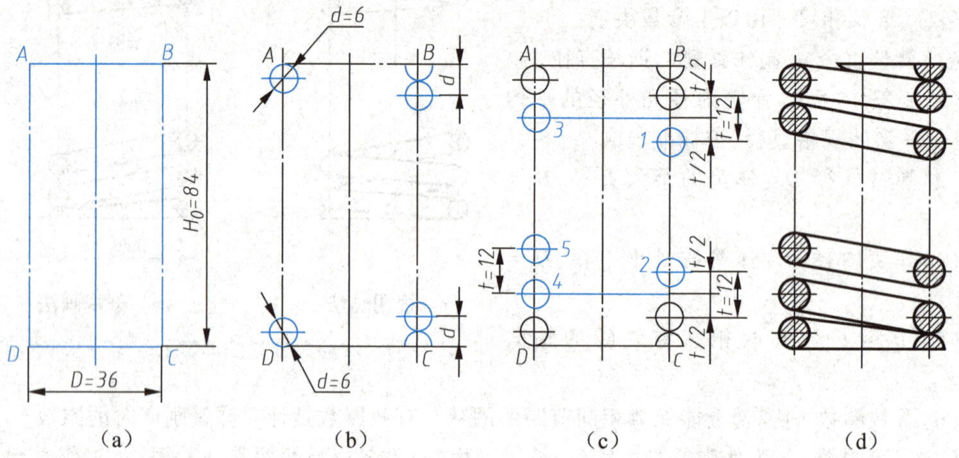

图 7-38 圆柱螺旋压缩弹簧的画图步骤

3. 圆柱螺旋压缩弹簧的零件图

图 7-39 是一个圆柱螺旋压缩弹簧的零件图,画图时应注意以下几点:

(1)弹簧的参数应直接注在图形上,也可在技术要求中说明。

(2)当需要说明弹簧的负荷与高度之间的变化关系时,必须用图解表示。螺旋压缩弹簧的机械曲线为直线,其中 P_1 表示弹簧的预加负荷,P_2 表示弹簧的最大负荷,P_3 表示弹簧的极限负荷。

4. 装配图中弹簧的规定画法

(1)在装配图中,被弹簧挡住部分的结构一般不画,可见部分应从弹簧的外轮廓线或从弹簧簧丝剖面的中心线画起,如图 7-40(a)所示。

(2)螺旋弹簧被剖切时,允许只画簧丝断面,且当簧丝直径等于或小于 2 mm 时,其断面可涂黑表示,如图 7-40(b)所示。

(3)簧丝直径等于或小于 2 mm 时,允许采用示意画法,如图 7-40(c)所示。

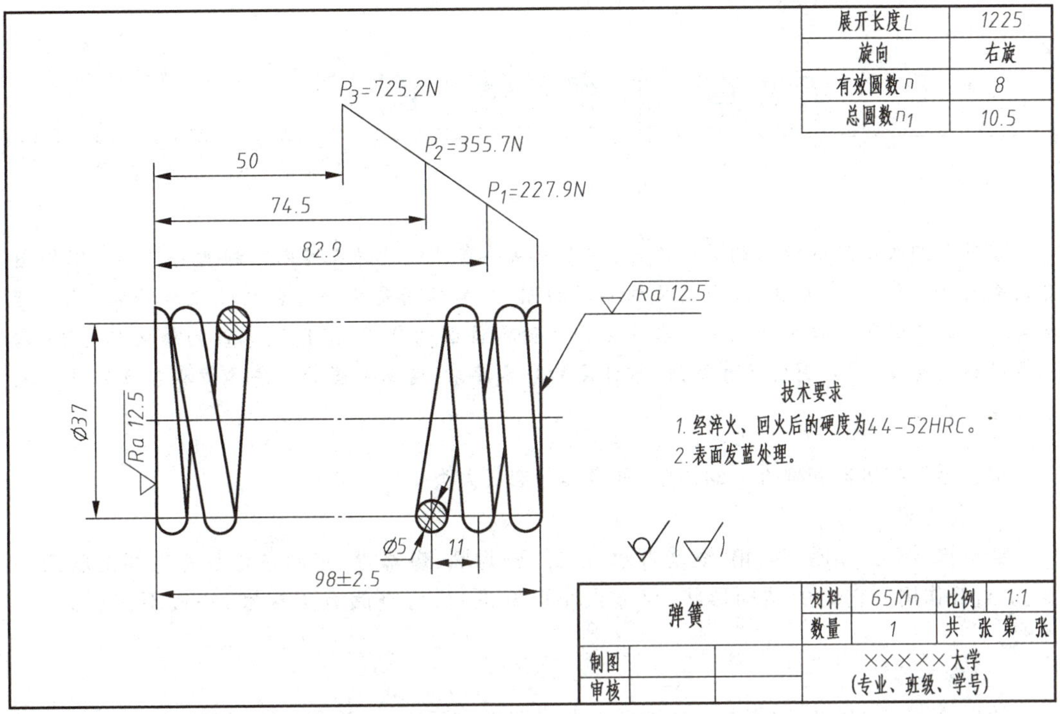

图 7-39 圆柱螺旋压缩弹簧的零件图

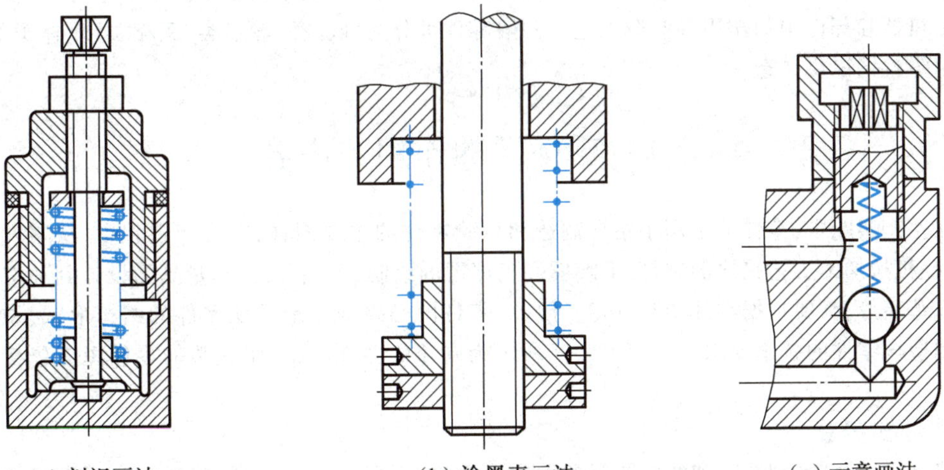

图 7-40 圆柱螺旋压缩弹簧装配图中的规定画法

第8章 零件图

零件是组成机器和部件的最小单元，相互关联的零件通过装配可以得到所需产品。零件图是用来表达零件结构、形状、大小及技术要求的图样，其作用是指导零件的制造和检验，是设计和生产过程中的重要技术性文件。本章主要讨论零件图的作用与内容、零件的结构工艺性、零件图的视图选择、零件图的尺寸标注、零件图的技术要求、看零件图的方法和步骤以及零件的测绘方法等内容。

根据零件在机器和部件上的作用，可将其分成三大类。

(1)标准件

如螺栓、螺母、垫圈、键、销、滚动轴承、油标、密封圈、螺塞等，它们主要起零件间的联接、支承、油封等作用。它们的结构形状、尺寸大小已标准化，可查阅有关标准，一般不需要画出零件图。

(2)常用件

如齿轮、蜗轮、蜗杆、弹簧等。这类零件在机器中应用广泛，某些结构要素已经标准化，对结构形状参数及画法有严格的规定。画零件图时，可查阅有关标准。

(3)一般零件

这类零件是本章研究的对象。这类零件的结构形状、尺寸大小及各项技术要求等，主要取决于它在机器和部件中的作用和制造工艺。一般零件可分为轴套类、轮盘类、叉架类、箱体类等，需要画出零件图以供制造。

8.1 零件图的作用与内容

在生产实践中，零件图是用于指导制造和检验零件的主要图样，在生产过程中，从零件的毛坯制造、机械加工工艺路线的制订、毛坯图和工序图的绘制、工装、夹具和量具的设计到加工检验和技术革新等，都要根据零件图来进行。因此，零件图必须详尽地反映零件的结构形状、尺寸和有关制造该零件的技术要求等。如图 8-1 所示为阀盖的零件图，一张完整的零件图应包括下列内容。

1. 一组图形

综合运用视图、剖视图和断面图等各种表达方法，正确、完整、清晰、简便地表达出零件的内外结构形状。

2. 完整的尺寸

正确、完整、清晰、合理地标出零件制造和检验时所需的全部尺寸。综合考虑加工要求，从定形尺寸、定位尺寸和总体尺寸三方面入手进行尺寸标注，缺一不可。

3. 技术要求

用国家标准中规定的符号、数字、字母和文字等标注和说明表示零件在制造、检验、安装时应达到的各项技术要求，如表面结构、尺寸公差、几何公差及热处理要求等。技术要求一般注写在图样右侧标题栏之上的空白处。

4. 标题栏

绘制在图框的右下角，需要注明零件名称、材料、数量、绘图比例、图号以及设计、制图、审核人的姓名、日期、单位等内容。

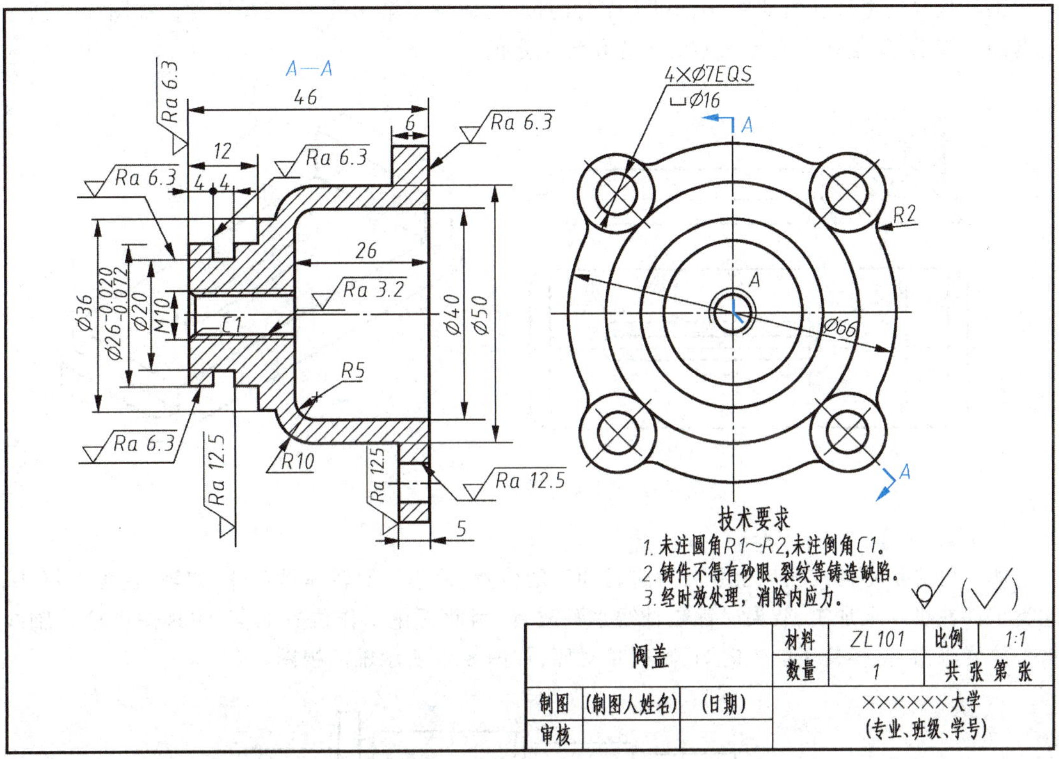

图 8-1　阀盖的零件图

8.2　零件图的视图选择

零件图的视图选择就是根据零件的结构形状、加工方法以及它在机器或部件中的位置和作用等因素，选择合适的视图、剖视图、断面图等，将零件的内外结构和形状完整、正确、清晰、合理地表达出来。视图选择的原则是：在完整表达零件结构形状的前提下，应尽量减少视图数量，力求制图简捷，便于标注尺寸和技术要求，同时符合生产要求和看图方便的表达方案。下面重点介绍主视图和其他视图的选择原则。

8.2.1　主视图的选择

主视图在表达零件的视图中处于核心地位，画图和看图时，一般应从主视图开始，因此，在表达一个零件时，应首先选择好主视图。主视图选择恰当与否，直接影响到其他视图的选择、画图和看图的方便性，以及图幅的合理利用等。一般来说，零件主视图的选择应满足“合理安放位置”和“形状特征”两个基本原则。

1. 合理安放位置原则

主视图的安放位置有:加工位置、工作位置。为了生产时看图方便,零件的主视图最好采用加工位置,如轴套类和轮盘类零件。但有些零件的形体较复杂,在加工不同表面时需要装夹在不同的机器上,同时装夹位置也各不相同,因此不适合采用加工位置,而应按零件在机器或部件中的工作位置确定主视图的安放位置,如叉架类和箱体类零件。

(1)工作位置

工作位置是零件在机器中安装和工作时的位置,适用于箱体类、叉架类零件。如图 8-2 所示钳身的主视图,就是按它在虎钳中的工作位置确定的。

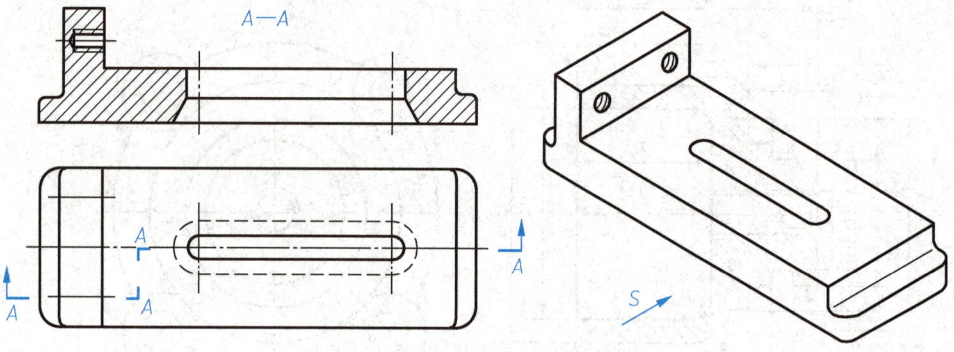

图 8-2　钳身主视图符合工作位置

(2)加工位置

加工位置是零件在机床上装夹后进行加工的位置,适用于回转体类零件,如轴、盘盖类零件。这类零件在机床上加工,装夹时都是轴线水平放置,因此无论工作位置如何,主视图都应按轴线水平放置画出,这样便于加工时图、物直接对照,如图 8-3 所示轴的视图。

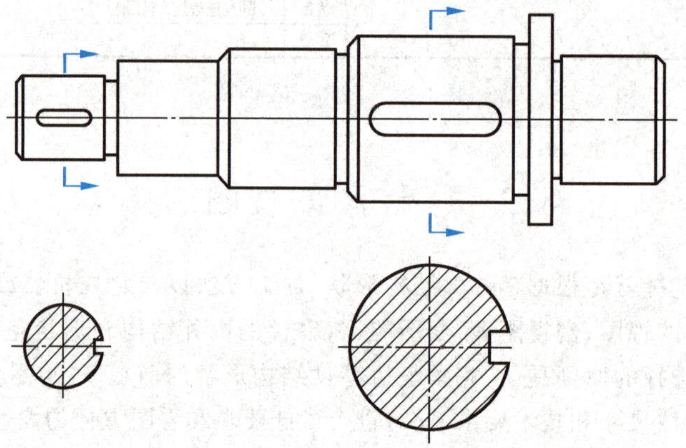

图 8-3　轴的视图

2. 形状特征原则

确定了零件的安放位置后,还应选定主视图的投射方向。形状特征原则就是将最能反映零件形状特征的方向作为主视图的投射方向,即在主视图上尽可能多地表达零件内外结构形状以及各组成形体之间的相对位置关系。如图 8-4 所示柱塞泵泵体的工作位置,安装基面(平面)为侧立面,投射方向有 A、B、C、D 四个方向可以选择,沿 A 方向投射比其他方向能更多地反映出零件的形状特征，所以选择 A 方向为主视图投射方向。

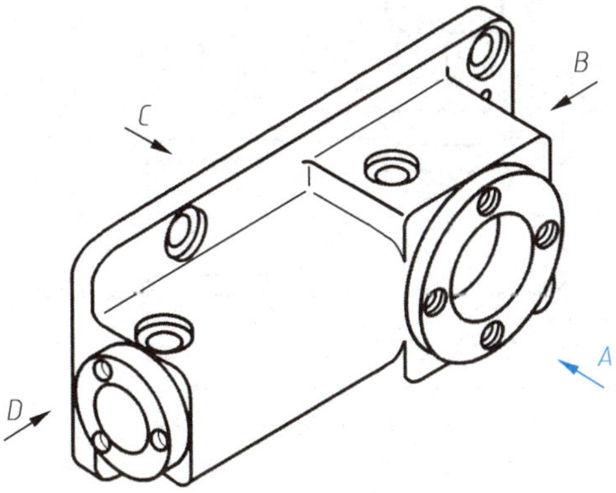

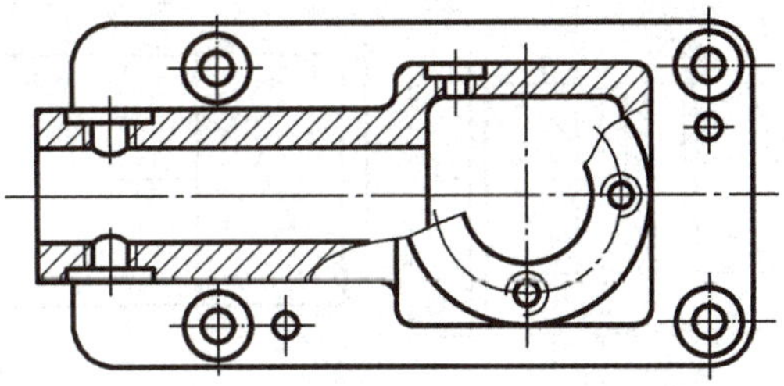

图 8-4　柱塞泵泵体的主视图选择

8.2.2　其他视图的选择

一般情况下，仅有一个主视图是不能把零件的形状和结构表达完全的，还需要配合其他视图，把主视图上未表达清楚的形状和结构表达出来。因此，主视图确定后，其他视图的选择应考虑以下几点。

(1)根据零件的复杂程度及内外结构形状，全面考虑所需要的其他视图，使每个视图至少有一个表达重点。但是，要注意采用的视图数目不宜过多或过于分散，以免烦琐、重复，导致主次不分。

(2)优先考虑采用基本视图，当内部结构需要表达时，应尽量在基本视图上作剖视；对尚未表达清楚的局部结构和倾斜部分的结构，可增加局部(剖)视图、斜(剖)视图和局部放大图；有关的视图应尽可能按投影关系配置在相关视图附近。

(3)视图数量取决于零件结构的复杂程度，按照表达零件形状要正确、完整、清晰、简便的要求，力求减少视图数量。进一步综合、比较、调整、完善，选出最佳的表达方案。合理地布置视图位置，使图样既清晰美观又有利于图幅的充分利用。

8.2.3　典型零件的视图选择

根据零件的结构形状，零件大致可分成轴套类、轮盘类、叉架类和箱体类四类。下面结合典型例子介绍这四类典型零件的视图表达特点。

1. 轴套类零件

(1)分析了解零件

轴套类零件包括传动轴、支承轴、各类套等，起支承或传递动力的作用。它们的基本形状是同轴回转体，零件的轴向尺寸比径向尺寸大，根据设计和工艺要求，常有键槽、倒角、轴肩、退刀槽、中心孔、螺纹等结构要素，主要工序是在车床上进行车削等加工。

(2)安放状态

如图 8-3 所示轴的视图，轴套类零件一般按加工位置摆放。

(3)表达方案

如图 8-5 所示传动轴零件图，一般只用一个主视图来表示轴或套上各段阶梯长度及各种结构的轴向位置，键槽、孔和一些局部结构可采用断面图、局部视图、局部剖视图、局部放大图来表达。平键键槽通常放在中心线上，方向朝前；半圆键键槽朝上，采用局部剖来表达。

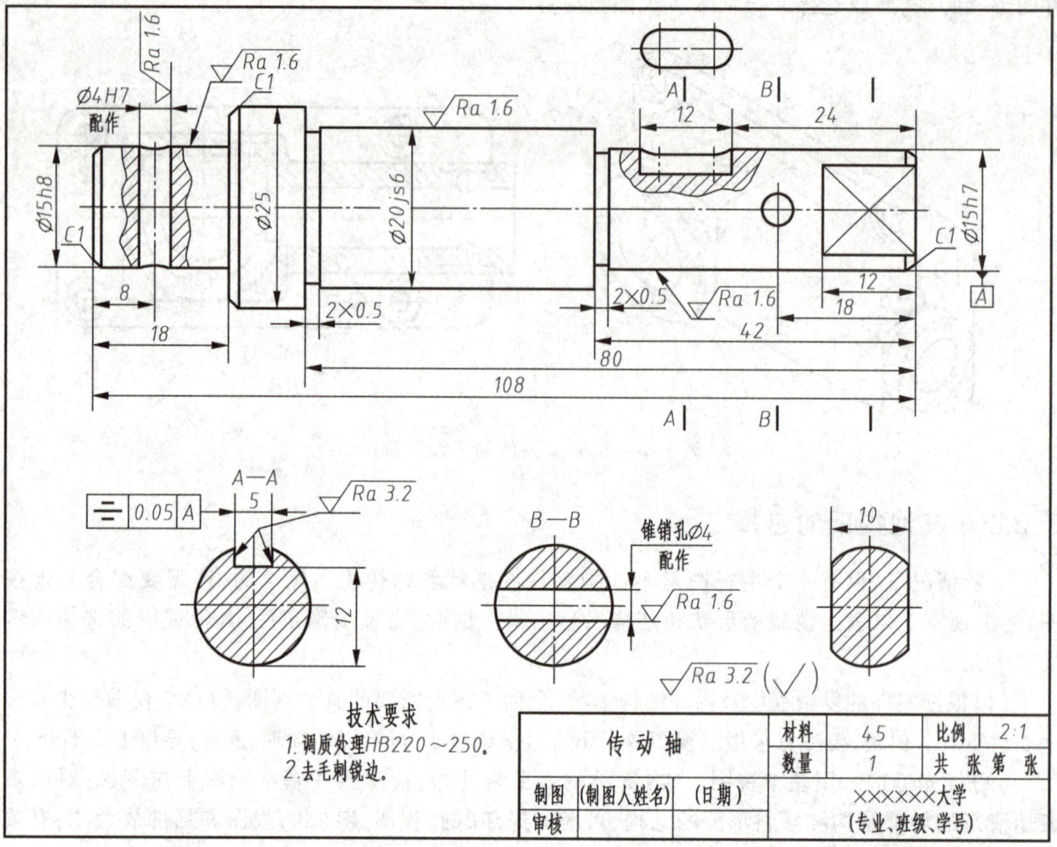

图 8-5　传动轴零件图

2. 轮盘类零件

(1)分析了解零件

轮盘类零件包括各种手轮、带轮、齿轮、法兰盘、端盖等。轮类零件用来传递动力和扭矩;盘盖类零件起支承、密封和定位等作用。此类零件的主体部分常由共轴线的回转体组成,其轴向尺寸比径向尺寸小,有键槽、轮辐、均匀分布的孔等结构,往往有一个端面会与其他零件接触。

(2)安放状态

零件的加工若以车削为主,一般将轴线放成水平位置;对于加工时不以车削为主的零件,则可按工作状态放置。

(3)表达方案

如图 8-6 所示法兰盘零件图,这类零件一般采用两个基本视图,主视图常用剖视表示孔、槽等结构,另一视图表示零件的外形轮廓和其他组成部分如孔、肋、轮辐等的相对位置。

3. 叉架类零件

(1)分析了解零件

叉架类零件包括拨叉、连杆、支架等。拨叉用在各种机器的调速机构上,支架起支承和定位作用。此类零件通常由工作部分、支承(或安装)部分及联接部分组成,常有螺孔、肋、槽等结构。

(2)安放状态

以零件的工作状态放置。

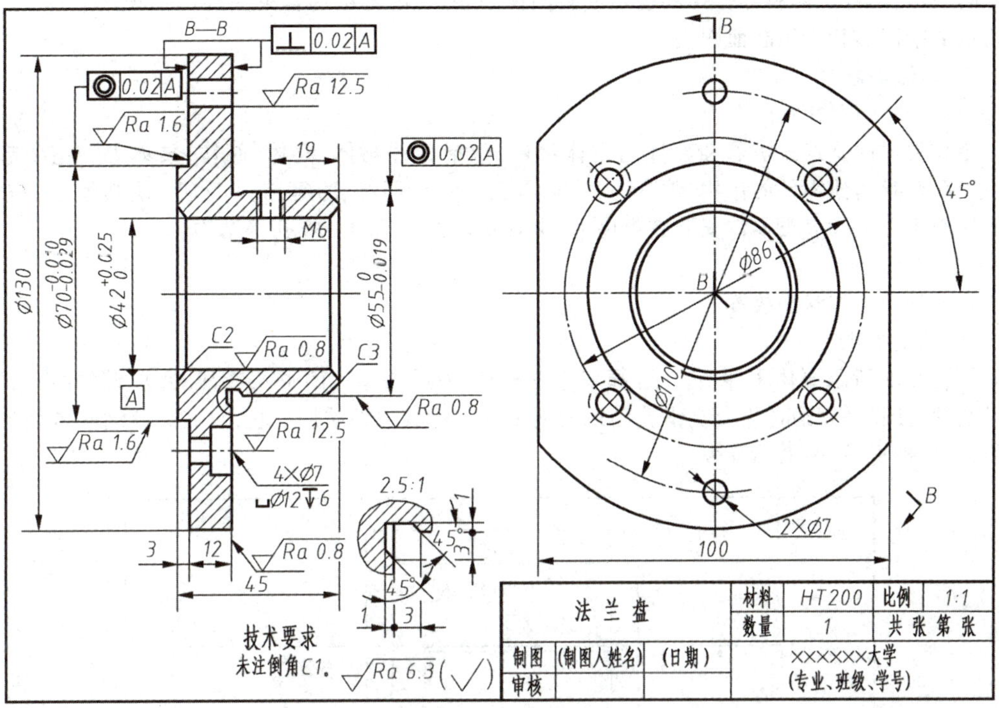

图 8-6 法兰盘零件图

(3)表达方案

如图 8-7 所示托架零件图,在选择主视图时,为反映零件的形状特征,通常需要两个或两个

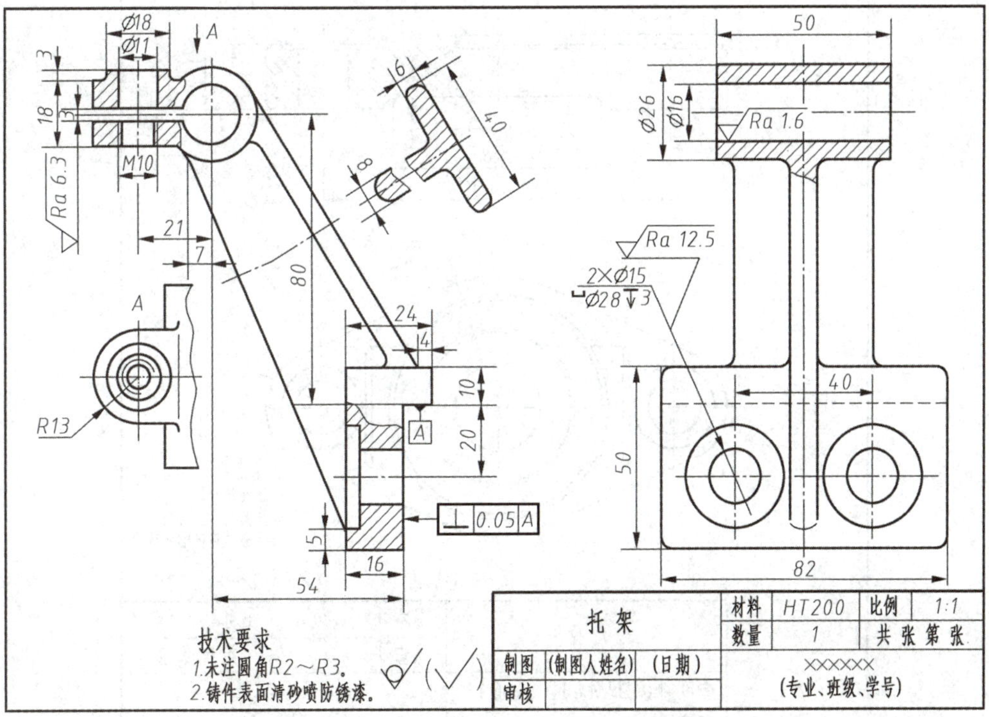

图 8-7 托架零件图

以上的视图，零件的倾斜部分用斜视图或斜剖视图表达，内部结构常采用局部剖视图表达，薄壁和肋板的断面形状采用断面图表达。

4. 箱体类零件

(1) 分析了解零件

箱体类零件是组成机器和部件的主体零件，包括各种箱体、壳体、阀体、泵体等。主要起支承、包容、密封其他零件的作用，常有内腔、轴承孔、凸台、凹坑、肋等结构。为了使其他零件安装在箱体类零件上或该类零件安装在机座上，常有安装板、安装孔、螺孔等结构。

(2) 安放状态

以零件的工作状态放置。

(3) 表达方案

如图 8-8 所示泵体零件图，在选择表达方案时，为反映零件的形状特征，通常需要两个或两个以上的视图，采用通过主要支承孔轴线的剖视图表达其内部结构形状，一些局部结构常用局部视图、局部剖视图、断面图等表达。

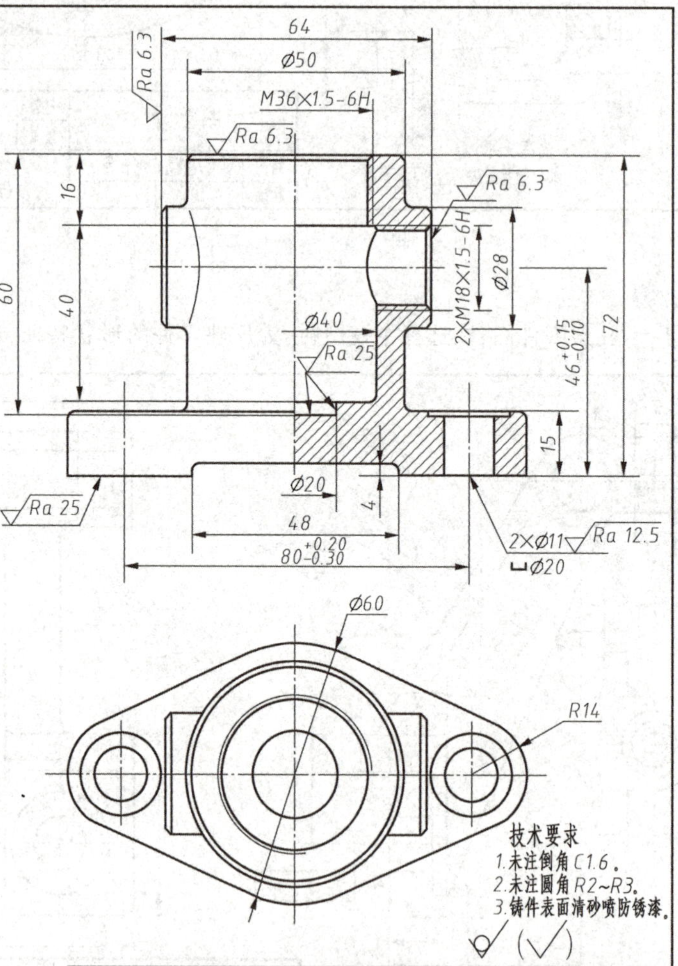

泵 体		材料	HT200	比例	1:1
		数量	1	共 张 第 张	
制图	(制图人姓名)	(日期)	××××××大学 (专业、班级、学号)		
审核					

图 8-8　泵体零件图

8.3 零件的工艺结构简介

8.3.1 零件常见工艺结构

根据零件的功能以及整体相关、协调的关系等确定了零件的主体结构以后，考虑到制造、装配、使用等问题，零件的细部结构形式也必须合理。一般情况，零件不同的加工方法对零件局部结构形式的要求也不同。而机器上的绝大部分零件，都要经过铸造、锻造和机械加工来制成。因此，在设计和绘制零件图时，就必须考虑到铸造、锻造和机械加工工艺的一些特点，使所设计的零件符合铸造、锻造和机械加工的要求，以免造成废品或使制造工艺复杂化。表8-1为零件上常用的一些合理工艺结构。

表8-1 零件常用工艺结构

类别	图例和说明	
	合理	不合理
铸造圆角	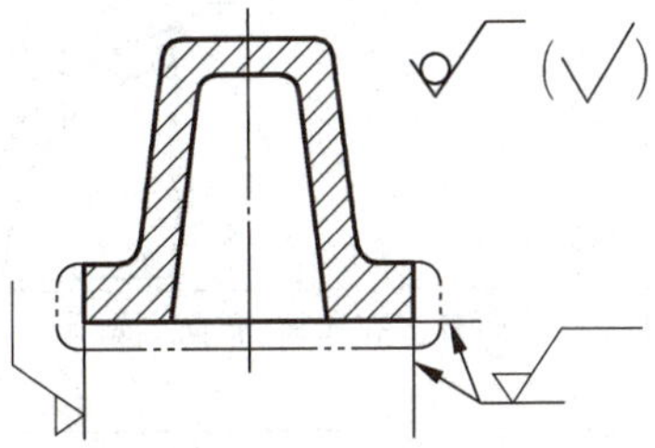	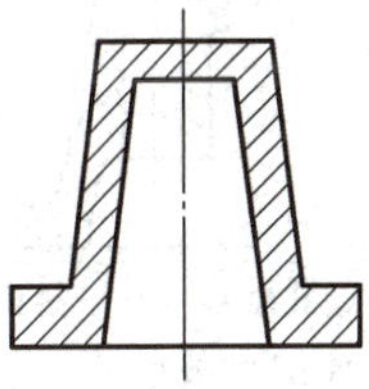
	为防止铸造砂型落砂，避免铸件冷却时产生裂纹，两铸造表面相交处应以圆角过度。铸造圆角半径一般取壁厚的0.2~0.4。同一铸件上的圆角半径种类应尽可能减少。两相交铸造表面之一若经切削加工，则应画成尖角	
斜度	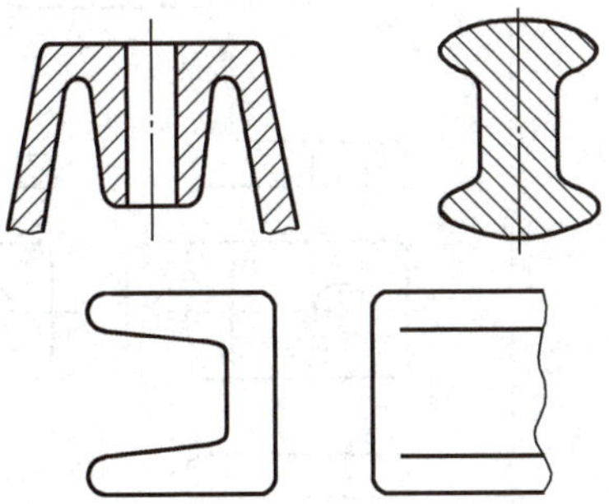	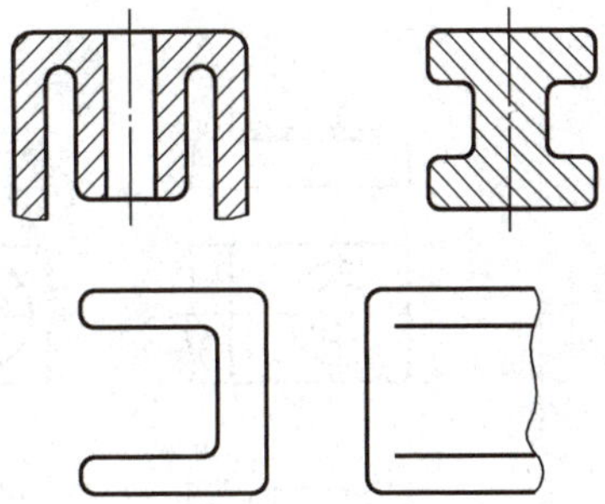
	为了便于起模，铸件壁沿脱模方向应设计出1∶20的起模斜度（约3°），浇铸后这一斜度留在铸件表面，斜度不大的结构，如在一个视图中已表达清楚，其他视图可按小端画出	

续表

类别	图例和说明	
	合理	不合理
壁厚	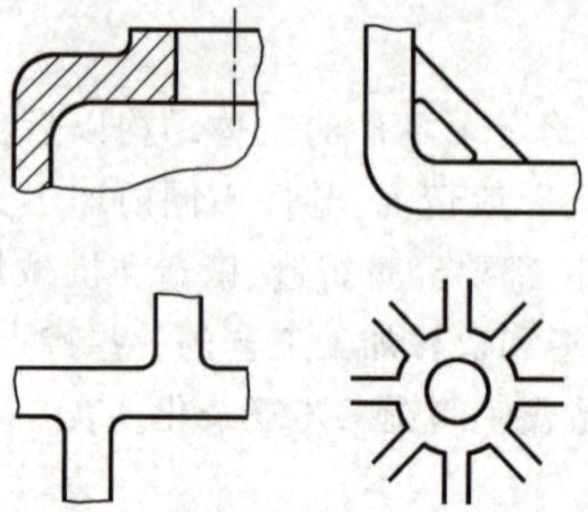	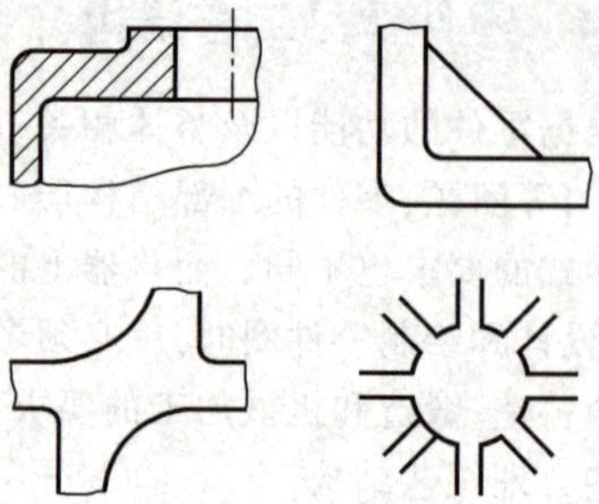
	为避免铸件冷却时产生内应力而造成裂纹或缩孔，铸件壁厚应尽量均匀一致，不同壁厚间应均匀过渡	
钻孔	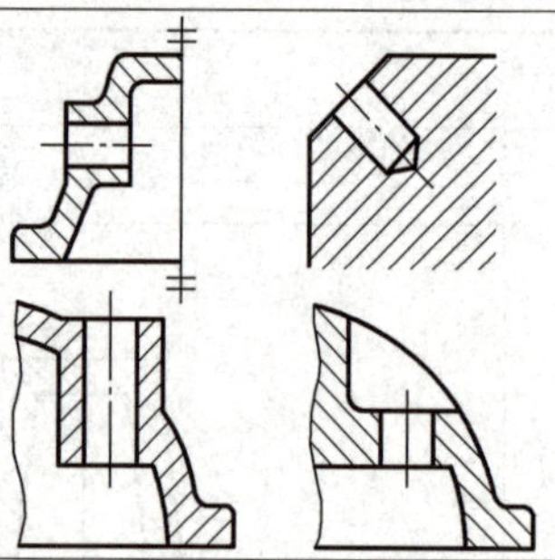	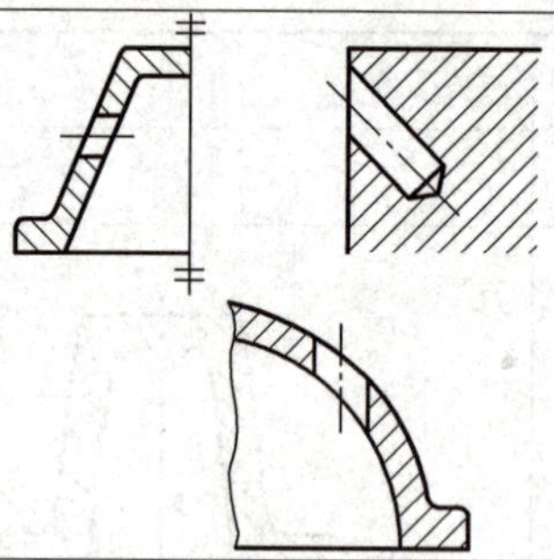
	使钻孔轴线垂直于钻孔端面，以保证钻孔精度，避免钻头折断。在曲面、斜面上钻孔时，一般应在孔端做出凸台、凹坑或平面	
凹槽、凹坑、凸台和沉孔	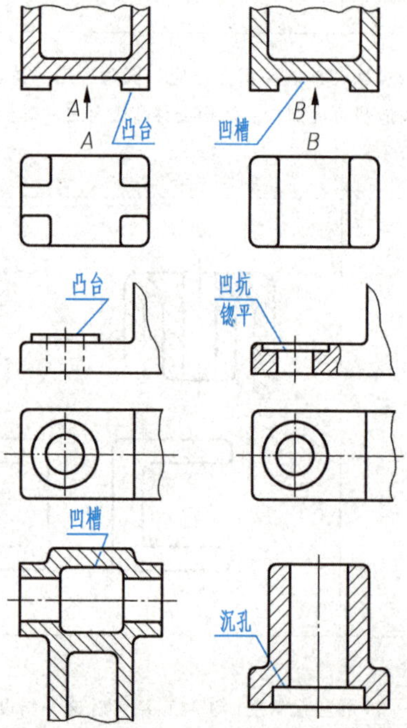	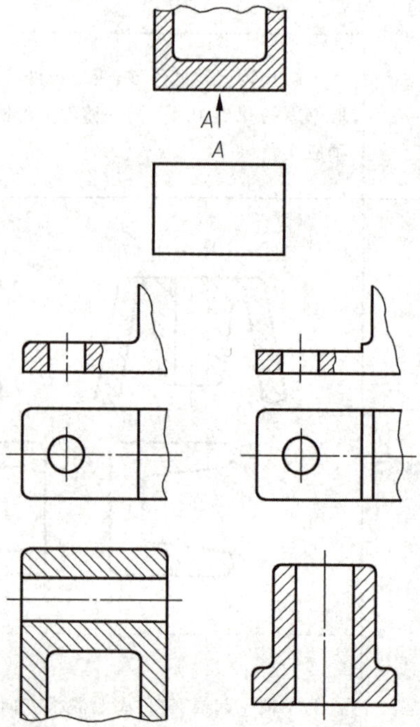
	为了保证加工表面的质量，节省材料，降低制造成本，应尽量减少加工面积。常在零件上设计出凸台、凹槽、凹坑或沉孔等结构	

续表

<table>
<tr><th rowspan="2">类别</th><th colspan="2">图例和说明</th></tr>
<tr><th>合理</th><th>不合理</th></tr>
<tr><td rowspan="2">倒角</td><td>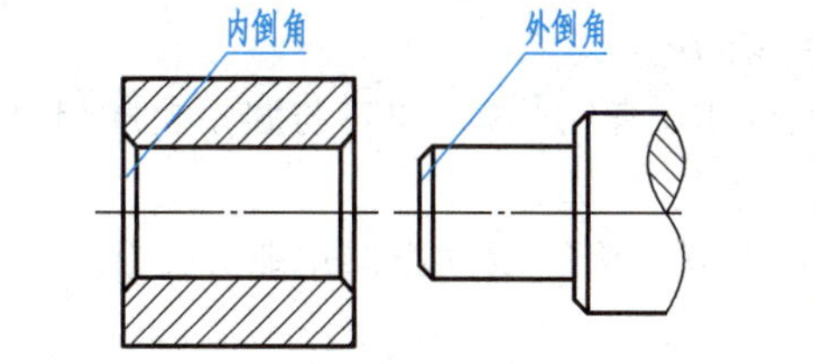
</td><td>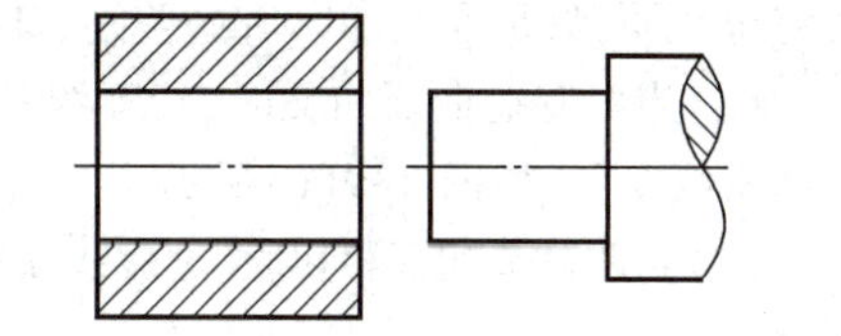</td></tr>
<tr><td colspan="2">为便于装配，且保护零件端面不受损伤，一般在轴端、孔口、台肩和拐角处加工出倒角</td></tr>
<tr><td rowspan="2">键槽</td><td>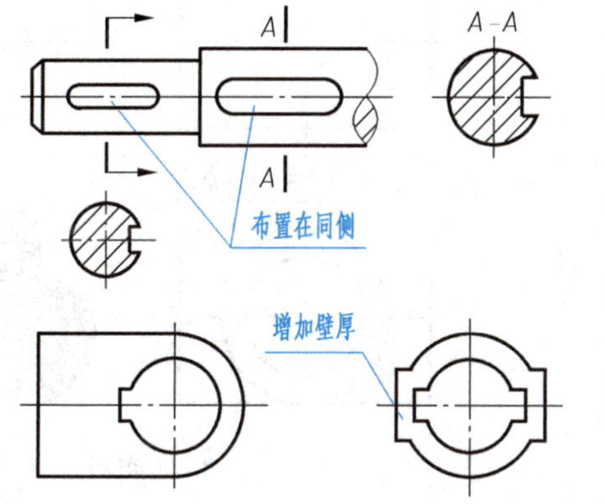
</td><td>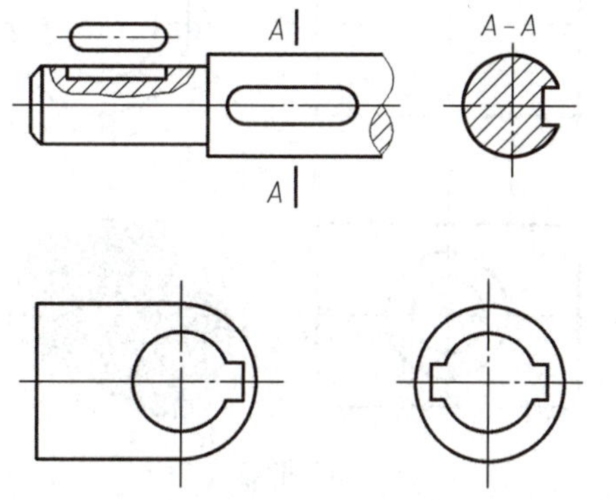
</td></tr>
<tr><td colspan="2">在同一轴上的两个键槽应在同侧，便于一次装卡加工。避免有键槽的局部过于单薄，致使强度减弱。必要时可增加键槽处的壁厚</td></tr>
<tr><td rowspan="2">退刀槽或越程槽</td><td>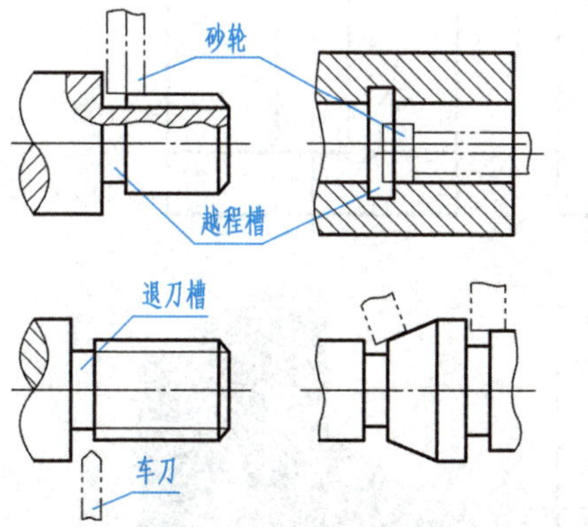
</td><td>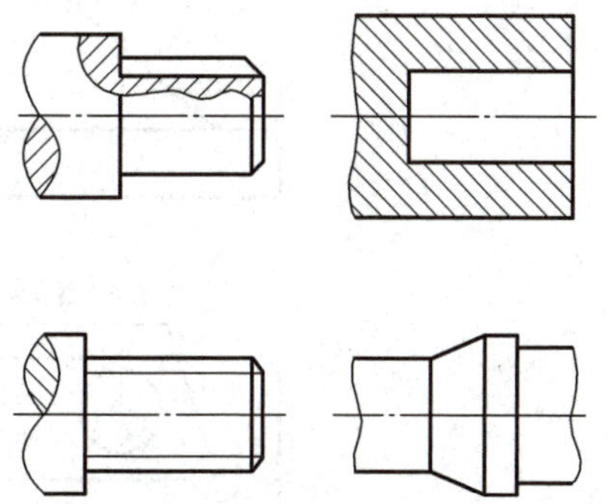</td></tr>
<tr><td colspan="2">为了在加工时便于退刀，或是在装配时与相邻零件靠紧，在台肩处应加工出退刀槽或越程槽</td></tr>
</table>

8.3.2 过渡线的画法

由于铸件上圆角的影响，使铸件表面的交线变得很不明显。但是，为了区别不同表面，在零件图上仍要画出表面的理论交线，一般称它为过渡线。过渡线的画法与没有圆角时相贯线的画法完全相同，只是在表示时有些差别，其画法如下所述。

(1)当两铸造曲面相交时，轮廓线相交处画出圆角，过渡线应不与圆角轮廓相交，且过渡线用细实线绘制，如图 8-9(a)所示。

(2)当两铸造曲面相切时，过渡线在切点附近应该断开，且过渡线用细实线绘制，如图 8-9(b)所示。

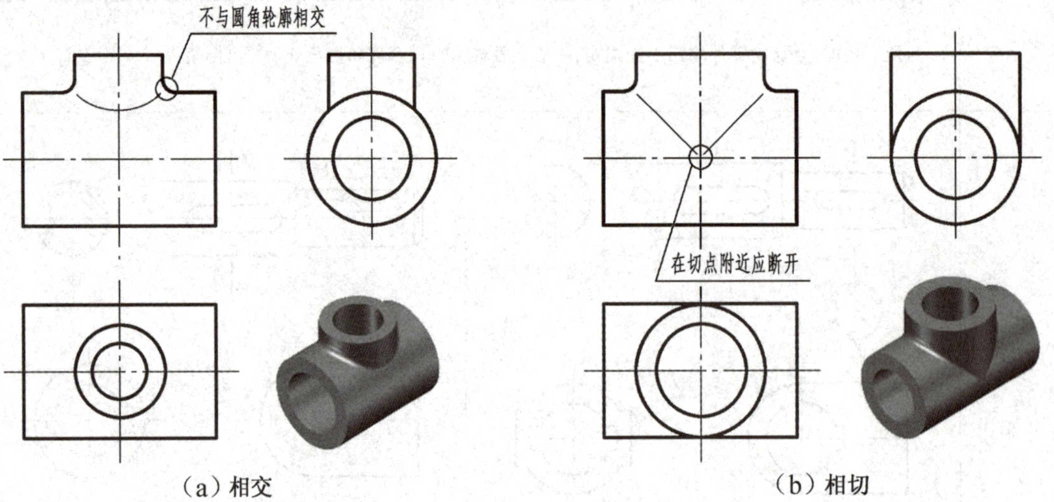

图 8-9 两铸造曲面过渡线的画法

(3)在画铸造平面与平面或铸造平面与曲面的过渡线时，应该在转角处断开，并加画过渡圆弧，其弯向与铸造圆角的弯向一致，如图 8-10 所示。

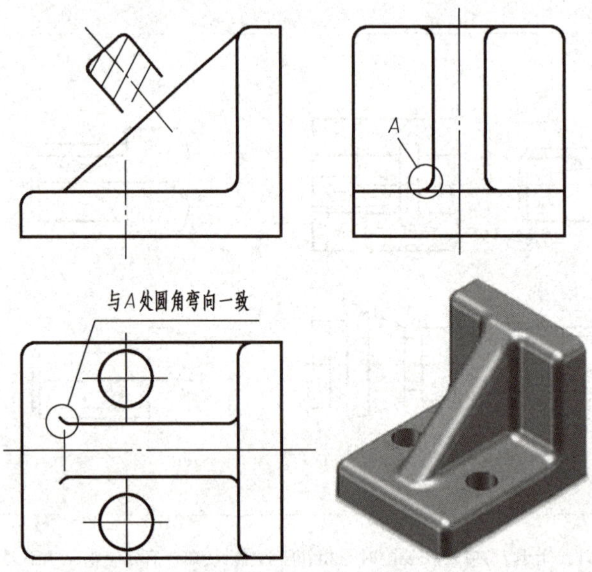

图 8-10 两铸造平面过渡线的画法

(4)零件上肋板与圆柱组合且有圆角过渡时,该处过渡线的形状取决于肋板的断面形状及与圆柱相交和相切的关系,其画法如图 8-11 所示。

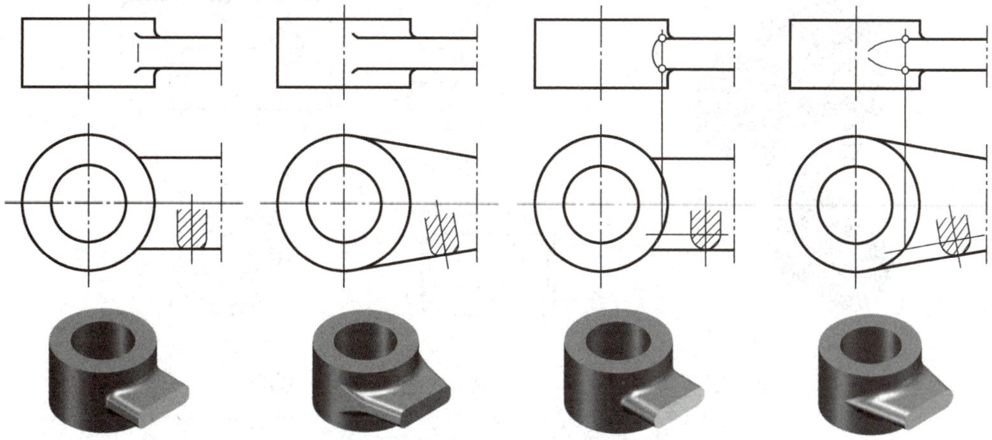

(a)　(b)　(c)　(d)

图 8-11　肋板与圆柱过渡线的画法

8.4　零件图的尺寸标注

8.4.1　零件图尺寸标注的基本要求

零件图是零件加工制造、检验的依据。在零件图上,视图只能表达零件的结构形状,尺寸才能确定零件的大小和各部分之间准确的相对位置关系。零件图尺寸标注的基本要求是标注的尺寸应做到正确、完整、清晰、合理。

正确——就是零件图上所注尺寸必须符合国家标准机械制图中的有关规定。

完整——就是应注全零件各部分结构的定形尺寸、定位尺寸和总体尺寸。

清晰——就是配置尺寸便于看图。

合理——就是所标注的尺寸满足设计要求和工艺要求,同时还应便于制造、测量、检验和装配。

尺寸标注的基本规定和基本要求已在前面作了详细介绍,下面主要介绍尺寸标注的合理性。

8.4.2　合理选择尺寸基准

基准就是标注或量取尺寸的起点。基准的选择直接影响能否达到设计要求,以及加工是否可行和方便。根据基准的作用,基准可分为设计基准和工艺基准:

1. 设计基准

零件设计时,根据零件的结构和设计要求而选定标注尺寸的起点称为设计基准。在零件图上常以零件的对称平面、底面、端面、回转体的轴线作为设计基准。如图 8-12 所示的轴承架,在机器中的位置是用接触面Ⅰ、Ⅲ和对称面Ⅱ确定的,这三个面分别是轴承架长、宽、高三个方向的设计基准。

2. 工艺基准

零件在加工时用以加工定位和检验而选定的基准称为工艺基准。如图 8-13 所示的轴套在机床上加工时,用大圆柱面作为径向定位面,而测量轴向尺寸 a、b、c 时,则以右端面为起点,因此，右端面就是工艺基准。

(a)轴承架安装位置

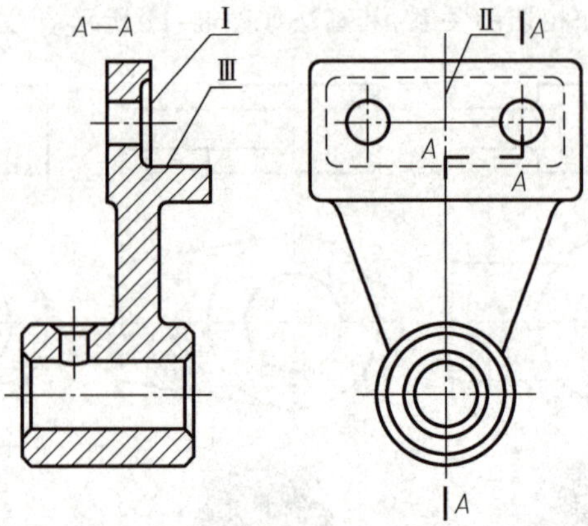

(b)轴承架设计基准

图 8-12　轴承架设计基准

3. 基准的选择

标注尺寸的一般原则是：将重要的尺寸从设计基准出发进行标注，以保证设计要求；一些次要的尺寸则从工艺基准出发进行标注，以利于加工和测量。在标注尺寸时，最好是把设计基准和工艺基准统一起来，这样，既能满足设计要求，保证工作性能，又能满足工艺要求，保证加工测量方便。当两者不能统一时，应以保证设计要求为主。即在满足设计要求的前提下，力求满足工艺要求。通常，以设计基准为主要基准，以工艺基准为辅助基准，但在两基准之间必须标注一个联系尺寸。

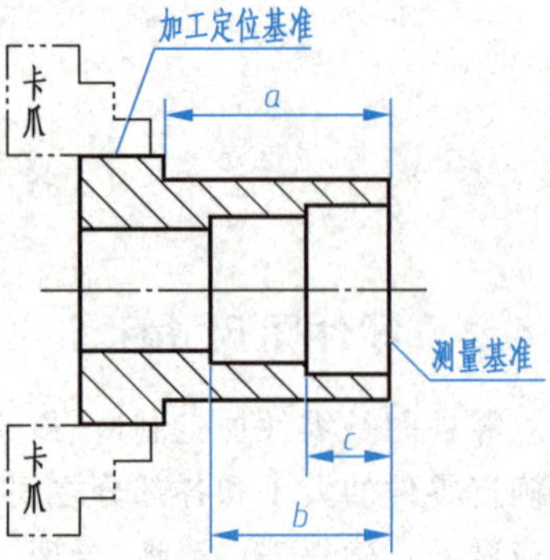

图 8-13　轴套的工艺基准

从设计基准出发标注尺寸，可以直接反映设计要求，能保证所设计的零件在机器或机构中的位置和功能；从工艺基准出发标注尺寸，可便于加工和测量操作及保证加工和测量质量。

8.4.3　合理标注尺寸要注意的问题

(1)主要尺寸应根据设计基准直接标注

主要尺寸是指会影响零件工作性能的尺寸，如配合关系表面的尺寸、零件各结构间的重要相对位置尺寸以及零件的安装位置尺寸等。主要尺寸应由设计基准直接注出，如图 8-14(a)所示的轴承架，Ⅰ、Ⅱ、Ⅲ分别为轴承架长、宽、高方向的尺寸基准，轴承架的主要尺寸直接从设计基准标注，而不能像图 8-14(b)所示那样间接标注。

(2)尺寸标注应符合加工顺序

如图 8-15 所示，阶梯轴的加工顺序是先加工长度为 50 mm 的圆柱体，然后加工长度为 36 mm 的圆柱体，再加工退刀槽，最后是右侧的外螺纹，所以尺寸标注的顺序应该与加工顺序一致。

(3)尺寸标注应便于测量

如图 8-16 所示，尺寸标注要便于测量同时还要避免出现封闭尺寸链。如图 8-17 所示既标注了每段的尺寸，又标注了总体尺寸，这样就形成了封闭的尺寸链，导致无法同时满足各个尺寸的精度。

(4)查阅有关标准

零件上的工艺结构尺寸标注应查阅有关设计手册，表 8-2 列出了零件常见工艺结构的尺寸标注。

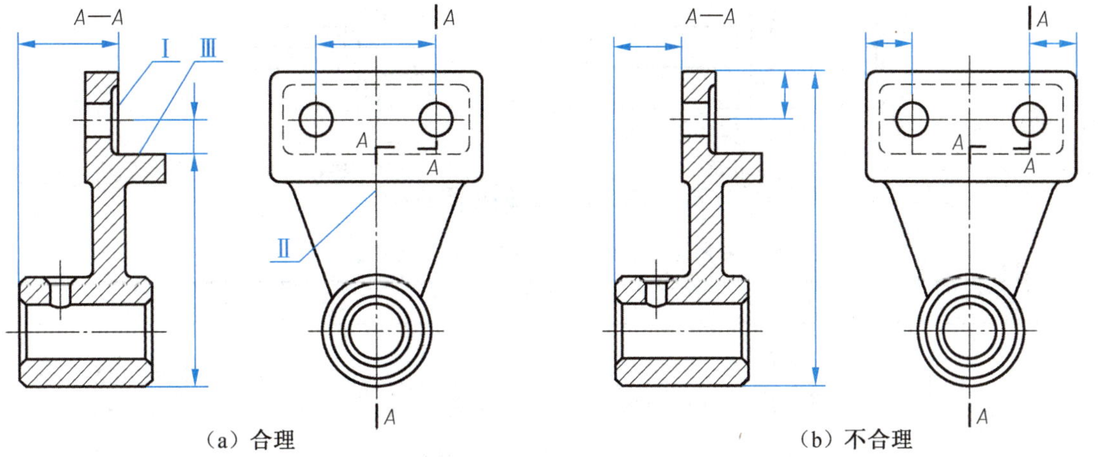

图 8-14　轴承架的主要尺寸

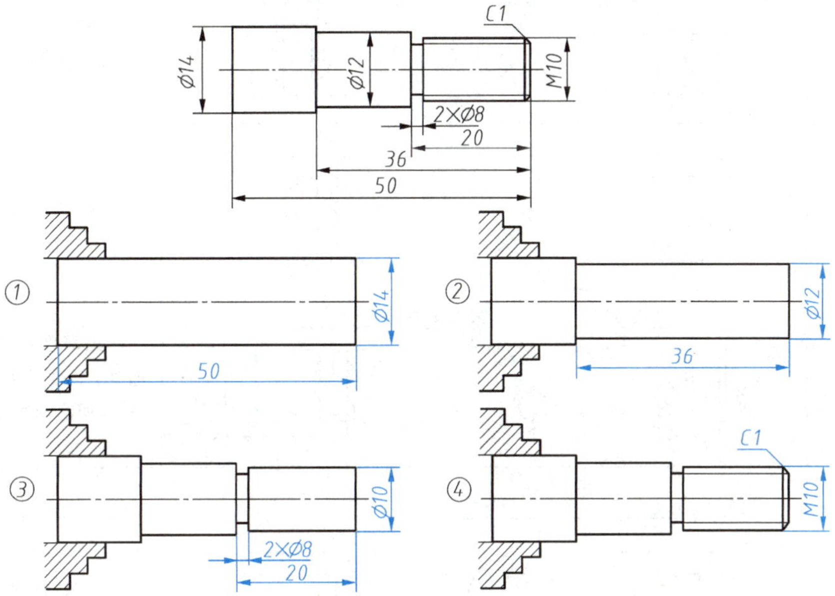

图 8-15　阶梯轴的加工顺序

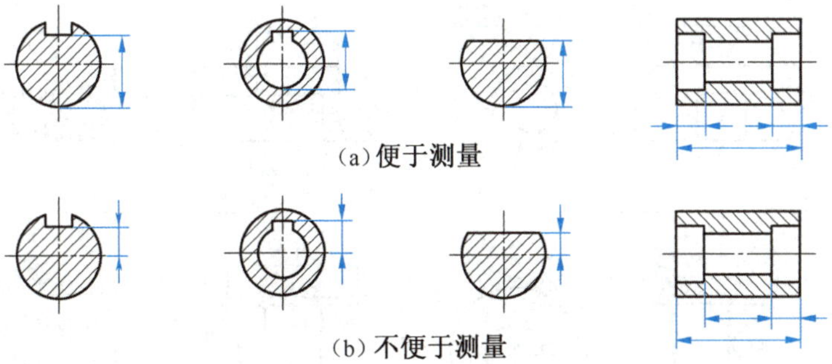

图 8-16　标注尺寸应便于测量

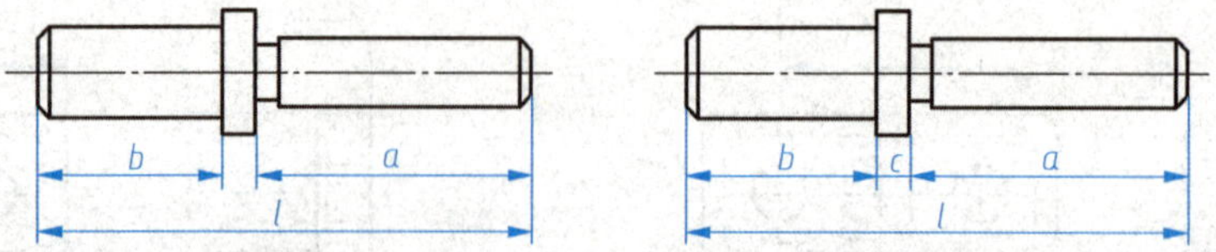

(a)正确　　(b)错误

图 8-17　避免形成封闭尺寸链

表 8-2　零件常见工艺结构的尺寸标注

结构类型		标注方法	说　明
光孔	盲孔	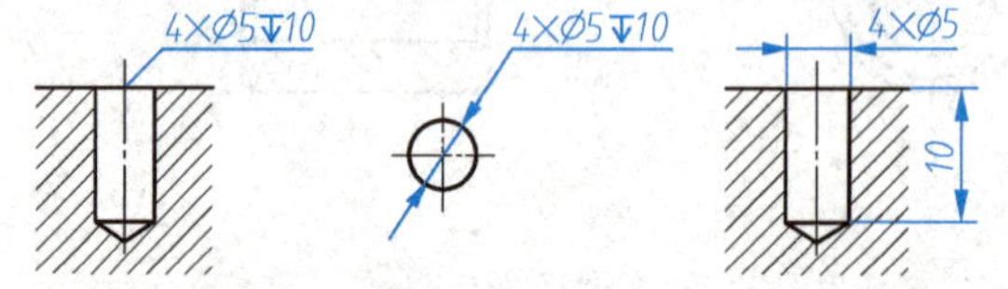	4×Ø5 表示直径为 5 mm,均匀分布的四个光孔,“↧”深度符号,孔深为 10 mm
螺孔	通孔		3×M6 表示螺纹大径为 6 mm,均匀分布的三个螺孔
	盲孔	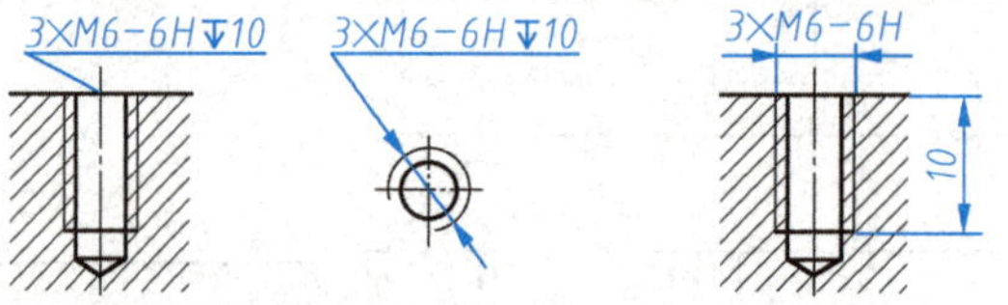	钻孔深度可省略标注
		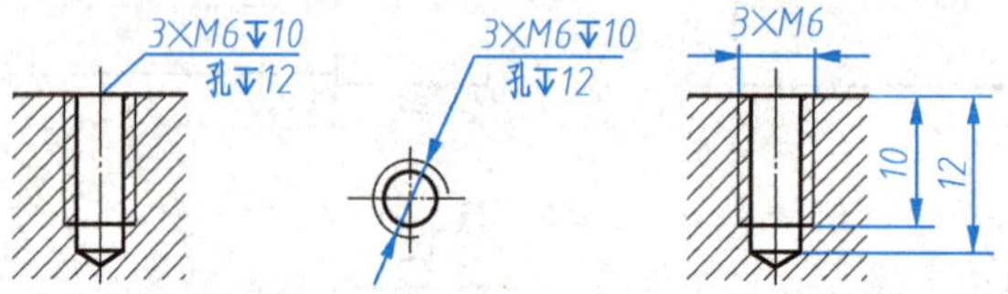	螺孔深度可与螺孔直径连注,需要注出钻孔孔深时,应明确标注孔深尺寸
沉孔	锥形沉孔	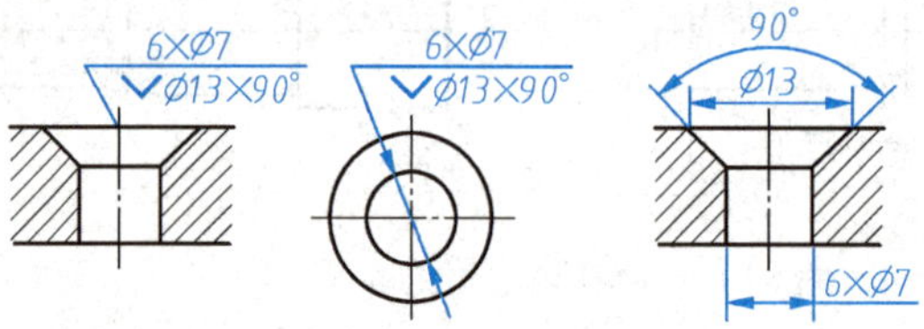	“⌵”埋头孔符号,6×Ø7 表示直径为 7 mm,均匀分布的六个孔,锥角 90°可以旁注,也可直接注出
	柱形沉孔	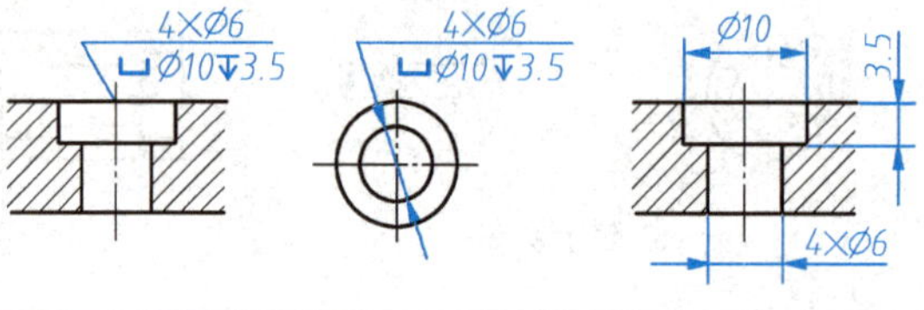	“⌴”沉孔符号,柱形沉孔直径Ø10 mm 深度为 3.5 mm,均需标注
	锪平面	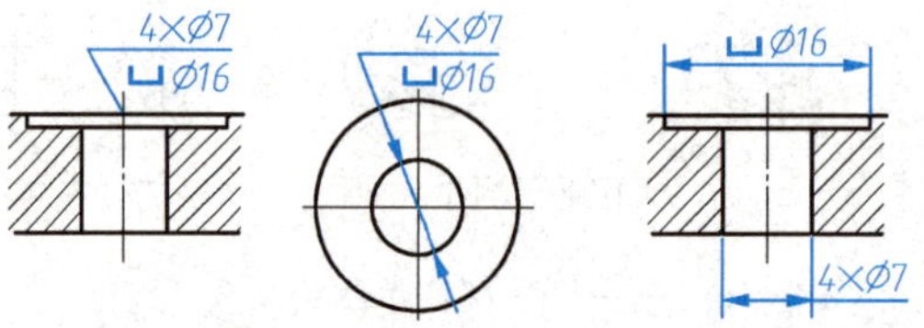	锪平面Ø16 mm 的深度无须标注,一般锪平到不出现毛坯面为止

续表

结构类型	标注方法	说　明
退刀槽	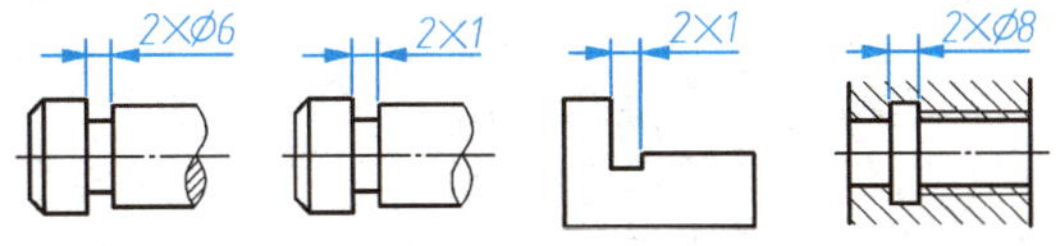	2×Ø6 表示退刀槽宽度为 2 mm，直径为 6 mm。 2×1 表示槽宽为 2 mm，槽深为 1 mm
倒　角	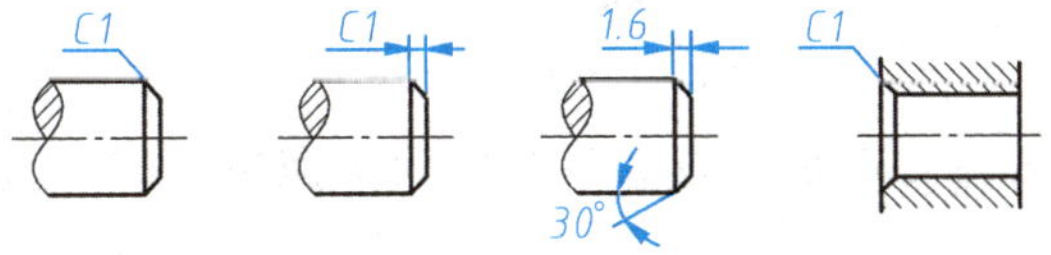	倒角 45°时代号为 C，可与倒角的轴向尺寸连注；不是 45°倒角要分开标注

8.5　零件图的技术要求

零件的技术要求包括表面结构、极限与配合、几何公差、材料、热处理和表面处理等。技术要求在图样中的表示方法有两种，一种是用规定的代（符）号标注在图样中，一种是在“技术要求”的标题下，用简明的文字说明逐项书写在图样的适当位置。关于“技术要求”的标题及条文的书写位置，应尽量置于标题栏的上方或左方，条文用语力求简明、规范，或约定俗成，切忌过于口语化。本节主要介绍表面结构、极限与配合和几何公差的基本知识及其标注和选择方法。

8.5.1　表面结构及其注法（GB/T 131—2006）

1. 表面粗糙度的基本概念

零件的表面，即使经过精细加工，也不可能绝对平整。表面结构是指零件的表面上具有的较小间距和峰谷所组成的微观几何形状特征。它是由于加工方法、机床的振动和其他的一些因素所形成的，如图 8-18 所示。

表面粗糙度是评定零件表面质量的重要指标之一。它对零件接触面的摩擦、运动面的磨损、贴合面的密封、配合面的性能稳定及疲劳强度、抗腐蚀性能、表面涂层的质量、产品外观等都有较大的影响。因此，为保证产品质量、提高机械产品的使用寿命和降低生产成本，在设计零件时必须对其表面粗糙度提出合理的要求。

2. 表面粗糙度的参数及其数值

评定零件表面粗糙度的主要参数有：轮廓算数平均偏差 Ra 和轮廓最大高度 Rz 两种。使用时优先选用参数 Ra。

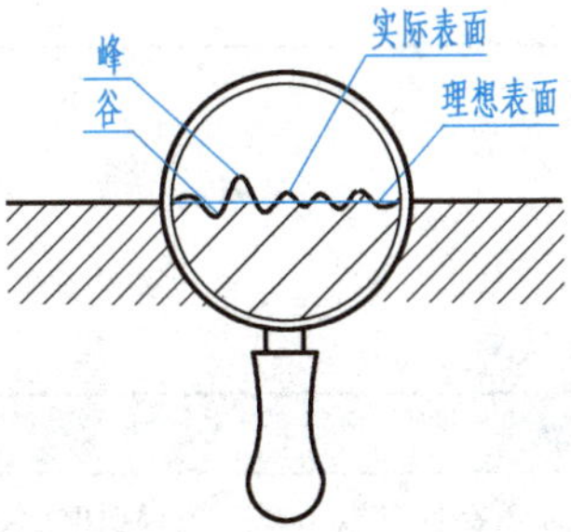

图 8-18　表面粗糙度概念

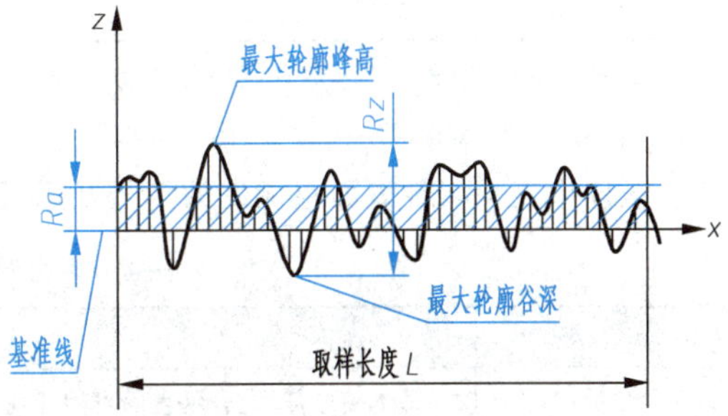

图 8-19　表面粗糙度参数

(1) 轮廓算术平均偏差 *Ra*

在取样长度 *L* 内,轮廓线上各点到基准线距离 $Z(x)$ 的绝对值的算术平均值,称为轮廓算术平均偏差 *Ra*,如图 8-19 所示。其表达式为

$$Ra = \frac{1}{L}\int_0^L |Z(x)| \mathrm{d}x$$

或近似表示为

$$Ra = \frac{1}{n}\sum_{i=1}^{n} |z_i|$$

(2) 轮廓最大高度 *Rz*

在取样长度 *L* 内,最大轮廓峰高和最大轮廓谷深之间的距离,称为轮廓最大高度 *Rz*,如图 8-19 所示。

由以上定义可以看出,不管选用哪一种参数作为表面粗糙度的评定值,表面粗糙度的数值越大,表示该表面越粗糙;相反,表面粗糙度的数值越小,表示该表面越光滑。在实际应用中,以 *Ra* 用得更多,其对应的加工方法与应用举例见表 8-3。

表 8-3　*Ra* 数值对应不同加工方法与应用举例

Ra 值(不大于)/μm	表面外观情况	主要加工方法	应用举例
50	明显可见刀痕	粗车、粗铣、粗刨、钻、粗纹锉刀和粗砂轮加工	粗糙度值最大的加工面,一般很少应用
25	可见刀痕		
12.5	微见刀痕	粗车、刨、立铣、平铣、钻	不接触表面、不重要的接触面,如螺钉孔、倒角、机座底面等
6.3	可见加工痕迹	精车、精铣、精刨、铰、镗、精磨等	没有相对运动的零件接触面,如箱、盖、套筒要求紧贴的表面、键和键槽工作表面;相对运动速度不高的接触面,如支架孔、衬套、带轮轴孔的工作面等
3.2	微见加工痕迹		
1.6	看不见加工痕迹		
0.8	可辨加工痕迹方向	精车、精铰、精拉、精镗、精磨等	要求很好密合的接触面,如滚动轴承配合的表面、锥销孔等;相对运动速度较高的接触面,如滑动轴承的配合表面、齿轮的工作表面等
0.4	微辨加工痕迹方向		
0.2	不可辨加工痕迹方向		
0.1	暗光泽面	研磨、抛光、超级精细研磨等	精密量具的表面,极重要零件的摩擦面,如气缸的内表面、精密机床的主轴颈、坐标镗床的主轴颈等
0.05	亮光泽面		
0.025	镜状光泽面		
0.012	雾状镜面		
0.006	镜面		

3. 表面粗糙度符号及代号的意义

(1) 表面粗糙度符号

图样中表示零件表面粗糙度的符号及意义见表 8-4。

表 8-4　表面粗糙度的符号及意义

符　号	意义及说明
√	基本图形符号,表示表面可用任何方法获得。当不加粗糙度参数值或有关说明时,仅适用于标注简化代号

续表

符　　号	意义及说明
	扩展图形符号，基本符号加一短划，表示表面是用去除材料的方法获得。如车、铣、钻、磨、剪切、抛光、腐蚀、电火花加工、气割等
	扩展图形符号，基本符号加一小圆，表示表面是用不去除材料的方法获得。如铸、锻、冲压变形、热轧、冷轧、粉末冶金等，或者是用于保持原供应状况的表面（包括保持上道工序的状况）
	完整图形符号，当要求标注表面粗糙度特征的补充信息时，在基本图形符号的长边上加一横线。在文本中用文字 APA 表示
	完整图形符号，当要求标注表面粗糙度特征的补充信息时，在去除材料图形符号的长边上加一横线。在文本中用文字 MRR 表示
	完整图形符号，当要求标注表面粗糙度特征的补充信息时，在不去除材料图形符号的长边上加一横线。在文本中用文字 NMR 表示

(2)表面粗糙度符号的画法

表面粗糙度符号的画法如图 8-20 所示。符号图线为细实线，h 为字体高度。

(3)表面粗糙度代号及参数的注写形式

在表面粗糙度符号中，按功能要求加注一项或几项有关规定后，称为表面粗糙度代号。表面粗糙度数值及有关规定在符号中注写的位置如图 8-21 所示。a 为注写表面粗糙度的单一要求；a，b 为标注两个或多个表面粗糙度要求；c 为注写加工方法；d 为注写表面纹理和方向；e 为注写加工余量（mm）。

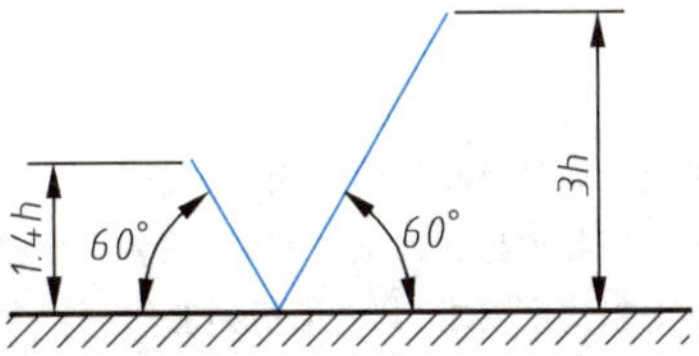

图 8-20　表面粗糙度的画法

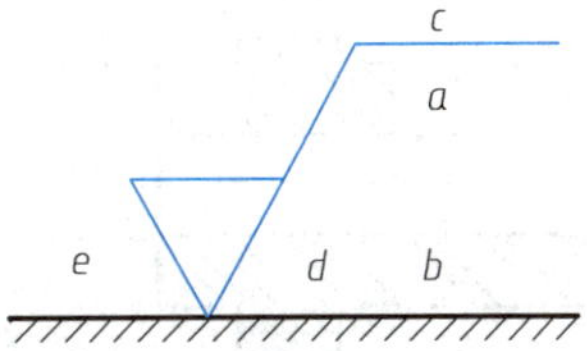

图 8-21　表面粗糙度参数及注写位置

国标规定当在符号中标注一个参数值时，其为该表面的上限值；当标注两个参数值时，一个为上限值，另一个为下限值；当要表示最大允许值或最小允许值时，应在参数值后加注符号“max”或“min”，见表 8-5。

表 8-5　*Ra* 的代号及意义

代号示例	意义说明	代号示例	意　义　说　明
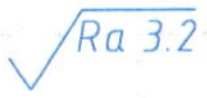	用任何方法获得的表面粗糙度，*Ra* 的上限值为 3.2μm，在文本中表示为 APA　*Ra*3.2	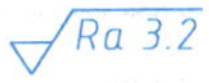	用去除材料的方法获得的表面粗糙度，*Ra* 的上限值为 3.2μm，在文本中表示为 MRR　*Ra*3.2
	用不去除材料方法获得的表面粗糙度，*Ra* 的上限值为 3.2μm，在文本中表示为 NMR　*Ra*3.2	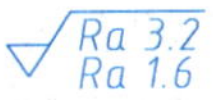	用去除材料的方法获得的表面粗糙度，*Ra* 的上限值为 3.2μm，下限值为 1.6μm，在文本中表示为 MRR　*Ra*3.2，*Ra*1.6

4. 表面粗糙度代号在图样中的标注方法

(1)标注规则

在同一张图样上，每一表面只标注一次粗糙度代（符）号，并按规定分别注在可见轮廓线、尺寸线、尺寸界线或它们的延长线上，且尽可能靠近有关的尺寸线；符号的尖端必须从材料外指向加工表面；表面粗糙度参数值的大小、方向与尺寸数字的大小、方向一致。

(2)标注示例

有关标注方法的图例参见表 8-6。

表 8-6　粗糙度代(符)号的标注图例

图　　例	说　　明
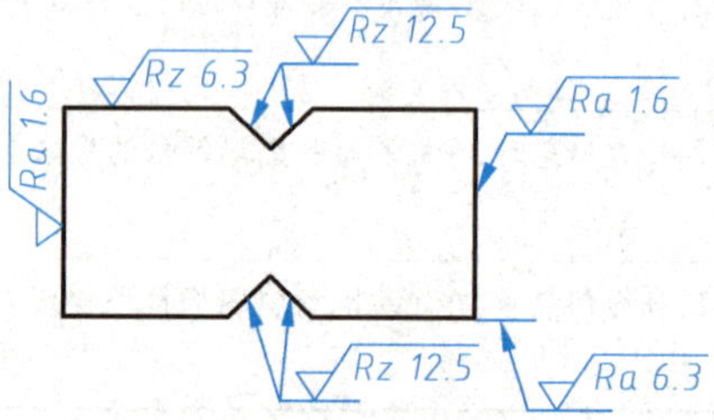	粗糙度代(符)号中数字的方向必须与尺寸数字的方向一致。右侧面、底面和倾斜面的表面粗糙度代(符)号用带箭头的指引线引出标注。字母和数字之间空一个字符
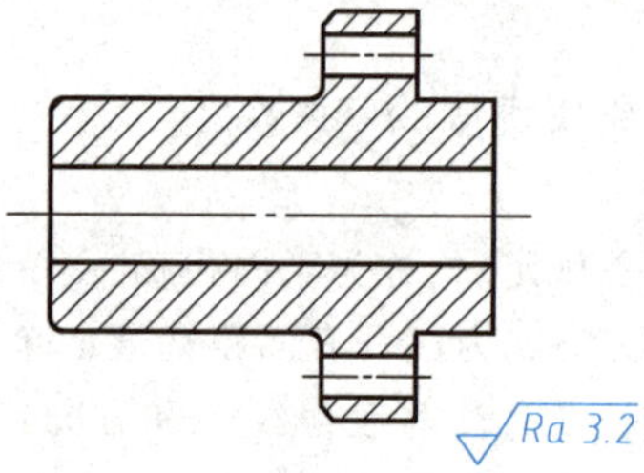	当零件所有表面具有相同的表面粗糙度要求时，其代(符)号可统一标注在标题栏附近
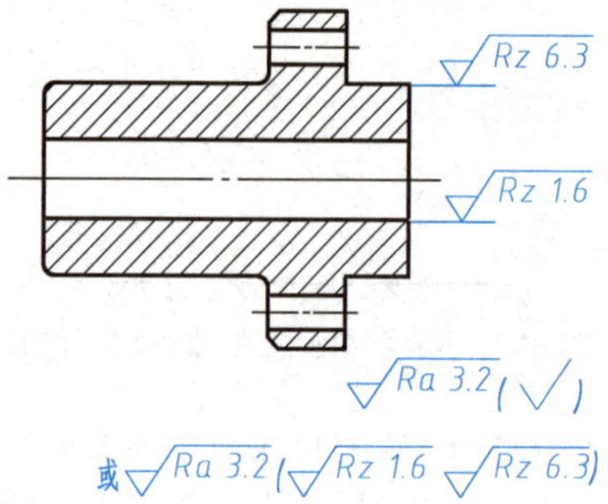	当零件多数表面具有相同的表面粗糙度要求时，在圆括号内给出无任何其他标注的基本符号，或者在圆括号内给出不同的表面粗糙度要求，其表面粗糙度代(符)号可统一注在图样的标题栏附近
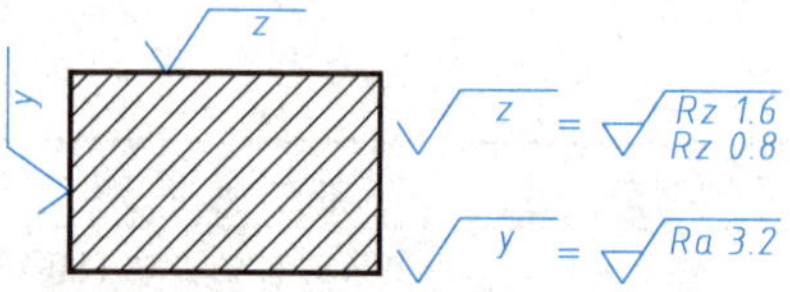	当多个表面具有相同的表面粗糙度要求或图纸空间有限时，可以采用简化注法。用带字母的完整图形符号，以等式的形式，在图形或标题栏附近，说明这些简化代(符)号的意义

5. 表面粗糙度参数值的选用原则

(1)根据国家标准推荐的系列值优先选用第一系列。

(2)根据零件与零件的接触状况及配合种类和相对运动速度等来选用。

(3)根据零件加工的经济性来选定。即在满足设计或使用要求的前提下，零件表面的粗糙度参数值尽可能大，以降低加工成本。

一般情况下，工作表面比非工作表面光滑，运动表面比静止表面光滑，具体数值可参照表 8-7 选择。

表 8-7 表面状况与 Ra 选用参考

表面状况	Ra 参数值/μm	表面状况	Ra 参数值/μm
相对运动表面	0.4、0.8、1.6、3.2	不接触表面	12.5、25
静止接触表面	3.2、6.3	不去除材料表面	>25

8.5.2 极限与配合

在现代化机械生产中，要求制造出来的同一批零件，不经过挑选和辅助加工，任取一个就可顺利地装配到机器上去，并满足机器性能的要求，即要求零件具有互换性。在实际的生产过程中，零件的尺寸不可能做得绝对准确，只能根据尺寸的重要程度对其规定允许的误差范围。互换性原则在制造中的应用，大大简化了零件、部件的制造和装配过程，使产品的生产周期显著缩短，不但提高了劳动生产力，降低了生产成本，便于维修，而且保证了产品质量的稳定性。

2009 年国家技术监督局颁布了关于“极限与配合”与“几何公差”新的相关国家标准。本节着重介绍极限与配合的基本概念及在图样上的标注方法。

1. 极限与配合的基本概念

在实际生产中，为了使零件具有互换性，必须对尺寸规定一个允许的变动量，这个变动量称为尺寸公差，简称公差。下面以图 8-22 所示轴的尺寸 $\phi50^{+0.023}_{+0.002}$ 为例，将有关尺寸公差的术语和定义介绍如下：

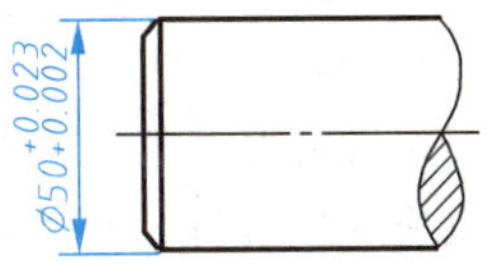

图 8-22 轴的尺寸公差

(1) 公称尺寸

设计零件时给定的尺寸为公称尺寸，如轴的直径Ø50。

(2) 实际尺寸

实际测量获得的尺寸为实际尺寸。

(3) 极限尺寸

极限尺寸为允许零件实际尺寸变化的两个极限值，它以公称尺寸为基数来确定。两个极限尺寸中，大的称为上极限尺寸，小的称为下极限尺寸。如轴的上极限尺寸为Ø50.023，下极限尺寸为Ø50.002。实际尺寸应位于两个极限尺寸所决定的闭区间内，否则为不合格。

(4) 偏差

某一尺寸减去公称尺寸所得的代数差称为偏差，其中上极限偏差和下极限偏差称为极限偏差。偏差可以为正、负和零值。

上极限偏差 = 上极限尺寸 - 公称尺寸

下极限偏差 = 下极限尺寸 - 公称尺寸

图 8-22 中轴的上极限偏差为：Ø50.023-Ø50 = +0.023，

下极限偏差为：Ø50.002-Ø50 = +0.002。

孔和轴的上极限偏差分别以 ES 和 es 表示，下极限偏差分别以 EI 和 ei 表示。

(5) 尺寸公差（简称公差）

允许尺寸的变动量，可用下式表示：

公差 = 上极限尺寸 - 下极限尺寸

或 公差 = 上极限偏差 - 下极限偏差

公差是一个没有正负号的绝对值。如图 8-22 所示轴的公差为Ø50.023-Ø50.002 = 0.021。

(6) 公差带和公差带图

为便于分析尺寸公差，以公称尺寸为基准（零线），用放大间距的两条直线表示上、下极限偏差，这两条直线所限定的区域称为公差带，公差带与公称尺寸关系的放大简图称为公差带图。它表示了尺寸公差的大小和相对零线（即公称尺寸）的位置。图 8-23（a）为极限与配合示意图，图 8-23（b）为将示意图抽象简化的公差带图。

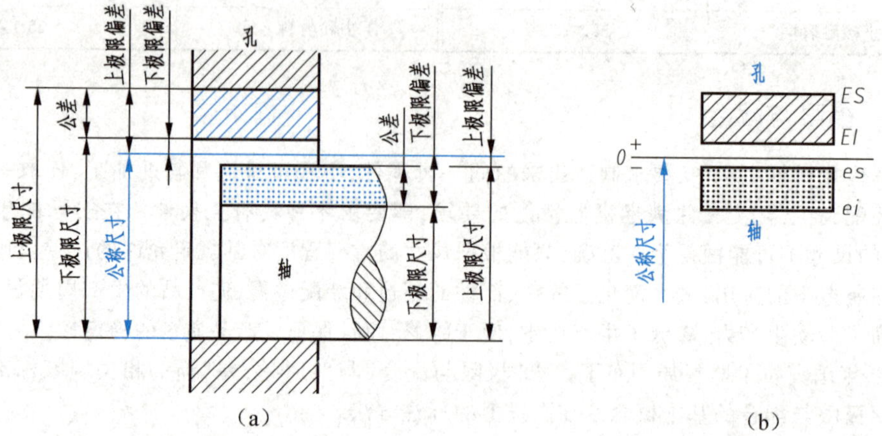

图 8-23　极限与配合示意图和公差带图

（7）标准公差

标准公差是国家标准规定的用来确定公差带大小的标准化数值，见表 8-8。表中由 IT 和数字组成的代号为标准公差等级代号，如 IT7。标准公差按公称尺寸范围和公差等级确定，分 20 个等级，即 IT01、IT0、IT1 至 IT18。随着公差等级的增大，尺寸的精确程度依次降低，公差数值依次增大，其中 IT01 级精度最高，IT18 级最低。

在一般机器的配合尺寸中，孔用 IT6～IT12 级，轴用 IT5～IT12 级，孔比轴的精度低一级。在保证产品质量的前提下，应选用较低的公差等级。

标准公差的数值取决于公差等级和公称尺寸。表 8-8 为公称尺寸至 400 mm，公差等级由 IT01 至 IT18 级的标准公差数值。

表 8-8　部分标准公差数值（摘自 GB/T 1800.2—2020）

公称尺寸/mm		公差等级																			
		IT01	IT0	IT1	IT2	IT3	IT4	IT5	IT6	IT7	IT8	IT9	IT10	IT11	IT12	IT13	IT14	IT15	IT16	IT17	IT18
大于	至	μm													mm						
—	3	0.3	0.5	0.8	1.2	2	3	4	6	10	14	25	40	60	0.10	0.14	0.25	0.40	0.60	1.0	1.4
3	6	0.4	0.6	1	1.5	2.5	4	5	8	12	18	30	48	75	0.12	0.18	0.30	0.48	0.75	1.2	1.8
6	10	0.4	0.6	1	1.5	2.5	4	6	9	15	22	36	58	90	0.15	0.22	0.36	0.58	0.90	1.5	2.2
10	18	0.5	0.8	1.2	2	3	5	8	11	18	27	43	70	110	0.18	0.27	0.43	0.70	1.10	1.8	2.7
18	30	0.6	1	1.5	2.5	4	6	9	13	21	33	52	84	130	0.21	0.33	0.52	0.84	1.30	2.1	3.3
30	50	0.6	1	1.5	2.5	4	7	11	16	25	39	62	100	160	0.25	0.39	0.62	1.00	1.60	2.5	3.9
50	80	0.8	1.2	2	3	5	8	13	19	30	46	74	120	190	0.30	0.46	0.74	1.20	1.90	3.0	4.6
80	120	1	1.5	2.5	4	6	10	15	22	35	54	87	140	220	0.35	0.54	0.87	1.40	2.20	3.5	5.4
120	180	1.2	2	3.5	5	8	12	18	25	40	63	100	160	250	0.40	0.63	1.00	1.60	2.50	4.0	6.3
180	250	2	3	4.5	7	10	14	20	29	46	72	115	185	290	0.46	0.72	1.15	1.85	2.90	4.6	7.2
250	315	2.5	4	6	8	12	16	23	32	52	81	130	210	320	0.52	0.81	1.30	2.10	3.20	5.2	8.1
315	400	3	5	7	9	13	18	25	36	57	89	140	230	360	0.57	0.89	1.40	2.30	3.60	5.7	8.9

注：公称尺寸小于 1 mm 时，无 IT14 至 IT18。

(8)基本偏差

基本偏差是由国家标准表列出的,用来确定公差带相对于零线位置的上极限偏差或下极限偏差,一般为靠近零线的偏差。当公差带在零线上方时,基本偏差为下极限偏差;反之,则为上极限偏差。

国家标准规定了孔、轴基本偏差代号各有 28 个,大写字母代表孔的基本偏差代号,A~H 为下极限偏差,J~ZC 为上极限偏差,JS 对称于零线,其基本偏差为 +IT/2 或 -IT/2;小写字母代表轴的基本偏差代号,a~h 为上极限偏差,j~zc 为下极限偏差,js 对称于零线,其基本偏差为 +IT/2 或 -IT/2,如图 8-24 所示。

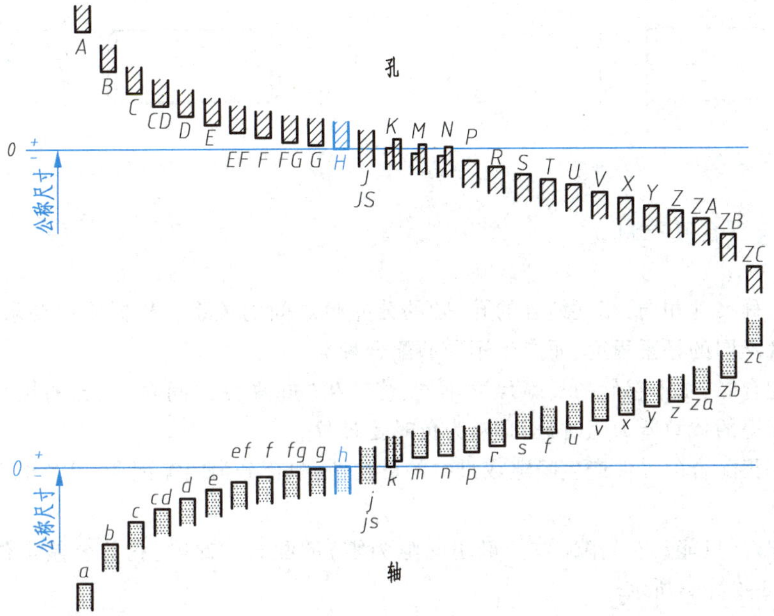

图 8-24　基本偏差系列示意图

图中每个公差带都没有封口,是由于基本偏差仅确定了公差带相对于零线的位置,另一端的位置则取决于由公称尺寸及其公差等级所确定的公差带的大小。其中,基本偏差代号为 H 和 h 时,它们的基本偏差均为零。

(9)公差带代号

公差带代号由基本偏差代号和标准公差等级数字组成。

如:H9 表示基本偏差代号为 H,标准公差等级为 IT9 级的孔公差带代号。

f7 表示基本偏差代号为 f,标准公差等级为 IT7 级的轴公差带代号。

当公称尺寸和公差带代号确定时,可根据附录 R 中轴的极限偏差和附录 S 中孔的极限偏差表查得极限偏差值。

【例 8-1】 已知孔的公称尺寸为∅50,标准公差等级为 IT8 级,基本偏差代号为 H,写出其公差带代号,并查出极限偏差值。

视频

例8-1

解:由公差带代号的定义得孔的公差带代号为 H8。

由附录 S 孔的极限偏差表查得:上极限偏差值为+0.039 mm,下极限偏差值为 0,孔的尺寸可写为

$$\varnothing 50^{+0.039}_{\ 0} \text{ 或 } \varnothing 50\mathrm{H8}\left(^{+0.039}_{\ 0}\right)$$

用公差带示意图表示,如图 8-25 所示。

【例 8-2】 已知轴的公称尺寸为Ø50,公差等级为 IT7,基本偏差代号为 f,写出其公差带代号,并查出极限偏差值。

视频

例8-2

解:由公差带代号的定义得轴的公差带代号为 f7。

由附录 R 轴的极限偏差表查得:上极限偏差值为-0.025 mm,下极限偏差值为-0.050 mm,轴的尺寸可写为

$$\varnothing 50^{-0.025}_{-0.050} \text{ 或 } \varnothing 50\text{f7}(^{-0.025}_{-0.050})$$

用公差带示意图表示,如图 8-26 所示。

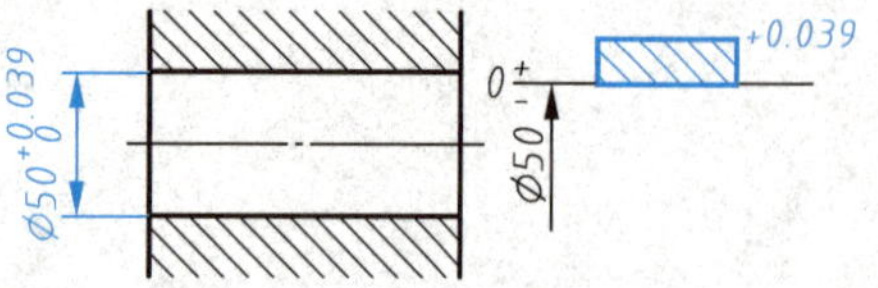

图 8-25 孔的公差带图

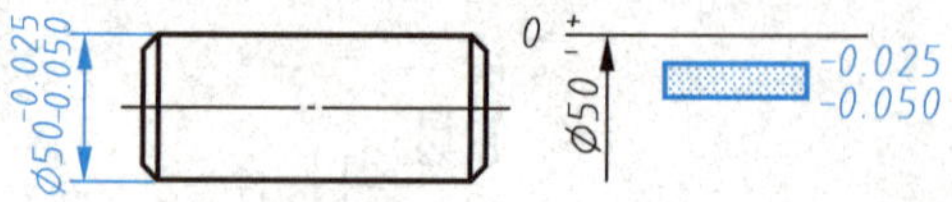

图 8-26 轴的公差带图

2. 配合与配合基准制

(1)配合

配合是公称尺寸相同,相互结合的孔、轴的公差带之间的关系。根据使用要求不同,孔和轴装配可能出现不同的松紧程度,而产生不同的配合种类。

孔和轴配合时,由于它们的实际尺寸不同,将产生“过盈”或“间隙”。孔的尺寸减去相配合的轴的尺寸所得的代数差为正时是间隙,为负时是过盈。

根据两个相配合的零件产生间隙或过盈的可能性,配合分为间隙配合、过盈配合和过渡配合三类。

①**间隙配合**:只能具有间隙(包括最小间隙为零)的配合。此时,孔的公差带位于轴的公差带之上,如图 8-27(a)所示。

②**过盈配合**:只能具有过盈(包括最小过盈为零)的配合。此时,孔的公差带位于轴的公差带之下,如图 8-27(b)所示。

③**过渡配合**:可能具有间隙,也可能具有过盈的配合。此时,孔的公差带和轴的公差带相互交叠,如图 8-27(c)所示。

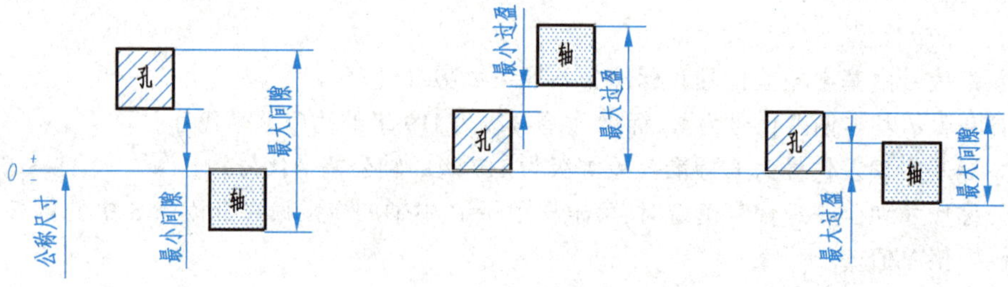

(a)间隙配合　(b)过盈配合　(c)过渡配合

图 8-27 三种配合中孔、轴公差带的关系

(2)配合基准制

要得到各种性质的配合,就必须在保证适当间隙或过盈的条件下,确定孔和轴的上、下极限偏差。使其中一种零件基本偏差固定,通过改变另一零件的基本偏差来获得各种性质配合的制度称为配合基准制。为了设计和制造的方便,国家标准规定了两种不同的配合基准制度,即基孔

制和基轴制。

①**基孔制**：将孔的公差带位置固定不变，使它与不同位置的轴的公差带形成各种配合的制度，称为基孔制，如图 8-28 所示。

基孔制的孔称为基准孔，基本偏差代号用 H 表示，其下极限偏差为零。基孔制配合中的轴称为配合件，如轴承内孔与轴的配合就属于基孔制。

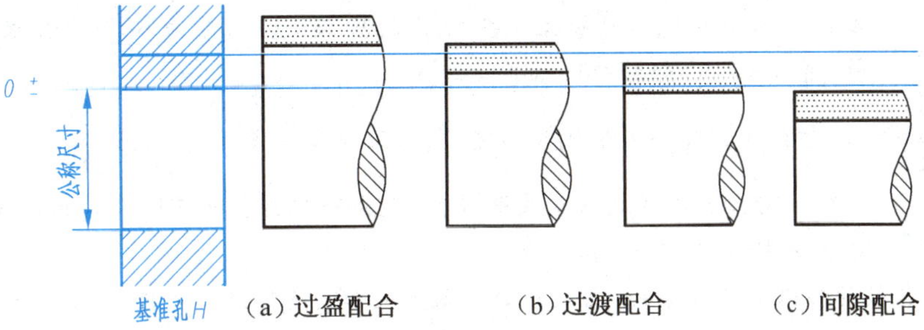

图 8-28　基孔制配合示意图

②**基轴制**：将轴的公差带位置固定不变，使它与不同位置的孔的公差带形成各种配合的制度，称为基轴制，如图 8-29 所示。

基轴制的轴称为基准轴，基本偏差代号用 h 表示，其上极限偏差为零。基轴制配合中的孔称为配合件，如轴承外圈直径与箱体孔的配合就属于基轴制配合。

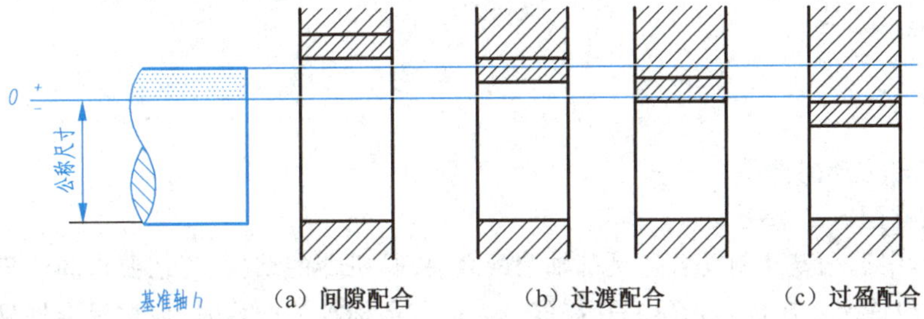

图 8-29　基轴制配合示意图

(3) 配合代号

配合代号用孔、轴公差带代号组成的分数式表示，分子为孔的公差带代号，分母为轴的公差带代号。

如：$\frac{H8}{f7}$、$\frac{H9}{h8}$、$\frac{P7}{h6}$ 等，也可写成：H8/f 7、H9/h8、P7/h6 的形式。

显而易见，在配合代号中有“H”者为基孔制配合；有“h”者为基轴制配合；二者同时出现时应进行结构分析，来确定是基孔制配合还是基轴制配合。

(4) 举例

【例 8-3】　已知孔和轴的公称尺寸为 ∅75，其中孔的标准公差等级为 IT8，基本偏差代号为 *H*，轴的标准公差等级为 IT7，基本偏差代号为 s，写出其配合公差带代号，并查出孔和轴的极限偏差值。

视频
例8-3

解：由配合公差带代号的定义，得配合公差带代号为 $\varnothing 75\frac{H8}{s7}$ 或 ∅75H8/s7；

由附录 S 孔的极限偏差表查得：上极限偏差值为 ES＝+0.046 mm，下极限偏差值为 EI=0；

由附录 R 轴的极限偏差表查得：上极限偏差值为 es=+0.089 mm，下极限偏差值为 ei=+0.059 mm。

用公差带示意图表示，如图 8-30 所示。从公差带图可以看出，此配合代号表示的是基孔制过盈配合。

视频

例8-4

【例 8-4】 已知孔和轴的公称尺寸为∅50，其中孔的标准公差等级为 IT8，基本偏差代号为 F，轴的公差等级为 IT7，基本偏差代号为 h，写出其配合公差带代号，并查出孔和轴的极限偏差值。

解：由配合公差带代号的定义，得配合公差带代号为 $\varnothing 50\dfrac{F8}{h7}$ 或∅50F8/h7；

由附录 S 孔的极限偏差表查得：上极限偏差值为 ES=+0.064 mm，下极限偏差值为 EI=+0.025 mm；

由附录 R 轴的极限偏差表查得：上极限偏差值为 es=0，下极限偏差值为 ei=−0.025 mm。

用公差带示意图表示，如图 8-31 所示。从公差带图可以看出，此配合代号表示的是基轴制间隙配合。

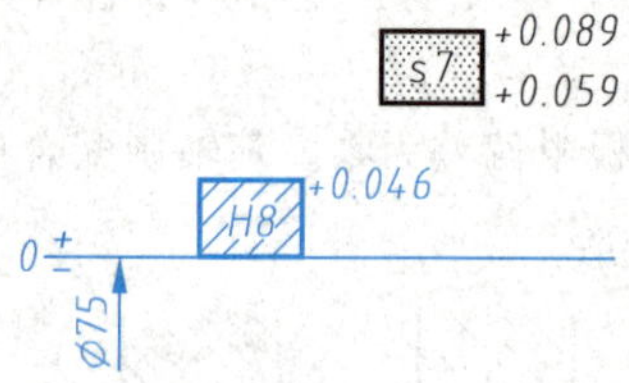

图 8-30　基孔制过盈配合

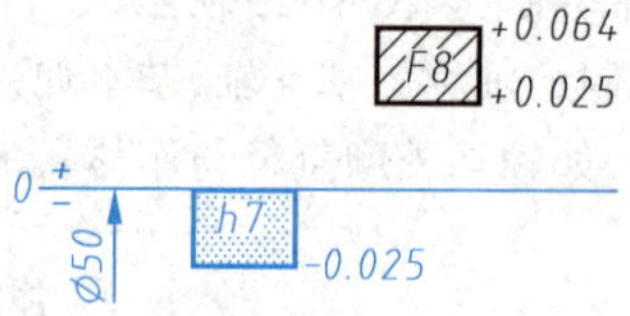

图 8-31　基轴制间隙配合

3. 公差与配合的选用

(1) 基准制配合的选用

实际生产中选用基孔制配合还是基轴制配合，要从机器的结构、工艺要求和经济性等方面的因素考虑，一般情况下应优先选用基孔制配合。但若与标准件配合时，应按标准件确定基准制配合。例如，与滚动轴承内圈配合的轴应选择基孔制配合；与滚动轴承外圈配合的孔应选择基轴制配合，在装配图中只标注与滚动轴承相配合零件的公差带代号，如图 8-32 所示。

(2) 公差等级的选用

公差等级的高低不仅影响产品的性能，还影响加工成本。因此选择原则是：在满足使用要求的前提下，尽可能采用较低的公差等级，做到既合用，又经济。

由于公差等级较高时，孔较轴难加工，所以当尺寸≤500 mm 时，通常使孔的公差等级比轴的公差等级低一级。在一般机械中（如机床、纺织机械等），重要的精密部位可选用 IT5、IT6；常用 IT6～IT8；次要部位选用 IT8～IT9。

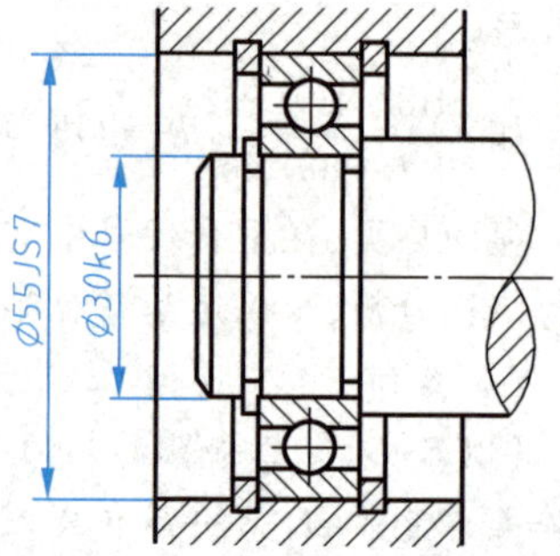

图 8-32　与滚动轴承配合件的标注

(3) 公差带和配合的优先选用

根据生产需要和设计制造的便利，国家标准对尺寸≤500 mm 的配合情况，规定了基孔制的常用配合为 59 种，其中优先配合占 13 种，见表 8-9；基轴制的常用配合为 47 种，其中优先配合占 13 种，见表 8-10。

表 8-9 基孔制优先、常用配合(摘自 GB/T 1800.1—2020)

基准孔	轴																				
	a	b	c	d	e	f	g	h	js	k	m	n	p	r	s	t	u	v	x	y	z
	间隙配合								过渡配合			过盈配合									
H6						H6/f5	H6/g5	H6/h5	H6/js5	H6/k5	H6/m5	H6/n5	H6/p5	H6/r5	H6/s5	H6/t5					
H7						H7/f6	▼H7/g6	▼H7/h6	H7/js6	▼H7/k6	H7/m6	▼H7/n6	▼H7/p6	H7/r6	▼H7/s6	H7/t6	▼H7/u6	H7/v6	H7/x6	H7/y6	H7/z6
H8					H8/e7	▼H8/f7	H8/g7	▼H8/h7	H8/js7	H8/k7	H8/m7	H8/n7	H8/p7	H8/r7	H8/s7	H8/t7	H8/u7				
				H8/d8	H8/e8	H8/f8		H8/h8													
H9			H9/c9	▼H9/d9	H9/e9	H9/f9		▼H9/h9													
H10			H10/c10	H10/d10				H10/h10													
H11	H11/a11	H11/b11	▼H11/c11	H11/d11				▼H11/h11													
H12		H12/b12						H12/h12													

注:①H6/n5、H7/p6 在公称尺寸≤3 mm 和 H8/r7 在公称尺寸≤100 mm 时为过渡配合。

② 标注▼的配合为优先配合。

表 8-10 基轴制优先、常用配合(摘自 GB/T 1800.1—2020)

基准轴	孔																				
	A	B	C	D	E	F	G	H	JS	K	M	N	P	R	S	T	U	V	X	Y	Z
	间隙配合								过渡配合			过盈配合									
h5						F6/h5	G6/h5	H6/h5	JS6/h5	K6/h5	M6/h5	N6/h5	P6/h5	R6/h5	S6/h5	T6/h5					
h6						F7/h6	▼G7/h6	▼H7/h6	JS7/h6	▼K7/h6	M7/h6	▼N7/h6	▼P7/h6	R7/h6	▼S7/h6	T7/h6	▼U7/h6				
h7					E8/h7	▼F8/h7		H8/h7	▼JS8/h7	K8/h7	M8/h7	N8/h7									
h8				D8/h8	E8/h8	F8/h8		H8/h8													
h9				▼D9/h9	E9/h9	F9/h9		▼H9/h9													
h10				D10/h10				H10/h10													
h11	A11/h11	B11/h11	▼C11/h11	D11/h11				▼H11/h11													
h12		B12/h12						H12/h12													

注:标注▼的配合为优先配合。

4. 公差与配合在图样上的标注

(1)在零件图上的标注方法

在零件图上,线性尺寸的公差有三种注法:

①在孔或轴的公称尺寸右边,只标注公差带代号,如图 8-33(a)所示。

②在孔或轴的公称尺寸右边,只标注上、下极限偏差,如图 8-33(b)所示。上极限偏差写在公称尺寸的右上方,下极限偏差应与公称尺寸注在同一条底线上,偏差数字应比基本尺寸数字小一号,且上、下极限偏差前面必须标出正、负号,上、下极限偏差的小数点必须对齐,小数点后的位数也必须相同。

当上极限偏差或下极限偏差为零时,用数字“0”标出,零前无符号“±”,并与下极限偏差或上极限偏差的小数点前的个位数对齐,如图 8-33(b)所示。

当公差带相对于公称尺寸对称配置,即两个极限偏差相同时,偏差只需注写一次,并应在偏差与公称尺寸之间注出符号“±”,且两者数字高度相同。例如“50±0. 012”。必须注意,偏差数值表中所列的偏差单位为微米(μm),标注时,要换算成毫米(mm),与前面公称尺寸的单位一致。

③在孔或轴的公称尺寸后面,同时标注公差带代号和上、下极限偏差,这时,上、下极限偏差必须加上括号。上、下极限偏差中小数点后右端的“0”一般不予注出;如果为了使上下极限偏差的小数点后的位数相同,可以用“0”补充,如图 8-33(c)所示。

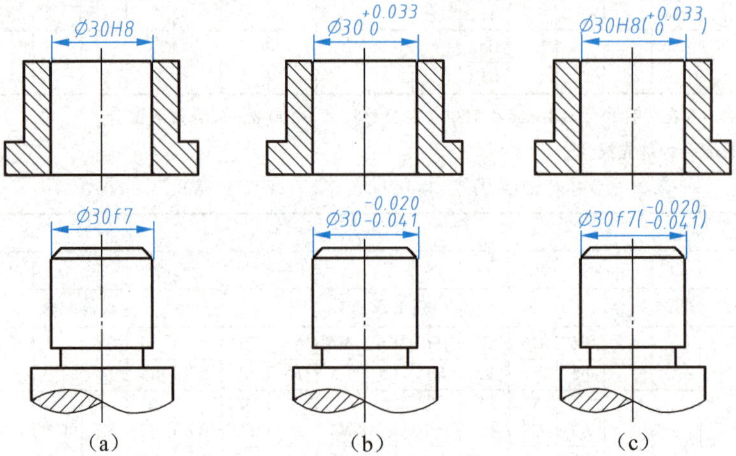

(a) (b) (c)

图 8-33　零件图上尺寸公差的标注

(2)在装配图上的标注方法

装配图中只注配合代号,不注公差。装配图中配合代号以孔、轴公差带代号的分数形式注出,如 $\frac{H8}{f7}$ 或 H8/f 7,分子表示孔的公差带代号,分母表示轴的公差带代号,其标注形式如图 8-34 所示。

8.5.3　几何公差及其标注

零件加工后,不仅会产生尺寸误差,还会出现形状和位置误差。因此,为了保证零件的性能,除对尺寸提出尺寸公差要求外,还应对几何体的形状和位置等提出公差要求,使零件能正常使用。例如,一根轴的某段圆柱,在尺寸误差范围内,会出现一头粗一头细,或中间粗两头细;也可能出现两段圆柱的轴线不重合等现象,如图 8-35 所示。这种误差属于形状和位置误差,对机器

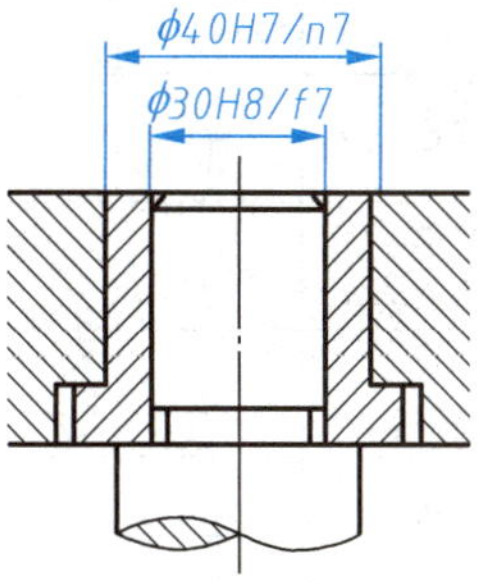

(a) 基孔制配合的标注

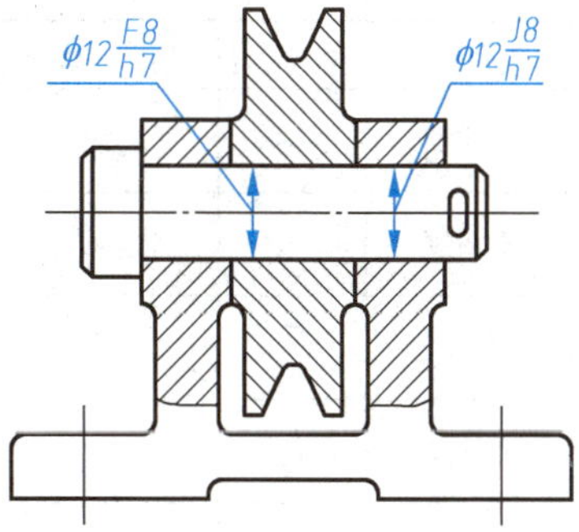

(b) 基轴制配合的标注

图 8-34 装配图上配合尺寸的标注

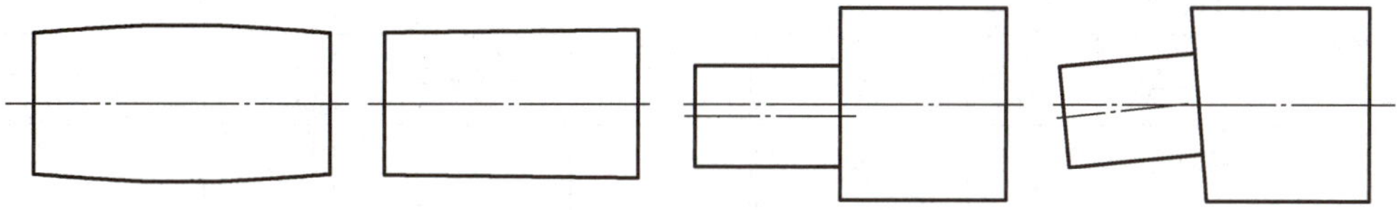

(a) (b) (c) (d)

图 8-35 形状和位置误差

的工作精度和使用寿命也都有影响。因此,对于重要的零件,除了控制尺寸误差之外,还要控制某些形状和位置的误差。

为此,国家标准 GB/T 1182—2018、GB/T 1184—1996、GB/T 4249—2018、GB/T 16671—2018 等对几何公差的术语、定义、符合、标注及在图样中的表示都做了详细的规定,本节简要介绍如下。

1. 基本概念

几何公差包括形状、位置、方向和跳动公差,是指零件的实际形状和位置对理想形状和位置的变动量。零件上某些要素的实际形状或位置,在给定的公差范围之内,即为合格。

2. 几何公差的代号及标注方法

在零件图上给出几何公差,是设计人员为控制该零件上某些要素的形状和位置误差而提出的一种技术要求。为表达这些技术要求,应按国家标准规定,在图上用代号标注。当无法用代号标注时,允许在技术要求中用文字说明。几何公差的几何特征项目及符号见表 8-11。

几何公差代号标注的基本方法:

(1)几何公差代号由指引线、框格和基准代号组成。

(2)框格用细实线画出,分成两格或多格,框格应水平放置。框格内填写以下内容:

第一格:填写几何特征符号,见表 8-11。

第二格:填写几何公差数值及附加符号。公差值以 mm 为单位,如公差带是圆形或圆柱形,则在公差数值前加注"ϕ",如是球形则加注"$S\phi$"。

第三格及以后各格:填写基准代号字母和附加符号。

框格中的字母和数字及符号的高度与图样中的尺寸数字等高。框格及有关符号的尺寸,如图 8-36 所示。在位置公差中,基准要素用基准符号标注。基准符号由带方框的大写字母和细实线连接的实心或空心三角形组成,如图 8-37 所示。

表 8-11　几何公差特征项目及符号

公差类型	几何特征	符号	有无基准	公差类型	几何特征	符号	有无基准
形状公差	直线度	—	无	位置公差	位置度	⌖	有或无
	平面度	⏥	无		同心度（用于中心点）	◎	有
	圆度	○	无		同轴度（用于轴线）	◎	有
	圆柱度	⌭	无		对称度	⌯	有
	线轮廓度	⌒	无		线轮廓度	⌒	有
	面轮廓度	⌓	无		面轮廓度	⌓	有
方向公差	平行度	//	有	跳动公差	圆跳动	↗	有
	垂直度	⊥	有		全跳动	⌰	有
	倾斜度	∠	有	—	—	—	—
	线轮廓度	⌒	有	—	—	—	—
	面轮廓度	⌓	有	—	—	—	—

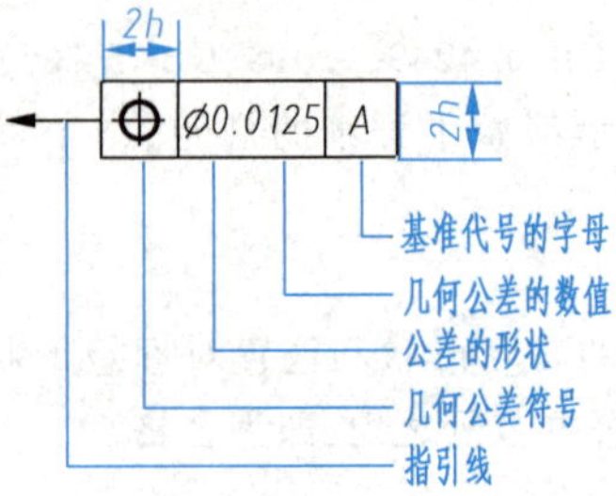

图 8-36　几何公差框格尺寸

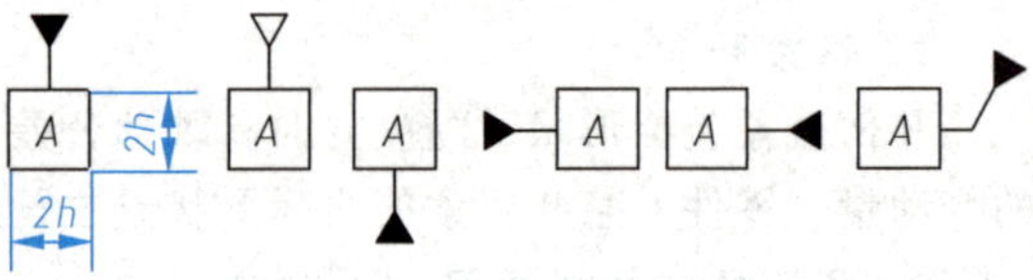

图 8-37　基准符号注法

(3)在框格的一端，引一条带箭头的指引线。指引线上箭头的方向，应是被测要素的公差带宽度方向。当被测要素是轮廓要素时，箭头应指在被测要素的可见轮廓线及其延长线上，并与之垂直，如图 8-38(a)、(b)所示。当被测要素是轴心线或中心平面时，箭头的位置应与该要素的尺寸线对齐，如图 8-38(c)所示。

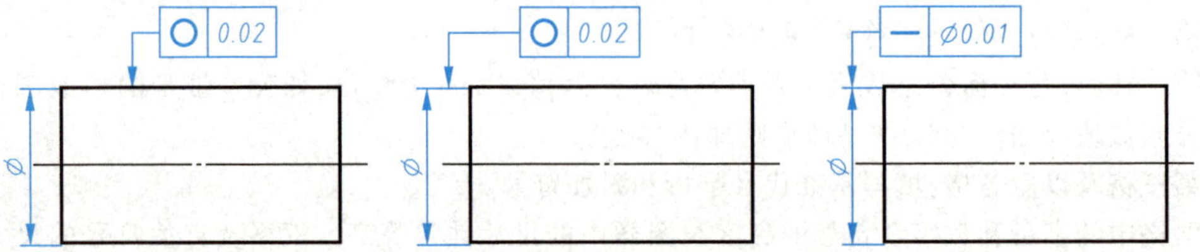

(a)　(b)　(c)

图 8-38　框格及指示箭头的画法

(4)位置公差要有基准,在基准要素所在处标出基准符号。基准三角形必须放置在基准要素的轮廓线或其延长线上,与尺寸线明显错开,如图 8-39(a)所示。当基准要素是轴线或中心平面时,基准三角形应与该要素的尺寸线对齐,如图 8-39(b)所示。当基准符号不便与框格相连时,需画出基准代号。采用基准代号标注形位公差时,应在公差框格的第三格中填写与基准代号相同的字母,如图 8-39(c)所示。

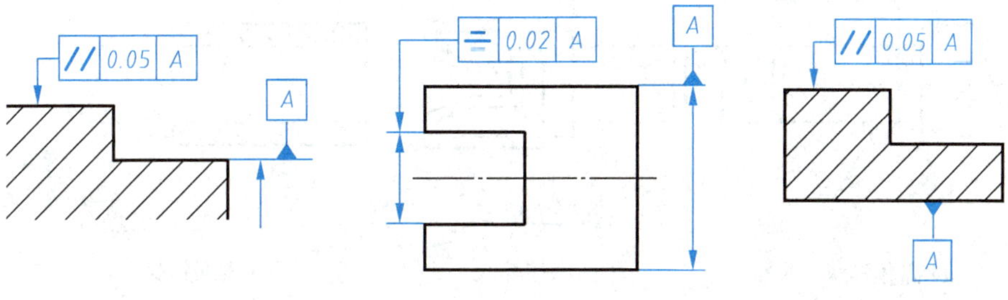

图 8-39　基准要素的标注

(5)几何公差标注示例,如图 8-40 所示。

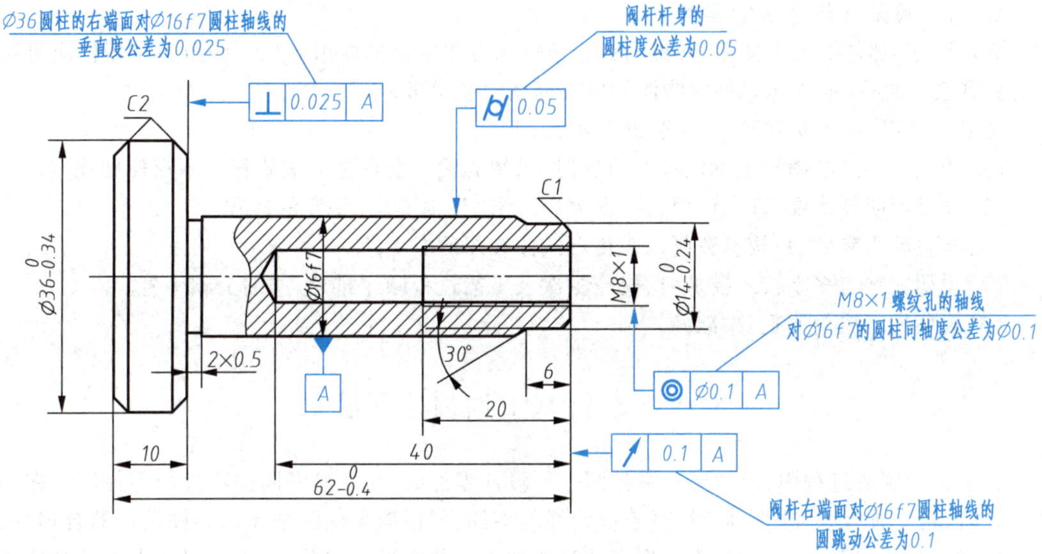

图 8-40　阀杆零件几何公差标注示例

8.5.4　其他技术要求

零件的技术要求除了尺寸公差、表面粗糙度和形位公差外,还有对表面的特殊加工和修饰,以及对表面缺陷的限制、对材料及热处理性能的要求,对加工方法、检验和试验方法的具体指示等,其中有些项目可单独写成技术文件,有的可用规定的特殊符号注在图上。

1. 零件毛坯的要求

对于铸造或锻造的毛坯零件,应有必要的技术说明。如铸件的圆角、气孔裂纹、缩孔等影响零件使用性能的现象应有具体限制,再如:锻件应除氧化皮等。

2. 热处理要求

热处理对于金属材料机械性能的改善与提高有显著作用,因此在设计机器零件时常提出热处理要求。如轴类零件一般进行调质处理 42~45HRC,齿轮轮齿部分一般进行淬火处理等。

热处理要求一般用文字写在技术要求的条目中,对于表面渗碳及局部热处理要求也可用规定的符号直接标注在视图上,如图 8-41 所示。

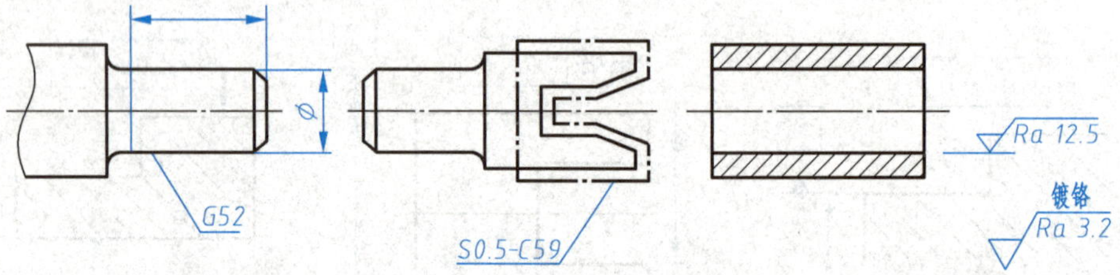

(a) 高频淬火　　(b) 渗碳淬火　　(c) 表面镀铬

图 8-41　热处理和表面处理标注示例

3. 对表面特殊加工和修饰要求

根据零件用途不同,常对一些零件表面提出必要的特殊加工和修饰。如为防止零件表面生锈,对非加工表面应喷漆;工具把手表面为防滑应提出滚花加工等。

4. 对试验条件与方法的要求

为保证零、部件的安全使用,常提出试验条件和方法方面的要求。如一些压力容器件应进行压力和强度试验;一些液压元件为防渗漏应提高密封要求等。

总之,在填写技术要求时,应注意以下几点。

(1) 用代号形式在图样上标注技术要求时,采用的代号及标注方法要符合国家标准规定。

(2) 文字说明技术要求时,说明文字上方应写出“技术要求”字样的标题。

(3) 齿轮轮齿参数、弹簧参数要以表格形式注在图的右上角。

(4) 说明文字有多项技术要求时,应按主次及工艺过程顺序排列,并编上顺序号。

(5) 说明文字应简明扼要、准确。

8.6　零件图的看图方法

在设计和制造过程中,经常要看零件图。如设计零件时,往往参考同类零件的零件图。在制造零件时,也要看懂零件图。同时,对于设计好的零件,要根据零件图来评论零件设计的合理性,且必要时提出改进意见,或者为零件拟定适当的加工工艺方案。因此,作为工程技术人员必须掌握正确的看图方法和具备看图的能力。

8.6.1　看零件图的方法和步骤

1. 看标题栏

通过标题栏了解零件的名称、材料、比例及编号等,然后通过装配图或其他途径了解零件的作用及与其他零件的装配关系。

2. 分析图形

分析每个图形的作用及所采用的表达方法。

3. 想象零件的结构形状

弄清各视图之间的投影关系,以形体分析法为主,结合零件上的常见结构知识,逐一看懂零件各部分的形状,然后综合起来想象出整个零件的形状。

4. 分析尺寸

根据尺寸基准及设计要求先了解主要尺寸,然后了解其他尺寸。

5. 查看技术要求

包括表面粗糙度、尺寸公差、几何公差和其他技术要求。

8.6.2　看图举例

现以图 8-42 所示的泵体零件图为例,说明看零件图的具体方法和步骤。

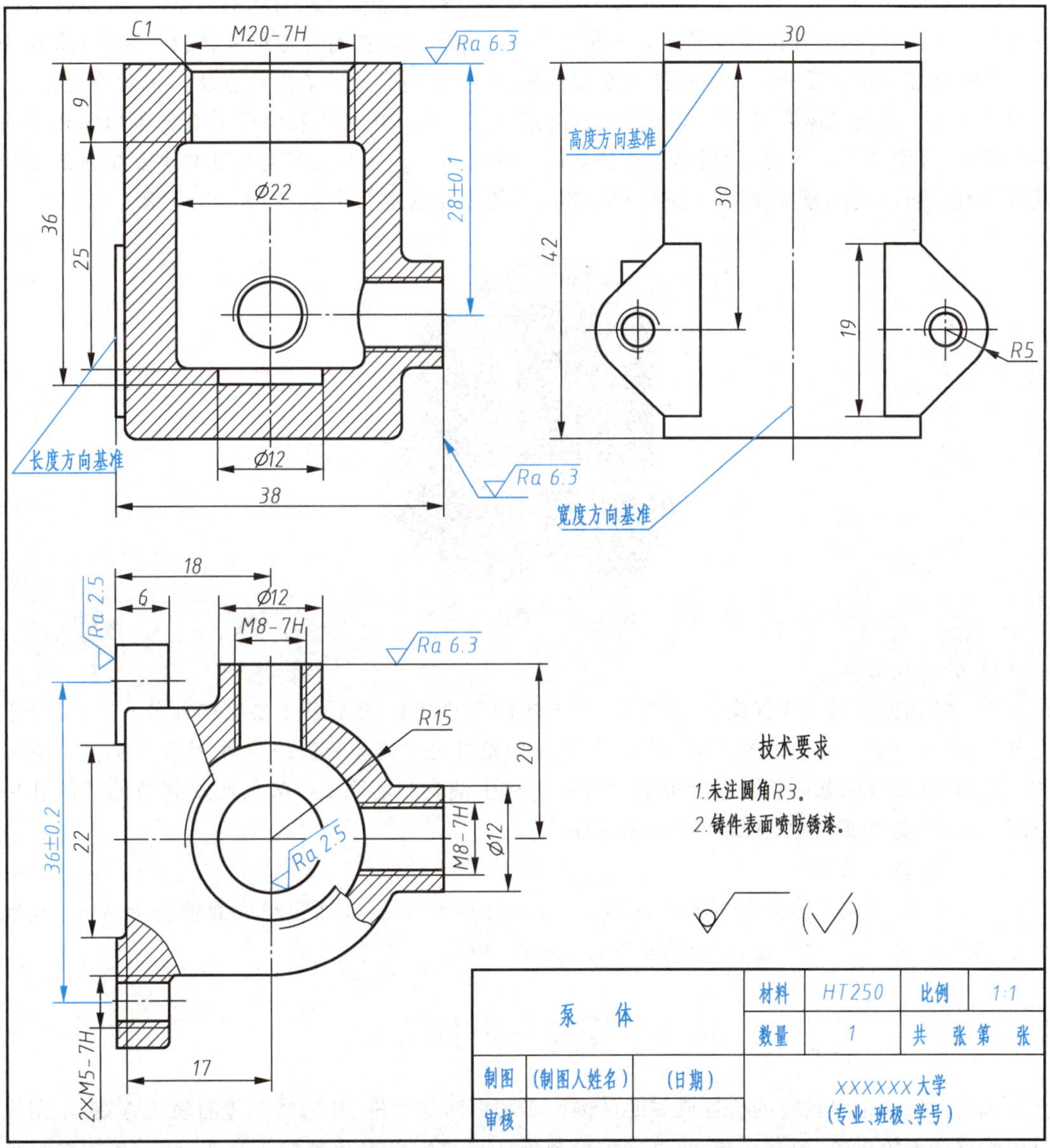

图 8-42　泵体零件图

1. 看标题栏

从标题栏中可知零件的名称为泵体,材料是 HT250(铸铁),比例为 1 : 1。

2. 分析图形

找出主视图,分析各视图之间的投影关系。根据视图的配置关系,可知该组视图是由主视图、俯视图和左视图组成的。主视图采用全剖视图表达内形,俯视图采用局部剖视图,左视图采用视图表达外形。

3. 想象零件的结构形状

根据投影关系,用形体分析法想象零件的形状。看图的顺序一般是:先看整体后看细节;先看主要部分后看次要部分;先看容易的后看难的。

看图时,有时还要查阅有关的技术资料,如部件或机器装配图和说明书等,以便了解零件各部分结构的功用,并确定其形状。其结构形状用形体分析法把三个视图联系起来看,可以把泵体分解为两大部分:一部分是半个平面立体和半个圆柱体组成的内有空腔的箱体,另一部分是两块三角形安装板。按各部分逐一在视图上对照投影,分析每一部分的结构特点及其相对位置,如从主视图中可以看到泵体主要部分泵腔的结构特点。从俯视图中可见在泵壁上有与单向阀相接的两个螺孔,分别位于泵体的右边和后边,是泵体的进出油口。从左视图上可见两块安装板的形状及其位置。通过上述分析,综合起来就可以想象出泵体的完整形状,如图 8-43 所示。

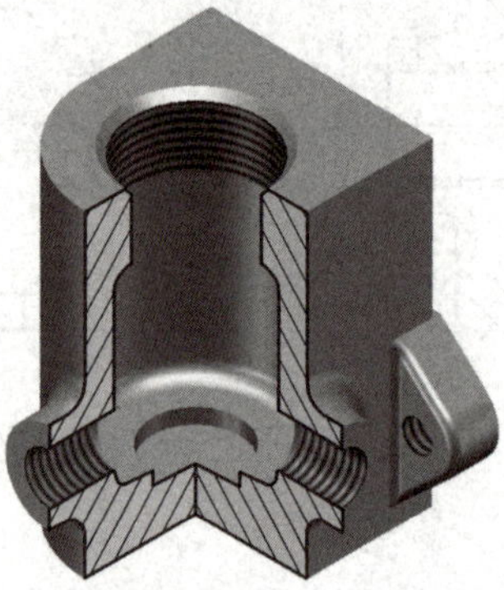

图 8-43　泵体轴测图

4. 分析尺寸

看尺寸的方法是首先找出长、宽、高三个方向的尺寸基准,然后从主要结构部分开始,逐个进行分析,找出主要尺寸。由图 8-42 可见,长度方向基准是泵体安装板的端面,高度方向基准是泵体上端面,宽度方向基准是泵体的前后对称面。进出油孔中心高 28±0.1,两安装板的螺纹孔中心距 32±0.2 是主要尺寸,在加工时必须保证。

5. 查看技术要求

由图 8-42 中的技术要求可知,两螺孔端面等处要求较高,表面粗糙度数值为 $Ra6.3$。其他尺寸、技术要求,如尺寸公差、形位公差等自行阅读分析。

8.7　零件的测绘方法

机器测绘就是对现有的机器或零部件进行实物拆卸与分析,并选择合适的表达方案,不用或只用简单的测绘工具,通过目测,快速徒手绘制出所有零件草图和装配示意图,然后根据装配示意图和部件实际装配关系,对测得的尺寸和数据进行圆整与标准化,确定零件的材料和技术要求,最后用尺规或计算机绘制出供生产使用的装配图和零件工程图的过程。零件测绘对推广先进技术、交流生产经验、改造现有设备、技术革新、修配零件等都有重要作用。因此,零件测绘是实际生产中重要工作之一,是工程技术人员必须掌握的一项基本技能。

8.7.1 零件草图的作用和要求

在测绘零件时,先要画出零件草图,零件草图是画零件图和装配图的依据。在修理机器时,往往将零件草图代替零件图直接交给车间工人制造零件。因此,画草图时决不能潦草从事,必须认真绘制。

零件草图和零件图的内容是相同的,它们之间的主要区别是在作图方法上。零件草图是在白纸或方格纸上徒手画出,并凭目测估计零件各部分的相对大小,以控制视图各部分之间的比例大小。合格的草图应当是:表达完整,线型分明,尺寸齐全,字体工整,图面整洁,投影关系正确,并要有图框和标题栏。

8.7.2 零件草图的绘制步骤

1. 了解分析测绘零件,选择视图

仔细了解零件的名称、用途、材料、结构形状、工作位置及与其他零件的装配关系等之后,再确定表达方案。

2. 确定各视图位置

根据视图数目和实物大小,确定适当图幅;然后画出各视图的中心线、轴线、基准线,确定各视图位置。各视图之间要留有足够余地以便标注尺寸,右下角要画出标题栏,如图 8-44(a)所示。

3. 画视图

从主视图开始,先画出各视图的主要轮廓线,后画细部,画图时要注意各视图间的投影关系,进行视图标注,如图 8-44(b)所示。

4. 标注视图

确定需要标注的尺寸,选择基准,集中画出尺寸界线、尺寸线和箭头,如图 8-44(c)所示。

5. 测量尺寸并逐个填写尺寸数字

测量尺寸时要合理选用量具,并要注意正确使用各种量具。例如,测量毛坯面的尺寸时,选用钢尺和卡钳;测量加工表面的尺寸时,选用游标卡尺或其他适当的测量手段。这样既保证了测量的精确度,又维护了精密量具的使用寿命。对于某些用现有量具不能直接量得的尺寸,要善于根据零件的结构特点,考虑采用比较准确而又简便的测量方法。零件上的键槽、退刀槽、紧固件通孔和沉头座孔等标准结构尺寸,可量取其公称尺寸后查表得到,如图 8-44(d)所示。

6. 注写各项技术要求,填写标题栏,全面检查草图

技术要求应根据零件的作用和装配关系来确定,并写在标题栏的上方,最终完成全图,如图 8-45 所示。

8.7.3 画零件草图时应注意的几个问题

(1)零件上的工艺结构,如倒角、圆角、退刀槽等,应全部画出,不得遗漏。

(2)制造过程中产生的缺陷,如铸造所留的浇冒口痕迹,铸造时产生的缩孔、裂纹以及变形、偏移等,不应在图中画出。

(3)零件上的标准结构要素,如螺纹、键槽等,其尺寸经测量后,应再查阅手册核对、调整,使尺寸符合标准系列。

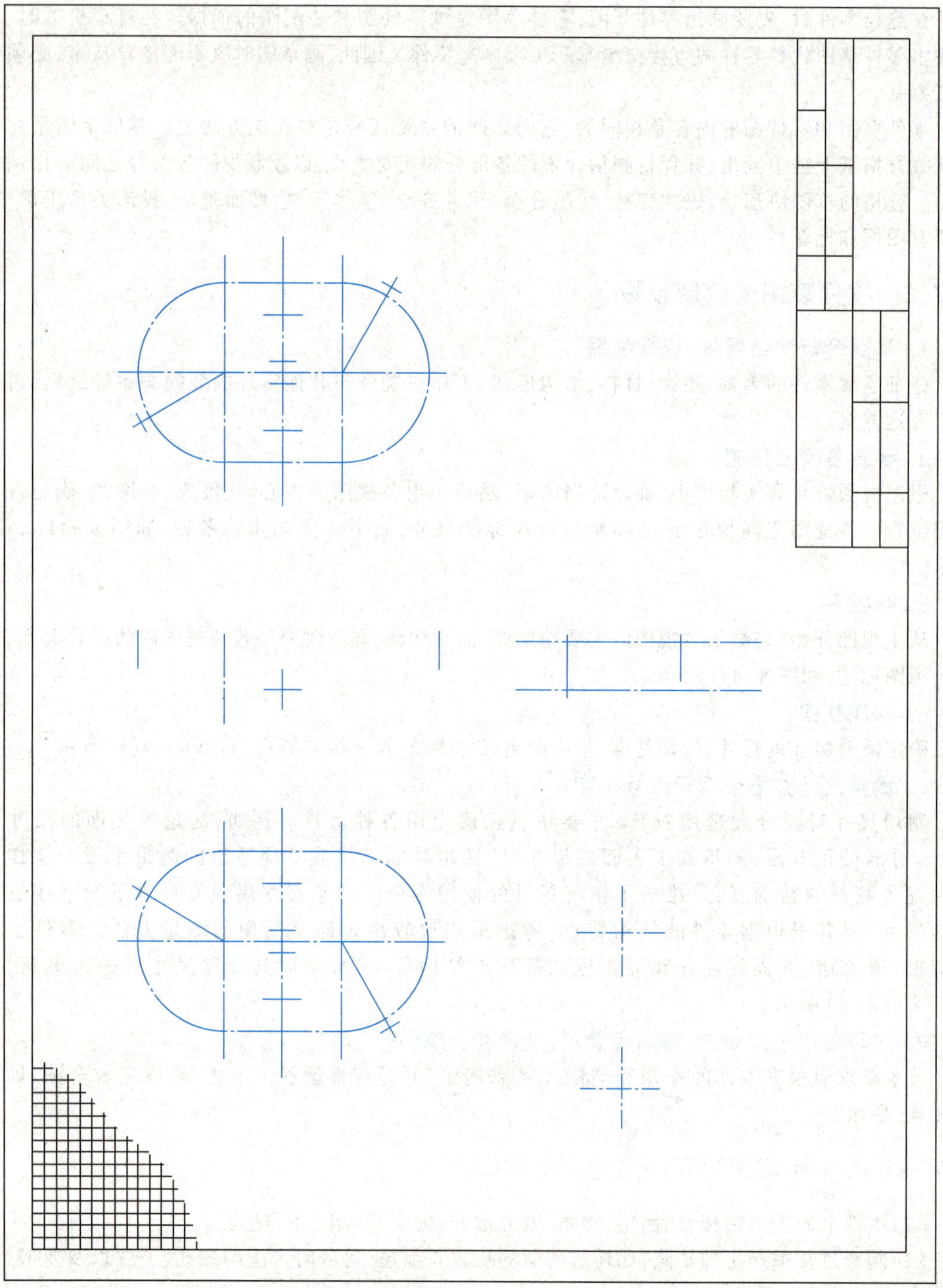

图 8-44(a) 画图框、标题栏、基准线和中心线

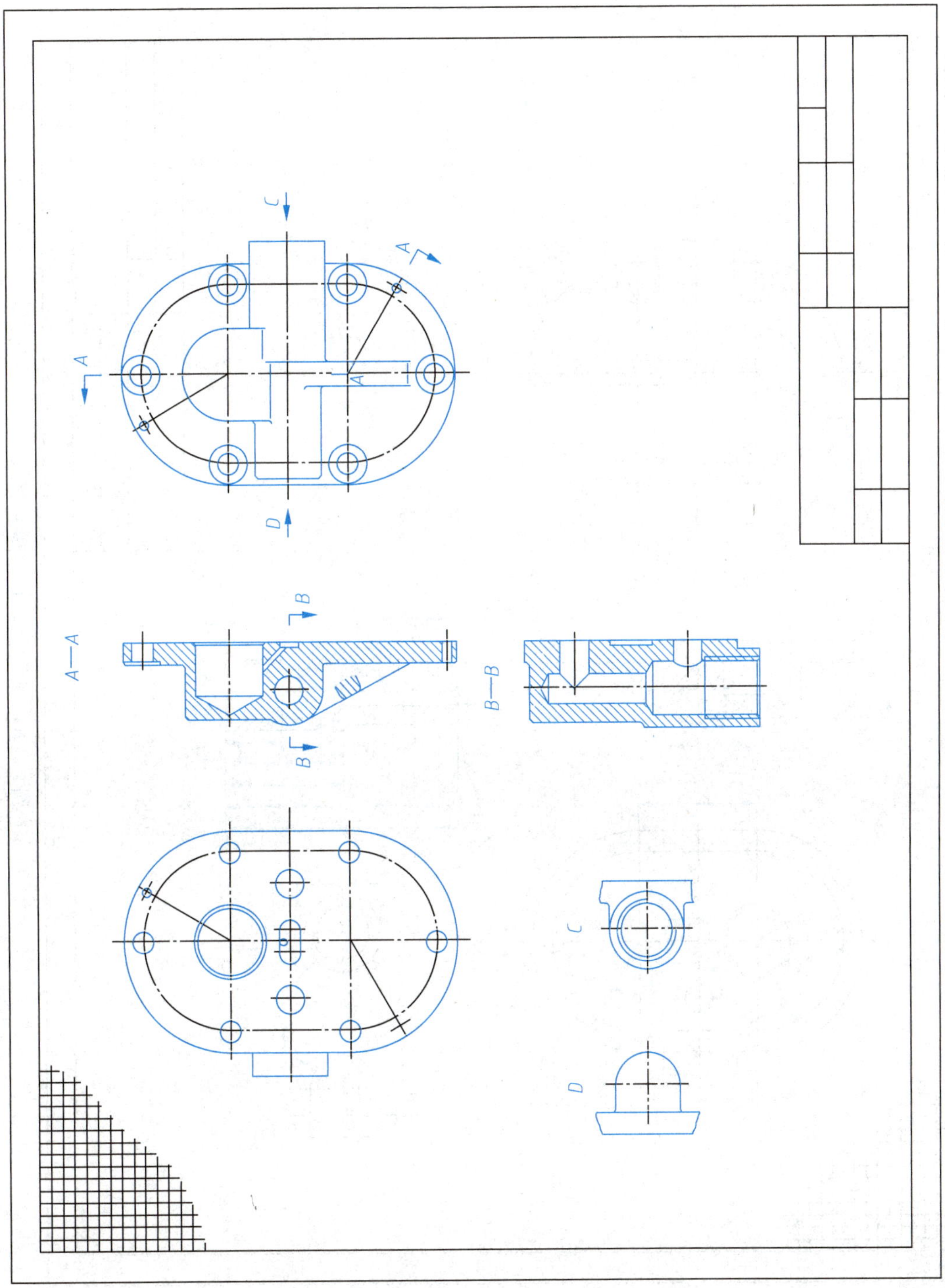

图 8-44(b)画各视图的轮廓线

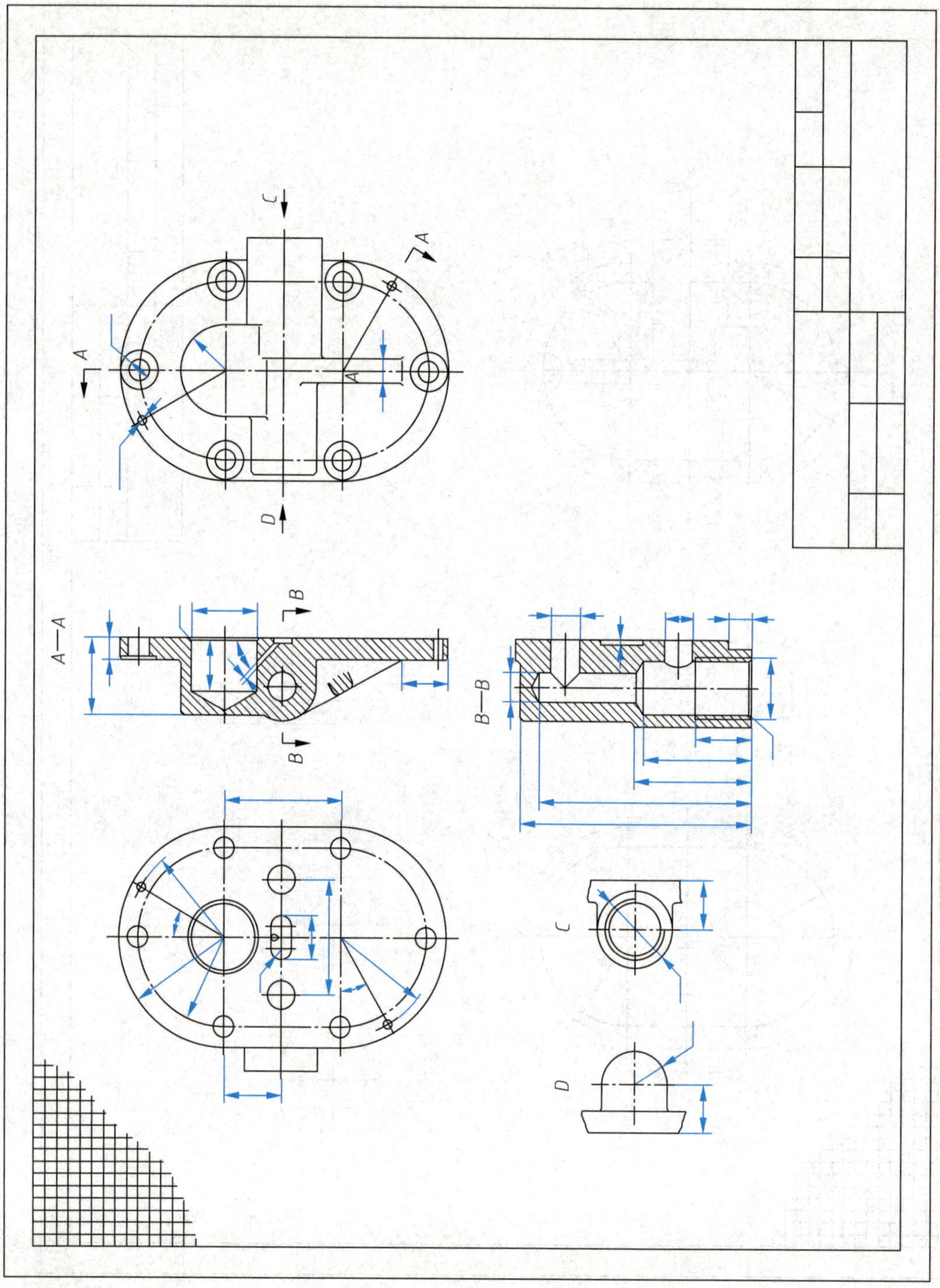

图 8-44(c) 画尺寸线、尺寸界线、箭头

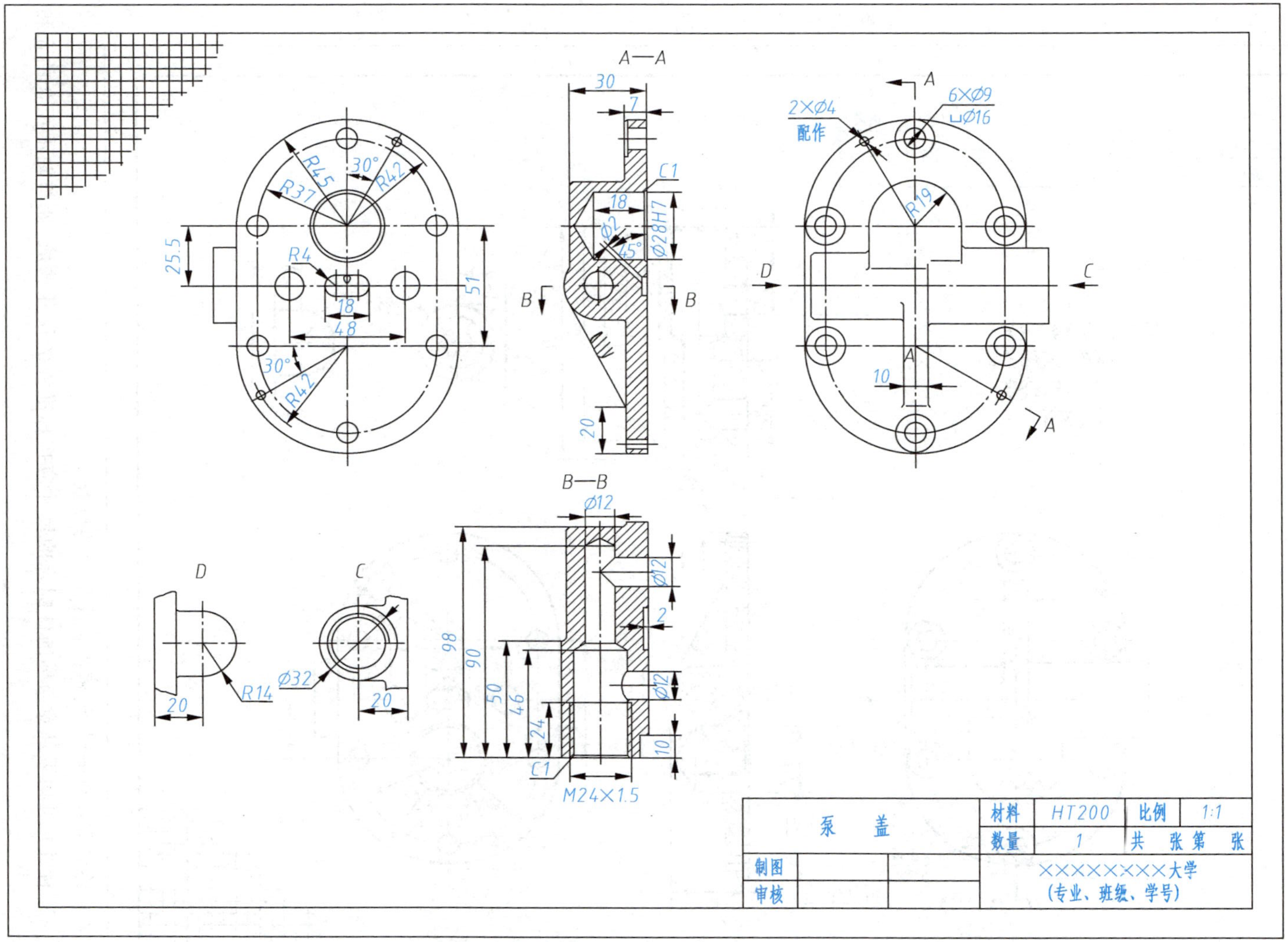

图8-44(d)测量尺寸、填写尺寸数字、标题栏

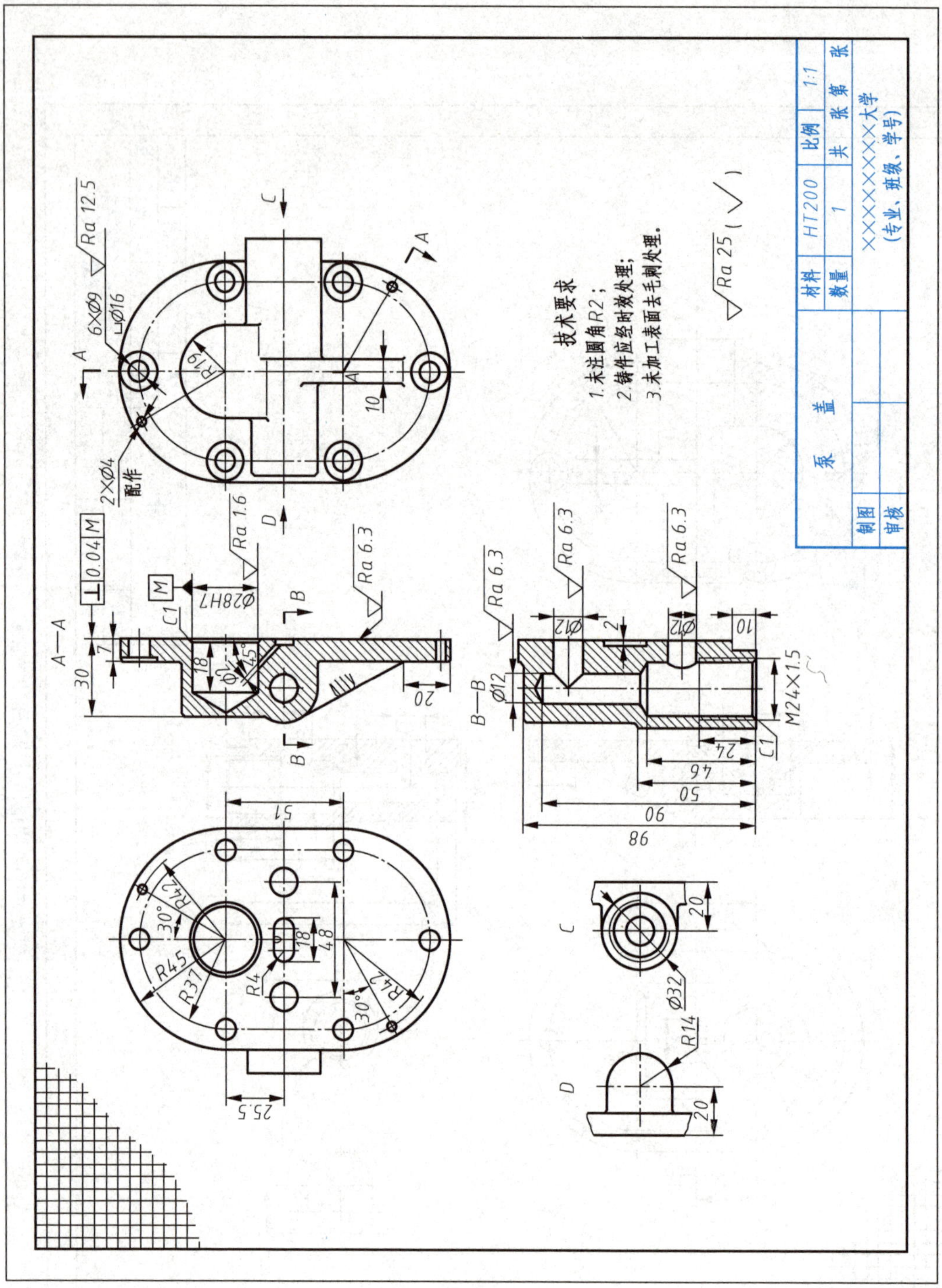

图 8-45 泵盖零件草图

(4)绘制零件草图时，要留出标注尺寸的位置。

(5)标注尺寸时要注意与标准件配合的尺寸应按标准件的尺寸选取，如与轴承配合的孔和轴等。

(6)应把零件上全部尺寸集中一次测量标注，量得的尺寸应圆整成适当的整数，并使其符合标准值。严格检查尺寸是否遗漏或重复，相关零件尺寸是否协调，以保证零件图、装配图顺利绘制。

8.7.4　常用的测量工具及测量方法

1. 测量工具

零件尺寸的测量是机器部件制图测绘中的一项重要内容。采用正确的测量方法可以减少测量误差,提高制图测绘效率,保证测得尺寸的精确度。测量方法与制图测绘工具有关,因此需要先了解常用的制图测绘工具,掌握正确的使用方法和测量技术。

常用的测量工具有钢板尺、卡钳、游标卡尺、外径千分尺、角度尺、螺纹规和半径规等。课程中使用的量具介绍见表 8-12。

表 8-12　常用测量工具简介

名　称	图　示	说　明
钢板尺		钢板尺是用不锈钢薄板制成的一种刻度尺,通常刻度最小单位为 1 mm。一般用来测量精度要求不高的线性尺寸
卡钳	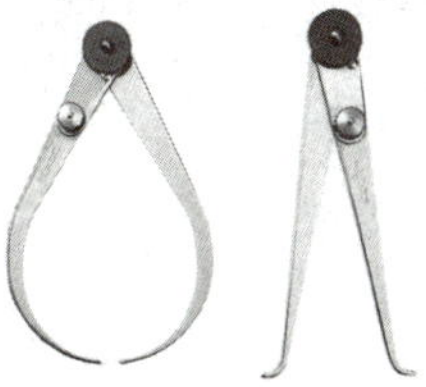	卡钳有外卡钳(测量外径)和内卡钳(测量内径)两种,卡钳是间接测量工具,必须配合带有刻度的量具才能量取尺寸。卡钳测量误差较大,常用来测量一般精度的直径尺寸
游标卡尺	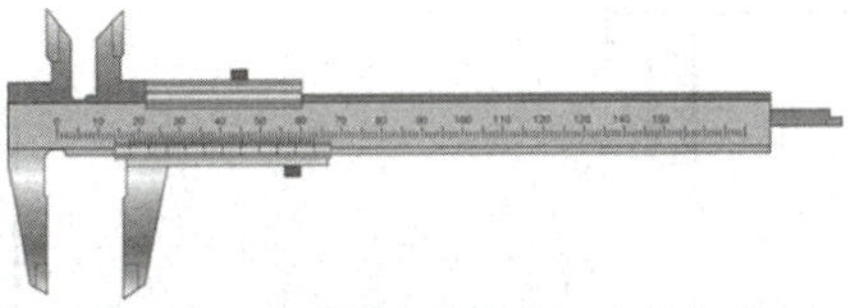	游标卡尺是一种测量精度较高的量具,一般分度值为 0.02 mm。除测量长度尺寸外,还可用来测量内径、外径、孔和槽深度及台阶高度等尺寸
外径千分尺	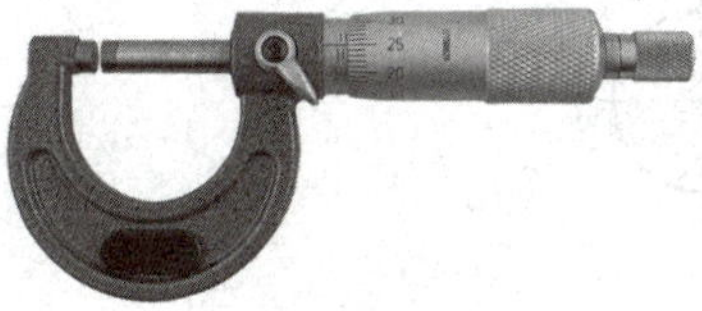	外径千分尺简称千分尺,是生产制造中常用的精密量具,其是利用精密螺旋传动,把螺杆的旋转运动转化成直线移动而进行测量的,测量精度比游标卡尺高,常用来测较高精度的长度和外径等尺寸
万能角度尺	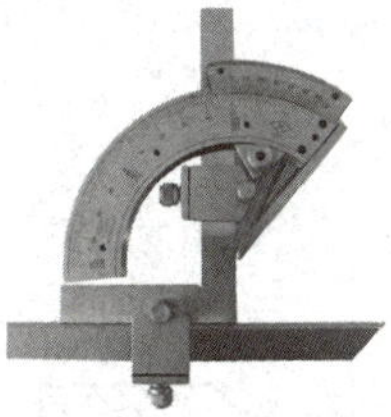	万能角度尺又被称为角度规、游标角度尺或万能量角器,它是利用游标读数原理来直接测量工件角度或进行划线的一种角度量具,适用于机械加工中的内、外角度测量,可测 0°~320°外角及 40°~130°内角
螺距规		螺距规主要用于低精度螺纹工件的螺距和牙形角的检验。测量时,螺距规的测量面与工件的螺纹必须完全、紧密接触,此时,螺距规上所表示的数字即为螺纹的螺距
半径规	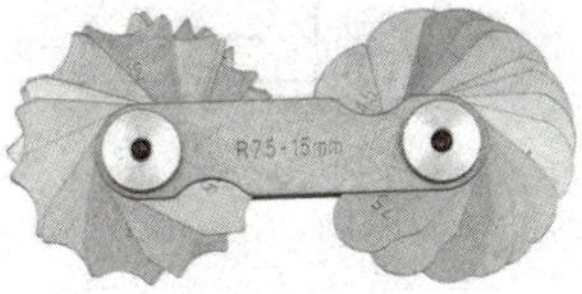	半径规又称圆角规(R 规),主要用来测量圆角的半径,其中凸弧和凹弧各十六个。测量时,R 规片应与被测表面完全密合,所用样板数值即为被测表面的圆角半径

2. 常用的测量方法

(1)直线尺寸和壁厚尺寸的测量方法,如图 8-46 所示。

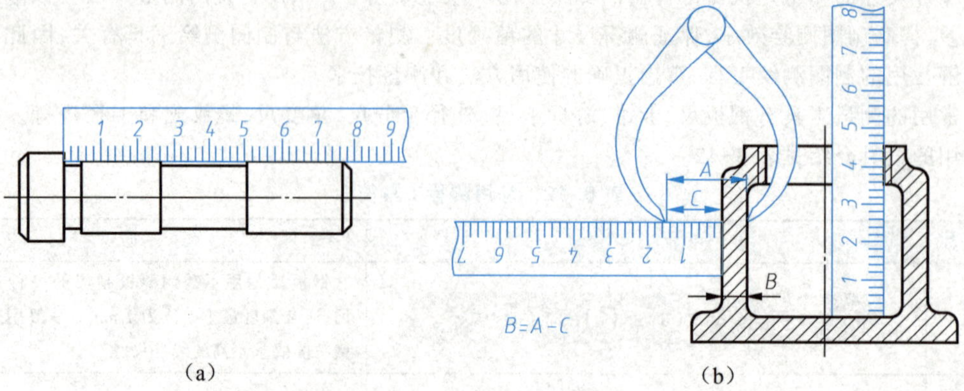

图 8-46　测量线性尺寸和壁厚尺寸

(2)内径、外径和深度尺寸的测量方法,如图 8-47 所示。

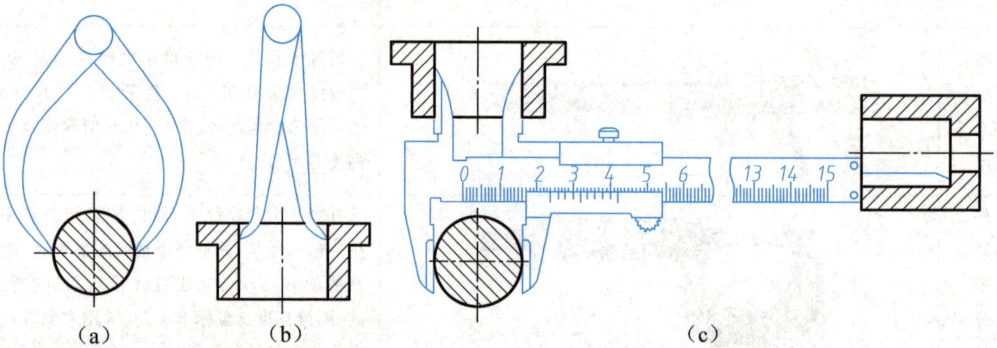

图 8-47　测量内径、外径和深度尺寸

(3)中心距与中心高的测量方法,如图 8-48 所示。

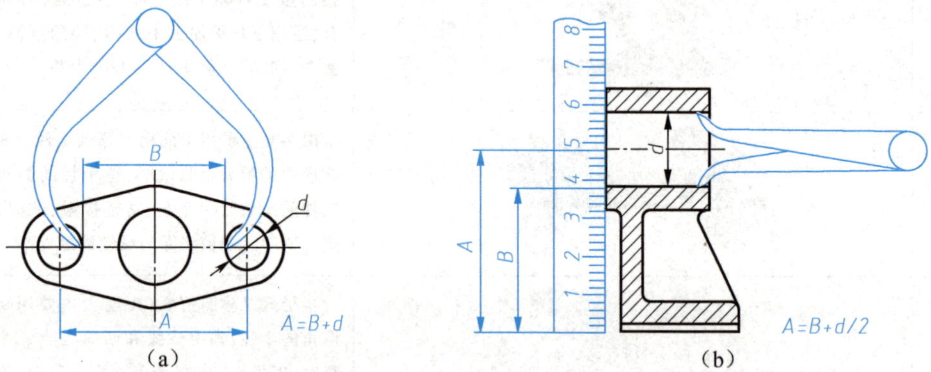

图 8-48　测量中心距与中心高

(4)测量螺纹螺距,如图 8-49 所示。

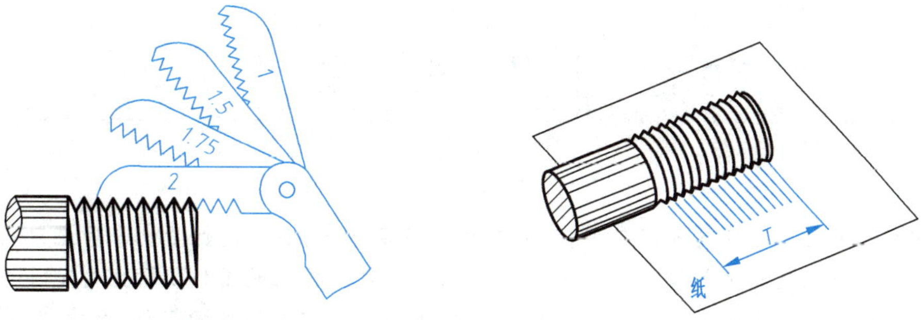

(a)　　(b)

图 8-49　测量螺纹螺距

(5)拓印法测量圆角和圆弧,如图 8-50 所示。

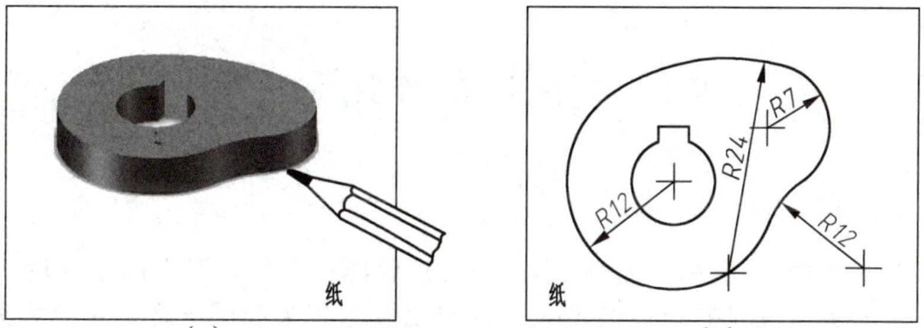

(a)　　(b)

图 8-50　拓印法测量圆角和圆弧

第9章 装 配 图

机器或部件都是根据其使用目的,按照有关的技术要求,由一定数量的零件装配而成的。装配图是表示产品及其组成部分的联接、装配关系及其技术要求的图样。它主要反映机器(或部件)的工作原理、各零件之间的装配关系、传动路线和主要零件的结构形状,是设计和绘制零件图的主要依据,也是装配生产过程中调试、安装、维修机器或部件的主要技术文件。

本章主要介绍装配图的作用与内容、装配图的表达方法、装配图的尺寸和技术要求、装配结构的工艺性、由零件图拼画装配图、读装配图以及由装配图拆画零件图等内容。

9.1 装配图的作用和内容

9.1.1 装配图的作用

在产品设计过程中,一般都是先画出装配图,然后再根据装配图完成零件设计并绘制零件图。在产品安装和调试过程中,各个零件的装配都必须根据装配图进行。在产品使用和维修过程中,也往往需要通过装配图来了解产品的构造。

因此,一张装配图要能够充分反映设计者的设计意图,表达出部件或机器的工作原理、结构特点、零件之间的装配关系,以及必要的技术数据。如图 9-1 中的螺旋千斤顶装配图,螺旋千斤顶的工作原理是旋转横杆(件 6),带动螺杆(件 3)旋转,由于螺套(件 2)固定不动,使螺杆的旋转运动转变成上下的直线运动,从而使顶垫(件 4)做上下的直线运动,因此起到顶起重物的作用。

9.1.2 装配图的内容

如图 9-1 螺旋千斤顶的装配图所示,一张完整的装配图应具有下列内容:

1. 一组图形

用适当的表达方法来正确、完整、清晰地表达机器或部件的组成零件,各零件之间的联接方式、装配关系、传动路线、工作原理,主要零件的关键结构形状以及和其他部件之间的装配关系等。图 9-1 所示螺旋千斤顶的装配图中,主视图采用了全剖视图反映千斤顶的工作原理和各主要零件间的装配关系,其他剖视图和视图则表达千斤顶主要零件的外形和内部结构。

2. 必要的尺寸

装配图中只需标出用来表示机器或部件的规格(性能)、外形尺寸,以及装配、检验、安装时零件间的配合及关键零件相互位置所需的一些尺寸。

3. 技术要求

说明机器或部件在装配、调试、检验、维修、使用等方面的要求,一般用代号或文字说明。

4. 零件的序号、明细栏

为了便于生产管理和看图,装配图中必须对每种零件进行编号,并在标题栏上方绘制明细栏,明细栏中要求按编号填写零件的名称、材料、数量,以及标准件的规格尺寸、国家标准代号等。说明机器或部件所包含零件的名称、代号、材料、数量等。

5. 标题栏

说明机器或部件的名称、图号、比例、设计单位、制图者、审核者的签名、日期等。

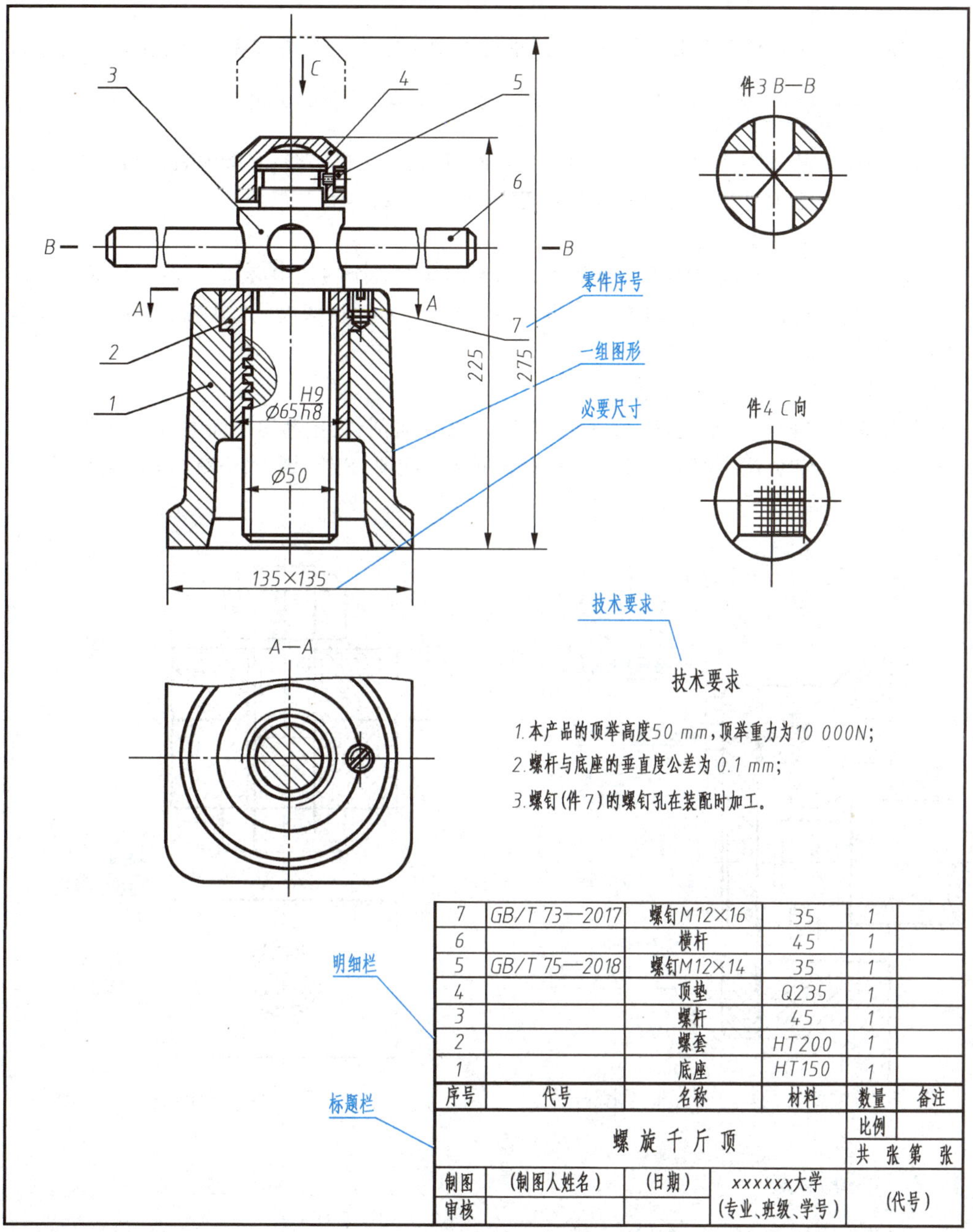

序号	代号	名称	材料	数量	备注
7	GB/T 73—2017	螺钉M12×16	35	1	
6		横杆	45	1	
5	GB/T 75—2018	螺钉M12×14	35	1	
4		顶垫	Q235	1	
3		螺杆	45	1	
2		螺套	HT200	1	
1		底座	HT150	1	

螺 旋 千 斤 顶				比例
				共 张 第 张
制图	(制图人姓名)	(日期)	xxxxxx大学	(代号)
审核			(专业、班级、学号)	

图 9-1　螺旋千斤顶装配图

9.2　装配图的表达方法

装配图的表达方法与零件图基本相同，零件图中所应用的各种表达方法在装配图中同样适用。由于装配图是用来表达机器或部件的工作原理，结构形状、装配关系和技术要求的，因此与零件图相比，装配图还有一些规定画法和特殊表达方法。

9.2.1 装配图的规定画法

在装配图中，为了便于区分不同零件，并正确地理解零件之间的装配关系，在画法上有以下几项规定。

1. 相邻两零件的画法

在装配图中，相邻零件的接触表面和配合表面，只画一条粗实线；非接触表面和非配合表面，即使间隙很小，也必须将其夸大画成两条粗实线，如图 9-2 所示。

2. 装配图中剖面线的画法

在同一张装配图中，同一零件的剖面线方向和间隔在各个视图中必须一致；为了区别不同零件，相邻两金属零件的剖面线倾斜方向应当相反；当三个零件相邻时，其中两个零件的剖面线倾斜方向一致，但间隔必须错开，如图 9-2 所示。

3. 螺纹紧固件及实心件的画法

螺纹紧固件和实心的轴、连杆、球、键等零件，若按纵向剖切，且剖切平面通过其轴线或基本对称面时，这些零件均按不剖绘制，图 9-3 中的螺栓联接装配图，螺栓、螺母、垫圈均按不剖绘制。

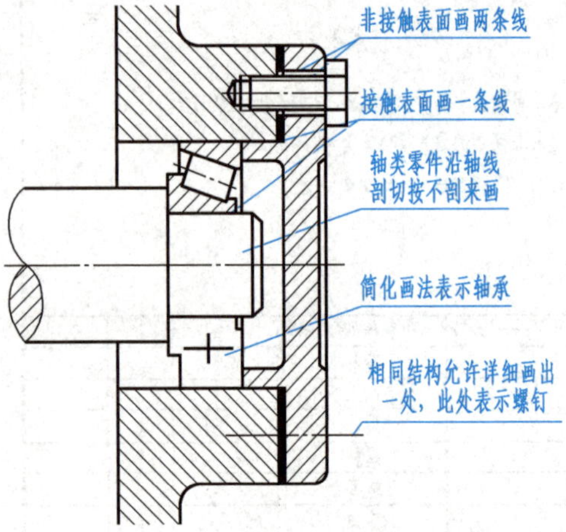

图 9-2 装配图的规定画法和简化画法

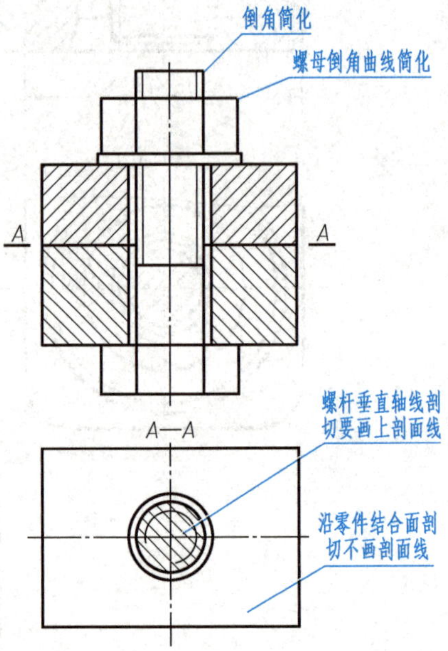

图 9-3 螺栓联接

9.2.2 特殊画法

1. 沿零件结合面的剖切画法

为了清楚地表达部件的内部结构，在装配图中可假想沿某些零件的结合面剖切。这时，零件的结合面不画剖面线，但被剖到的其他零件则应画出剖面线。图 9-3 中的 $A—A$ 剖视图即是沿两个零件结合面剖切画出的，螺栓的断面要画出剖面线。

2. 拆卸画法

在装配图的某一视图中，当某些零件遮住了需要表达的结构，或者为避免重复，简化作图，可假想将某些零件拆去后绘制，这种表达方法称为拆卸画法。

采用拆卸画法后，为了避免误解，在该视图上方加注“拆去件 XX”。拆卸关系明显，不至于引起误解时，也可不加标注。图 9-4 中的滑动轴承的装配图，俯视图左侧画外形图，右侧则拆去油杯、轴承盖、上轴瓦、螺母、螺栓后进行绘制，以表达下轴瓦与轴承座之间的装配情况。

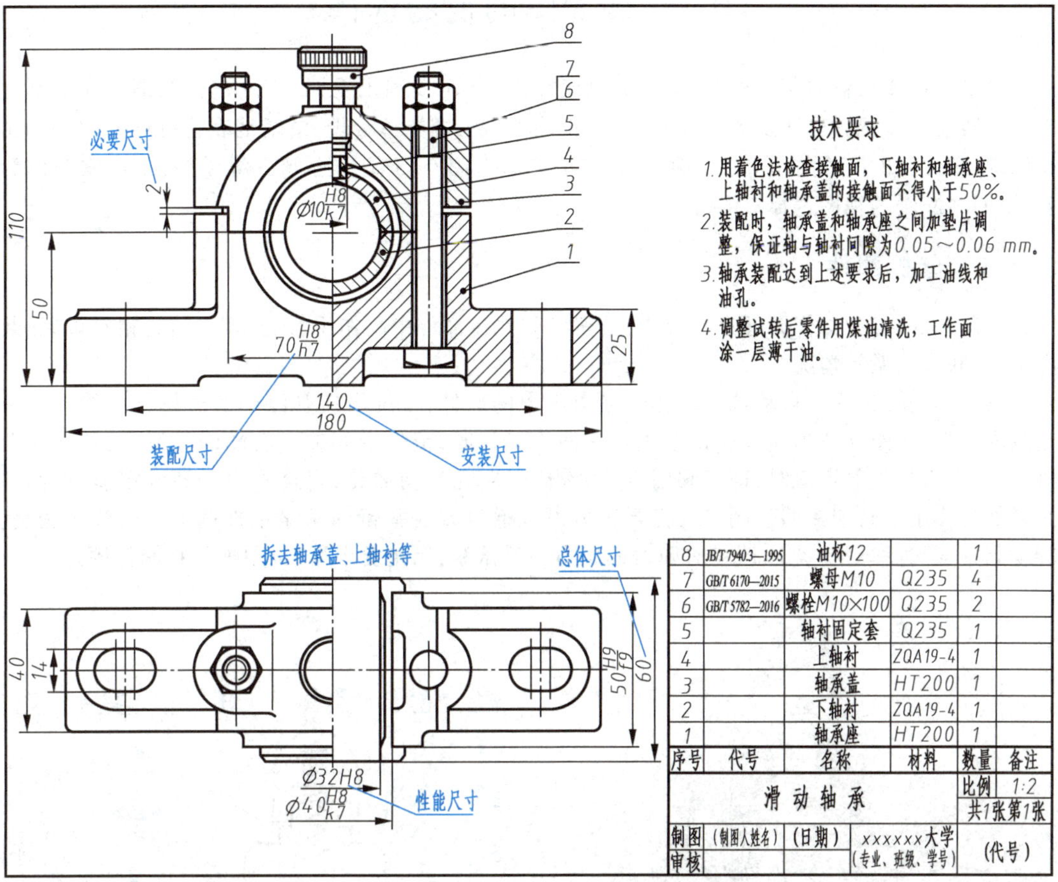

图 9-4　滑动轴承装配图

3. 假想画法

在装配图中，为了表示本零部件与相邻零部件的相互关系，或运动零件的极限位置，可用细双点画线画出该零部件的外形轮廓。如图 9-1 所示的螺旋千斤顶装配图，主视图顶垫最高极限位置用细双点画线绘制，表示千斤顶的顶举高度。

4. 夸大画法

对于装配图中的薄垫片、小间隙等，如按实际尺寸绘制表示不明显时，允许把它们的厚度、间隙适当放大画出，图 9-2 中螺钉与通孔的间隙就是采用了夸大画法。厚度或直径小于 2 mm 的薄、细零件，其剖面符号可涂黑表示，图 9-2 中垫片的画法。夸大要注意适度，若适度夸大仍不能满足要求时需考虑用局部放大画法画出。

9. 2. 3　简化画法

①装配图中的螺栓、螺钉联接等若干相同的零件组，允许只详细地画出其中一处，其余只需用点画线表示其装配位置，图 9-2 中的螺栓联接就采用了这种画法。

②在装配图中,滚动轴承一侧按照规定画法画出,另一侧用通用简化画法,如图 9-2 所示。

③在装配图中,零件的工艺结构,如拔模斜度、小圆角、倒角、退刀槽等可以不画,如图 9-2 中,省略了机座倒角和轴上的退刀槽;图 9-3 六角头螺栓头部及螺母的倒角曲线也可省略不画。

9.3 装配图的视图选择

绘制部件或机器的装配图时,应从有利于生产、便于读图出发,恰当地选择视图。在实际生产中对装配图在视图表达上的要求是完全、正确、清楚,即能够合理、清晰地表达机器或部件的工作原理、零件间的装配关系和主要零件的结构形状。图 9-5 是安全阀三维模型,现以安全阀为例,说明装配图的视图选择。

9.3.1 分析部件

对部件的功用、工作原理进行分析,了解各零件在部件中的作用,以及零件间的相对位置、装配关系、联接关系等情况。

安全阀是一种用于自动调节流体管路中压力的部件,目的是使管路中的流体压力维持在一定范围之内,如图 9-6 所示安全阀装配示意图。工作时,流体沿阀体 1 右端的孔流入,从下端孔流出,当压力超过额定值时,即将阀门推开,流体经左孔流向回路,直至压力降到额定值时,阀门在弹簧的作用下封闭回路。阀门的打开压力可以通过改变弹簧的压缩量来调节。调节方法是:旋动阀杆,通过弹簧托盘 8,改变对弹簧的压力。经试验,满足要求后,再用螺母将阀杆固定。

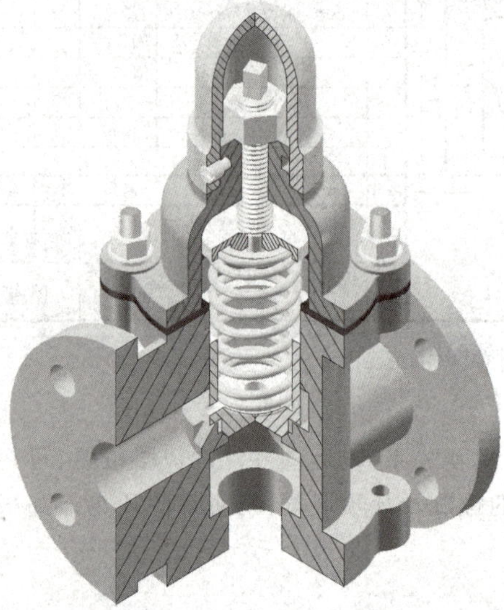

图 9-5 安全阀三维模型

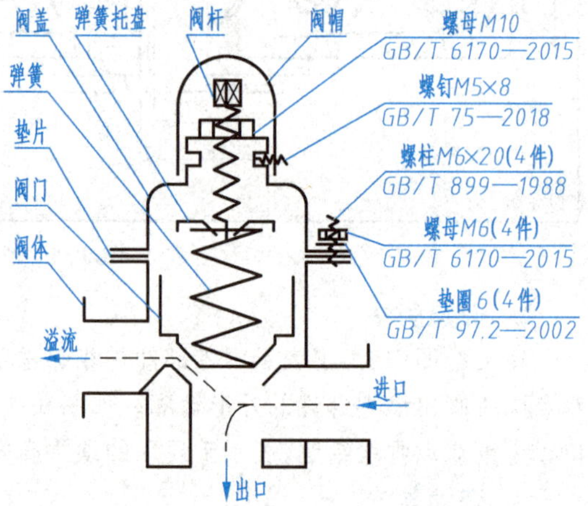

图 9-6 安全阀装配示意图

阀体内腔上部的四个槽和阀门侧面的两个孔,均用来排泄潜入的流体与回路相通,以保证阀门正常开启;阀门中央的 M6 螺纹孔是工艺孔,在研磨阀门和阀体上 90°锥面时,用来安装操作阀杆。

9.3.2 选择主视图

主视图是首先要考虑的一个视图,选择的原则如下。

(1)能清楚地表达部件的工作原理和主要装配关系。

(2)符合部件的工作位置。

对于安全阀来说，如图 9-7 所示，阀体 1 和阀盖 9 通过法兰由双头螺柱联接，同时沿阀杆 11 轴线方向，依次安装有阀门 2、弹簧 7、弹簧托盘 8、阀杆 11、螺母 12、阀帽 13、螺钉 10 等零件。因此，安全阀的主视图按图 9-6 安全阀装配示意图的位置和投射方向来确定，采用全剖视图表达出安全阀的工作原理和装配干线，同时也符合其工作位置。

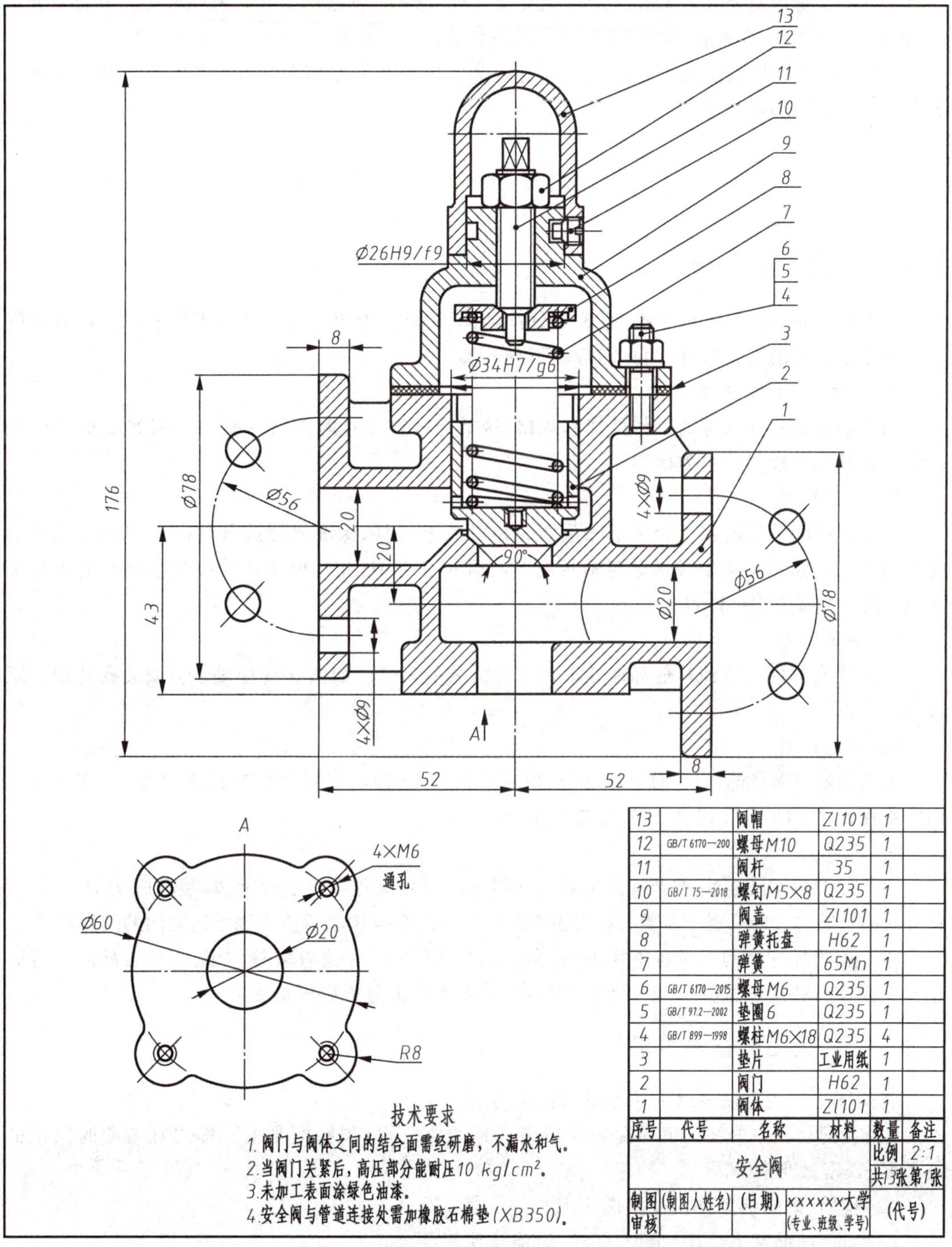

序号	代号	名称	材料	数量	备注
13		阀帽	Zl101	1	
12	GB/T 6170—200	螺母M10	Q235	1	
11		阀杆	35	1	
10	GB/T 75—2018	螺钉M5×8	Q235	1	
9		阀盖	Zl101	1	
8		弹簧托盘	H62	1	
7		弹簧	65Mn	1	
6	GB/T 6170—2015	螺母M6	Q235	1	
5	GB/T 97.2—2002	垫圈6	Q235	1	
4	GB/T 899—1998	螺柱M6×18	Q235	4	
3		垫片	工业用纸	1	
2		阀门	H62	1	
1		阀体	Zl101	1	

安全阀			比例	2:1
			共13张第1张	
制图	(制图人姓名)	(日期)	xxxxxx大学 (专业、班级、学号)	(代号)
审核				

图 9-7 安全阀装配图

9.3.3 确定其他视图

主视图确定之后,部件的主要装配关系和工作原理,一般能表达清楚。通过分析,如果主视图尚未表达清楚的地方,根据视图表达完全的要求,应确定其他视图。

如图 9-7 所示安全阀装配图,阀体 1 为主要零件,选择 A 向视图为表达螺柱联接的分布位置及上、下端法兰的形状,为表达阀体左、右法兰形状和螺栓孔分布位置,选择了两个孔位置的简化画法。

至此,安全阀的视图选择就完成了,但有时为了能选定一个最佳方案,最好多考虑几种视图选择方案,以供比较、选用。

9.4 装配图的尺寸和技术要求

9.4.1 装配图的尺寸

装配图不是制造零件的依据,它和零件图的作用不同,对尺寸标注的要求也不同。在装配图上不必注出全部的结构尺寸,而只需标注下列几类尺寸。

1. 性能(规格)尺寸

用于表示机器或部件的工作性能和规格,这类尺寸在设计时要首先确定。例如图 9-4 中滑动轴承的轴孔直径尺寸ϕ32H8。

2. 装配尺寸

表明零件间装配时的配合关系和重要的相对位置,用以保证机器或部件的工作精度和性能要求的尺寸。如图 9-4 中轴承盖与轴承座的配合尺寸 70H8/h7,轴承孔轴线到基准面的距离尺寸 50,就是重要的相对位置尺寸。

3. 安装尺寸

将机器或部件安装到其他部件或地基上所需要的尺寸。如图 9-4 中轴承座安装孔的中心距尺寸 140。

4. 外形尺寸

表明机器或部件的总长、总宽和总高,以便于包装、运输和安装时掌握其总体大小。如图 9-4 中的高度尺寸 110,长度尺寸 180,宽度尺寸 60。

5. 其他必要尺寸

除了以上四类尺寸外,在装配图上有时还需注出一些其他重要的尺寸,如装配时的加工尺寸,设计时的计算尺寸等都属于重要的相对位置尺寸。如图 9-4 中轴承盖和轴承座之间的间隙尺寸 2。

以上五类尺寸之间不是各不相关的,实际上有的尺寸往往具有多种作用,一张装配图上有时也并不全部具备上述五类尺寸,对装配图的尺寸需要具体分析后再标注。

9.4.2 装配图的技术要求

装配图上一般应注写以下几方面的技术要求。

(1)装配过程中的注意事项和装配后应满足的要求等(如精度要求),需要在装配时满足的加工要求、密封要求等。

(2)检验、试验的条件以及操作要求。

(3)对产品的基本性能、维护、保养、运输及使用要求。

如图 9-4 所示滑动轴承装配图中的技术要求。

9.5 装配图的零件序号和明细栏

9.5.1 零件序号

为了便于看图及图样管理,装配图中的所有零件都必须编写序号。编号时应遵守以下各项国家标准的规定。

(1)编写零件序号时,首先要在所标注零、部件的可见轮廓内画一空心圆点,从圆点用细实线引出指引线,然后在指引线另外一端画短横线或小圆圈,序号数字写在短横线上方,圆圈内或指引线末端附近,且序号数字比同一张图上的尺寸数字大一号,形式如图 9-8(a)所示。若所指部分内不便于画圆点(很薄的零件或涂黑的剖面),可在指引线的末端画出箭头,并指向该部分的轮廓,如图 9-8(b)所示。同一张装配图上,序号的形式应该一致。

(2)装配图中相同的零件、部件只能用一个序号,且只标注一次,不能重复。

(3)对于标准化的组件可看作是一个整体,只编写一个序号,如滚动轴承、油杯等。

(4)各指引线不允许相交,当通过有剖面线的区域时,指引线不应于剖面线平行,且指引线上的小黑点应画在空白区域内,如图 9-8(b)所示。必要时指引线可以画成折线,但只可转折一次,如图 9-8(c)所示。

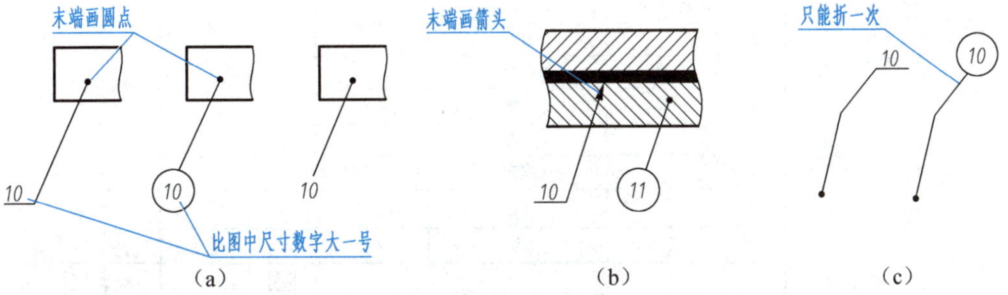

图 9-8 零件序号编写形式

(5)一组紧固件(如双头螺柱、螺母、垫圈等)及装配关系清楚的零件组可采用公共指引线,此时,小黑点位于该零件组中任一零件的可见轮廓内均可,如图 9-9 所示。

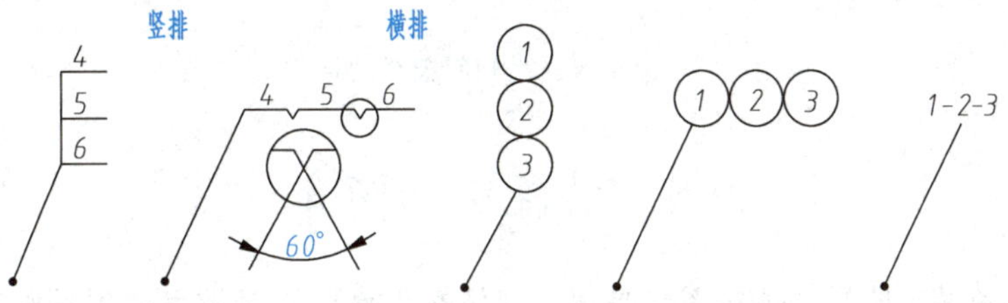

图 9-9 公共指引线的形式

(6)编写序号时规定按水平或垂直方向整齐排列,并按顺时针或逆时针方向顺序排号,如图 9-7 中安全阀的序号,是按垂直方向顺次排列的。如果在整个图上无法连续时,可只在每个水平或垂直方向顺次排列。

9.5.2 明细栏

明细栏是机器或部件的全部零件、部件目录，其内容包括零件的序号、代号、名称、数量、材料以及备注等项目，形式如图 9-10 所示，填写时应注意以下几点。

(1)明细栏中的序号必须与图中所注的序号一致。

(2)明细栏一般配置在标题栏的上方，由下向上顺序填写零件序号。当标题栏上方位置不够时，可紧靠在标题栏的左边以相同尺寸制表再由下向上继续填写。

(3)在“名称”栏内，对于标准件，还应写出其规定标记中除国家标准代号以外的其余内容，如图 9-10 中的“螺钉 M12×16”。

(4)在“代号”栏内填写零件图的图号、标准件的国家标准代号。

(5)在“材料”栏内填写制造该零件所用材料的名称和牌号。

(6)在“备注”栏内可填写该项的附加说明或其他有关内容，如零件的热处理和表面处理等要求等。

当出现特殊情况，导致明细栏无法配置在标题栏的上方时(如画不下等原因)，可作为装配图的续页，按 A4 幅面单独绘制，其填写方式应自上而下。

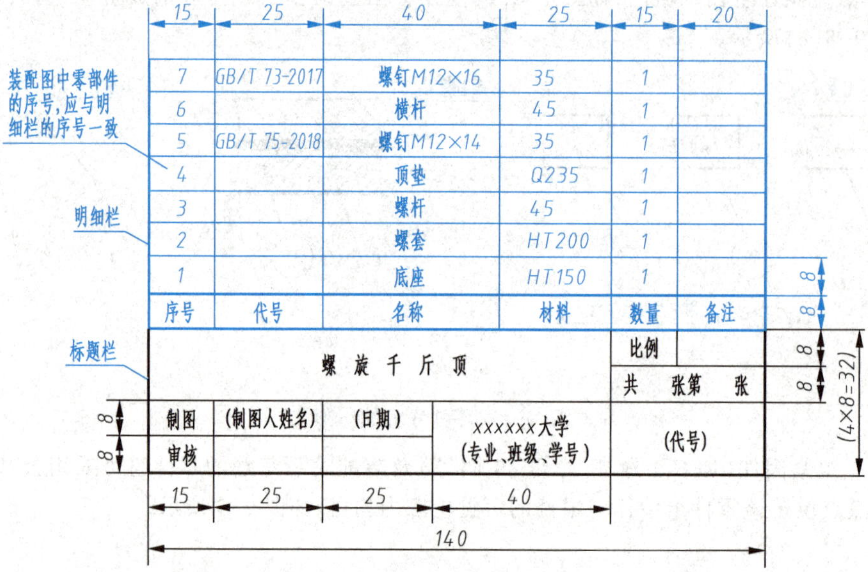

图 9-10 标题栏和明细栏的格式

9.6 装配结构简介

在设计和绘制装配图的过程中，除了要保证部件的性能要求，还要考虑到零件的加工、装拆的方便，以及装配结构的合理性。下面介绍一些常见的装配结构问题，供设计和绘制装配图时参考。

9.6.1 轴与孔的配合

轴与孔配合且轴肩与端面相互接触时，在两接触面的交角处，孔口应加工倒角，或轴根切槽，否则轴肩的端面与孔端面无法靠紧，如图 9-11 所示。

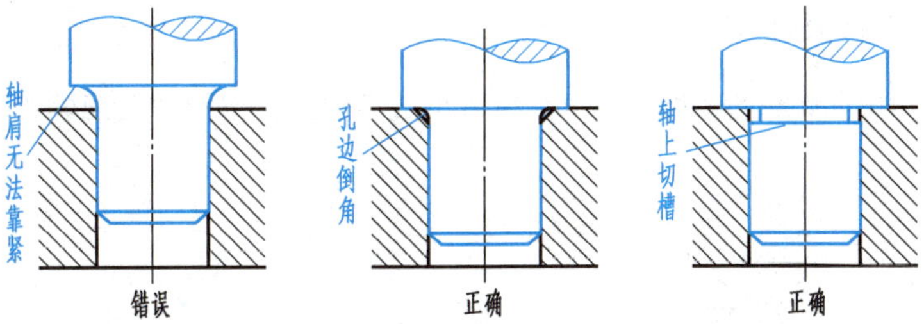

图 9-11 轴与孔的配合

9.6.2 接触面的数量

在设计时，为避免装配时不同的表面互相干涉，两零件在同一方向上的接触面一般应只有一组，否则会给加工和装配带来困难，如图 9-12 所示。

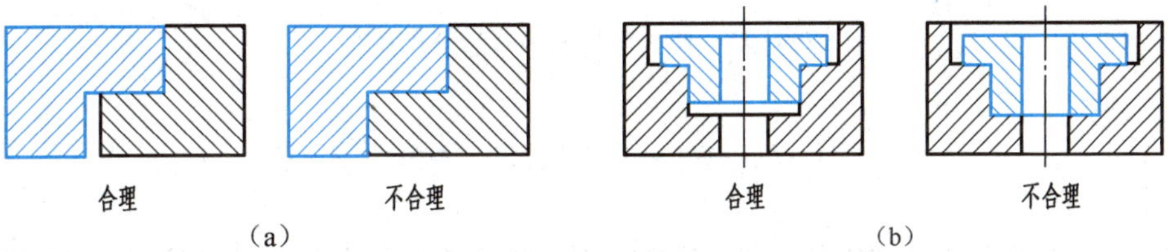

图 9-12 接触面的画法

9.6.3 锥面的配合结构

由于锥面配合能同时确定轴向和径向的位置，因此当锥孔不通时，锥体顶部与锥孔底部之间必须留有间隙，否则得不到稳定的配合，如图 9-13 所示。

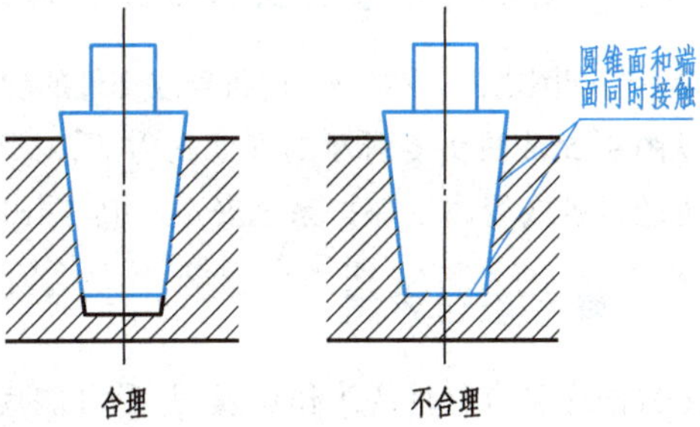

图 9-13 锥面的配合

9.6.4 滚动轴承的轴向固定

为了防止滚动轴承产生轴向窜动，必须采用一定的结构来固定其内、外圈。常用的轴向固定结构形式有轴肩、台肩、弹性挡圈、圆螺母、止退垫圈和轴端挡圈等。若轴肩过大或轴孔直径较小，会给滚动轴承的拆卸带来困难，如图 9-14 所示。

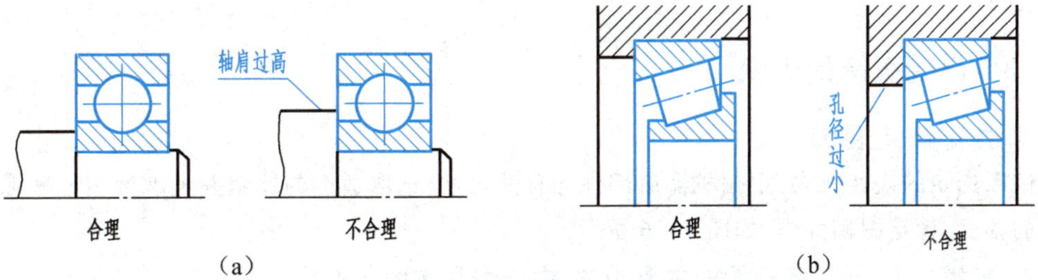

图 9-14 滚动轴承的轴向固定结构

9.6.5 便于装拆及维修

为便于装拆，在设计好的装配结构中必须留出工具的操作空间和装配螺栓、螺钉的空间，如图 9-15 所示。

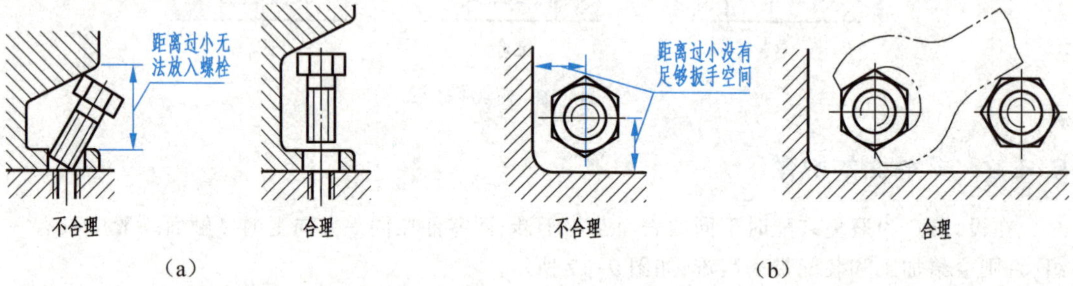

图 9-15 便于装拆及维修的装配结构

9.7 由零件图画装配图

机器或部件都是由一些零件按照一定的相对位置和装配关系组装而成的，因此根据完整的零件图即可拼画出装配图。以图 9-5 所示的安全阀三维模型为例，说明由零件图拼画装配图的方法和步骤。

9.7.1 了解部件的装配关系及工作原理

绘制装配图之前，应充分了解机器或部件的功用、工作原理、结构特点和各零件间的装配关系等。

以图 9-5 及图 9-6 所示的安全阀为例，对其实物和装配示意图进行分析，其功用是安装于封闭系统的设备或管路上保护系统安全。其工作原理如前所述。

9.7.2 确定表达方案

主视图应符合部件的工作位置，并尽可能反映其工作原理、装配关系和结构特点，可以采用适当的剖视图，以便清晰地表达各个主要零件以及零件间的相互关系。如图 9-7 所示，安全阀的主视图采用了全剖视图以表达主要装配干线。配合主视图，选择 *A* 向视图为表达螺柱联接的分布位置及上、下端法兰的形状，为表达阀体左、右法兰形状和螺栓孔分布位置，选择了两个孔位置的简化画法。

9.7.3 画装配图的步骤

1. 选比例、定图幅

按照选定的表达方案，根据机器或部件的总体尺寸，选取适当的比例并考虑标题栏和明细栏所需的幅面，确定图幅大小，如图 9-16 所示。

2. 布置视图、画出各视图的主要轴线、中心线和作图基准线

布图时，要注意留出标注尺寸及序号的位置，如图 9-16 所示。

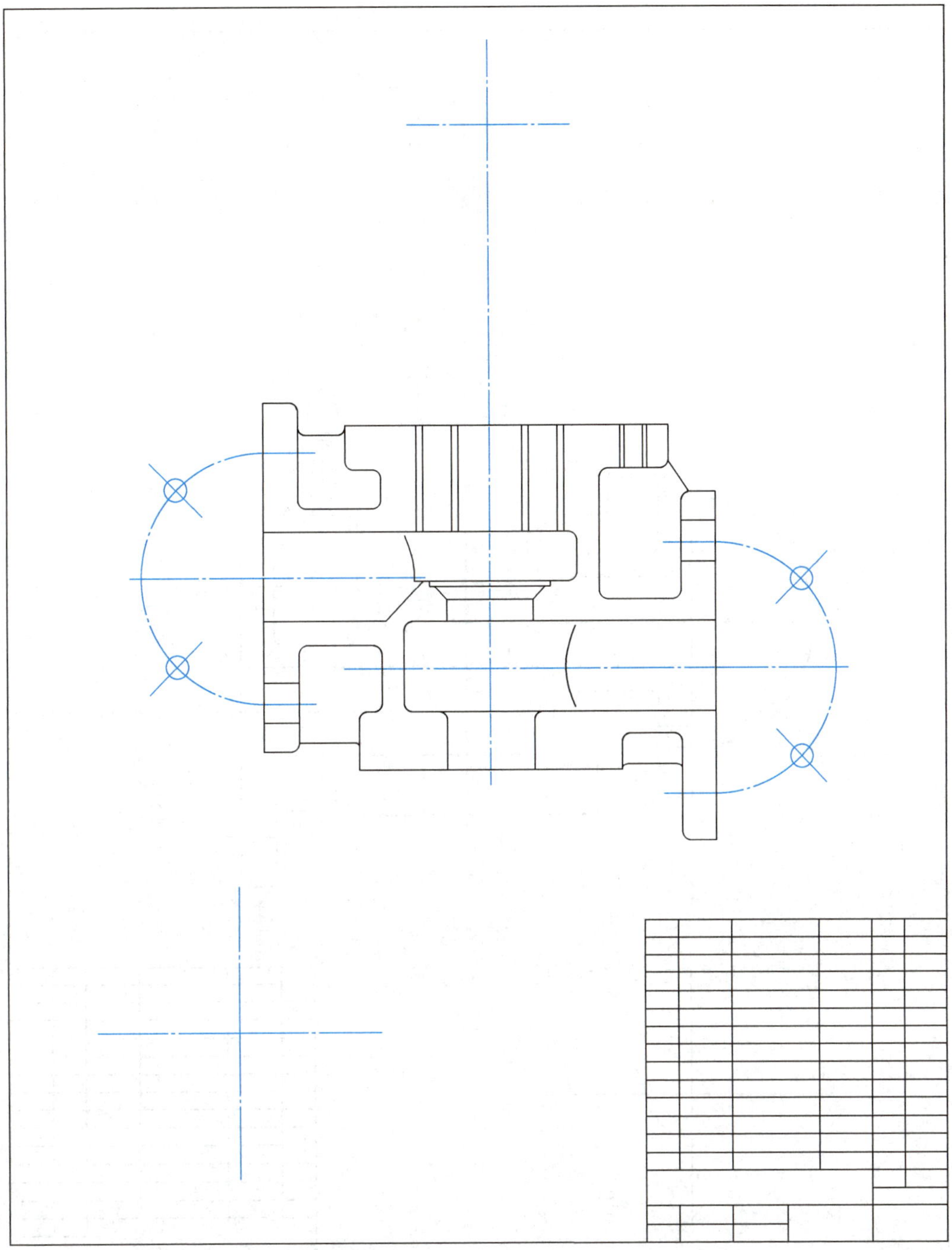

图 9-16 画安全阀装配图步骤一

3. 画底稿

通常先从主视图开始，先画基本视图，后画其他视图，如斜视图、移除断面图等。画图时应注意各视图间的投影关系。如果是画剖视图，先画主体零件的轮廓，对主装配线一般应从内向外画，这样被遮住的零件的轮廓线就可以不画，如图 9-16 所示。

4. 完成各视图底稿

画出其他零件及各部分的细节，如图 9-17 所示。

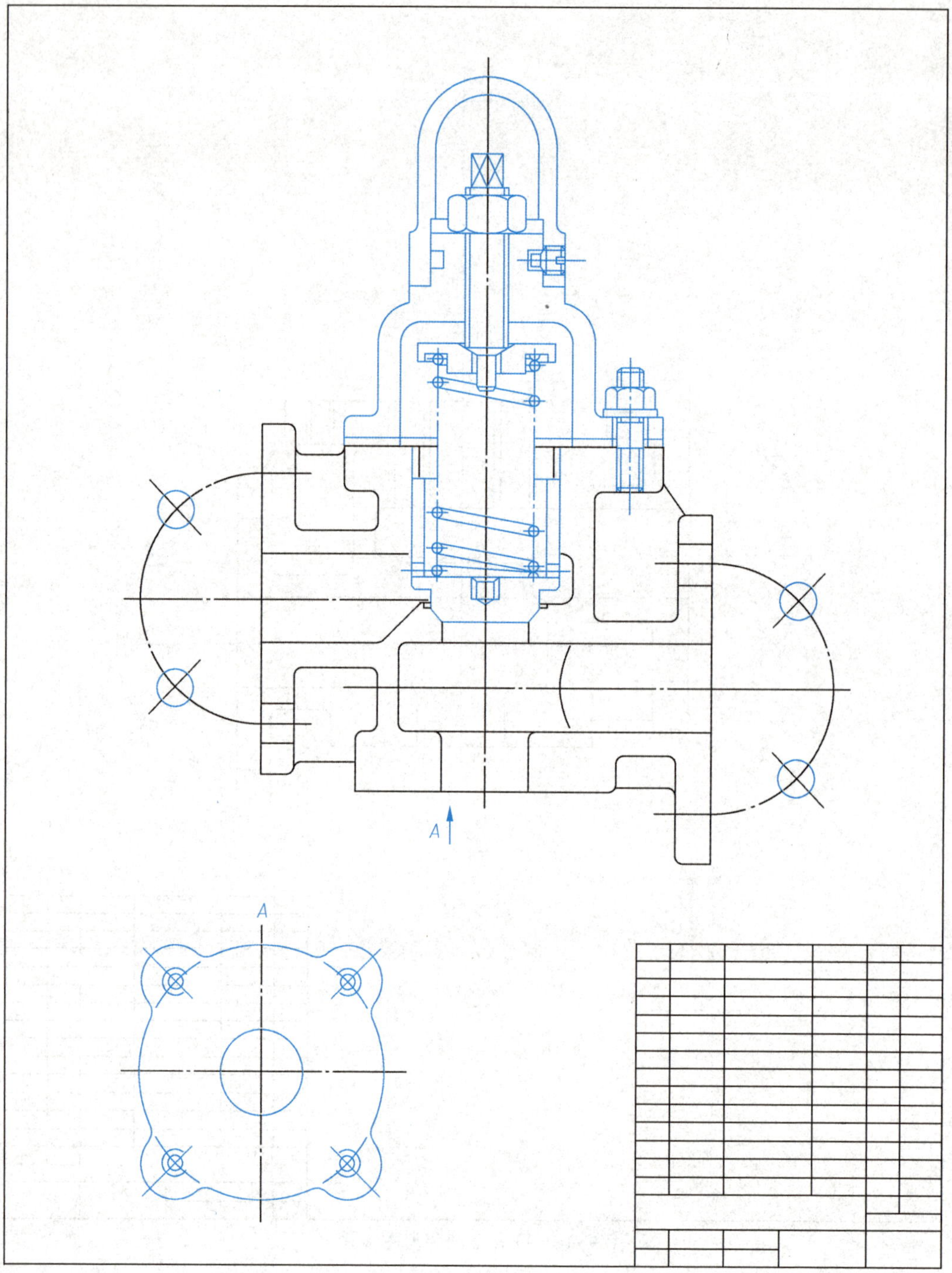

图 9-17　画安全阀装配图步骤二

5. 完成全图

检查底稿，绘制剖面线，标注尺寸，编写零件序号，填写明细栏和标题栏，注明技术要求等。检查、修改、加深完成全图，如图 9-7 所示。

9.8 读装配图和由装配图拆画零件图

在设计、装配、安装、维修机器设备以及进行技术交流时，都需要读装配图；在设计过程中，也经常要参阅一些装配图，以及由装配图拆画零件图。因此应该学习和掌握读装配图以及由装配图拆画零件图的一般方法。看机器或部件装配图的要求，主要有以下几点。

(1)了解机器或部件的性能、功用和工作原理。

(2)弄懂每个零件的作用以及零件之间的相对位置、装配关系、联接方式、装拆顺序等。

(3)看懂每个零件的结构形状以及它们的名称、数量、材料等。

读装配图除了要达到以上的要求之外，还应具有一定的实践知识。因此在今后的学习和工作中，要注重实践，不断积累经验，以逐步提高自己看图的能力。

9.8.1 读装配图的方法和步骤

以图 9-18 所示的立式柱塞泵为例来说明读装配图的方法和步骤。

1. 概括了解

通过标题栏、明细栏、产品说明书等资料了解部件的名称、用途及各组成零件的名称、数量、材料，重点是各零件在机器或部件中的位置等。

柱塞泵是润滑管路系统中的供油装置，由图 9-18 中的零件序号和标题栏、明细栏可以看出，该柱塞泵采用 1∶1 的比例画法，共由 12 种零件装配而成，其中组件 2 种，标准件 5 种，非标准件 5 种。

2. 分析各视图及其所表达的内容

该柱塞泵装配图共采用三个基本视图。主视图采用全剖视图，反映该柱塞泵的组成、各零件间的装配关系及该泵吸、压油的工作原理。俯视采用视图表达泵体的外形及安装孔的结构，为了更明确地表明柱塞的运动原理，增加了一个 A 向视图，由这个视图可清楚地看出柱塞是怎样通过凸轮的旋转运动而实现上下往复运动的。

3. 分析工作原理和装配关系

先从主视图入手，按各条装配干线分析各零件的定位关系、联接方式、配合要求、润滑和密封结构等。如通过分析配合尺寸，了解零件间的配合种类，从而确定哪些零件可以相对运动，哪些零件相对静止。对于各零件的功用和运动状态，一般从主动件开始按传动路线逐个进行分析，也可以从被动件开始反序进行分析，从而弄清楚装配体的工作原理和装配关系。

由图 9-18 可以看出，柱塞泵的工作原理是依靠柱塞 6 的上下移动达到吸、压油的目的。柱塞的下移是靠凸轮压下的，上移是靠弹簧 12 顶上去的。当没有凸轮外力作用时，柱塞在弹簧作用下向上移动，使泵腔体积增大，压力变小形成负压，出油阀 2 关闭，油在大气压力下顶开进油阀 11 进入泵腔。当凸轮下压滚动轴承 8 时，柱塞下移，油腔容积变小，油压增大，进油阀关闭，高压油顶开出油阀而排出。如此往复循环供油。

4. 分析零件的结构形状

分析零件的结构形状，可有助于进一步了解部件结构的特点。

分析某一零件的结构形状时，首先要在装配图中找出反映该零件形状特征的投影轮廓。根据零件序号、按视图间的投影关系、同一零件在各剖视图中的剖面线方向、间隔必须一致的画法规定，将该零件的相应投影从装配图中分离出来。装配图不可能把每个零件的结构完全表达清楚，读图时要分析零件的作用，然后根据分离出的投影，按形体分析和结构分析的方法，以及零件的工艺性原则确定零件的结构形状。

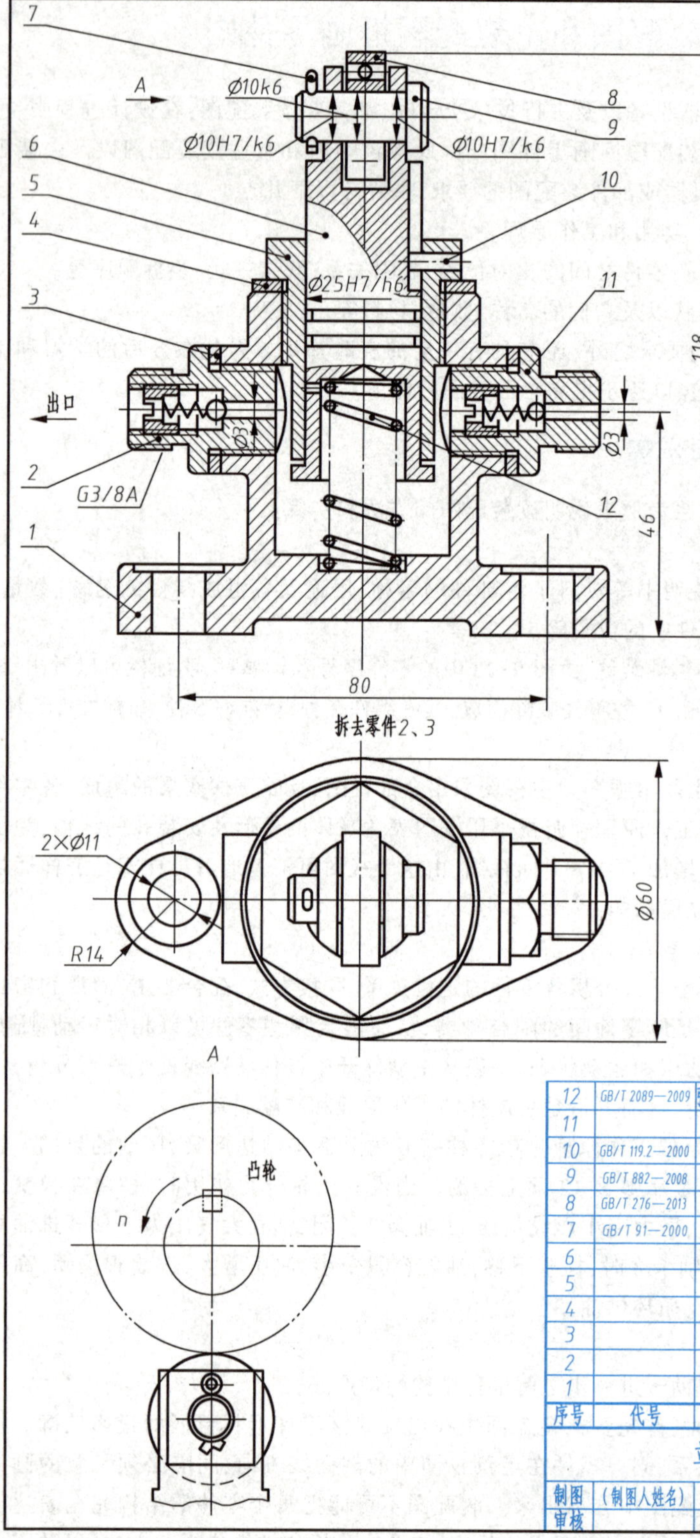

技术要求

1.柱塞往复运动时，两个单向阀要一吸一排，滚珠活动灵活。

2.柱塞泵吸油口、排油口与外接管连接后，在5个大气压下试验，能喷出雾状油液，方能使用。

3.在工作压下不渗漏。

序号	代号	名称	材料	数量	备注
12	GB/T 2089—2009	弹簧YA2×16×42	65Mn	1	
11		进油阀	组合件	1	
10	GB/T 119.2—2000	销3×10	35	1	
9	GB/T 882—2008	销轴B10×24	45	1	
8	GB/T 276—2013	滚动轴承 6010		1	
7	GB/T 91—2000	销 2×14	低碳钢	1	
6		柱塞	45	1	
5		导向轴套	35	1	
4		垫片	紫铜	1	
3		垫片	紫铜	2	
2		出油阀	组合件	1	外购
1		泵体	HT150	1	

立式柱塞泵				比例	1:1
				共 张 第 张	
制图	(制图人姓名)	(日期)	××××××大学	(代号)	
审核			(专业、班级、学号)		

图 9-18　立式柱塞泵装配图

图 9-18 中的主、俯视图基本反映出了主要零件泵体的内外结构形状。俯视图反映了泵体底板和上面空心圆柱的形状特征，主视图则表达了泵体上面空心圆柱上端制有螺纹孔，与导向轴套 5 联接，导向轴套 5 内部包含了柱塞 6、弹簧 12 等零件，空心圆柱左右两端的圆柱体凸台端面均制有螺纹孔，与进油阀 11 和出油阀 2 联接，其总体形状如图 9-19 所示。

其他零件可通过分析得出它们的形状结构。

5. 总结归纳

在对工作原理、装配关系和主要零件结构分析的基础上，还需对技术要求和全部尺寸进行研究。最后，综合分析想象出机器或部件的整体形状，为拆画零件图做准备。

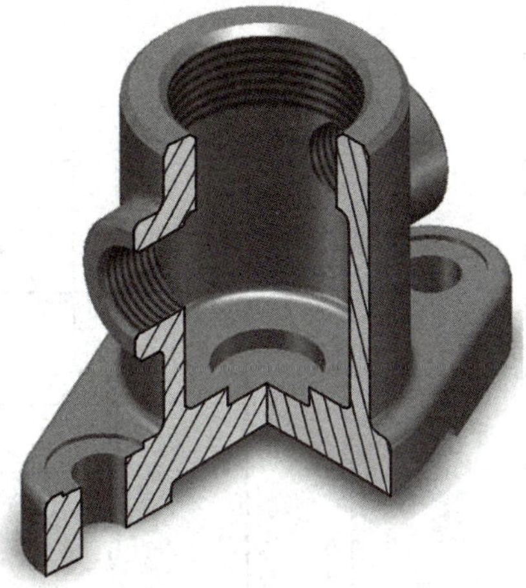

图 9-19 泵体轴测图

9.8.2 由装配图拆画零件图

在设计过程中，先画出装配图，根据装配图画出零件图，称为拆图。拆图时，要在全面看懂装配图的基础上，根据该零件的作用以及与其他零件的装配关系，确定其结构形状、尺寸和技术要求等内容。因此，由装配图拆画零件图是设计工作中的一个重要环节。

拆画零件图时，一般按照下列步骤进行。

(1)按照读装配图的要求、方法和步骤，看懂装配图；

(2)根据已知的装配图，清楚所要拆画零件的结构形状和功用；

(3)根据零件的结构形状及其在部件中的功用，确定合理的视图表达方案；

(4)视图表达方案确定后，按照画零件图的要求和内容绘制出该零件图。

有关零件图的要求和内容在第 8 章中已有详细的说明，图 9-20 所示的泵体是由装配图拆画的零件图。下面着重介绍由装配图拆画零件图时应该注意的几个问题：

1. 关于零件图的视图选择

由于装配图主要表达部件的工作原理和装配关系，不一定把每个零件的结构形状都表达完全，特别是形状复杂的零件。因此，在拆画零件图时，要根据零件的功用和结构形状选择合理的视图表达方案，而不能机械地从装配图上照抄。

2. 关于零件的工艺结构

根据简化画法，在画装配图时，零件上的一些工艺结构，如倒角、圆角、退刀槽等，在装配图上往往省略不画，但拆画零件图时均应表达清楚。

3. 关于零件图中的尺寸

零件图中的尺寸应按“正确、完整、清晰、合理”的要求来标注。而在装配图上，对零件所需的尺寸标注不全。此时，对于缺少的尺寸应该在装配图上按比例直接量取，但是对于零件上的标准结构，则需要查阅手册或经过计算来确定。如键槽深度、螺纹通孔直径、倒角等尺寸，都应查表确定。

要注意的是，在标注各零件的尺寸时，对于配合零件的尺寸，要协调标注，不要互相矛盾。

4. 零件的技术要求

零件各加工表面的粗糙度数值和其他技术要求，要根据零件在部件中的功用，和其他零件的装配关系以及装配图上提出的有关技术要求确定，也可参考有关资料或向有经验的技术人员请教。

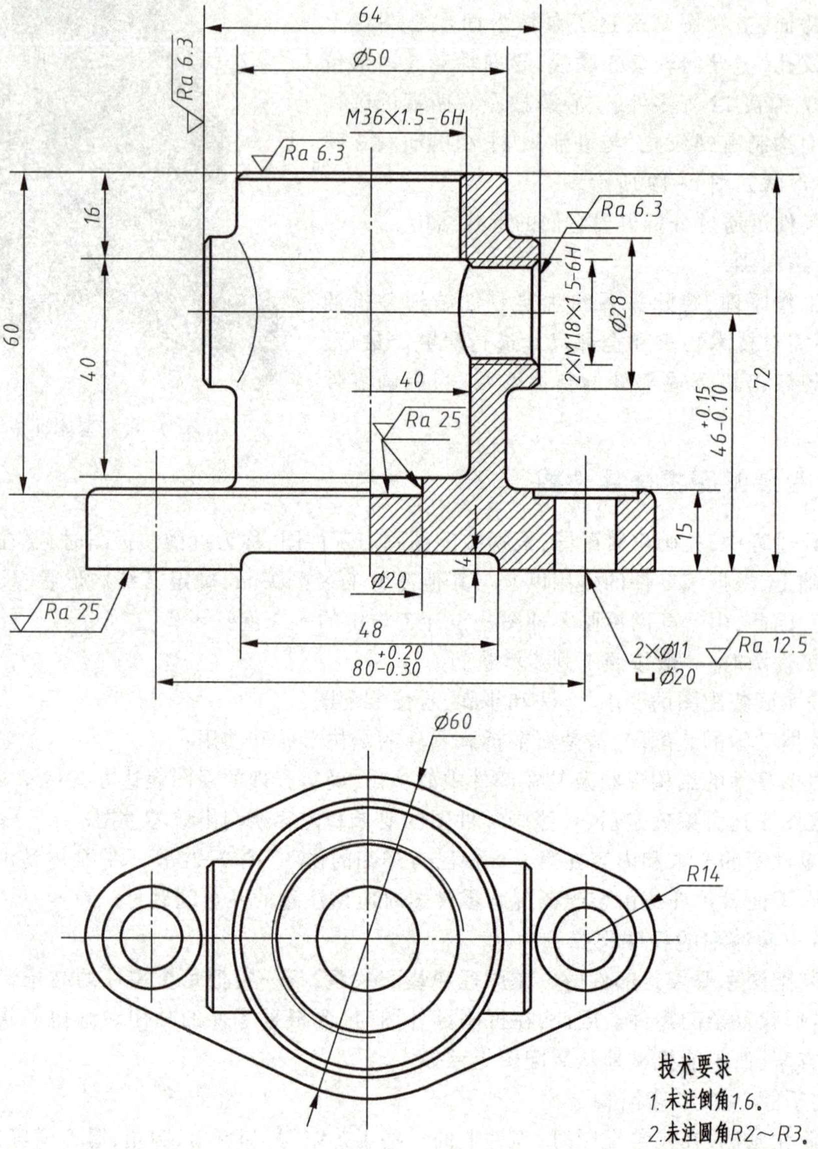

技术要求

1. 未注倒角1.6。
2. 未注圆角R2～R3。
3. 铸件表面清砂喷防锈漆。

泵体			材料	HT200	比例	1:1
			数量	1	共　张	第　张
制图	(制图人姓名)	(日期)	××××××大学 (专业、班级、学号)			
审核						

图 9-20　立式柱塞泵泵体零件图

附 录

附录 A 普通螺纹基本尺寸(摘录 GB/T 193—2003、GB/T 196—2003)

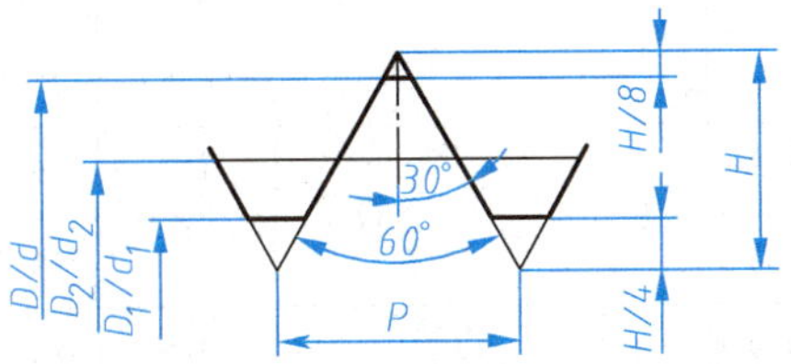

$H=\frac{\sqrt{3}}{2}P=0.866P$

标记示例:

M24×1.5 LH

表示公称直径 24 mm,螺距 1.5 mm 的左旋普通螺纹

mm

公称直径 D、d 第一系列	公称直径 D、d 第二系列	公称直径 D、d 第三系列	螺距 P	中径 D_2、d_2	小径 D_1、d_1
1			0. 25	0. 838	0. 729
			0. 2	0. 870	0. 783
	1. 1		0. 25	0. 983	0. 829
			0. 2	0. 970	0. 883
1. 2			0. 25	1. 038	0. 929
			0. 2	1. 070	0. 983
	1. 4		0. 3	1. 205	1. 075
			0. 2	1. 270	1. 183
1. 6			0. 35	1. 373	1. 221
			0. 2	1. 470	1. 383
	1. 8		0. 35	1. 573	1. 421
			0. 2	1. 670	1. 583
	2		0. 4	1. 740	1. 567
			0. 25	1. 838	1. 729
	2. 2		0. 45	1. 908	1. 712
			0. 25	2. 038	1. 929
2. 5			0. 45	2. 208	2. 013
			0. 35	2. 273	2. 121
3			0. 5	2. 675	2. 459
			0. 35	2. 773	2. 621
	3. 5		(0. 6)	3. 110	2. 850
			0. 35	3. 273	3. 121
4			0. 7	3. 545	3. 242
			0. 5	3. 675	3. 459
	4. 5		(0. 75)	4. 013	3. 688
			0. 5	4. 176	3. 959
5			0. 8	4. 280	4. 134
			0. 5	4. 675	4. 459
		5. 5	0. 5	5. 175	4. 959
6			1	5. 350	4. 917
			0. 75	5. 513	5. 188
			(0. 5)	5. 676	5. 459
		7	1	6. 350	5. 917
			0. 75	6. 513	6. 188
			0. 5	6. 675	6. 459
8			1. 25	7. 188	6. 647
			1	7. 350	6. 917
			0. 75	7. 513	7. 188
			(0. 5)	7. 675	7. 459
		9	(1. 25)	8. 188	7. 647

续表

公称直径 D、d			螺距 P	中径 D_2、d_2	小径 D_1、d_1
第一系列	第二系列	第三系列			
		9	1	8.350	7.917
			0.75	8.513	8.188
			0.5	8.675	8.459
10			1.5	9.026	8.376
			1.25	9.188	8.647
			1	9.360	8.917
			0.75	9.513	9.188
			(0.5)	9.675	9.459
		11	(1.5)	10.026	9.376
			1	10.350	9.917
			0.75	10.513	10.188
			0.5	10.675	10.459
12			1.75	10.863	10.106
			1.5	11.026	10.376
			1.25	11.188	10.647
			1	11.350	10.917
			(0.75)	11.513	11.188
			(0.5)	11.675	11.459
	14		2	12.701	11.835
			1.5	13.026	12.376
			(1.25)	13.188	12.647
			1	13.350	12.917
			(0.75)	13.513	13.188
			(0.5)	13.675	13.459
15			1.5	14.026	13.376
			(1)	14.350	13.917
16			2	14.701	13.835
			1.5	16.026	14.376
			1	16.350	14.917
			(0.75)	15.513	15.188
			(0.5)	15.675	15.459
		17	1.5	16.026	15.376
			(1)	16.350	15.917
	18		2.5	16.310	15.294
			2	16.701	15.835
			1.5	17.026	16.376
			1	17.350	16.917
			(0.75)	17.513	11.188
			(0.5)	17.675	17.459
20			2.5	18.376	17.294
			2	18.701	17.835
			1.5	19.020	18.376
			1	19.350	18.917
			(0.75)	19.513	19.188
			(0.5)	19.675	19.459
22			2.5	20.376	19.294
			2	20.701	19.835
			1.5	21.026	20.376
			1	21.350	20.917
			(0.75)	21.513	21.188
			(0.5)	21.675	21.459

备注:①直径优先选用第一系列,其次选用第二系列,第三系列尽可能不采用。

②第一、二系列中螺距的第一行为粗牙,其余为细牙,第三系列中螺距是细牙。

③括号内尺寸尽可能不用。

附录B　梯形螺纹的基本尺寸

（摘录 GB/T 5796.2—2005、GB/T 5796.3—2005）

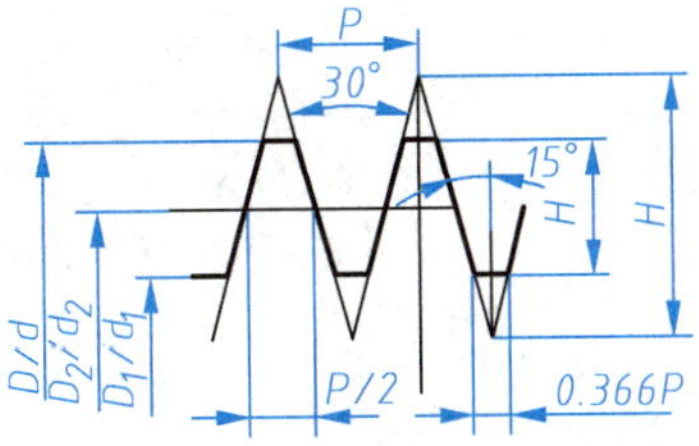

标记示例：

Tr40×14(P7)LH

表示公称直径 40 mm，导程 14 mm，螺距 7 mm 的双线左旋梯形螺纹

mm

公称直径 d		螺距 P	中径 $D_2=d_2$	大径 D_4	小径	
第一系列	第二系列				d_3	D_1
8		1.5	7.25	8.30	6.20	6.50
	9	1.5	8.25	9.30	7.20	7.50
		2	8.00	9.50	6.50	7.00
10		1.5	9.25	10.30	8.20	8.50
		2	9.00	10.50	7.50	8.00
	11	2	10.00	11.50	8.50	9.00
		3	9.50	11.50	7.50	8.00
12		2	11.00	12.50	9.50	10.00
		3	10.50	12.50	8.50	9.00
	14	2	13.00	14.50	11.50	12.00
		3	12.50	14.50	10.50	11.00
16		2	15.00	16.50	13.50	14.00
		4	14.00	16.50	11.50	12.00
	18	2	17.00	18.50	15.50	16.00
		4	16.00	18.50	13.50	14.00
20		2	19.00	20.50	17.50	18.00
		4	18.00	20.50	15.50	16.00
	22	3	20.00	22.50	18.50	19.00
		5	19.50	22.50	16.50	17.00
		8	18.00	23.00	13.00	14.00
24		3	22.50	24.50	20.50	21.00
		5	21.50	24.50	18.50	19.00
		8	20.00	25.00	15.00	16.00
	26	3	24.50	26.50	22.50	23.00
		5	23.50	26.50	20.50	21.00
		8	22.00	27.00	17.00	18.00
28		3	26.50	28.50	24.50	25.00
		5	25.50	28.50	22.50	23.00
		8	24.00	29.00	19.00	20.00
	30	3	28.50	30.50	26.50	29.00
		6	27.00	31.00	23.00	24.00
		10	25.00	31.00	19.00	20.00
32		3	30.50	32.50	28.50	29.00
		6	29.00	33.00	25.00	26.00
		10	27.00	33.00	21.00	22.00
	34	3	32.50	34.50	30.50	31.00
		6	31.00	35.00	27.00	28.00
		10	29.00	35.00	23.00	24.00
36		3	34.50	36.50	32.50	33.00
		6	33.00	37.00	29.00	30.00
		10	31.00	37.00	25.00	26.00
	38	3	36.50	38.50	34.50	35.00
		7	34.50	39.00	30.00	31.00
		10	33.00	39.00	27.00	28.00
40		3	38.50	40.50	36.50	37.00
		7	36.50	41.00	32.00	33.00
		10	35.00	41.00	29.00	30.00

附录 C　55°非密封管螺纹(摘录 GB/T 7307—2001)

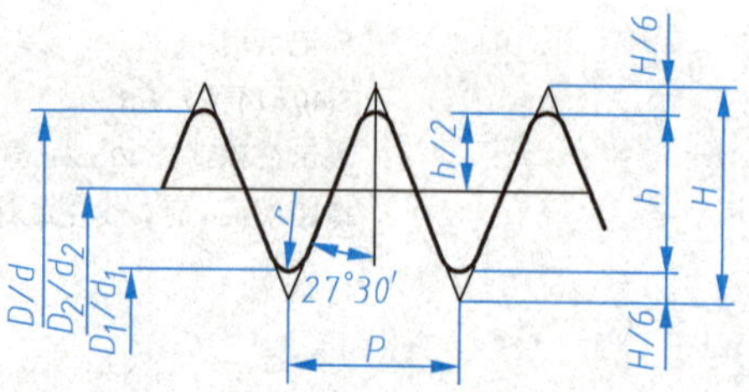

$P = 25.4 / n$

$H = 0.960\ 491\ P$

标记示例:

G 1½ A

表示尺寸代号为 1½,A 级右旋外螺纹

mm

尺寸代号	每 25.4 mm 内的牙数 n	螺距 P	牙高 h	圆弧半径 $r\approx$	基本直径		
					大径 $d=D$	中径 $d_2=D_2$	小径 $d_1=D_1$
1/16	28	0. 907	0. 581	0. 125	7. 723	7. 142	6. 561
1/8	28	0. 907	0. 581	0. 125	9. 728	9. 147	8. 566
1/4	19	1. 337	0. 856	0. 184	13. 157	12. 301	11. 445
3/8	19	1. 337	0. 856	0. 184	16. 662	15. 806	14. 950
1/2	14	1. 814	1. 162	0. 249	20. 955	19. 793	18. 631
5/8	14	1. 814	1. 162	0. 249	22. 911	21. 749	20. 587
3/4	14	1. 814	1. 162	0. 249	26. 441	25. 279	24. 117
7/8	14	1. 814	1. 162	0. 249	30. 201	29. 039	27. 877
1	11	2. 309	1. 479	0. 317	33. 249	31. 770	30. 291
11/8	11	2. 309	1. 479	0. 317	37. 897	36. 418	34. 939
1¼	11	2. 309	1. 479	0. 317	41. 910	40. 431	38. 952
1½	11	2. 309	1. 479	0. 317	47. 803	46. 324	44. 845
1¾	11	2. 309	1. 479	0. 317	53. 746	52. 267	50. 788
2	11	2. 309	1. 479	0. 317	59. 614	58. 135	56. 656
2¼	11	2. 309	1. 479	0. 317	65. 710	64. 231	62. 752
2½	11	2. 309	1. 479	0. 317	75. 184	73. 705	72. 226
2¾	11	2. 309	1. 479	0. 317	81. 534	80. 055	78. 576
3	11	2. 309	1. 479	0. 317	87. 884	86. 405	84. 926
3½	11	2. 309	1. 479	0. 317	100. 330	98. 851	97. 372
4	11	2. 309	1. 479	0. 317	113. 030	111. 551	110. 072
4½	11	2. 309	1. 479	0. 317	125. 730	124. 251	122. 772
5	11	2. 309	1. 479	0. 317	138. 430	136. 951	135. 472
5½	11	2. 309	1. 479	0. 317	151. 130	149. 651	148. 172
6	11	2. 309	1. 479	0. 317	163. 830	162. 351	160. 872

附录 D　六角头螺栓（摘录 GB/T 5780—2016）

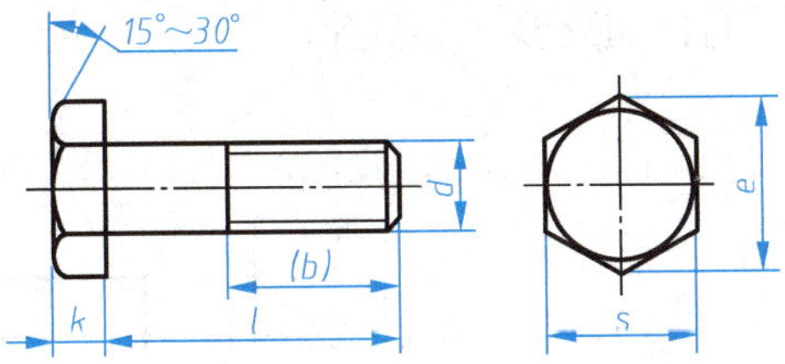

标记示例：

螺栓　GB/T 5780　M 12 × 80

表示螺纹规格　d = M12，

公称长度 l = 80 mm，C 级

mm

螺纹规格 d		M5	M6	M8	M10	M12	(M14)	M16	(M18)	M20	(M22)	M24	(M27)
b 参考	l ≤125	16	18	22	26	30	34	38	42	40	50	54	60
	125~200	—	—	28	32	36	40	44	48	52	56	60	66
	L >200	—	—	—	—	—	53	57	61	65	69	73	79
e	min	8. 63	10. 89	14. 2	17. 59	19. 85	22. 78	26. 17	29. 50	32. 95	37. 20	39. 55	45. 2
k	公称	3. 5	4	5. 3	6. 4	7. 5	8. 8	10	11. 5	12. 5	14	15	17
s	max	8	10	13	16	18	21	24	27	30	34	36	41
l 范围	GB/T5780—2016	25~50	30~60	35~80	40~100	45~120	60~140	55~160	80~180	65~200	90~220	80~240	100~260

螺纹规格 d		M30	(M33)	M36	(M39)	M42	(M45)	M48	(M52)	M56	(M60)	M64	
b 参考	l ≤125	66	72	78	84	—	—	—	—	—	—	—	
	125~200	72	78	84	90	96	102	108	116	124	132	140	
	L >200	85	91	97	103	109	115	121	129	137	145	153	
a	max	14	10. 5	16	12	13. 5	13. 5	15	15	16. 5	16. 5	18	
e	min	50. 85	55. 37	60. 79	66. 44	72. 02	76. 95	82. 6	88. 25	93. 56	99. 21	104. 86	
k	公称	18. 7	21	22. 5	25	26	28	30	33	35	38	40	
r	min	1	1	1	1	1. 2	1. 2	1. 6	1. 6	2	2	2	
s	max	46	50	55	60	65	70	75	80	85	90	95	
l 范围	GB/T5780—2016	90~300	130~320	110~300	150~400	160~420	180~440	180~480	200~500	220~500	240~500	260~600	
l 系列		10、12、16、20~50（5 进位）、（55）、60、（65）、70~160（10 进位）、180、220、240、260、280、300、320、340、360、380、400、420、440、460、480、500											

附录 E 开槽圆柱头螺钉(GB/T 65—2016)开槽盘头螺钉(GB/T 67—2016)开槽沉头螺钉(GB/T 68—2016)开槽半沉头螺钉(GB/T 69—2016)

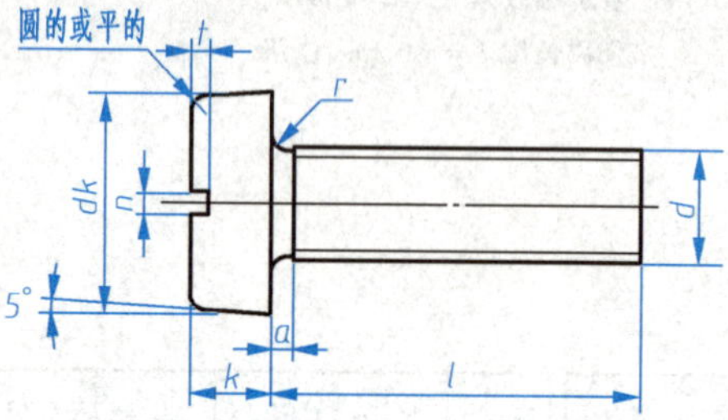

GB/T65—2016

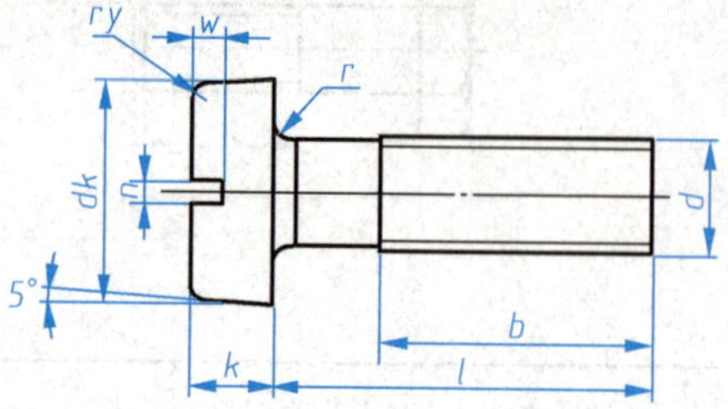

GB/T67—2016

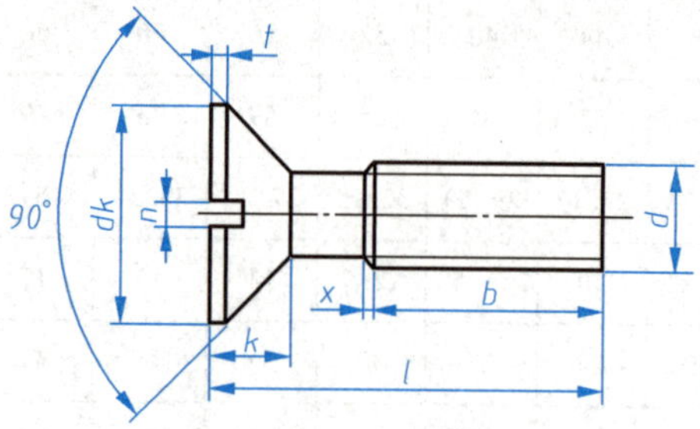

GB/T68—2016

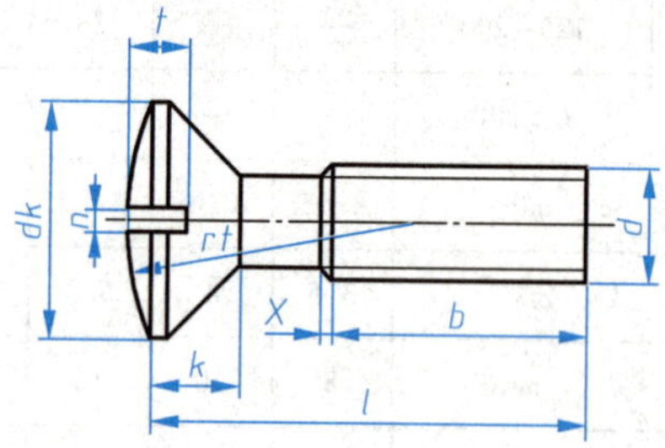

GB/T69—2016

标记示例:螺钉 GB/T 65—2016 M 10 × 30

表示螺纹规格 d=M10,公称长度 l= 30 mm 的开槽圆柱头螺钉

mm

螺纹规格 d		M1.6	M2	M2.5	M3	M4	M5	M6	M8	M10
p		0.35	0.4	0.45	0.5	0.7	0.8	1	1.25	1.5
a	max	0.7	0.8	0.9	1	1.4	1.6	2	2.5	3
b	min	25				38				
n	公称	0.4	0.5	0.6	0.8	1.2		1.6	2	2.5
d_a	max	2.1	2.6	3.1	3.6	4.7	5.7	6.8	9.2	11.2
x	max	0.9	1	1.1	1.25	1.75	2	2.5	3.2	3.8
GB/T 65—2016	d_k max	3	3.8	4.5	5.5	7	8.5	10	13	16
	k max	1.1	1.4	1.8	2	2.6	3.3	3.9	5	6
	t min	0.45	0.6	0.7	0.85	1.1	1.3	1.6	2	2.4
	r min	0.1				0.2		0.25	0.4	
	l 范围公称	2~16	3~20	3~25	4~30	5~40	6~50	8~60	10~80	12~80
	全螺纹时最大长度	30				40				

续表

螺纹规格 d		M1.6	M2	M2.5	M3	M4	M5	M6	M8	M10
GB/T 67—2016	d_k max	3.2	4	5	5.6	8	9.5	12	16	20
	k max	1	1.3	1.5	1.8	2.4	3	3.6	4.8	6
	t min	0.35	0.5	0.6	0.7	1	1.2	1.4	1.9	2.4
	r min	0.1				0.2		0.25	0.4	
	r_f 参考	0.5	0.6	0.8	0.9	1.2	1.5	1.8	2.4	3
	l 范围公称	2~16	2.5~20	3~25	4~30	5~40	6~50	8~60	10~80	12~80
	全螺纹时最大长度	30				40				
GB/T 68—2016 GB/T 69—2016	d_k max	3	3.8	4.7	5.5	8.4	9.3	11.3	15.8	18.3
	k max	1	1.2	1.5	1.65	2.7	2.7	3.3	4.65	5
	t min GB/T68	0.32	0.4	0.5	0.6	1	1.1	1.2	1.8	2
	t min GB/T69	0.64	0.8	1	1.2	1.6	2	2.4	3.2	3.8
	r max	0.4	0.5	0.6	0.8	1	1.3	1.5	2	2.5
	r_f 参考	3	4	5	6	9.5	9.5	12	16.5	19.5
	f	0.4	0.5	0.6	0.7	1	1.2	1.4	2	2.3
	l 范围公称	2.5~16	3~20	4~25	5~30	6~40	8~50	8~60	10~80	12~80
	全螺纹时最大长度	30				45				
l 系列		2、2.5、3、4、5、6、8、10、12、(14)、16、20、25、30、35、40、45、50、(55)、60、(65)、70、(75)、80								

注：b 不包括螺尾；括号内规格尽可能不采用。

附录 F　开槽锥端紧定螺钉(GB/T 71—2018)
开槽平端紧定螺钉(GB/T 73—2017)
开槽长圆柱端紧定螺钉(GB/T 75—2018)

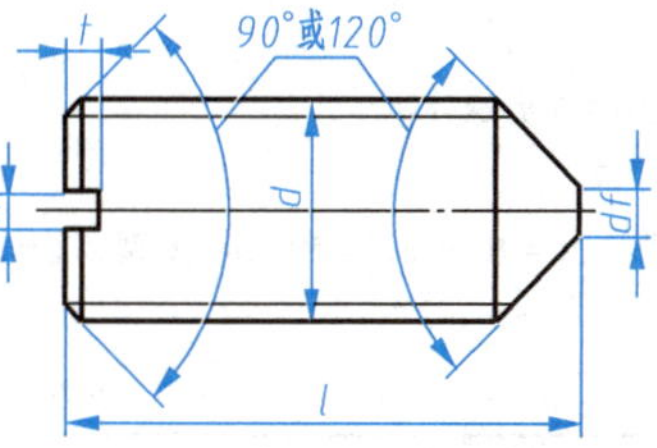

GB/T71—2018

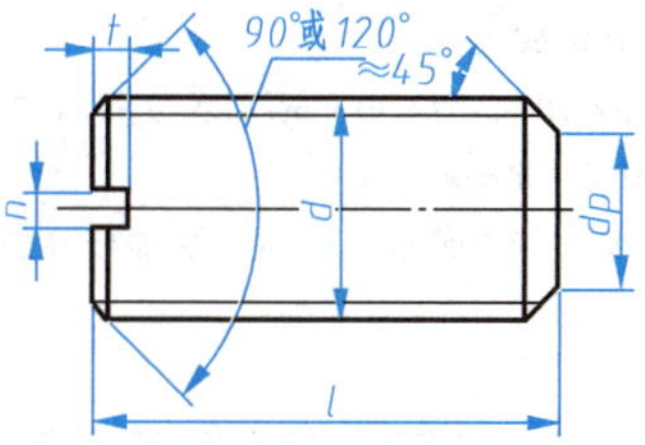

GB/T73—2017

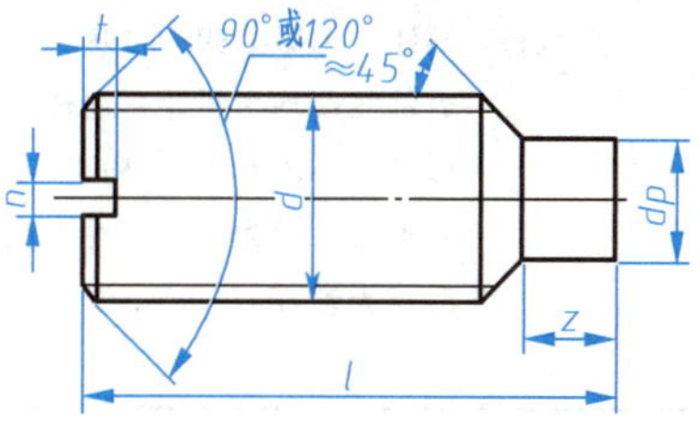

GB/T75—2018

标记示例：螺钉　GB/T 71　M 10 × 30

表示螺纹规格 d=M10，公称长度 l=30 mm 的开槽锥端紧定螺钉

mm

螺纹规格 d		M1.2	M1.6	M2	M2.5	M3	M4	M5	M6	M8	M10	M12
d_p max		0.6	0.8	1	1.5	2	2.5	3.5	4	5.5	7	8.5
n 公称		0.2	0.25	0.25	0.4	0.4	0.6	0.8	1	1.2	1.6	2
t max		0.52	0.74	0.84	0.95	1.05	1.42	1.63	2	2.5	3	3.6
d_t max		0.12	0.16	0.2	0.25	0.3	0.4	0.5	1.5	2	2.5	3
z max		—	1.05	1.25	1.5	1.75	2.25	2.75	3.25	4.3	5.3	6.3
l 范围	GB/T 71—1985	2~6	2~8	3~10	3~12	4~16	6~20	8~25	8~30	10~40	12~50	14~60
	GB/T 73—2017	2~6	2~8	2~10	2.5~12	3~16	4~20	5~25	6~30	8~40	10~50	12~60
	GB/T 75—1985	—	2.5~8	3~10	4~12	5~16	6~20	8~25	8~30	10~40	12~50	14~60
公称长度	GB/T 71—1985	2	2.5	2.5	3	3	4	5	6	8	10	12
	GB/T 73—2017	—	2	2.5	3	3	4	5	6	6	8	10
	GB/T 75—1985	—	2.5	3	4	5	6	8	10	14	16	20
l 系列		2、2.5、3、4、5、6、8、10、12、(14)、16、20、25、30、35、40、45、50、(55)、60										

备注:(1) 公称长度 l≤ 表内值时顶端制成 120°,l > 表内值时顶端制成 90°。

(2) 尽可能不采用括号内规格。

附录G 双头螺柱

双头螺柱——b_m = 1d(GB/T 897—1988)　双头螺柱——b_m = 1.25d(GB/T 898—1988)

双头螺柱——b_m = 1.5d(GB/T 899—1988)　双头螺柱——b_m = 2d(GB/T 900—1988)

A 型　　B 型

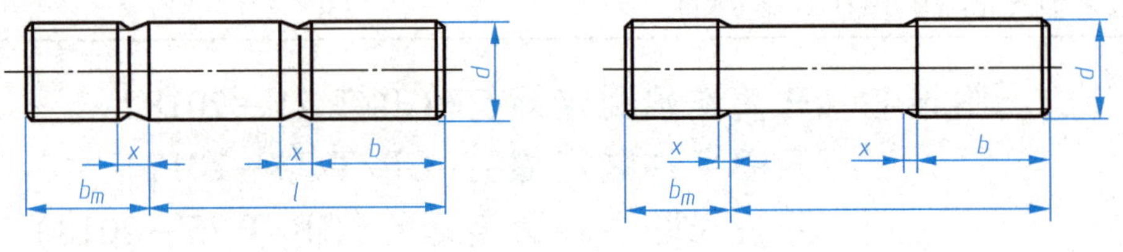

标记示例:螺柱　GB/T 898—1988　M10 × 50

表示两端均为粗牙普通螺纹,d = 10 mm,l = 50 mm,B 型,b_m = 1.25 d 的双头螺柱。

螺柱　GB/T 900—1988　AM10—M10×1×50

表示旋入端为粗牙普通螺纹、紧固端为螺距 P = 1 mm 的细牙普通螺纹,d = 10 mm,l = 50 mm,A 型,b_m = 2d 的双头螺柱。

mm

螺纹规格 d		M5	M6	M8	M10	M12	M16
b_m	GB/T 897—1988	5	6	8	10	12	16
	GB/T 898—1988	6	8	10	12	15	20
	GB/T 899—1988	8	10	12	15	18	24
	GB/T 900—1988	10	12	16	20	24	32

续表

螺纹规格 d	M5	M6	M8	M10	M12	M16
d	5	6	8	10	12	16
x	1.5P					
l/b	(16~22)/10 (25~50)/16	(20~22)/10 (25~30)/14 (32~75)/18	(20~22)/12 (25~30)/16 (32~90)/22	(25~28)/14 (30~38)/16 (40~120)/26 130/32	(25~30)/16 (32~40)/20 (45~120)/30 (130~180)/36	(30~38)/20 (40~55)/30 (60~120)/38 (130~200)/44

螺纹规格 d		M20	M24	M30	M36	M42	M48
b_m	GB/T 897—1988	20	24	30	36	42	48
	GB/T 898—1988	25	30	38	45	52	60
	GB/T 899—1988	30	36	45	54	65	72
	GB/T 900—1988	40	48	60	72	84	96
d		20	24	30	36	42	48
x		1.5P					
l/b		(35~40)/25 (45~65)/35 (70~120)/46 (130~200)/52	(45~50)/30 (55~75)/45 (80~120)/54 (130~200)/60	(60~65)/40 (70~90)/50 (95~120)/60 (130~200)/72 (210~250)/85	(60~75)/45 (80~110)/60 120/78 (130~200)/84 (210~300)/91	(60~80)/50 (85~110)/70 120/90 (130~200)/96 (210~300)/109	(80~90)/60 (95~110)/80 120/102 (130~200)/108 (210~300)/121
l 系列		16、(18)、20、(22)、25、(28)、30、(32)、35、(38)、40、45、50、(55)、60、(65)、70、(75)、80、(85)、90、(95)、100、110、120、130、140、150、160、170、180、190、200、210、220、230、240、250、260、280、300					

备注：①$b_m=d$ 一般用于钢对钢；$b_m=(1.25、1.5)d$ 一般用于钢对铸铁；$b_m=2d$ 一般用于钢对铝合金。

②P 表示螺距。

③尽可能不采用括号内的规格。

附录 H　1 型六角螺母(GB/T 6170—2015)

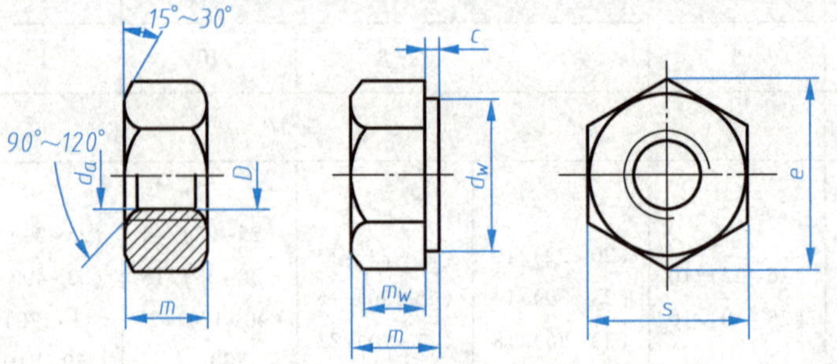

标记示例:

螺母 GB/T 6170—2015 M 12

表示螺纹规格 D=M12,产品等级为 A 级的 1 型六角螺母

mm

螺纹规格 D	c max	d_a max	d_a min	d_w min	e min	m max	m min	mw min	s max	s min
M1.6	0.2	1.84	1.6	2.4	3.41	1.3	1.05	0.8	3.2	3.02
M2	0.2	2.3	2	3.1	4.32	1.6	1.35	1.1	4	3.82
M2.5	0.3	2.9	2.5	4.1	5.45	2	1.75	1.4	5	4.82
M3	0.4	3.45	3	4.6	6.01	2.4	2.15	1.7	5.5	5.32
M4	0.4	4.6	4	5.9	7.66	3.2	2.9	2.3	7	6.78
M5	0.5	5.75	5	6.9	8.79	4.7	4.4	3.5	8	7.78
M6	0.5	6.75	6	8.9	11.05	9.2	4.9	3.9	10	9.78
M8	0.6	8.75	8	11.6	14.38	6.8	6.44	5.1	13	12.73
M10	0.6	10.8	10	14.6	17.77	8.4	8.04	6.4	16	15.73
M12	0.6	13	12	16.6	20.03	10.8	10.37	8.3	18	17.73
M16	0.8	17.3	16	22.5	26.75	14.8	14.1	11.3	24	23.67
M20	0.8	21.6	20	27.7	32.95	18	16.9	13.5	30	29.16
M24	0.8	25.9	24	33.2	39.55	21.5	20.2	16.2	36	35
M30	0.8	32.4	30	42.7	50.85	25.6	24.3	19.4	45	45
M36	0.8	38.9	36	51.1	60.79	31	29.4	23.5	55	53.8
M42	1	45.4	42	60.6	75.02	34	32.4	25.9	65	63.8
M48	1	51.8	48	69.4	62.6	38	36.4	29.1	75	74.1
M56	1	60.5	56	78.7	93.56	45	43.4	34.7	85	82.8
M64	1.2	69.1	64	88.2	104.86	51	49.1	39.3	95	92.8

备注:A 级用于 $D\leqslant16$ 的螺母;B 级用于 $D>16$ 的螺母。

附录I 垫　圈

1. 小垫圈 —A 级(GB/T 848—2002)　　平垫圈 —A 级(GB/T 97.1—2002)

平垫圈倒角型 —A 级(GB/T 97.2—2002)　　平垫圈 —C 级(GB/T 95—2002)

特大垫圈 —C 级(GB/T 5287—2002)　　大垫圈 —A 和 C 级(GB/T 96—2002)

GB/T 97.1—2002

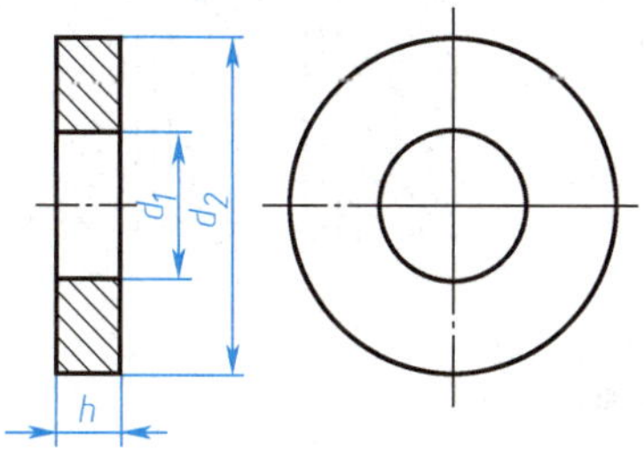

GB/T 97.2—2002

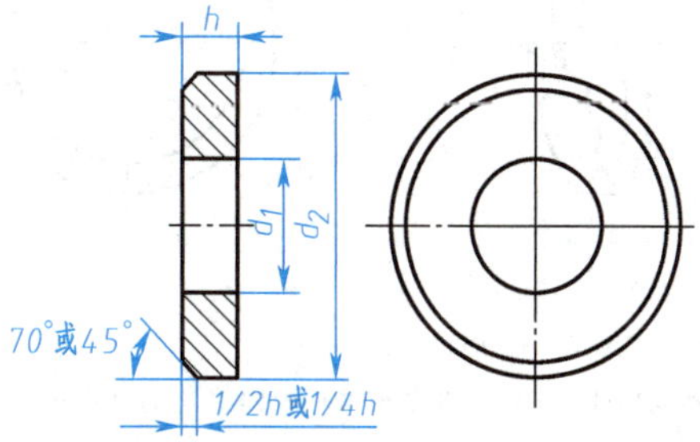

标记示例:垫圈　GB/T 95　8~100 HV　表示标准系列,公称尺寸 d=8 mm,性能等级 100 HV 的 C 级平垫圈

标记示例:垫圈　GB/T 97.2　8~140 HV　表示标准系列,公称尺寸 d=8 mm,性能等级 140 HV,倒角型 A 级平垫圈

mm

公称尺寸 d	GB/T 95—2002			GB/T 97.1—2002			GB/T 97.2—2002			GB/T 5287—2002			GB/T 96—2002			GB/T 848—2002		
	d_1	d_2	h	d_1	d_2	h	d_1	d_2	h	d_1	d_2	h	d_1	d_2	h	d_1	d_2	h
1.6	—	—	—	—	—	—	—	—	—	—	—	—	—	—	—	1.7	3.5	0.3
2	—	—	—	—	—	—	—	—	—	—	—	—	—	—	—	2.2	4.5	0.3
2.5	—	—	—	—	—	—	—	—	—	—	—	—	—	—	—	2.7	5	0.5
3	—	—	—	—	—	—	—	—	—	—	—	—	3.2	9	0.8	3.2	6	0.8
4	—	—	—	—	—	—	—	—	—	—	—	—	4.3	12	1	4.3	8	0.5
5	5.5	10	1	5.3	10	1	5.3	10	1	5.5	18	2	5.3	15	1.2	5.3	9	1
6	6.6	12	1.6	6.4	12	1.6	6.4	12	1.6	6.6	22	2	6.4	18	1.6	6.4	11	1.6
8	9	16	1.6	8.4	16	1.6	8.4	16	1.6	9	28	3	8.4	24	2	8.4	15	1.6
10	11	20	2	10.5	20	2	10.5	20	2	11	34	3	10.5	30	2.5	10.5	18	1.6
12	13.5	24	2.5	13	24	2.5	13	24	2.5	13.5	44	4	13	37	3	13	20	2
14	15.5	28	2.5	15	28	2.5	15	28	2.5	15.5	50	4	15	44	3	15	24	2.5
16	17.5	30	3	17	30	3	17	30	3	17.5	56	5	17	50	3	17	28	2.5
20	22	37	3	21	37	3	21	37	3	22	72	6	22	60	4	22	34	3
24	26	44	4	25	44	4	25	44	4	26	85	6	26	72	5	26	39	4
30	33	56	4	31	56	4	31	56	4	33	105	6	33	92	6	33	50	4
36	39	66	5	37	66	5	37	66	5	39	125	8	36	110	8	36	60	5

备注:(1)A 级、C 级为产品等级:A 级适用于精装配系列,C 级适用于中等装配系列,C 级垫圈没有 Ra3.2 和去毛刺的要求。

(2) GB/T 848—2002 主要用于带圆柱头螺钉,用于标准六角螺栓、螺钉和螺母。

2. 标准弹簧垫圈(GB/T 93—1987)、轻型弹簧垫圈(GB/T 859—1987)、重型弹簧垫圈(GB/T 7244—1987)

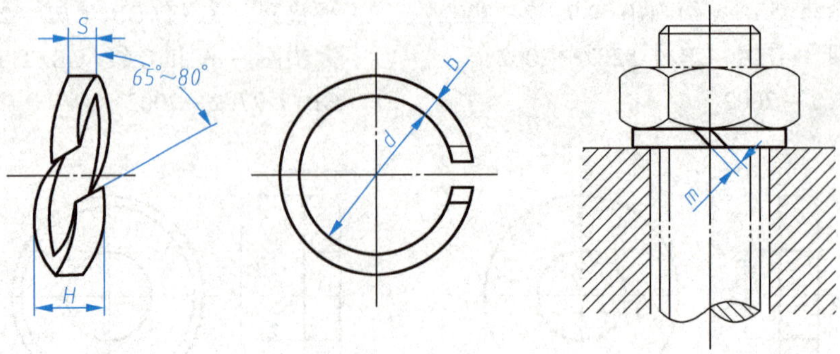

标记示例:垫圈　GB/T 93—1987　16

表示规格 16 mm,材料为 65Mn,表面氧化的标准型弹簧垫圈。

mm

规格(螺纹大径)	d min	GB/T 93—1987				GB/T 859—1987				GB/T 7244—1987			
		S 公称	b 公称	H max	m ≤	S 公称	b 公称	H max	m ≤	S 公称	b 公称	H max	m ≤
2	2.1	0.5	0.5	1.25	0.25	—	—	—	—	—	—	—	—
2.5	2.6	0.65	0.65	1.63	0.33	—	—	—	—	—	—	—	—
3	3.1	0.8	0.8	2	0.4	0.6	1	1.5	0.3	—	—	—	—
4	4.1	1.1	1.1	2.75	0.55	0.8	1.2	2	0.4	—	—	—	—
5	5.1	1.3	1.3	3.25	0.65	1.1	1.5	2.75	0.55	—	—	—	—
6	6.1	1.6	1.6	4	0.8	1.3	2	3.25	0.65	1.8	2.6	4.5	0.9
8	8.1	2.1	2.1	5.25	1.05	1.6	2.5	4	0.8	2.4	3.2	6	1.2
10	10.2	2.6	2.6	6.5	1.3	2	3	5	1	3	3.8	7.5	1.5
12	12.2	3.1	3.1	7.75	1.55	2.5	3.5	6.25	1.25	3.5	4.3	8.75	1.75
16	16.2	4.1	4.1	10.25	2.05	3.2	4.5	8	1.6	4.8	5.3	12	2.4
20	20.2	5	5	12.5	2.5	4	5.5	10	2	6	6.4	15	3
24	24.5	6	6	15	3	5	7	12.25	2.5	7.1	7.5	17.75	3.55
30	30.5	7.5	7.5	18.75	3.75	6	9	15	3	9	9.3	22.5	4.5
36	36.5	9	9	22.5	4.5	—	—	—	—	10.8	11.1	27	5.4
42	42.5	10.5	10.5	26.25	5.25	—	—	—	—	—	—	—	—
48	48.5	12	12	30	6	—	—	—	—	—	—	—	—

备注:m 应大于零。

附录 J　普通型平键(GB/T 1096—2003)

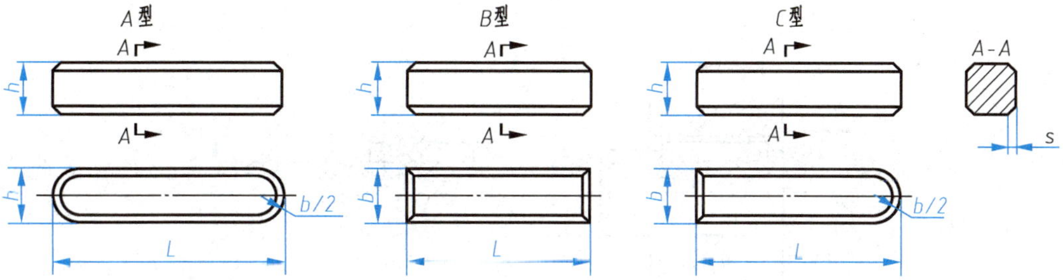

标记示例：

GB/T 1096—2003 键　16×10×100　表示圆头普通平键(A 型)b=16 mm,h=10 mm,L=100 mm

GB/T 1096—2003 键　B16×10×100　表示平头普通平键(B 型)b=16 mm,h=10 mm,L=100 mm

GB/T 1096—2003 键　C16×10×100　表示单圆头普通平键(C 型)b=16 mm,h=10 mm,L=100 mm

mm

b	公称尺寸	2	3	4	5	6	8	10	12	14	16
	偏差 h9	0 -0.025		0 -0.030			0 -0.036		0 -0.043		
h	公称尺寸	2	3	4	5	6	7	8	8	9	10
	偏差 h11	0 -0.06		0 -0.075			0 -0.090				
S		0.16~0.25			0.25~0.40			0.40~0.60			
L		6~20	6~36	8~45	10~56	14~70	18~90	22~110	28~140	36~160	45~180
b	公称尺寸	18	20	22	25	28	32	36	40	45	50
	偏差 h9	0 -0.043	0 -0.052				0 -0.062				
h	公称尺寸	11	12	14	14	16	18	20	22	25	28
	偏差 h9	0 -0.110						0 -0.130			
S		0.40~0.60	0.60~0.80					1.0~1.2			
L		50~200	56~220	63~250	70~280	80~320	90~360	100~400	100~400	110~450	125~500

L 系列:6、8、10、12、14、16、18、20、22、25、28、32、36、40、45、50、56、63、70、80、90、100、110、125 等

附录 K　平键和键槽的断面尺寸(GB/T 1095—2003)

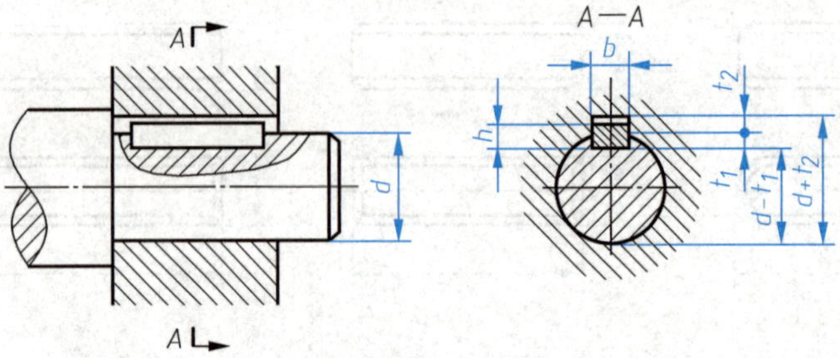

mm

<table>
<tr><th rowspan="4">轴
公称
直径
d</th><th rowspan="4">键
公称
尺寸
b×h</th><th colspan="12">键　　槽</th></tr>
<tr><th colspan="6">宽度 b</th><th colspan="4">深度</th><th rowspan="2" colspan="2">半径 r</th></tr>
<tr><th rowspan="3">公称
尺寸</th><th colspan="5">极限偏差</th><th rowspan="2" colspan="2">轴 t_1</th><th rowspan="2" colspan="2">毂 t_2</th></tr>
<tr><th colspan="2">较松键联结</th><th colspan="2">一般键联结</th><th>较紧键联结</th></tr>
<tr><th></th><th></th><th>轴
H9</th><th>毂
D10</th><th>轴
N9</th><th>毂
JS9</th><th>轴和毂
P9</th><th>公称
尺寸</th><th>极限
偏差</th><th>公称
尺寸</th><th>极限
偏差</th><th>最小</th><th>最大</th></tr>
<tr><td>自 6~8</td><td>2×2</td><td>2</td><td rowspan="2">+0.025
0</td><td rowspan="2">+0.060
+0.020</td><td rowspan="2">-0.004
-0.029</td><td rowspan="2">±0.0125</td><td rowspan="2">-0.006
-0.031</td><td>1.2</td><td rowspan="5">+0.1
0</td><td>1</td><td rowspan="5">+0.1
0</td><td rowspan="3">0.08</td><td rowspan="3">0.16</td></tr>
<tr><td><8~10</td><td>3×3</td><td>3</td><td>1.8</td><td>1.4</td></tr>
<tr><td><10~12</td><td>4×4</td><td>4</td><td rowspan="3">+0.030
0</td><td rowspan="3">+0.078
+0.030</td><td rowspan="3">0
-0.030</td><td rowspan="3">±0.015</td><td rowspan="3">-0.012
-0.042</td><td>2.5</td><td>1.8</td></tr>
<tr><td><12~17</td><td>5×5</td><td>5</td><td>3.0</td><td>2.3</td><td rowspan="3">0.16</td><td rowspan="3">0.20</td></tr>
<tr><td><17~22</td><td>6×6</td><td>6</td><td>3.5</td><td>2.8</td></tr>
<tr><td><22~30</td><td>8×7</td><td>8</td><td rowspan="2">+0.036
0</td><td rowspan="2">+0.098
+0.040</td><td rowspan="2">0
-0.036</td><td rowspan="2">±0.018</td><td rowspan="2">-0.015
-0.051</td><td>4.0</td><td rowspan="11">+0.2
0</td><td>3.3</td><td rowspan="11">+0.2
0</td></tr>
<tr><td><30~38</td><td>10×8</td><td>10</td><td>5.0</td><td>3.3</td><td rowspan="3">0.25</td><td rowspan="3">0.40</td></tr>
<tr><td><38~44</td><td>12×8</td><td>12</td><td rowspan="4">+0.043
0</td><td rowspan="4">+0.120
+0.050</td><td rowspan="4">0
-0.043</td><td rowspan="4">±0.0115</td><td rowspan="4">-0.018
-0.061</td><td>5.5</td><td>3.3</td></tr>
<tr><td><44~50</td><td>14×9</td><td>14</td><td>5.5</td><td>3.8</td></tr>
<tr><td><50~58</td><td>16×10</td><td>16</td><td>6.0</td><td>4.3</td><td rowspan="5">0.40</td><td rowspan="5">0.60</td></tr>
<tr><td><58~65</td><td>18×11</td><td>18</td><td>7.0</td><td>4.4</td></tr>
<tr><td><65~75</td><td>20×12</td><td>20</td><td rowspan="4">+0.052
0</td><td rowspan="4">+0.149
+0.065</td><td rowspan="4">0
-0.052</td><td rowspan="4">±0.026</td><td rowspan="4">-0.022
-0.074</td><td>7.5</td><td>4.9</td></tr>
<tr><td><75~85</td><td>22×14</td><td>22</td><td>9.0</td><td>5.4</td></tr>
<tr><td><85~95</td><td>25×14</td><td>25</td><td>9.0</td><td>5.4</td></tr>
<tr><td><95~110</td><td>28×16</td><td>28</td><td>10.0</td><td>6.4</td><td rowspan="6">0.06</td><td rowspan="6">1.0</td></tr>
<tr><td><110~130</td><td>32×18</td><td>32</td><td rowspan="2">+0.062
0</td><td rowspan="2">+0.180
+0.080</td><td rowspan="2">0
-0.067</td><td rowspan="2">±0.031</td><td rowspan="2"></td><td>11.0</td><td>7.4</td></tr>
<tr><td><130~150</td><td>36×20</td><td>36</td><td>12.0</td><td rowspan="4">+0.3
0</td><td>8.4</td><td rowspan="4">+0.3
0</td></tr>
<tr><td><150~170</td><td>40×22</td><td>40</td><td rowspan="3" colspan="5"></td><td>13.0</td><td>9.4</td></tr>
<tr><td><170~200</td><td>45×25</td><td>45</td><td>15.0</td><td>10.4</td></tr>
<tr><td><200~230</td><td>50×28</td><td>50</td><td>17.0</td><td>11.4</td></tr>
</table>

备注:①在工作图中,轴槽深用 t_1 或($d-t_1$)标注,轮毂槽深用($d+t_2$)标注。

②键的材料常用 45 钢。

③键槽的极限偏差按轴(t_1)和轮毂(t_2)的极限偏差选取,但轴槽深($d-t_1$)的极限偏差值应取负号。

附录 L　圆柱销(GB/T 119.1—2000)

标记示例：销 GB/T 119.1—2000　8×30

表示公称直径 $d=8$mm，长度 $l=30$ mm，材料为钢，不经表面处理的圆柱销。

mm

d(公称直径)	0.6	0.8	1	1.2	1.5	2	2.5	3	4	5
c	0.12	0.16	0.20	0.25	0.30	0.35	0.40	0.50	0.63	0.80
L（商品规格范围公称长度）	2~6	2~8	4~10	4~12	4~16	6~20	6~24	8~30	8~40	10~50
d(公称直径)	6	8	10	12	16	20	25	30	40	50
c	1.2	1.6	2.0	2.5	3.0	3.5	4.0	5.0	6.3	8.0
L（商品规格范围公称长度）	12~60	14~80	18~95	22~140	26~180	35~200	50~200	60~200	80~200	95~200
l 系列	2、3、4、5、6、8、10、12、14、16、18、20、22、24、26、28、30、32、35、40、45、50、55、60、65、70、75、80、85、90、95、100、120、140、160、180、200									

附录 M　圆锥销(GB/T 117—2000)

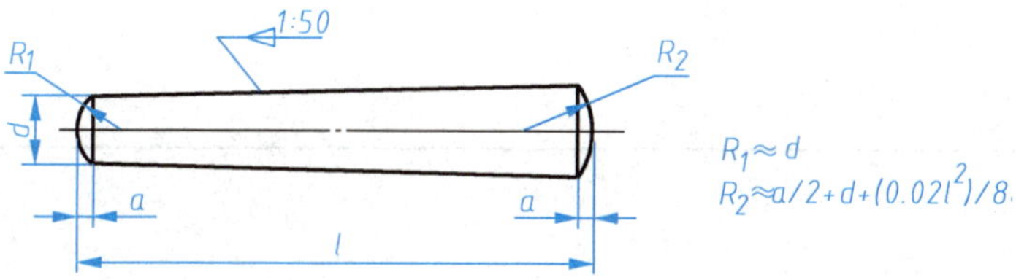

标记示例：销　GB/T 117—2000　10×70

表示公称直径 $d=10$ mm，长度 $l=70$ mm，材料为 35 钢，热处理硬度 28~38HRC，表面氧化处理的圆锥销。

mm

d(公称直径)	0.6	0.8	1	1.2	1.5	2	2.5	3	4	5
a	0.08	0.1	0.12	0.16	0.2	0.25	0.3	0.4	0.5	0.63
L（商品规格范围公称长度）	4~8	5~12	6~16	6~20	8~24	10~35	10~35	12~45	14~55	18~60
d(公称直径)	6	8	10	12	16	20	25	30	40	50
a	0.8	1	1.2	1.6	2	2.5	3	4	5	6.3
L（商品规格范围公称长度）	12~60	14~80	18~95	22~140	26~180	35~200	50~200	60~200	80~200	95~200
l 系列	2、3、4、5、6、8、10、12、14、16、18、20、22、24、26、28、30、32、35、40、45、50、55、60、65、70、75、80、85、90、95、100、120、140、160、180、200									

附录 N　开口销(GB/T 91—2000)

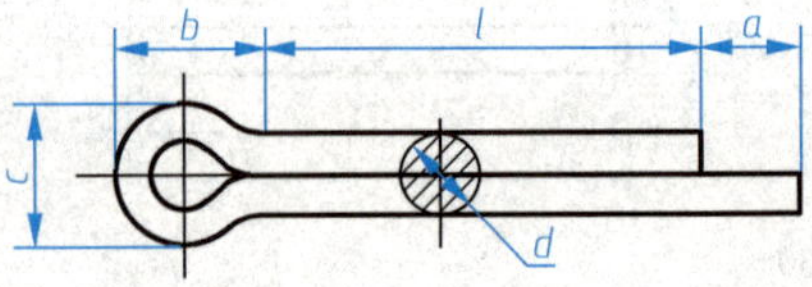

标记示例:销 GB/T 91—2000　8×30

表示公称直径 $d=8$ mm,长度 $l=30$ mm 的开口销

mm

公称规格		0.6	0.8	1	1.2	1.6	2	2.5	3.2	4	5	6.3	8	10	12
d	min	0.4	0.6	0.8	0.9	1.3	1.7	2.1	2.7	3.5	4.4	5.7	7.3	9.3	11.1
	max	0.5	0.7	0.9	1	1.4	1.8	2.3	2.9	3.7	4.6	5.9	7.5	9.5	11.4
c	max	1	1.4	1.8	2	2.8	3.6	4.6	5.8	7.4	9.2	11.8	15	19	24.8
	min	0.9	1.2	1.6	1.7	2.4	3.2	4	5.1	6.5	8	10.3	13.1	16.6	21.7
b		2	2.4	3	3	3.2	4	5	6.4	8	10	12.6	16	20	26
a② max		1.6			2.5				3.2	4				6.3	

备注:①销孔的公称直径等于 d 公称。

②$a_{min}=1/2a_{max}$。

附录 O　深沟球轴承(GB/T 276—2013)

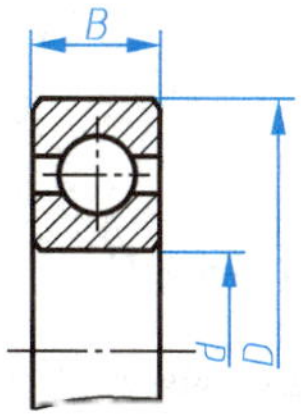

类型代号:6000型
标记示例:
滚动轴承 6208 GB/T 276—2013

轴承型号	尺　寸/mm			轴承型号	尺　寸/mm		
	d	D	B		d	D	B
尺寸系列代号 01				尺寸系列代号 03			
606	6	17	6	634	4	16	5
607	7	19	6	635	5	19	6
608	8	22	7	6300	10	35	11
609	9	24	7	6301	12	37	12
6000	10	26	8	6302	15	42	13
6001	12	28	8	6303	17	47	14
6002	15	32	9	6304	20	52	15
6003	17	35	10	6305	25	62	17
6004	20	42	12	6306	30	72	19
6005	25	47	12	6307	35	80	21
6006	30	55	13	6308	40	90	23
6007	35	62	14	6309	45	100	25
6008	40	68	15	6310	50	110	27
6009	45	75	16	6311	55	120	29
6010	50	80	16	6312	60	130	31
6011	55	90	18	尺寸系列代号 04			
6012	60	95	18	6403	17	62	17
尺寸系列代号 02				6404	20	72	19
623	3	10	4	6405	25	80	21
624	4	13	5	6406	30	90	23
625	5	16	5	6407	35	100	25
626	6	19	6	6408	40	110	27
627	7	22	7	6409	45	120	29
628	8	24	8	6410	50	130	31
629	9	26	8	6411	55	140	33
6200	10	30	9	6412	60	150	35
6201	12	32	10	6413	65	160	37
6202	15	35	11	6414	70	180	42
6203	17	40	12	6415	75	190	45
6204	20	47	14	6416	80	200	48
6205	25	52	15	6417	85	210	52
6206	30	62	16	6418	90	225	54
6207	35	72	17	6419	95	240	55

附录 P　圆锥滚子轴承(GB/T 297—2015)

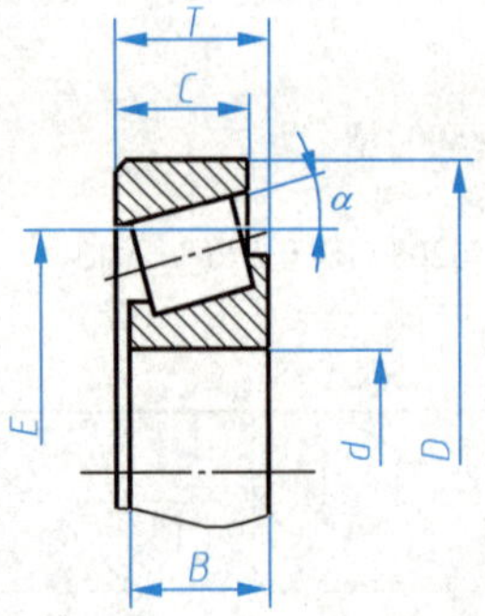

类型代号:30000型

标记示例:

滚动轴承 31208/297—2015

轴承型号	尺寸/mm						
	d	*D*	*T*	*B*	*C*	*E*≈	α≈
尺寸系列代号 02							
30204	20	47	15.25	14	12	37.3	11.2
30205	25	52	16.25	15	13	41.1	12.6
30206	30	62	17.25	16	14	49.9	13.8
30207	35	72	18.25	17	15	58.8	15.3
30208	40	80	19.75	18	16	65.7	16.9
30209	45	85	20.75	19	16	70.4	18.6
30210	50	90	21.75	20	17	75	20
30211	55	100	22.75	21	18	84.1	21
30212	60	110	23.75	22	19	91.8	22.4
30213	65	120	24.75	23	20	101.9	24
30214	70	125	26.25	24	21	105.7	25.9
30215	75	130	27.25	25	22	110.4	27.4
30216	80	140	28.25	26	22	119.1	28
30217	85	150	30.5	28	24	126.6	29.9
30218	90	160	32.5	30	26	134.9	32.4
30219	95	170	34.5	32	27	143.3	35.1
30220	100	180	37	34	29	151.3	36.5
尺寸系列代号 03							
30307	35	80	22.75	21	18	65.7	17
30308	40	90	25.25	23	20	72.7	19.5
30309	45	100	27.75	25	22	81.7	21.5
30310	50	110	29.25	27	23	90.6	23
30311	55	120	31.5	29	25	99.1	25
30312	60	130	33.5	31	26	107.1	26.5
30313	65	140	36	33	28	116.8	29
30314	70	150	38	35	30	125.2	30.6
30315	75	160	40	37	31	134	32
30316	80	170	42.5	39	33	143.1	34
30317	85	180	44.5	41	34	150.4	36
30318	90	190	46.5	43	36	159	37.5
30319	95	200	49.5	45	38	165.8	40
30320	100	215	51.5	47	39	178.5	42

轴承型号	尺寸/mm						
	d	*D*	*T*	*B*	*C*	*E*≈	α≈
尺寸系列代号 22							
32206	30	62	21.5	20	17	48.9	15.4
32207	35	72	24.25	23	19	57	17.6
32208	40	80	24.75	23	19	64.7	19
32209	45	85	24.75	23	19	69.6	20
32210	50	90	24.75	23	19	74.2	21
32211	55	100	26.75	25	21	82.8	22.5
32212	60	110	29.75	28	24	90.2	24.9
32213	65	120	32.75	31	27	99.4	27.2
32214	70	125	33.25	31	27	103.7	28.6
32215	75	130	33.25	31	27	108.9	30.2
32216	80	140	35.25	33	28	117.4	31.3
32217	85	150	38.5	36	30	124.9	34
32218	90	160	42.5	40	34	132.6	36.7
32219	95	170	45.5	43	37	140.2	39
32220	100	180	49	46	39	148.1	41.8
尺寸系列代号 23							
32304	20	52	22.25	21	18	39.5	13.4
32305	25	62	25.25	24	20	48.6	15.5
32306	30	72	28.75	27	23	55.7	18.8
32307	35	80	32.75	31	25	62.8	20.5
32308	40	90	35.25	33	27	99.2	23.4
32309	45	100	38.25	36	30	78.3	25.6
32310	50	110	42.25	40	33	86.2	28
32311	55	120	45.5	43	35	94.3	30.6
32312	60	130	48.5	46	37	102.9	32
32313	65	140	51	48	39	111.7	34
32314	70	150	54	51	42	119.7	36.5
32315	75	160	58	55	45	127.8	39
32316	80	170	61.5	58	48	136.5	42
32317	85	180	63.5	60	49	144.2	43.6
32318	90	190	67.5	64	53	151.7	46
32319	95	200	71.5	67	55	160.3	49
32320	100	215	77.5	73	60	171.6	53

附录 Q　推力球轴承(GB/T 301—2015)

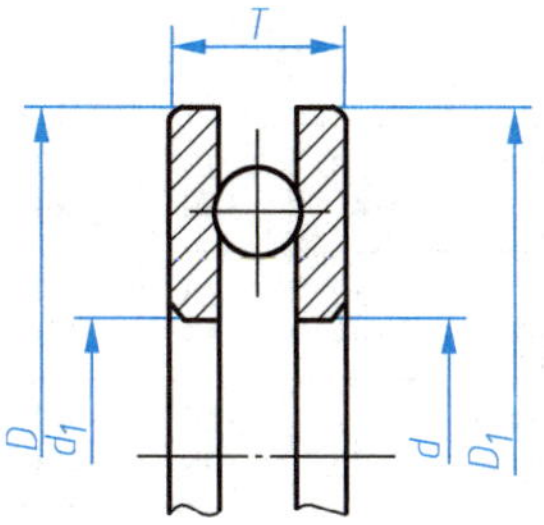

类型代号:50000型

标记示例:

滚动轴承51208 GB/T 301—2015

轴承型号	尺寸/mm				
	d	D	T	d_1	D_1
	尺寸系列代号 11				
51100	10	24	9	11	24
51101	12	26	9	13	26
51102	15	28	9	16	28
51103	17	30	9	18	30
51104	20	35	10	21	35
51105	25	42	11	26	42
51106	30	47	11	32	47
51107	35	52	12	37	52
51108	40	60	13	42	60
51109	45	65	14	47	65
51110	50	70	14	52	70
51111	55	78	16	57	78
51112	60	85	17	62	85
51113	65	90	18	67	90
51114	70	95	18	72	95
51115	75	100	19	77	100
51116	80	105	19	82	105
51117	85	110	19	87	110
51118	90	120	22	92	120
51120	100	135	25	102	135
尺寸系列代号 12					
51200	10	26	11	12	26
51201	12	28	11	14	28
51202	15	32	12	17	32
51203	17	35	12	19	35
51204	20	40	14	22	40
51205	25	47	15	27	47
51206	30	52	16	32	52
51207	35	62	18	37	62
51208	40	68	19	42	68
51209	45	73	20	47	73
51210	50	78	22	52	78

轴承型号	尺寸/mm				
	d	D	T	d_1	D_1
	尺寸系列代号 12				
51211	55	90	25	57	90
51212	60	95	26	62	95
51213	65	100	27	67	100
51214	70	105	27	72	105
51215	75	110	27	77	110
51216	80	115	28	82	115
51217	85	125	31	88	125
51218	90	135	35	93	135
51220	100	150	38	103	150
尺寸系列代号 13					
51304	20	47	18	22	47
51305	25	52	18	27	52
51306	30	60	21	32	60
51307	35	68	24	37	68
51308	40	78	26	42	78
51309	45	85	28	47	85
51310	50	95	31	52	95
51311	55	105	35	57	105
51312	60	110	35	62	110
51313	65	115	36	67	115
51314	70	125	40	72	125
尺寸系列代号 14					
51407	35	80	32	37	80
51408	40	90	36	42	90
51409	45	100	39	47	100
51410	50	110	43	52	110
51411	55	120	48	57	120
51412	60	130	51	62	130
51413	65	140	56	68	140
51414	70	150	60	73	150
51415	75	160	65	78	160
51416	80	170	68	83	170

附录 R　轴的极限偏差(摘录 GB/T 1800.2—2020)

公称尺寸 /mm		常用公差带 /μm												
		a	b		c			d				e		
大于	至	11	11	12	9	10	11	8	9	10	11	7	8	9
—	3	-270 -330	-140 -200	-140 -240	-60 -85	-60 -100	-60 -120	-20 -34	-20 -45	-20 -60	-20 -80	-14 -24	-14 -28	-14 -39
3	6	-270 -345	-140 -215	-140 -260	-70 -100	-70 -118	-70 -145	-30 -48	-30 -60	-30 -78	-30 -105	-20 -32	-20 -38	-20 -50
6	10	-280 -370	-150 -240	-150 -300	-80 -116	-80 -138	-80 -170	-40 -62	-40 -76	-40 -98	-40 -130	-25 -40	-25 -47	-25 -61
10	14	-290 -400	-150 -260	-150 -330	-95 -165	-95 -165	-95 -205	-50 -77	-50 -93	-50 -120	-50 -160	-32 -50	-32 -59	-32 -75
14	18													
18	24	-300 -430	-160 -290	-160 -370	-110 -162	-110 -194	-110 -240	-65 -98	-65 -117	-65 -149	-65 -195	-40 -61	-40 -73	-40 -92
24	30													
30	40	-310 -470	-170 -330	-170 -420	-120 -182	-120 -220	-120 -280	-80 -119	-80 -142	-80 -180	-80 -240	-50 -75	-50 -89	-50 -112
40	50	-320 -480	-180 -340	-180 -430	-130 -192	-130 -230	-130 -290							
50	65	-340 -530	-190 -380	-190 -490	-140 -214	-140 -260	-140 -330	-100 -146	-100 -174	-100 -220	-100 -290	-60 -90	-60 -106	-60 -134
65	80	-360 -550	-200 -390	-200 -500	-150 -224	-150 -270	-150 -340							
80	100	-380 -600	-220 -440	-220 -570	-170 -257	-170 -310	-170 -399	-120 -174	-120 -207	-120 -260	-120 -340	-72 -107	-72 -126	-72 -159
100	120	-410 -630	-240 -460	-240 -590	-180 -267	-180 -320	-180 -400							
120	140	-520 -710	-260 -510	-260 -660	-200 -300	-200 -360	-200 -450	-145 -208	-145 -245	-145 -305	-145 -395	-85 -125	-85 -148	-85 -185
140	160	-460 -770	-280 -530	-280 -680	-210 -310	-210 -370	-210 -460							
160	180	-580 -830	-310 -560	-310 -710	-230 -330	-230 -390	-230 -480							
180	200	-660 -950	-340 -630	-340 -800	-240 -355	-240 -425	-240 -530	-170 -242	-170 -285	-170 -355	-170 -460	-100 -146	-100 -172	-100 -215
200	225	-740 -1 030	-380 -670	-380 -840	-260 -375	-260 -445	-260 -550							
225	250	-820 -1 110	-420 -710	-420 -880	-280 -395	-280 -465	-280 -570							
250	280	-920 -1 240	-480 -800	-480 -1000	-300 -430	-300 -510	-300 -620	-190 -271	-190 -320	-190 -400	-190 -510	-110 -162	-110 -191	-110 -240
280	315	-1 050 -1 370	-540 -860	-540 -1 060	-330 -460	-330 -540	-330 -650							
315	355	-1 200 -1 560	-600 -960	-800 -1 170	-360 -500	-360 -590	-360 -720	-210 -299	-210 -350	-210 -440	-210 -570	-125 -182	-125 -214	-125 -265
355	400	-1 350 -1 710	-680 -1 040	-680 -1 250	-400 -540	-400 -630	-400 -760							

备注:公称尺寸小于 1 mm 时,各级的 *a* 和 *b* 均不采用。

续表

公称尺寸/mm		常用公差带/μm															
		f					g			h							
大于	至	5	6	7	8	9	5	6	7	5	6	7	8	9	10	11	12
—	3	-6 -10	-6 -12	-6 -16	-6 -20	-6 -31	-2 -6	-2 -8	-2 -12	0 -4	0 -6	0 -10	0 -14	0 -25	0 -40	0 -60	0 -100
3	6	-10 -15	-10 -18	-10 -22	-10 -28	-10 -40	-4 -9	-4 -12	-4 16	0 -5	0 -8	0 -12	0 -18	0 -30	0 -48	0 -75	0 -120
6	10	-13 -19	-13 -22	-13 -28	-13 -35	-13 -49	-5 -11	-5 -14	-5 -20	0 -6	0 -9	0 -15	0 -22	0 -36	0 -58	0 -90	0 -150
10	14	-16 -24	-16 -27	-16 -34	-16 -43	-16 -59	-6 -14	-6 -17	-6 -24	0 -8	0 -11	0 -18	0 -27	0 -43	0 -70	0 -110	0 -180
14	18																
18	24	-20 -29	-20 -33	-20 -41	-20 -53	-20 -72	-7 -16	-7 -20	-7 -28	0 -9	0 -13	0 -21	0 -33	0 -52	0 -84	0 -130	0 -210
24	30																
30	40	-25 -36	-25 -41	-25 -50	-25 -64	-25 -87	-9 -20	-9 -25	-9 -34	0 -11	0 -16	0 -25	0 -39	0 -62	0 -100	0 -160	0 -250
40	50																
50	65	-30 -43	-30 -49	-30 -60	-30 -76	-30 -104	-10 -23	-10 -29	-10 -40	0 -13	0 -19	0 -30	0 -46	0 -74	0 -120	0 -190	0 -300
65	80																
80	100	-36 -51	-36 -58	-36 -71	-36 -90	-36 -123	-12 -27	-12 -34	-12 -47	0 -15	0 -22	0 -35	0 -54	0 -87	0 -140	0 -220	0 -350
100	120																
120	140	-43 -61	-43 -68	-43 -83	-43 -106	-43 -143	-14 -32	-14 -39	-14 -54	0 -18	0 -25	0 -40	0 -63	0 -100	0 -160	0 -250	0 -400
140	160																
160	180																
180	200	-50 -70	-50 -79	-50 -96	-50 -122	-50 -165	-15 -35	-15 -44	-15 -61	0 -20	0 -29	0 -46	0 -72	0 -115	0 -185	0 -290	0 -460
200	225																
225	250																
250	280	-56 -79	-56 -88	-56 -108	-56 -137	-56 -186	-17 -40	-17 -49	-17 -69	0 -23	0 -32	0 -52	0 -81	0 -130	0 -210	0 -320	0 -520
280	315																
315	355	-62 -87	-62 -98	-62 -119	-62 -151	-62 -202	-18 -43	-18 -54	-18 -75	0 -25	0 -36	0 -57	0 -89	0 -140	0 -230	0 -360	0 -570
355	400																

续表

公称尺寸/mm		常用公差带/μm														
		js			k			m			n			p		
大于	至	5	6	7	5	6	7	5	6	7	5	6	7	5	6	7
—	3	±2	±3	±5	+4 0	+6 0	+10 0	+6 +2	+8 +2	+12 +2	+8 +4	+10 +4	+14 +4	+10 +6	+12 +6	+16 +6
3	6	±2.5	±4	±6	+6 +1	+9 +1	+13 +1	+9 +4	+12 +4	+16 +4	+13 +8	+16 +8	+20 +8	+17 +12	+20 +12	+24 +12
6	10	±3	±4.5	±7	+7 +1	+10 +1	+16 +1	+12 +6	+15 +6	+21 +6	+16 +10	+19 +10	+25 +10	+21 +15	+24 +15	+30 +15
10 14	14 18	±4	±5.5	±9	+9 +1	+12 +1	+19 +1	+15 +7	+18 +7	+25 +7	+20 +12	+23 +12	+30 +12	+26 +18	+29 +18	+38 +18
18 24	24 30	±4.5	±6.5	±10	+11 +2	+15 +2	+23 +2	+17 +8	+21 +8	+29 +8	+24 +15	+28 +15	+36 +15	+31 +22	+35 +22	+43 +22
30 40	40 50	±5.5	±8	±12	+13 +2	+18 +2	+27 +2	+20 +9	+25 +9	+34 +9	+28 +17	+33 +17	+42 +17	+37 +26	+42 +26	+51 +26
50 65	65 80	±6.5	±9.5	±15	+15 +2	+21 +2	+32 +2	+24 +11	+30 +11	+41 +11	+33 +20	+39 +20	+50 +20	+45 +32	+51 +32	+62 +32
80 100	100 120	±7.5	±11	±17	+18 +3	+25 +3	+38 +3	+28 +13	+35 +13	+48 +13	+38 +23	+45 +23	+58 +23	+52 +37	+59 +37	+72 +37
120 140 160	140 160 180	±9	±12.5	±20	+21 +3	+28 +3	+43 +3	+33 +15	+40 +15	+55 +15	+45 +27	+52 +27	+67 +27	+61 +43	+68 +43	+83 +43
180 200 225	200 225 250	±10	±14.5	±23	+24 +4	+33 +4	+50 +4	+37 +17	+46 +17	+63 +17	+51 +31	+60 +31	+77 +31	+70 +50	+79 +50	+96 +50
250 280	280 315	±11.5	±16	±26	+27 +4	+36 +4	+56 +4	+43 +20	+52 +20	+72 +20	+57 +34	+66 +34	+86 +34	+79 +56	+88 +56	+108 +56
315 355	355 400	±12.5	±18	±28	+29 +4	+40 +4	+61 +4	+46 +21	+57 +21	+78 +21	+62 +37	+73 +37	+94 +37	+87 +62	+98 +62	+119 +62

续表

公称尺寸/mm		常用公差带/μm														
		r			s			t			u		v	x	y	z
大于	至	5	6	7	5	6	7	5	6	7	6	7	6	6	6	6
—	3	+14 +10	+16 +10	+20 +10	+18 +14	+20 +14	+24 +14	—	—	—	+24 +18	+28 +18	—	+26 +20	—	+32 +26
3	6	+20 +15	+23 +15	+27 +15	+24 +19	+27 +19	+31 +19	—	—	—	+31 +23	+35 +23	–	+36 +28	—	+43 +35
6	10	+25 +19	+28 +19	+34 +19	+29 +23	+32 +23	+38 +23	—	—	—	+37 +28	+43 +28	–	+43 +34	—	+51 +42
10	14	+31 +23	+34 +23	+41 +23	+36 +28	+39 +28	+46 +28	—	—	—	+44 +33	+51 +33	—	+51 +40	—	+61 +50
14	18							—	—	—			+50 +39	+56 +45	—	+71 +60
18	24	+37 +28	+41 +28	+49 +28	+44 +35	+48 +35	+56 +35	—	—	—	+54 +41	+62 +41	+60 +47	+67 +54	+76 +63	+86 +73
24	30							+50 +41	+54 +41	+62 +41	+61 +48	+69 +48	+68 +55	+77 +64	+88 +75	+101 +88
30	40	+45 +34	+50 +34	+59 +34	+54 +43	+59 +43	+68 +43	+59 +48	+64 +48	+73 +48	+76 +60	+85 +60	+84 +68	+96 +80	+110 +94	+128 +112
40	50							+65 +54	+70 +54	+79 +54	+86 +70	+95 +70	+97 +81	+113 +97	+130 +114	+152 +136
50	65	+54 +41	+60 +41	+71 +41	+66 +53	+72 +53	+83 +53	+79 +66	+85 +66	+96 +66	+106 +87	+117 +87	+121 +102	+141 +122	+163 +144	+191 +172
65	80	+56 +80	+62 +43	+73 +43	+72 +59	+78 +59	+89 +59	+88 +75	+94 +75	+105 +75	+121 +102	+132 +102	+139 +120	+165 +146	+193 +174	+229 +210
80	100	+66 +51	+73 +51	+86 +51	+86 +71	+93 +71	+106 +71	+106 +91	+113 +91	+126 +91	+146 +124	+159 +124	+168 +146	+200 +178	+236 +214	+280 +258
100	120	+69 +54	+76 +54	+89 +54	+94 +79	+101 +79	+114 +79	+110 +104	+126 +104	+136 +104	+166 +144	+179 +144	+194 +172	+232 +210	+276 +254	+332 +310
120	140	+81 +63	+88 +63	+103 +63	+110 +92	+117 +92	+132 +92	+140 +122	+147 +122	+162 +122	+195 +170	+210 +170	+227 +202	+273 +248	+325 +300	+390 +365
140	160	+83 +65	+90 +65	+150 +65	+118 +100	+125 +100	+140 +100	+152 +134	+159 +134	+174 +134	+215 +190	+230 +190	+253 +228	+305 +280	+365 +340	+440 +415
160	180	+86 +68	+93 +68	+108 +68	+126 +108	+133 +108	+148 +108	+164 +146	+171 +146	+186 +146	+235 +210	+250 +210	+227 +252	+335 +310	+405 +380	+490 +465
180	200	+97 +77	+106 +77	+123 +77	+142 +122	+151 +122	+168 +122	+185 +166	+195 +166	+212 +166	+265 +236	+282 +236	+313 +284	+379 +350	+454 +425	+549 +520
200	225	+100 +80	+109 +80	+126 +80	+150 +130	+159 +130	+176 +130	+200 +180	+209 +180	+226 +180	+287 +258	+304 +258	+339 +310	+414 +385	+499 +470	+604 +575
225	250	+104 +84	+113 +84	+130 +84	+160 +140	+169 +140	+186 +140	+216 +196	+225 +196	+242 +196	+313 +284	+330 +284	+369 +340	+454 +425	+549 +520	+669 +640
250	280	+117 +94	+126 +94	+146 +94	+181 +158	+290 +158	+210 +158	+241 +218	+250 +218	+270 +218	+347 +315	+367 +315	+417 +385	+507 +475	+612 +580	+742 +710
280	315	+121 +98	+130 +98	+150 +98	+193 +170	+202 +170	+222 +170	+263 +240	+272 +240	+292 +240	+382 +350	+402 +350	+457 +425	+557 +525	+682 +650	+822 +790
315	355	+133 +108	+144 +108	+165 +108	+215 +190	+226 +190	+247 +190	+293 +268	+304 +268	+325 +268	+426 +390	+447 +290	+511 +475	+626 +590	+766 +730	+936 +900
355	400	+139 +114	+150 +114	+171 +114	+233 +208	+244 +208	+265 +208	+319 +294	+330 +294	+351 +294	+471 +435	+492 +435	+566 +530	+696 +660	+856 +820	+1 036 +1 000

附录 S 孔的极限偏差(摘录 GB/T 1800.2—2020)

公称尺寸/mm		常用公差带/μm													
		A	B		C	D				E		F			
大于	至	11	11	12	11	8	9	10	11	8	9	6	7	8	9
—	3	+330 +270	+200 +140	+240 +140	+120 +60	+34 +20	+45 +20	+60 +20	+80 +20	+28 +14	+39 +14	+12 +6	+16 +6	+20 +6	+31 +6
3	6	+345 +270	+215 +140	+260 +140	+145 +70	+48 +30	+60 +30	+78 +30	+105 +30	+38 +20	+50 +20	+18 +10	+22 +10	+28 +10	+40 +10
6	10	+370 +280	+240 +150	+300 +150	+170 +80	+62 +40	+76 +40	+98 +40	+170 +40	+47 +25	+61 +25	+22 +13	+28 +13	+35 +13	+49 +13
10	14	+400 +290	+260 +150	+330 +150	+205 +95	+77 +50	+93 +50	+120 +50	+160 +50	+59 +32	+75 +32	+27 +16	+34 +16	+43 +16	+59 +16
14	18														
18	24	+430 +300	+290 +160	+370 +160	+240 +110	+98 +65	+117 +65	+149 +65	+195 +65	+73 +40	+92 +40	+33 +20	+41 +20	+53 +20	+72 +20
24	30														
30	40	+470 +310	+330 +170	+420 +170	+280 +120	+119 +80	+142 +80	+180 +80	+240 +80	+89 +50	+112 +50	+41 +25	+50 +25	+64 +25	+87 +25
40	50	+480 +320	+340 +180	+430 +180	+290 +130										
50	65	+530 +340	+389 +190	+490 +190	+330 +140	+146 +100	+170 +100	+220 +100	+290 +100	+106 +60	+134 +80	+49 +30	+60 +30	+76 +30	+104 +30
65	80	+550 +360	+330 +200	+500 +200	+340 +150										
80	100	+600 +380	+440 +220	+570 +220	+390 +170	+174 +120	+207 +120	+260 +120	+340 +120	+126 +72	+159 +72	+58 +36	+71 +36	+90 +36	+123 +36
100	120	+630 +410	+460 +240	+590 +240	+400 +180										
120	140	+710 +460	+510 +260	+660 +260	+450 +200	+208 +145	+245 +145	+305 +145	+395 +145	+148 +85	+185 +85	+68 +43	+83 +43	+106 +43	+143 +43
140	160	+770 +520	+530 +280	+680 +280	+460 +210										
160	180	+830 +580	+560 +310	+710 +310	+480 +230										
180	200	+950 +660	+630 +340	+800 +340	+530 +240	+240 +170	+285 +170	+355 +170	+460 +170	+172 +100	+215 +100	+79 +50	+96 +50	+122 +50	+165 +50
200	225	+1 030 +740	+670 +380	+840 +380	+550 +260										
225	250	+1 110 +820	+710 +420	+880 +420	+570 +280										
250	280	+1 240 +920	+800 +480	+1 000 +480	+620 +300	+271 +190	+320 190	+400 +190	+510 +190	+191 +110	+240 +110	+88 +56	+108 +56	+137 +56	+186 +56
280	315	+1 370 +1 050	+860 +540	+1 060 +540	+650 +330										
315	355	+1 560 +1 200	+960 +600	+1 170 +600	+720 +360	+299 +210	+350 +210	+440 +210	+570 +210	+214 +125	+265 +125	+98 +62	+119 +62	+151 +62	+202 +62
355	400	+1 710 +1 350	+1 040 +680	+1 250 +680	+760 +400										

备注：公称尺寸小于 1mm 时，各级的 A 和 B 均不采用。

续表

公称尺寸/mm		常用公差带/μm														
		G		H							JS			K		
大于	至	6	7	6	7	8	9	10	11	12	6	7	8	6	7	8
—	3	+8 +2	+12 +2	+6 0	+10 0	+14 0	+25 0	+40 0	+60 0	+100 0	±3	±5	±7	0 -6	0 -10	0 -11
3	6	+12 +4	+16 +4	+8 0	+12 0	+18 0	+30 0	+48 0	+75 0	+120 0	±4	±6	±9	+2 -6	+3 -9	+5 -13
6	10	+14 +5	+20 +5	+9 0	+15 0	+22 0	+36 0	+58 0	+90 0	+150 0	±4.5	±7	±11	+2 -7	+5 -10	+6 -16
10	14	+17 +6	+24 +6	+11 0	+18 0	+27 0	+43 0	+70 0	+110 0	+180 0	±5.5	±9	±13	+2 -9	+6 -12	+8 -19
14	18															
18	24	+20 +7	+28 +7	+13 0	+21 0	+33 0	+52 0	+84 0	+130 0	+210 0	±6.5	±10	±16	+2 -11	+6 -15	+10 -22
24	30															
30	40	+25 +9	+34 +9	+16 0	+25 0	+39 0	+62 0	+100 0	+160 0	+250 0	±8	±12	±19	+3 -13	+7 -18	+12 -27
40	50															
50	65	+29 +10	+40 +10	+19 0	+30 0	+46 0	+74 0	+120 0	+190 0	+300 0	±9.5	±15	±23	+4 -15	+9 -21	+14 -32
65	80															
80	100	+34 +12	+47 +12	+22 0	+35 0	+54 0	+87 0	+140 0	+220 0	+350 0	±11	±17	±27	+4 -18	+10 -25	+16 -33
100	120															
120	140	+39 +14	+54 +14	+25 0	+40 0	+63 0	+100 0	+160 0	+250 0	+400 0	±12.5	±20	±31	+4 -21	+12 -28	+20 -43
140	160															
160	180															
180	200	+44 +15	+61 +15	+29 0	+46 0	+72 0	+115 0	+185 0	+290 0	+460 0	±14.5	±23	±36	+5 -24	+13 -33	+22 -50
200	225															
225	250															
250	280	+49 +17	+69 +17	+32 0	+52 0	+81 0	+130 0	+210 0	+320 0	+520 0	±16	±26	±40	+5 -27	+16 -36	+25 -56
280	315															
315	355	+54 +18	+75 +18	+36 0	+57 0	+89 0	+140 0	+230 0	+360 0	+570 0	±18	±28	±44	+7 -29	+17 -40	+28 -61
355	400															

续表

公称尺寸/mm		常用公差带/μm														
		M			N			P		R		S		T		U
大于	至	6	7	8	6	7	8	6	7	6	7	6	7	6	7	7
—	3	-2 -8	-2 -12	-2 -16	-4 -10	-4 -14	-4 -18	-6 -12	-6 -16	-10 -16	-10 -20	-14 -20	-14 -24	—	—	-18 -28
3	6	-1 -9	0 -12	+2 -16	-5 -13	-4 -16	-2 -20	-9 -17	-8 -20	-12 -20	-11 -23	-16 -24	-15 -27	— —	—	-19 -31
6	10	-3 -12	0 -15	+1 -21	-7 -16	-4 -19	-3 -25	-12 -21	-9 -24	-16 -25	-13 -28	-20 -29	-17 -32	—	—	-22 -37
10	14	-4 -15	0 -18	+2 -25	-9 -20	-5 -23	-3 -20	-15 -26	-11 -29	-20 -31	-16 -34	-25 -36	-21 -39	—	—	-26 -44
14	18															
18	24	-4 -17	0 -21	+4 -29	-11 -24	-7 -28	-3 -36	-18 -31	-14 -35	-24 -37	-20 -41	-31 -44	-27 -48	—	—	-33 -54
24	30													-37 -50	-33 -54	-40 -61
30	40	-4 -20	0 -25	+5 -34	-12 -28	-8 -33	-3 -42	-21 -37	-17 -42	-29 -45	-25 -50	-38 -54	-34 -59	-43 -59	-39 -64	-51 -76
40	50													-49 -65	-45 -70	-61 -76
50	65	-5 -24	0 -30	+5 -41	-14 -33	-9 -39	-4 -50	-26 -45	-21 -51	-35 -54	-30 -60	-47 -66	-42 -72	-60 -79	-55 -85	-86 -106
65	80									-37 -56	-32 -62	-53 -72	-48 -78	-69 -88	-64 -94	-91 -121
80	100	-6 -28	0 -35	+6 -43	-16 -38	-10 -45	-4 -58	-30 -52	-24 -59	-44 -66	-38 -73	-64 -86	-58 -93	-84 -106	-78 -113	-111 -146
100	120									-47 -69	-41 -76	-72 -94	-66 -101	-97 -119	-91 -126	-131 -166
120	140	-8 -33	0 -40	+8 -55	-20 -45	-12 -52	-4 -67	-36 -61	-28 -68	-56 -81	-48 -88	-85 -110	-77 -117	-115 -140	-107 -147	-155 -195
140	160									-58 -83	-50 -90	-93 -118	-85 -125	-137 -152	-110 -159	-175 -215
160	180									-61 -86	-53 -93	-101 -126	-93 -133	-139 -164	-131 -171	-195 -235
180	200	-8 -37	0 -46	+9 -63	-22 -51	-14 -60	-5 -77	-41 -70	-33 -79	-68 -97	-60 -106	-113 -142	-101 -155	-157 -186	-149 -195	-219 -265
200	225									-71 -100	-63 -109	-121 -150	-113 -159	-171 -200	-163 -209	-241 -287
225	250									-75 -104	-67 -113	-131 -160	-123 -169	-187 -216	-179 -225	-317 -263
250	280	-9 -41	0 -52	+9 -72	-25 -57	-14 -66	-5 -86	-47 -79	-36 -88	-85 -117	-74 -126	-149 -181	-138 -190	-209 -241	-198 -250	-295 -347
280	315									-89 -121	-78 -130	-161 -193	-150 -202	-231 -263	-220 -272	-330 -382
315	355	-10 -46	0 -57	+11 -78	-26 -62	-16 -73	-5 -94	-51 -87	-41 -98	-97 -133	-87 -144	-179 -215	-169 -226	-257 -293	-247 -304	-369 -426
355	400									-103 -139	-93 -150	-197 -233	-187 -244	-283 -319	-273 -330	-414 -471

附录 T　常用的金属材料与非金属材料

1. 非金属材料

标准编号	名　称	牌号或代号	性能及应用举例	说　明
GB/T 5574—2008	普通橡胶板	1613	中等硬度,具有较好的耐磨性和弹性,适用于制作具有耐磨、耐冲击及缓冲性能好的垫圈、密封条和垫板等	
	耐油橡胶板	3707 3807	较高硬度,较好的耐溶剂膨胀性,可在-30~+100 ℃机油、汽油等介质中工作,可制作垫圈	
FZ/T 25001—2010	工业用毛毡	T112 T122 T132	用作密封、防漏油、防震、缓冲衬垫等	毛毡厚度1.5~2.5mm
GB/T 7134—2008	有机玻璃	PMMA	耐酸耐碱。制造具有一定透明度和强度的零件、油杯、标牌、管道、电气绝缘件等	分为有色和无色两种
QB/T 2200-1996	软钢纸板		供汽车、拖拉机的发动机及其他工业设备上制作密封垫片	纸板厚度0.5~3 mm
JB/ZQ 4196—2011	尼龙棒材及管材	PA	有高抗拉强度和良好冲击韧性,可耐热达 100 ℃,耐弱酸、弱碱,耐油性好,灭音性好。可以制作齿轮等机械零件	
QB/T 5257—2018	聚四氟乙烯(板、棒)	PTFE	化学稳定性好,高耐热耐寒性,自润滑好,用于耐腐蚀耐高温密封件、密封圈、填料、衬垫等	

备注:QB—轻工行业标准;JB—机械行业标准;FZ—纺织行业标准。

2. 金属材料

标准编号	名　称	牌　号	使用举例	说　明
GB/T 700—2006	普通碳素结构钢	Q215	受力不大的螺钉、凸轮、轴、焊接件等	"Q"表示普通碳素钢,符号后的数字表示材料的抗拉强度
		Q235	螺栓、螺母、拉杆、轴、连杆、钩等	
		Q255	金属构造物中的一般机件、拉杆、轴等	
		Q275	重要的螺钉、销、齿轮、连杆、轴等	
GB/T 699—2015	优质碳素结构钢	30	曲轴、轴销、连杆、横梁等	数字表示平均含碳量的万分数,含锰在 0.7%~1.2%时需注出"Mn"
		35	螺栓、键、销、曲轴、摇杆、拉杆等	
		40	齿轮、齿条、链轮、凸轮、曲柄轴等	
		45	齿轮轴、联轴器、活塞销、衬套等	
		65Mn	大尺寸的各种扁、圆弹簧。如发条等	
GB/T 1299—2014	碳素工具钢	T8 T8A	用于制造能随震动工具。如简单的模子、冲头、钻中等硬度的钻头	用"T"后附以平均含碳量的千分数表示。有 T7~T13

续表

标准编号	名称	牌号	使用举例	说明
GB/T 3077—2015	合金结构钢	15Cr	船舶主机用螺栓、活塞销、凸轮等	
		35SiMn	齿轮、轴以及 430 ℃以下的重要紧固件	
		20Mn2	小齿轮、活塞销、气门推杆、钢套等	
GB/T 11352—2009	铸钢	ZG 310-570	齿轮、机架、汽缸、联轴器等	
GB/T 9439—2010	灰铸铁	HT150	端盖、泵体、阀壳、底座、工作台等	“HT”为灰铸铁代号,后面数字表示抗拉强度
		HT200 HT350	汽缸、机体、飞轮、齿轮、齿条、阀体	
GB/T 5231—2022	普通黄铜	H62	弹簧、垫圈、螺帽、销钉、导管	“H”表示黄铜,62表示含铜量
GB/T 1176—2013	38 黄铜	ZCuZn38	弹簧、螺钉、垫圈、散热器	“ZCu”表示铸造铜合金
GB/T 1173—2013	铸造铝合金	ZL102	支架、泵体、汽缸体	ZL102 表示含硅 10%~13%,其余为铝的铝硅合金
		ZL104	风机叶片、汽缸头	
GB/T 3190—2020	变形铝及铝合金	1060	储槽、热交换器、深冷设备	
		2A13	适用中等强度零件,焊接性能好	

附录 U　常用的热处理和表面处理名词解释

名词		说明	应用
退火		将钢件加热到临界温度以上(一般是 710~715 ℃,个别合金钢 800~900 ℃)30~50 ℃,保温一段时间,然后缓慢冷却(一般在炉中冷却)	用来消除铸、锻、焊零件的内应力,降低硬度,便于切削加工,细化金属晶粒,改善组织,增加韧性
正火		将钢件加热到临界温度以上,保温一段时间,然后在空气中冷却,冷却速度比退火快	用来处理低碳和中碳结构钢及渗碳零件,使其组织细化,增加强度与韧性,减少内应力,改善切削性能
淬火		将钢件加热到临界温度以上,保温一段时间,然后在水、盐水或油中(个别材料在空气中)急速冷却,使其得到高硬度	用来提高钢的硬度和强度极限。但淬火会引起内应力使钢变脆,所以淬火必须回火
回火		回火是将淬硬的钢件加热到临界点以下的温度,保温一段时间,然后在空气中或油中冷却下来	用来消除淬火后的脆性和内应力,提高钢的塑性和冲击韧性
调质		淬火后在 450~650 ℃进行高温回火,称为调质	用来使钢获得高的韧性和足够的强度。重要的齿轮、轴及丝杆等零件需调质处理
表面淬火	火焰淬火	用火焰或高频电流将零件表面迅速加热至临界温度以上,急速冷却	使零件表面获得高硬度,而心部保持一定的韧性,既耐磨又能承受冲击。表面淬火常用来处理齿轮等
	高频淬火		

续表

名词	说明	应用
渗碳淬火	在渗碳剂中将钢件加热到 900~950 ℃,停留一定时间,将碳渗入钢表面,深度为 0.5~2 mm,淬火后回火	增加钢件的耐磨性能、表面强度、抗拉强度及疲劳极限。适用于低碳、中碳(含碳量小于 0.40%)结构钢的中小型零件
氮化	氮化是在 500~600 ℃通入氨的炉子内加热,向钢的表面渗入氮原子的过程。氮化层为 0.025~0.8 mm,氮化时间需 40~50 h	增加钢件的耐磨性能、表面硬度、疲劳极限和抗蚀能力。适用于合金钢、碳钢、铸铁件,如机床主轴、丝杆以及在潮湿碱水和燃烧气体介质的环境中工作的零件
碳氮共渗	在 820~860 ℃炉内通入碳和氮,保温 1~2 h,使钢件的表面同时渗入碳、氮原子,可得到 0.2~0.5 mm 氰化层	增加表面硬度、耐磨性、疲劳强度和耐蚀性。用于要求硬度高、耐磨的中小型及薄片零件和刀具等
固溶处理和时效	低温回火后,精加工之前,加热到 100~160 ℃,保持 10~40 h。对铸件也可以用天然时效(放在露天中一年以上)	使工件消除内应力和稳定形状,用于量具、精密丝杆、床身导轨、床身等
发黑 发蓝	将金属零件放在很浓的碱和氧化剂溶液中加热氧化,使金属表面形成一层氧化铁所组成的保护性薄膜	防腐蚀、美观。用于一般连接的标准件和其他电子类零件
硬度	检测材料抵抗硬物压入其表面的状况。HB 用于退火、正火、调质的零件;HRC 用于淬火、回火及表面渗碳、渗氮等处理的零件;HV 用于薄层硬化的零件	硬度代号:HB——布氏硬度 HRC——洛氏硬度 HV——维氏硬度

参 考 文 献

[1] 机械设计手册编委会. 机械设计手册[M]. 北京:机械工业出版社, 2008.
[2] 王丹虹. 现代工程制图[M]. 北京:高等教育出版社, 2015.
[3] 胡建生. 机械制图[M]. 北京:机械工业出版社, 2016.
[4] 戴丽娟. 机械制图与CAD[M]. 西安:西安电子科技大学出版社, 2016.
[5] 叶琳. 画法几何与机械制图[M]. 西安:西安电子科技大学出版社, 2012.
[6] 胡志勇. 工程制图新编教程[M]. 呼和浩特:内蒙古大学出版社, 2009.
[7] 刘宇红. 工程图学基础[M]. 北京:机械工业出版社, 2018.
[8] 穆浩志. 现代工程图学[M]. 北京:机械工业出版社, 2018.